U0150677

Charles Darwin

The Origin of Species

物种起源

[英] 查尔斯 · 达尔文 / 著
朱登 / 译

天津出版传媒集团
天津科学技术出版社

图书在版编目（CIP）数据

物种起源 /（英）查尔斯 · 达尔文著；朱登译 . --
天津：天津科学技术出版社，2020.7（2021.5 重印）
ISBN 978-7-5576-8260-6

Ⅰ . ①物… Ⅱ . ①查… ②朱… Ⅲ . ①物种起源－达尔文学说 Ⅳ . ① Q111.2

中国版本图书馆 CIP 数据核字 (2020) 第 111686 号

物种起源
WUZHONG QIYUAN

责任编辑：马 悦
责任印制：兰 毅
出 版：天津出版传媒集团
天津科学技术出版社
地 址：天津市西康路 35 号
邮 编：300051
电 话：（022）23332490
网 址：www.tjkjcbs.com.cn
发 行：新华书店经销
印 刷：天津中印联印务有限公司

开本 710 × 1000 1/16 印张 31 字数 350 000
2021 年 5 月第 1 版第 2 次印刷
定价：55.00 元

目 录

Contents

The Origin of Species

第一章

家养状态下的变异

变异的原因

如果将有着悠久历史的栽培植物和家养动物的同一变种或亚变种的个体进行比较，最能引起我们注意的一点就是：栽培植物和家养动物间的个体差异，要远远大于自然状态下的任何物种或者变种间的个体差异。经过人类在极不相同的气候等条件下的培育，形形色色的栽培植物和家养动物都发生了变异。对此加以思索后，我们必然会得出结论：家养生物的生存条件与亲种在自然状态下的生存条件十分不同，由此才产生了巨大的变异。奈特曾经提出这样的观点：过多的养料和食物造成了家养生物的变异，这样的说法也不无道理。有一点很明显，只有在新的生存条件下，并且生长了数个世代，生物才能发生巨大的变异；而且一旦生物体制开始变异，一般就能够在往后的若干世代继续变异下去。一种可以变异的生物，在经过培育产生变异后又停止变异的例子，目前尚无文献记载。最古老的栽培植物至今还在持续不断地产生新的变种，例如小麦；最古老的家养动物，至今仍能迅速地改进或者发生变异。

在长期研究这个问题之后，我认为生存条件会起作用，主要是通过以下两种方式：一种是直接作用于整体生物机制或者某些部分；另一种是间接作用于生物的生殖系统。对于直接作用，如魏斯曼教授近来提出的，以及我以前在《家养状态下的变异》一书里提到的，它有两个方面的因素：生物本身的性质和外部条件的性质。而内部因素比外部因素更重要，因为在不一样的外部条件下，有时能发生相似的变异；在相同的外部条件下，有时却会产生不一样的变异。对于产生变异的后代来说，这些外部条件的变异效果或是一定的，或是不定的。如果是数代生长在某个相同的外部条件下，一切后代或者几乎一切后代都以相同的方式发生变异，那么就是一定变异。然而，对于一定变异的变化范围，我们很难定论，有些细微变异却是毋庸置疑的：例如食物充足与否引起的生物体大小的变异；食物性质导致的生物体肤色的变异；气候变化引起的生物体皮毛厚薄程度的变异等。我们在家禽的羽毛中看到无数变异，每一个变异都是受到某种特别因素的影响而形成的。如果这一特定因素经过数个世代，同样作用于许多的不同生物体，那么这些生物体都可能产生相同的变异。如果将能够制造树瘤的昆虫的微量毒汁注射到植物体内，必然会产生复杂多变的树瘤。这证明了，如果植物体液发生了化学变化，植物便会发生奇特的变形。

和一定变异不同的是，不定变异更多是由于环境发生了改变，而且在家养物种的形成中，不定变异起着更重要的作用。不定变异从无数的微小特征中可以体现出来，正是这些微小特征让我们可以分辨出同一物种中的不同个体。这些不定变异不能认为是从亲代或者更远的祖先那里遗传下来的，因为即使是同一胎的幼体或者同一蒴果萌发出的幼苗，彼此之间也可能产生极其明显的差异。在同样的地区，用差不多相同的饲料进行喂养，经过很长一段时间之后产生的几百万个个体中，偶尔在构造上也会出现明显的变异，这种变异甚至可以用畸形来形容；但是畸形和轻微变异之间，并不存在明显的分界线。在一起生活的众多个体中，这种结构上的变化无论是轻微还是显著，都可以认为是环境条件对不同个体引发的不定效果。这就好像不同的人对严寒天气的反应不同一样，有人会咳嗽，有人会感冒，有人会得风湿病，还有人会引发器官上的炎症。

至于生存条件对生物体所起的间接作用，也就是对生殖系统所起的作用，我们可以推导出，这个作用之所以会引起变异，主要有以下两方面的原因：第一，生殖系统对任何外部条件的变化都非常敏感；第二，正如凯洛依德所说，动植物在新的环境下被培育产生的变异，有时候和不同的物种之间杂交引起的变异非常相似。许多事实表明，生殖系统对周围环境条件的轻微变化都极为敏感。驯养动物是很容易的事情，但是圈养条件的动物，想让它们自由繁育并不容易，即使只是交配，也是很难完成的事情。许多动物即使是在原产地这种近乎它们自然生长的环境条件下，也无法生育。如果仅仅是简单地将原因归结为动物的生殖本能受到了损害，显然是不科学的。许多栽培植物看起来长势良好，但是却很少结籽或者根本不结籽。有时候，在某些特殊阶段的一些微小的条件变化，比如水分多一点或者少一点，都会影响植物的结籽情况。对于这个奇妙的问题，我在其他地方解释过，在此不再赘述。我想说明的是，圈养动物的生殖法则十分奇妙。例如很多从非洲引进到英国的肉食兽类被圈养，大部分都能正常地繁育，除了熊科动物以外。而鸟类正好相反，对于肉食鸟类来说，只有很少一部分能产下受精卵进行繁殖。许多外来植物就好像那些不能繁育的杂交物种一样，它们的花粉毫无用处。一方面，我们可以看到被驯化的物种，在家养状态下，柔弱多病却可以自由繁育；另一方面，一些幼年期从自然界迁移并进行人工养育的物种，虽然可以茁壮成长而且寿命很长（我可以就此举出无数的实例），但是它们的生殖系统却受到了不明因素的影响而无法再繁育。当圈养物种生殖系统发生变异，繁育出了与双亲不太相似的后代时，我们也就不会觉得奇怪了。还有一点需要补充一下：一些动物在极不自然的生活环境中（例如雪貂和兔子被饲养在箱笼中）也可以自由繁育，这说明它们的生殖系统并没有受到整个封闭环境的影响。所以，有些动植物可以经受住家养或者栽培，并且很少发生变异，甚至比在自然环境下产生变异的概率更小。

一些博物学家认为，所有变异都和有性生殖的作用有关，这显然是不对的。在以前的一部作品中，我曾将园艺家称为"芽变"的植物列出了一个长表。芽变植物会突然萌生出一个新芽，这个新芽具有与其他芽明显不同的性状。这是一种变异的芽，它可以通过嫁接、扦插甚至是播种的方式来进行繁育。在自然环境下，这种芽变很难产生，但是在人工栽培中却经常出现。生长环境相同的同一棵树上，每年会长出成百上千个芽，其中会突然出现一个具有新性状的芽；而在不同环境中不同的树上，有时候会出现同样性状变异的新芽。例如从普通桃树的芽上生出油桃，或者从普通蔷薇的芽上生出苔蔷薇。因此，我们可以很清楚地看到，在决定生物体每一变异的特殊类型上，生物体本身的内在因素比外部环境因素重要得多。

习性和器官的使用与不使用的效果；相关变异；遗传

习性的改变能产生遗传效应，例如植物从一个地区迁移到不同气候的另一个地区，它们的花期会发生改变。就动物而言，身体的各个部分是否常用，产生的影响则更为明显。比如家鸭和野鸭，相比较而言，家鸭的翅骨占整体骨骼的比重比野鸭要小，而腿骨占整体骨骼的比重却比野鸭要大。很显然，造成这种变化的原因是家鸭相较于野鸭来说飞行少而走动多。同样，对于母牛和母山羊的乳房来说，惯于挤奶的部位比不常挤奶的部位发育得更好。在有些地区，家养动物的耳朵总是下垂的，有人认为家养环境下的动物受到的惊吓比在野外要少，从而耳肌的使用机会相应减少，因此耳朵才会下垂，这样的说法也是不无道理的。

支配变异的法则非常多，然而我们只能模糊发现其中为数不多的几条。对此以后我会约略介绍，但在这里只是想谈论相关变异。如果在胚胎和幼体期发生了巨大的变异，这很可能会造成成体期的变异。在畸形生物身上，各种不同构造之间的相关作用是非常神奇的，对于这一点，小圣提雷尔作品中的许多实例都与此有关。饲养者们都认为，四肢长的动物，通常头也长。还有一些相关变异的例子，都非常奇怪。例如，全身白毛蓝眼睛的猫，一般都耳聋，但是泰特先生说，只有雄猫会出现这种状况。色彩和体质特征的关联，在很多动植物中都会出现。根据赫辛格的观察发现，某些植物如果被白色的猪和绵羊食用后，会对猪和绵羊产生伤害，却不会对深色的猪和绵羊造成影响。怀曼教授最近来信提到：他曾经问弗吉尼亚的农民，为什么他们养的猪都是黑色的。农民们回答说，猪吃了赤根，骨头就会变成淡红色，而且只有黑猪的蹄子没有脱落。该地区另一个农民又说："我们通常会在一窝猪崽里挑选黑色的来饲养，因为只有黑猪才有更大的生存机会。"除此之外，无毛的狗牙不全；毛长且粗的动物，其角也长且多；脚上长毛的鸽子，外趾中间有皮膜；短喙的鸽子脚小，长喙的鸽子脚大。所以，人如果根据某一性状进行选择，这一性状就会加强，同时因为奇特的相关变异法则，还会无意中改变其他部分的构造。

各种未知的或者仅能模糊理解的变异法则，会产生形形色色无限复杂的效应。仔细研究一下风信子、马铃薯甚至大丽花等历史久远的栽培植物，相关论文是非常值得阅读的。各个变种和亚变种之间在构造和体质上都会有无穷无尽的细微差异，这让我们感到特别惊讶。这些生物体的整体构造变得可塑了，并且正在以轻微的差异慢慢远离亲代的体制。

对于我们而言，不遗传的变异无关紧要。但是可遗传的构造上变异，无论是微小的，还是具有重要生理作用的，其数量与多样性都是难以计数的。关于这一点，卢卡斯的两部巨著做出了最详细、最充分的解释。没有一个饲养者会怀疑遗传的强大作用，他们都相信物生其类。只有那些空谈理论的著作家们，才会怀疑这个原理。构造上的偏差常常同时出现在父代和子代身上，我们无法确定这样的偏差是否由同一原因造成。但是，在处于相同条件下的数百万个个体中，由于某些特殊情况的结合，某些罕见的变异偶然出现在亲代又重现于子代，单纯的机会主义几乎迫使我们将其重现归因于遗传。大家一定听说过，白化病、刺皮、多毛症等出现在同一个家庭的不同成员身上。如果奇异和罕见的结构偏差是真正的遗传，那么普通和常见的偏差自然也可以被视为遗传。也许研究这个问题的正确方法是：把各种性状的遗传看作规律，把不遗传看作异常。

支配遗传的法则，很多都还是未知的。没有人能解释：为什么相同物种的不同个体或者不同物种的相同特性，有的会遗传有的却不会；为什么子代常常会出现其祖父母或者更远祖先身上的某种特性；为什么某一特性常常会从一个性别遗传给雌雄两性后代，或者只遗传给单一性别，当然通常情况下是遗传给同性，但是也并非绝对。有一个非常重要的事实是，雄性家养动物身上的特性通常只会遗传或者很大程度上遗传给雄性。还有一个更重要并可信的规律是：不管在其一生的哪个时期出现的某种特性，其后代往往在相同时期也会出现相同的特性（虽然有时候会提前一些）。在很多情况下，这一规律都得到了证实：牛角的遗传特性只有在后代几乎成熟时才会出现；家蚕的特性，相对应的也只会在幼虫期或者蚕蛹期出现。但是遗传性疾病和其他一些事实让我相信，这种规律的适用范围应该更广泛。虽然没有明确的理由可以证明某种特性应该在一定的时期出现，但可以肯定的是，这种特性在后代出现的时间与父代出现的时间基本一致。我认为该规律对于解释胚胎学定律至关重要。上述意见仅针对特性的初次出现，并非针对作用于胚珠或者雄性生殖质的最初原因。短角的母牛和长角的公牛交配，产生的后代牛角变长了，虽然这一特性出现在生命的较晚时期，但显然是雄性生殖质起的作用。

提到返祖问题，在这里我想谈论一下博物学家们经常提起的一个观点，那就是如果把我们家养的物种放归野外自然的生存环境之后，它们会逐渐重现原始祖先的特性。因此，有人认为，不能通过对家养物种的研究来推断自然条件下物种的演变。我也曾尝试去寻找如此频繁而大胆的论述的依据，然而并未找到。要证明这个观点的真实性是非常困难的，而且我可以很肯定的是，大多数性状突出的家养动物不可能在野外生存下去。在很多情况下，我们并不知道家养动物的变种是什么，所以也很难确定它们是否会完全重现原始祖先的特性。为了防止杂交的影响，我们必须将新的单一变种放在一个新的地方。但是有时候我们的家养变种确实会出现某些其原始祖先的特性，所以下列情况是有可能发生的：如果我们将一些不同品种的甘蓝成功地种植在贫瘠的土壤中（在这种情况下，贫瘠的土壤也会起到一定的作用），经过数代之后，它们将很大程度上或者完全重现原始祖先的特性。实验成功与否对我们的论点并不重要，因为实验本身已经改变了生存条件。如果有人可以证明，将大量家养变种放在同样的条件下，让它们自由杂交，通过相互混合来防止任何结构上的微小偏差，它们还能显示出强大的返祖倾向——即失去它们已经获得的性状，那么我就承认我们不能通过家养生物的变异来推导自然界的物种演变。但是并没有任何、哪怕一丁点的证据来支持这种观点：断言我们不能将拉车马和赛马、长角牛和短角牛、各种家禽以及各种蔬菜，无数代地一直繁殖下去，这种观点是违背了一切经验和事实的。

家养变种的性状；变种和物种的区别；起源于一个或多个物种的家养变种

当我们观察家养动植物的遗传变种或者品种，并把它们和亲缘关系比较密切的物种进行比较时，就会发现如前所述，每个家养变种的性状都不如原种一致。家养变种常常会出现一些畸形的性状；也就是说，它们彼此之间以及同属其他物种之间，虽然在某些方面差异很细微，但是却常常在另外一些部分有着极端的差异，尤其是与最接近自然条件下生长的物种比较时，差异更为明显。除了畸形性状之外（还有变种杂交的完全可育性，后面会讲到这一点），同一物种在家养状态下不同变种之间的差异，与它们在自然环境下生长的同属近缘物种之间的差异类似，只是前者的差异通常更小一些。我们必须承认这一点。许多动植物的家养品种，某些有能力的鉴定家认为它们是不同物种的后代，而同时，另外一些有能力的鉴定家则认为它们仅仅是同一物种的不同变种。如果家养的品种和物种之间存在着巨大差异，那么这种争论就不会长久存在。人们常常说，家养变种之间的差异一定不会达到属级的程度。依我看来，这种说法并不正确。博物学家们对于如何界定生物性状上的差异是否达到了属的程度各有看法，他们通常是根据个人经验来制定鉴定的标准。当弄清楚了自然环境中属的起源之后，我们就会知道，无法经常在家养的品种中找到性状差异足以达到属的程度的变异。

当我们试图估计近缘家养物种之间的结构差异数量时，由于不知道它们是来自同一亲种还是多个亲种，我们很快会陷入疑惑。如果可以解决这个疑问，那应该是非常有趣的。众所周知，灵缇犬、寻血猎犬、㹴犬、西班牙猎犬和斗牛犬都能以纯种繁殖，如果能证明它们起源于同一物种，那么将使我们对自然界中许多近缘物种（例如世界各地的狐狸）是不变的说法产生极大的怀疑。我不相信所有的狗的差异都是在家养状态下产生的，这一点后面将会讨论。但是，有一些特征显著的家养物种，有推论甚至是强有力的证据证明它们源自同一个野生原种。

人们通常认为，人类会选择变异性大且能够适应各种气候环境的动植物来进行驯养和培育。我不否认这些能力在很大程度上增加了大多数家养物种的价值。然而那些未开化的蛮人在第一次驯化动物时，怎么知道它们的后代是否会产生变异，是否能适应不同的气候环境呢？驴和鹅的变异性很小，驯鹿耐热能力差，普通骆驼耐寒能力差，难道这些特点会阻止它们被家养吗？我相信，如果现在从自然环境中取来一些动植物，在数量、产地以及分类纲目上类似于现在的家养动植物，并且在同样的家养状态下繁殖了同样多的世代，那么，一般而言，它们的变异量会与我们现有的家养动植物原种发生的变异量一样多。

就大多数从远古时期就开始被家养的动植物而言，它们到底是同一个物种还是从多个物种繁衍而来，我们尚未得出定论。相信我们的家畜是来自多个物种繁衍的人，他们的主要依据是，上古时期，在古埃及石碑和瑞士湖上先民的住所里，发现的家畜物种是多种多样的，并且某些古代物种与至今仍存在的物种相似甚至完全相同。但是这些仅仅只能证明，人类的历史文化久远，以及人类对物种的驯养比我们想象的要更早一些而已。瑞士湖上的居民曾经栽种过若干种大麦、小麦、豌豆、制油用的罂粟和亚麻，也驯养过好几种家畜。同时，他们还与其他民族通商。正如霍纳先生评论说，这一切都表明，在很早时期，瑞士湖上的居民就已经拥有了很高的文明；同时也表明，在这一时期之前，还有过很长久的较低文明时期，在那段时期，不同地区人们驯养的动物已经开始慢慢发生变异并逐渐形成不同的品种了。自从在世界各地发现燧石器之后，所有地质学家们都相信，在非常久远的时代，原始人就已经存在了。我们也知道，现在没有哪一个民族未开化到连狗都不会饲养。

也许，对于很多家养动物的起源，我们永远也无法弄清楚。但是我想说明的是，我曾仔细研究过世界上的各种家养犬种，并且搜集了所有已知事实，得出这样的结论：犬科中有几个野生物种曾经被驯养过，在某种情形下，它们的血液曾经混合在一起，并在现在家犬的血管中流淌着。至于绵羊和山羊，我暂时还没有定论。根据布莱斯先生告诉我的事实来看，印度产的瘤牛，其习性、声音、体质和构造等方面与欧洲牛不同，据此我们可以判断，印度瘤牛和欧洲牛源自不同的祖先。某些有能力的鉴定家认为欧洲牛有两到三个野生祖先（但是不知道它们是否可以称为物种）。其实，卢特梅耶教授所做的伟大研究已经证明了这一结论，包括印度瘤牛和普通牛的种级区别。对于马，我和几位作者持不同意见，我认为，所有的家养马都源自同一个野生原种，我无法在此给出理由。我很重视学识极为丰富的布莱斯先生的一个观点，即所有英国家养鸡的品种都源于印度野生鸡。我饲养过几乎所有品种的英国鸡，让它们交配和繁殖，并且对它们的骨骼进行了研究，由此得出了和布莱斯先生一样的结论。至于鸭子和兔子，尽管品种之间的结构差异很大，但是我相信它们全部源自普通的野鸭和野兔。

一些作者把某些家养物种起源于不同原始物种的学说推向了荒谬的极端。他们相信，那些可以独立繁殖的家养品种，即使其性状上的差异极其细微，也是源自不同的野生物种。按照这种观点，在欧洲，至少存在 20 种野牛和野绵羊以及数种野山羊，甚至在英国也有若干个物种存在。其中一位作者认为，在英国曾经有 11 个野生绵羊种。我们必须牢记，英国现在几乎没有特有的哺乳动物，法国只有极少数哺乳动物和德国不同，匈牙利、西班牙等国家也是如此，但是这些国家都有几种特有的牛、羊品种。我们必须承认，许多家养品种都源于欧洲，否则它们何时从何地而来呢？印度同样如此。我承认，全世界的家犬源于几个不同的野生犬种，但是这些家犬中，也必然存在着大量的遗传变异。意大利灵缇犬、寻血猎犬、斗牛犬、布莱尼姆长耳猎狗等犬种与所有野生犬种差异巨大，谁能相信与它们类似的动物曾经在自然环境下生存过呢？人们常常随意地说，现有的狗的品种都是由过去几种原始犬种杂交而来的。但是通过杂交，我们只能获得介于双亲之间的类型。如果要用杂交来解释现有犬种的来源，那么我们必须承认，像意大利灵缇犬、寻血猎犬、斗牛犬等极端型的狗曾经在自然环境下生存过。况且，通过杂交来获得不同品种的可能性已经被极度夸大了。毫无疑问，偶尔通过精心挑选某些带有我们需要的性状的个体进行杂交时，会发生品种的变异；但是我很难相信，一个新的品种会从两个截然不同的品种之间杂交获得。西布赖特爵士曾经对此做过实验，但是失败了。两个纯种之间第一次杂交后第一次产生的后代（如我在鸽子中发现的一样），性状相当一致，一切似乎都很简单。但是如果我们让这些后代继续杂交几代之后，几乎没有两个个体是相似的，显然，接下来的事情将会变得非常困难，甚至可以说是毫无希望的。

家鸽的差异和起源

　　我认为用特殊的种类来做研究是最好的方法，经过深思熟虑，我选择了家鸽作为研究对象。我设法保留了所有能够买到或者求得的品种，还从世界各地得到了他人热心惠赠的各种鸽皮，特别是埃利奥特从印度寄来的标本和默里从波斯寄来的标本。各种不同语言的有关鸽子的论文都曾大量被发表过，其中一些因为年代久远而极其重要。我曾经和几位杰出的鸽友联系过，同时还加入了伦敦的两个养鸽俱乐部。鸽子品种的多样性实在是令人感到惊讶。比较一下英国信鸽和短面翻飞鸽，就会发现它们的喙和头骨有着奇妙的差异。英国信鸽，尤其是雄性，头皮上有明显的肉突，眼睑很长，鼻孔很大，而且喙也很宽大。短面翻飞鸽的喙和雀科类似，普通的翻飞鸽有着独特的遗传习惯，它们经常在高空聚集翻筋斗。鸾鸽体形硕大，喙长而粗大，脚也很大。其中有些亚种，脖子很长，有些翅膀和尾巴很长，而另外一些则尾巴很短。勾喙帕布鸽与信鸽相似，但是它们的喙短而宽，不像信鸽那样长。球胸鸽有着细长的身体、翅膀和腿，它们的嗉囊异常发达，感到得意时嗉囊会膨胀，这一点可能让人感觉很惊讶甚至是可笑。浮羽鸽喙短且呈圆锥形，胸部下方有一排倒生的羽毛，它具有能使食管上部不断微微膨大起来的习性。毛领鸽颈背的羽毛，向前倒竖，呈凤冠状，按其身体比例来说，翅羽和尾羽都很长。喇叭鸽和笑鸽，顾名思义，它们的鸣叫声与其他品种截然不同。孔雀鸽一般有30~40 根尾羽，而其余鸽类正常的尾羽数是 12 或 14 根。一些品种优良的孔雀鸽展开竖立尾羽时，甚至可以头尾相接。此外，孔雀鸽的脂腺已经严重退化了。我们还可以列举出一些有较小差异的品种。

对于骨骼来说，这些品种的面部骨骼在长度、宽度和曲度上差异很大；下颌支骨的性状、长度和宽度的变异显著；尾椎与荐椎在数量上存在差异；肋骨的数目、相对宽度以及是否突起等也有一些差异；胸骨上孔的大小和形态有很大的变异；两叉骨的角度和相对宽度也是如此。以下这些部位很容易发生变异：口裂的相对宽度，鼻孔、眼睑和舌（并不是总与喙的长度严格有关）的相对长度，嗉囊和上部食管的大小，脂腺的发育程度，主要的翅羽和尾羽的数目，翅和尾的相对长度，翅和身体的相对长度，腿和脚的相对长度，脚趾上鳞片的数目和脚趾间皮膜的发育程度等。羽毛完全长出来的时间各不相同，初生雏鸟的绒毛状态也是如此。卵的性状和大小也各有不同。飞行的方式、鸣叫声和性格也明显不同。最后，在某些品种中，雌鸟和雄鸟之间也有细微的差别。

如果我们从以上家鸽中选出20个品种请鸟类专家进行鉴定，并且告诉他这些都是野鸟，那么他必然会将这些家鸽列为不同的物种。而且，我不相信有任何鸟类专家会把英国信鸽、短面翻飞鸽、鸾鸽、勾喙帕布鸽、球胸鸽、毛领鸽列为同属；特别是那些纯系遗传亚种——他很可能称之为物种——更是如此。

虽然家鸽各个品种之间差异如此之大，但是我相信一般博物学家们的看法：这些家鸽的祖先都是野生岩鸽。野生岩鸽包括几个差异较小的地理品种和亚种。由于导致我相信这一点的几个原因，在某种程度上可以适用于其他情况，因此我想在这里简单概述一下。如果这些家鸽品种不是变种，而且也不是由岩鸽繁衍而来，那它们必然源于至少七八个原种。因为现在已知的家鸽品种非常多，绝不能从少数的原种中杂交而来。以球胸鸽为例，除非它的祖先有巨大的嗉囊，否则不可能经过杂交产生这样的性状。假定这些原种都是岩鸽，它们不在树上栖息或者生育。然而，除了这种岩鸽和其地域亚种之外，已知的另外两三种野生岩鸽都不具有任何家鸽的性状。如此一来，家鸽的原始种只有两种情况：一是它们依然生存在最初被家养的地方，只是尚未被发现；二是它们已经灭绝了。从它们的大小、习性和显著性状来看，第一点似乎不太可能。但是能够生活在岩壁上又会飞翔的鸟类，不太可能会灭绝。与家鸽习性相似的普通岩鸽，即使生活在英国较小的岛屿或者地中海沿岸，依然没有灭绝。因此假设与岩鸽习性相似的诸多物种已经灭绝，无疑太过草率。而且，上述几个品种的家鸽，曾经被运往世界各地，有一些品种肯定会被带回原产地，但是，除了鸠鸽（一种发生了微小变异的岩鸽）在一些地方回到了野生状态之外，其余品种都没有。另外，经验事实表明，任何野生动物在驯养条件下都很难自由繁殖。然而，基于家鸽多源假说，至少有七八种物种在古代被半开化人彻底地驯化了，这样它们才能在家养状态下大量繁殖。

还有一个重要的可以用于其他情况的论证，虽然上述提到的家鸽品种在体质、习性、声音、颜色及大部分构造上与野生岩鸽大致相同，但是仍然有一些构造差异显著。在整个鸠鸽科中，没有其他品种的喙像英国信鸽、短面翻飞鸽或者勾喙帕布鸽；也没有哪个品种像鸾鸽那样倒生毛，有像球胸鸽那样大的嗉囊，或者像孔雀鸽有那么多的尾羽。如果要承认家鸽的多源假说是正确的，不仅要假设古代半开化人成功地驯化了几种野生鸽子，有意或者无意地挑选出了特征突出的物种，而且这些物种还全部灭绝了或者尚未被人发现。在我看来，这一连串的偶然事件是绝不可能发生的。

关于鸽类的颜色，有几点很值得研究。岩鸽是石板蓝色的，腰部是白色（但印度亚种，即斯特里克兰岩鸽的腰部却是蓝色的），尾部有深色横纹，外侧尾羽基部的边缘是白色的，翅膀上有两条黑纹；但有些半家养和纯野生的品种，除了有两条黑纹之外，还有一些黑色方斑。对于本科的其他任何物种来说，这些特征不会同时出现。但是，现在每个家鸽品种，只要繁育得好，不仅会出现上述斑纹，外尾羽上还会出现白边。而且，把两个或者几个不同品种的家鸽进行杂交，就算它们不是蓝色或者不具有任何上述特征，它们的后代也很容易出现这些特征。现在我列举几个曾经观察过的实例：我曾经将纯种白色孔雀鸽和黑色勾喙帕布鸽杂交（勾喙帕布鸽很少有蓝色变种，据我所知，英国还未发现），后代有黑色、褐色和杂色的。然后，我又用一只勾喙帕布鸽和一只纯种斑点鸽进行杂交（斑点鸽是白色、红尾，额部有红色斑点），其后代是暗黑色并且带有斑点。接着，我将上面两次杂交的后代进行杂交，产生了一只与野生岩鸽一样拥有石板蓝色、白腰、尾部横纹白边以及翅膀黑纹的美丽后代。如果所有家鸽品种都起源于野生岩鸽，那么我们就可以根据众所周知的返祖原则来解释这一事实了。但是如果我们不认同这一观点，就必须接受以下两种不符合情理的假设之一：第一，假定所有原种都具有与岩鸽相同的颜色和斑纹，因此其任何后代都有可能重现这些颜色和斑纹，但是至今尚未发现任何一个品种拥有这样的颜色和斑纹；第二，各品种（包含纯种）都必须在 12 代或者至多 20 代之内同岩鸽杂交过。我之所以指明是 12 代或者至多 20 代，是因为目前尚未找到任何一个例子证明，杂种后代可以重现 20 代以上已经消失的外来血统祖先的性状。对于只与某个独特品种杂交过一次的品种来说，重现任何从这次杂交中得到的性状的倾向都会越来越小，因为外来血统会随着代数的增加而减少。但是，如果没有进行过杂交，那么它们重现前几代已经消失了的性状的趋势就会增强，因此我们可以看到，相反地，这种趋势可能会无限期地遗传下去。论述遗传问题的人常常会将这两种情况混淆。

最后，根据我对不同品种的家鸽的观察，可以断定，所有家鸽品种杂交或者混血产生的后代都是完全能生育的。但是，没有任何实例可以证明，两个完全不同的物种之间杂交产生的后代是可以生育的。一些作者认为，人类长期的驯养可以消除这种强烈的不育趋势。从狗的历史来看，我认为这个假设可以适用于亲缘关系密切的物种。但是如果这个品种的范围延伸得太远，假设像信鸽、翻飞鸽、球胸鸽和孔雀鸽那样差异显著的物种，进行杂交之后依然能够产生可以生育的后代，那未免太过轻率了。

综上所述：人类不可能曾经驯养七八种假定的家鸽原种，并让它们在家养状态下自由繁育；这些假定的家鸽原种从未在野外被发现，并且也没有家鸽回归野生状态；虽然这些假定物种在很多方面与岩鸽相似，但与其他家鸽种类相比，仍然有着巨大的差异；不管是纯种的还是杂交后代，都可能偶尔出现蓝色和黑色的斑纹；杂交后代完全可以生育。综合以上理由，我们可以得出结论：所有家鸽品种都来源于岩鸽及其地理亚种。

为了证明上述论点，我还可以补充几点。第一，事实证明，野生岩鸽在欧洲和印度都曾被驯养，其习性和构造与所有的家鸽品种基本是相同的；第二，虽然英国信鸽、短面翻飞鸽某些性状与岩鸽差异很大，但是仔细观察这两个品种的一些亚种，特别是从很远地区带回来的亚种，可以发现，它们与岩鸽之间有一个近乎完整的演变序列，其他品种也可能会出现类似情况，但不是所有都是如此；第三，最容易变异的性状往往是这个品种中最显著的性状，比如信鸽的肉垂和喙都比翻飞鸽的长，孔雀鸽的尾羽数目比其他家鸽要多。当我们谈到“选择”时，便会清楚为何会如此；第四，鸽子在全世界都受到广泛关注，并且被人们喜爱和保护，世界各地驯养鸽子的历史都有数千年之久。正如莱普索斯教授向我指出的，最早的驯养鸽子记录出现在古埃及第五王朝（前 2494—前 2345）。但是伯奇先生告诉我，在更早之前的一个朝代的菜单中就曾出现了鸽子。根据普利尼记述，在罗马时期，鸽子的价格非常昂贵，“不仅如此，他们已经达到可以评价鸽子的品种和谱系的地步了”。大约在 1600 年，印度的阿克巴汗非常喜欢鸽子，在宫中养了 20000 多只鸽子。宫廷史官写道：“伊朗和图兰的国王送来一些珍贵的鸽子，陛下使各种鸽子种类相互杂交，以前从来没有人使用过这种方法，这让鸽子得到了惊人的改良。”相同世代的荷兰人和古罗马人也同样非常喜爱鸽子。上述史料对于我们解释鸽类的大量变异有重要的作用，我们后面讨论“选择”时就会明白了。同时，我们还可以了解到为什么这些品种会出现畸形。家鸽的配偶终生不会发生改变，这是产生鸽类品种的一种最有利条件，如此一来，饲养在同一个鸽笼的鸽子就不会混杂了。

我在上文对家鸽起源的几种可能性做了论述，但是还不够充分。因为当我第一次饲养鸽子并观察这些鸽子时，清楚地了解它们的繁殖状况，我很难相信它们出自同一个原种，这和博物学家们对许多鸟类得出的结论一样。我曾经与那些家养动植物的培育者交流过，或者拜读过他们的著作，有一种情况我印象非常深刻：所有人都坚信，他们培育的几个品种不是源自同一个原始物种。我曾经问过一个知名的赫里福德牛的饲养者，他的牛是否有可能源自长角牛，或者跟长角牛是同一个祖先？结果遭到了他的嘲笑。我遇到的养鸽、养鸡、养鸭、养兔的人中，没有一个不深信自己所养的主要品种都是由一个特殊的物种传下来的。范 · 蒙斯在其关于梨和苹果的论文中表示，他完全不相信这些品种，比如里布斯顿苹果和尖头苹果等品种来源于同一棵树的种子。还有许多诸如此类的例子，不胜枚举。我认为原因非常简单：经过长期的研究，这些品种之间的差异给他们留下了深刻的印象；另外，尽管他们清楚地知道每个品种的细微变异，通过这些细微的差异进行育种并得到了奖励，但是他们完全不懂一般的遗传变异法则，也不愿意去思考这些细微差异是如何累积并慢慢变大的。现在，很多博物学家知道的遗传法则比那些饲养者还要少，而且也不清楚长期演化谱系中的中间环节，但他们却承认很多家养物种来自于同一原种。当这些博物学家们嘲笑“自然状态下的物种是其他物种的直系后代”的观点时，确实应该学习一下什么是谨慎。

古代遵循的选择依据及其效果

现在，让我们简要概述一下，从一个原始种或者多个近缘种进化成家养品种的过程。有些可以归因为外部条件的直接作用，有些可以归因为习性。如果有人以此为依据，来解释拉车马和赛马、灵缇犬和寻血猎犬、信鸽和短面翻飞鸽之间的差异，那未免太草率了。我们可以看到的是，家养动植物最显著的特征之一就是它们的适应能力，这种能力不是为了增加它们自身的利益，而是为了满足人类的要求或喜好。有些对人类有利的变异可能是突然发生的，或者说是一步达成的。例如，许多植物学家认为，带有刺钩的起绒草是任何机械发明都无法比拟的，它是野生川续断草突然变异形成的变种，这个变异可能发生在幼苗时期；矮脚狗和安康羊也许也是同样的情况。但是，当我们对比拉车马和赛马、单峰骆驼和双峰骆驼、适用于耕地或高山牧场以及毛的用途各不相同的绵羊、不同用途的狗类、顽强战斗的斗鸡和很少斗争的品种、不孵蛋的卵用鸡和矮脚鸡、无数农艺植物、蔬菜、果蔬以及园艺花卉，就会发现，它们在不同的生长季节和不同的栽培目的上于人类十分有利，又或者说，它们的美丽让人赏心悦目。我认为，我们不仅要考虑变异这个因素，还要考虑其他因素。我们不能认为所有品种突然都像我们现在看到的那样完美无缺，实际上，在某些情况下，我们知道这还不是这些品种形成的历史。问题的关键在于人的积累选择作用：大自然赋予了上述所有品种连续的变异，而人类则根据自己的需求来增强这些变异。从这个方面来说，人类创造了有利于自己的品种。

这种选择原理的强大力量不是凭空想象出来的。可以肯定的是，我们有几个杰出的育种家，在他们的一生中，很大程度地改进了一些牛羊的品种。为了充分了解他们所做的事情，非常有必要阅读专门针对该主题的诸多论文，同时对动物做出实际的考察。饲养者们常说，动物的身体构造具有很强的可塑性，几乎可以按照他们的意图随意塑造。在篇幅允许的范围内，我会引用一些权威作者关于该问题的相关文献。尤亚特可能比其他任何人都了解农学家的工作，而且他本人还是一位优秀的动物鉴定家，谈到人工选择的原则时，他说：“这些农学家们的选择不仅改变了整个家畜群体的性状，甚至可以让它们发生彻底的改变。这就像魔术师的魔杖，可以将生物塑造成任何他们想要的形式和模样。”萨默维尔勋爵谈到饲养者对绵羊所做的贡献时，他说：“似乎他们已经将一种完美的模型粉刷在墙上，然后再赋予它们生命。”在萨克森州，人们充分认识到人工选育对美利奴绵羊的重要性，于是他们将此当成了一个行业：他们像鉴赏家鉴赏画作一样，把绵羊放在桌子上进行研究；他们每隔几个月进行一次，并将绵羊进行标记和分类，如此连续三次，从而最终选择出最好的绵羊进行繁育。

英国饲养家获得的成就可以从优良品种的高昂价格得到证明，这些优良品种已经被引进到世界各地。总体而言，这种改良绝不能归因于不同品种的杂交，除了偶尔使用一些近缘亚种进行杂交外，所有一流的育种家都强烈反对这种方法。即便是杂交之后，所做的筛选也比一般情况下更为严格。如果选择仅在于分离出一些特殊的品种进行繁殖，那选择的原理便不值得被认真研究了。人工选择的重要性在于，将变异连续数代在同一个方向上累积，并产生巨大的影响。这些变异非常微小，未经训练的人绝对无法察觉出来。我也曾经尝试过，但是未能觉察出这种细微变异。千万个人中，难得有一个人有足够的眼力和判断力，能够称得上是一个优秀的育种家。哪怕他具有这种天赋，也只有通过多年的潜心研究，并以坚忍不拔的毅力全力以赴，他才能成功。这些条件缺一不可，否则他一定会失败。人们都坚信，要想成为一个熟练的养鸽者，天赋和多年的经验都是不可或缺的。

园艺家们也同样如此，但是植物的变异往往比动物来得更突然。没有人会认为，我们精选出来的产品是仅由原始种的一次变异形成的。一些确切的资料记载可以证明，举一个简单的例子，普通醋栗的大小是逐渐增大的。如果将现在的花朵与二三十年前画作中的花朵对比，我们会发现园艺家们对花朵进行的惊人的改良。当一个植物品种被培育成熟之后，育种者们并没有选择那些最好的植株，而是拔掉苗圃中那些不符合标准的植株。对于动物，人们其实也是遵循这种原则，因为几乎没有人会粗心到用最差的动物去繁育。

关于植物，还有另一种观察选择累积效果的方法：比较花园中同一物种不同变种花卉的多样性；比较菜园中同一物种不同变种蔬菜的叶子、豆荚、块茎或者其他任何有价值的部位的多样性；比较果园中同一物种不同变种的叶子和花朵的多样性。看看不同甘蓝的叶子有多么不同，而花朵有多么相似；看看不同三色堇的花朵有多么不同，而叶子有多么相似；看看不同的醋栗的果实大小、颜色、性状以及绒毛有多么不同，而花朵有多么相似。以上并不是想说明，当变种的某些方面变异显著时，其他方面就没有任何变异。根据我的观察，几乎或者绝对没有这样的情况发生过。相关变异法则的重要性不容忽视，因为它能确保某些变异的发生。但是，作为一般规则，我毫不怀疑轻微变异的连续选择，无论是在花朵、叶子，还是果实上，都会培育出新的变种来。

在近七八十年里，人们才开始有计划地实践选择原理。许多人一定会怀疑这种说法。近年来，人工选择确实受到更多的关注，并且很多相关的论文被发表，得到的成果也相当迅速且重要。但是，如果把该原理当成是近代才有的一个发现，那未免与事实相差太远了。我可以提供若干古代著作中的事例来证明，人们早就认识到选择原理的重要性了。在英国历史上蒙昧未开化的时代，就已经开始进口各种动物，并且通过法律禁止动物的出口。当时的法律规定：在一定规定的体格大小之下的马匹，需要被销毁处理，这就好像育种师拔除苗圃中不合标准的植株一样。我也在中国古代的百科全书中看到了有关选择原理的详细记载。一些古罗马时代的学者已经清晰拟定了选择的规则。从《创世记》的段落中可以明显看出，家畜的颜色早在那个时期就已经被人们关注。现代未开化人有时候会将他们家养的犬和野狗杂交，以达到改良品种的目的；古时候的未开化人也是这么做的，正如普利尼的书中介绍的那样。一些南非的未开化人，会把他们的牛按照颜色进行交配，正如因纽特人对他们的雪橇犬一样。利文斯通说，非洲内陆的黑人和欧洲人从来没有过来往，但是他们都同样重视家畜的优良品种。虽然有些事情并没有表现出真正的人工选择，但是却表明在古代，人们就已经很重视家养动物的繁育；而在现代，即使是最落后地区的人们，也注意到了这一点。的确，如果饲养家畜却没有注意到选种，那是一件非常奇怪的事情，毕竟品种优劣性的遗传是如此明显。

无意识的选择

目前，一些杰出的育种专家目标明确，即试图通过有条不紊的人工选择，创造出优于该国现有品种的新品种或者亚种。但是，当我们出于某种目的，尝试繁育出最好的物种时，有时候会无意识地做出某一个选择，这种选择往往更重要。因此，当一个人饲养指示犬时，会竭尽全力想要获得尽可能好的犬只，他会从狗群中挑选最好的狗进行繁育，但是他并不希望借此来永久地改变狗的品种。不过，我毫不怀疑，如果这个过程持续几个世纪，任何品种都会得到改良或者是发生变异，正如贝克韦尔和柯林斯得到的结果。他们采用相同的方法进行实验，只是更加系统性的，通过周密的计划对牛进行实验，最终在他们的有生之年，大大改变了这些牛的体型和品种。除非很早就对这些品种进行实际测量或仔细绘制图纸以供比较，否则这种缓慢而无意义的变化将永远不会被发现。在一些文明程度较低的地区，人们对品种的改进很少，在当地可能会发现一些变异很少或者完全没有变异的个体。我们有理由相信，从查理王时期开始，在无意识的选择下，骑士查理王猎犬已经发生了巨大的变化。一些权威学者深信，雪达犬是直接从西班牙猎犬繁育而来，然后通过缓慢的改变逐渐形成的。众所周知，在18世纪，英国指示犬发生了很大的变化，一般都认为这种变化主要是与猎狐犬杂交造成的。但是值得我们注意的是，变化是在不知不觉中逐渐发生的，而且效果十分显著。尽管西班牙指示犬确实来源于西班牙，但是巴罗先生告诉我，他在西班牙从没有见过一只与指示犬相似的本地狗。

通过类似的选择过程以及精心的训练，英国赛马的速度和体型都超过了亲种阿拉伯战马。因此，按照古德伍德比赛的规则，后者的载重量更受青睐。斯潘塞勋爵和其他人已经证明，与以前在该国饲养的牲畜相比，英格兰的牛的体重和早期成熟度已经大大提高了。如果把现在英国、印度和波斯的信鸽和翻飞鸽的状态，与过去诸多旧著作中记载的相关状态对比，我认为，我们可以清楚地追溯到，它们是如何通过各个阶段不易觉察的微小变异，从而变得与岩鸽差别巨大的。

尤亚特给出了一个很好的例子来说明选择过程的效果。这可以被视为无意识的选择，因为育种者没有预期或者想象过的结果出现了，也就是说，出现了两个新的品系。正如尤亚特先生所言，巴克利先生和伯吉斯先生饲养的两群莱斯特羊，“都是经过50年以上，从贝克韦尔先生的原始种繁育出来的。任何熟悉此事的人都不会怀疑，在任何情况下，饲养者都不会让羊群偏离贝克韦尔先生的原始种纯血统。然而，这两位先生拥有的绵羊之间的差异是如此之大，以至于它们看起来完全是不同的品种。”

如果现在还有特别原始的未开化人，以至于他们从未注意过家畜的遗传特性，当他们遇到饥荒或者灾害时，为了某些特殊的目的，也会将对他们特别有用的动物细心保留下来。如此一来，这些被选择的动物会比劣等动物留下更多的后代。因此在这种情况下，会出现一种无意识的选择。从火地岛的野蛮人身上，我们可以看到动物的价值，在饥荒年代，他们宁愿杀死年迈的妇女，也不愿意杀掉狗，在他们看来，狗比年迈的妇女更有价值。

植物同样也是通过被保存偶然发现的最优个体而逐步得到改良的，不管它们最初出现时是否达到变种的标准，也不管它们是否通过不同的品种或者变种杂交而成，我们都可以清楚地看到这个改良的过程。我们现在看到的三色堇、玫瑰、天竺葵、大丽花和其他植物的变种，比起以前的变种或者亲种，在大小和美观方面都有了巨大的改变。没有人会期望从野生植物种子中得到上佳的三色堇或大丽花，也没有人会期望从野生梨的种子中培育出一流的软肉梨，即使他可以把从果园中得来的瘦弱梨苗培育成佳品。从普利尼的描述看来，虽然人们从古代就已经开始栽培梨了，但那个时候梨的品质却很差。我看到园艺书籍中常对园艺家的精湛技艺表示惊叹，因为他们从如此低劣的材料中培育出了优良的品种。然而，毫无疑问的是，采用这种技术很艰难，就最终结果而言，几乎都是无意识的。其做法就是：始终选取最著名的品种来种植，当偶然有更好的变种出现时，选择这种变种继续种植，如此循环往复。当古代的园艺师们在种植他们得到的最好的梨时，并不曾想到我们今天能吃到何等美味的梨。今天我们能吃到美味的水果，某种程度上要归功于这些园艺师，因为他们选择并保存了能得到的最好品种。

通过那些缓慢而无意识的积累，我们的栽培植物发生了巨大的变化。我相信，这解释了一个众所周知的事实，那就是：很多时候，那些种植在花园或者菜园里的历史悠久的植物，我们已经无法辨别出其野生的原始物种了。如果人类花了几百年或数千年的时间来改善或改造大量的植物，使其达到目前对人类有用的标准，那么我们可以理解，为何在澳大利亚、好望角或者其他未开化人居住的地方，没有任何值得栽培的植物。在这些地方，天然植物种类繁多，并不是因为奇特的偶然导致了这些地区没有有用的植物，只是因为没有进行连续的选择优化以便品种不断改良，而无法达到家养的程度。

关于未开化人饲养的家畜，有一点不能忽视，他们几乎总是必须为自己的食物而奋斗，至少在某些季节是这样。在环境截然不同的两个地方，体质和构造上稍微有差异的同种个体，通常在一个地方会比另一个地方生长得更好。因此，通过“自然选择”过程（以下将对此进行更全面的解释），可能会形成两个亚种。这也许在一定程度上解释了一些作者的观点，即未开化人所养的变种比文明国度里所养的变种具有更多的真种特征。

显而易见，从人工选择所起的重要作用可以看出，为什么家养品种在构造和习性上都特别符合人类的需求和爱好；同时，也能理解为什么家养品种会频繁出现畸形，它们的外在特征的差异是如此之大，而内部部位或器官上的差异则是如此之小。人们很难甚至几乎不可能对家养品种的内部特征变异进行选择，人类极少注意到内部结构的变异。除非自然首先给了它一些细微的变异，否则人类绝对不可能去选择它。如果不是一只鸽子长出了不同寻常的尾巴，没有人会想要培养出孔雀鸽；如果不是看到一只鸽子长出了异常膨大的嗉囊，也没有人会尝试培育出球胸鸽。任何性状第一次出现的时候，越是不同寻常，越有可能引起养鸽人的注意。但是，毫无疑问，在大多数情况下，人们刻意想要培育出孔雀鸽的说法都是不对的。最初选择尾羽稍长的鸽子来培育的人，根本不会想象到，经过长期连续的有意或者无意的选择之后，最终鸽子会变成什么样子。也许所有孔雀鸽的始祖都像现代的爪哇孔雀鸽一样，只有 14 根能微微张开的尾羽；或者像其他特殊品种一样，已经有 17 根尾羽。第一只球胸鸽嗉囊的膨胀程度，也许仅与现在的浮羽鸽食管膨胀一样，但是现代养鸽者很少注意浮羽鸽食管膨胀这一特征，因为这并不是它的主要特征。

也不要以为要引起鸽友的注意就必须在结构上做一些大的改动：因为他们能察觉非常微小的差异，喜欢新颖的事物是人类的天性，无论多么微小也会得到重视。我们决不能用已经形成的品种的价值标准，来评价它们以前那些微小变异的价值。至今，鸽子可能会并且实际上确实会出现许多细微的差异，但是这些差异会被视作偏离了完美标准的缺陷，从而被放弃。普通的鹅没有出现过显著的变异，因此，图卢兹鹅仅仅是颜色上与普通鹅不同，而且该性状还不稳定，却在最近的家禽展览会上被当作新品种来展示。

我认为这些观点可以很好地解释人们时常会提到的一种说法，那就是，我们对家养物种的起源和演化几乎一无所知。但是，实际上，家养物种就像方言一样，几乎很难说它有一个明确的起源。人们保存并繁育了结构上有些细微差异的个体，或者更多地让最好的动物个体之间进行交配，从而让这个品种得到了改良，改良后的品种就会慢慢在临近地区传播开来。但是，到目前为止，它们几乎没有一个独特的名字，并且仅因其价值不高而被忽略历史渊源。如果按照同样的方式继续，慢慢对它们进行进一步改良，它们将更广泛地传播，就会因为其特点和价值而被承认，然后它们才会获得一个地方性的品名。在半文明国家里，由于交通不便，新亚种的传播速度非常缓慢。一旦新亚种的价值得到了充分认识后，无意识的选择原理会让这些特征继续加强，无论这个特征是什么。品种会随着潮流的变化而兴衰，也会随着文明程度的不同而不同，也许一个地区养的多而另一个地区养的少。但是，由于改良的过程非常缓慢，具有不定性，而且难以察觉，因此很难被记录保留下来。

人工选择的有利条件

现在，我要谈一下人工选择的利弊。高度可变性显然是有利的，因为可以自由选择要使用的材料。即使这种变异只是个别的，也不能忽略，只要加以注意，就能促使变异朝着我们期待的方向慢慢发展。因为满足人类需求和喜好的变异只是偶然会出现，所以需要增加饲养个体的数量来提升变异发生的概率。个体数量的多少对于人工选择是否成功至关重要。根据这一原则，马歇尔就约克郡部分地区的绵羊有个说法，“由于它们通常属于穷人，而且多数都是小规模的，因此永远无法改良。”另一方面，培育了大量同种植物的园艺家，在获取有价值的新品种方面，比一般业余者要更成功。动植物只有在适合它们生长的地方，才能大量地自由繁育。当任何物种的个体稀少时，通常不管其质量如何，所有个体都可以繁殖，这会有碍于人工选择。当然最重要的一点是，人们应该重视动植物的价值，并且密切关注哪怕最微小的品质和构造上的差异。如果不能做到这一点，绝对不会有任何成效。我曾看到有人认真地提出，只有当园艺者开始密切注意草莓时，草莓才发生变异，这是最幸运的。毫无疑问，自开始种植以来，草莓一直都在变异，但那些微小的变异却被忽略了。然而，很快，当园艺者挑选出较大的、成熟较早的或者挂果更好的草莓植株，并从中培育出幼苗，再挑选出最好的种子进行播种（同时辅以种间杂交），于是在最近的三四十年中，许多优良草莓品种被培育出来了。

防止杂交是成功培育新品种的重要因素，至少在有其他品种的地区是这样的。因此，圈养是非常必要的。流浪的未开化人或者在开阔平原地区的居民，很少拥有同一物种的多个变种。鸽子可以终生只有一个配偶，这对鸽友来说是一个极大的方便，因为尽管很多鸽子都混居在同一个鸟舍中，还是可以保证鸽子是纯种。这种情况肯定在很大程度上有利于新品种的改良和形成。此外，鸽子可以大量快速地繁殖，品质低劣的鸽子可以食用，自然很容易就被淘汰了。与此相反，猫是夜行性动物，又很难控制交配，虽然受到妇女和儿童的喜爱，但是却很少有独特的品种能够长久保存下去。我们偶尔看到的特殊品种，几乎都是从其他国家进口的。我毫不怀疑某些家养动物的变异程度要比其他动物小，然而，猫、驴、孔雀、鹅等动物却很少或者根本没有出现特殊品种，主要原因在于选择根本没有发挥作用：对于猫来说，很难给它们配对；而驴子，数量少且几乎都是被穷人饲养，没有人注意过它的繁育；孔雀由于饲养困难，数量比较稀少；至于鹅，它的主要价值在于肉和羽毛，一般人对其特殊品质没有太大兴趣。正如我在其他地方提到过的，即使家养状态下的鹅产生过微小变异，其品质特征也很难发生变化。

有些学者认为，家养生物的变异会在短期内达到一个极限，此后便不再容易产生变异了。无论如何，贸然下此结论，未免有些轻率，因为在近代，几乎所有家养动植物在各方面都得到了巨大的改良，这说明变异一直在进行。如果断言现在已经达到极限的某些特征，经过数个世纪定型之后无法在新的环境下发生变异，也是草率的。正如华莱士先生所说，变异最终会达到极限，这句话很有道理。例如，任何陆生动物，它们的运动速度都会有一个局限，因为要克服它们自身的体重、肌肉伸缩能力和摩擦力等。但是，与我们讨论的问题有关的一个事实是，同种家养变种，因为人类的注意和选择而发生的每一个性状上的差异，都比同属异种间的差异要大。小圣提雷尔曾经就体型方面证实过这一点，颜色和毛的长度方面也是如此。至于运动速度，则与身体特征有关，例如伊克利普斯马跑得快，拉车马体格健壮，这两种不同的性状是同属中另外两个自然物种无法比拟的。植物也是一样，豆或者玉米的不同变种的种子，其大小上的差异可能都比同属其他物种之间的要大。李子各种变种的果实也是如此，甜瓜则更为显著。还有很多例子，不胜枚举。

现在，我们来总结一下家养动植物的起源。我认为，生存条件对生物变异至关重要，它既可以直接作用于生物的构造，又会对生殖系统产生间接影响。如果说在任何情况下，变异都是天赋的和必然的，这种说法我不太认同。遗传和返祖的力量决定了变异能不能持续下去。变异性受很多未知法则的影响，特别是生长的相关性。一部分可以归因为生存条件的直接作用，还有一部分可以归因为器官的使用与否，因此，最终结果将无限复杂。在某些情况下，我毫不怀疑，不同原种之间的杂交对新品种的产生起了巨大的作用。在某些地区，当人们培育出了几个新品种，经过偶尔的杂交，然后再进行人工选择，毫无疑问，会在很大程度上有助于新亚种的产生。但是我相信，不论是动物还是用种子繁育的植物，杂交的重要性都被夸大了。对于通过扦插、嫁接等方法进行临时繁育的植物来说，不同品种之间杂交的作用非常大，因为培育者不用考虑杂种和混种的变异性和不育性。但是，不用种子进行繁殖的植物对我们来说并不重要，因为它们仅仅是暂时存在的。在所有这些导致变异的原因中，我坚信人工选择的累积作用，无论是系统而快速的，还是无意识且缓慢的，迄今为止，它们都是形成新物种的主要力量。

The Origin of Species

第二章

自然状态下的变异

变异性

在将上一章中提出的原理应用于自然状态的生物之前，我们必须简短地讨论一下这些生物在自然状态下是否容易发生变异。为了正确对待这个问题，我们必须列出一长串枯燥的事实来说明，所以只能留到我将来在其他文章中再讨论。我在这里也不会讨论术语“物种”的各种定义。到目前为止，还没有一个定义能使所有博物学家满意；但是，每个博物学家在谈论物种时都隐约知道它的意思。通常，该术语包含一种独特创造行为的未知元素。“变种”一词几乎同样难以定义；它差不多普遍是指含有共同的血统关系，尽管这一点很难被证明。另外，所谓“畸形”也是这样难以定义，只不过慢慢演变成了变种。我认为，“畸形”是指某个物种的一部分结构上有相当大的偏差，这种偏差对物种本身有害或者无用，并且通常不会遗传。有些学者会从技术角度来使用“变异”这个术语，通常直接暗示由于生活的物理条件而发生的直接改变；从这个角度来说，“变异”是不能遗传的。但是谁能说，波罗的海的半咸水域中贝壳的矮化现象、阿尔卑斯山顶植物矮小的状态以及在极北地区动物皮毛较厚的情况，不会遗传数代呢？在这种情况下，我认为这些生物都应该被称为变种。

在一些家养生物中（特别是植物），我们偶尔会看到突然发生的结构上的巨大差异，这些差异会不会一直遗传下去，我们还不清楚。

几乎所有生物的每一个器官，都能很好地适应其生活的环境。任何一个器官都不是突然出现的，就好像人类发明的机器一样，不能一下子就变得完美。家养状态下的生物有时候会生出畸形，而这些畸形却与其他物种的正常构造相似。例如，有时候母猪会生下长鼻子的小猪。假如同属中曾经有其他野生种自然地长出过长鼻子，那么小猪的长鼻子可能是以一种畸形状态出现的；但是我努力搜寻过，并没有找到近缘种有正常的构造与之相似，而这正是问题的关键所在。如果在自然状态下，这种畸形类型确实出现过，并且它们可以繁育（通常是不能的），那么，由于这种情况出现的概率极小，必须有一个极为有利的环境才能保留下来。而且，在此后的数代，它们都会和没有畸形的普通类型杂交，这样它们的畸形特征在数代之后就会无法避免地消失。对于单独或者偶尔出现的变异的保存和延续，我将会在下一章谈到。

个体差异

有许多细微的差异，我们都可以称为个体差异，例如经常出现在同一个父母不同后代中的微小差异，或者是居住于相同地区的、有相同祖先的同一物种的个体中，我们观察到的微小差异。没有人会设想，同一物种的所有个体都如同用一个模具铸造出来的一样。这些个体差异对我们非常重要，因为它们为自然选择提供了积累的材料，就像人类可以在任何给定的方向上积累其驯化产品中的个体差异一样。这些个体差异通常会影响博物学家认为不重要的器官，但是我可以通过一长串的事实证明，同一物种不同个体之间的差异，无论是从生理学还是分类学的角度来看，被影响的器官肯定是重要的。我坚信，最有经验的博物学家会对变异案例的数量之多感到惊讶，变异甚至会发生在重要构造器官部分；这些案例可以在很长一段时间里通过相关资料来搜集，正如我所做的那样。应当指出的是，分类学家们并不太乐意在重要特征中发现变异，而且没有多少人会费力地检查内部重要器官，并在许多相同物种的不同个体间进行比较。我从来没想到，靠近昆虫的大中央神经节的主要神经分支在同一物种中也会发生变异。我曾经认为，这种性质的变异只能缓慢地实现。但是，拉伯克爵士已经证明了，介壳虫主要神经的变异程度几乎可以与树干分支的不规则程度相提并论。我还想补充的是，这位富有哲理的博物学家还指出，某些昆虫幼体内的肌肉排列很不相同。当一些学者声明重要器官绝对不会发生变异时，通常会使用循环推理的论证法，因为这些学者会把没有发生变异的器官当成重要的器官（正如一些博物学家自己承认的）。从这种观点出发，当然找不到任何重要器官发生变异的实例。但如果从其他角度来看，肯定有许多重要器官发生变异的实例。

在我看来，有一个与个体差异有关的问题是极为令人困惑的：那些被称为多型或者变型的属，物种内表现出极大的变异；对于其中一些类型，到底是将其列为物种还是列为变种，几乎没有博物学家的意见是一致的。我们可以列举出植物中的悬钩子属、蔷薇属、山柳菊属为例，也可以列举出昆虫类和腕足类中的一些属。在大多数多型属的物种中，有一部分特征是固定的。除了少数例外，在一个地区中具有多型性的属，在其他地区也会有多型性，同样，从腕足类的壳来看，它们从古代已经是如此了。这些事实非常令人困惑，因为它们似乎表明这种变异与生存条件无关。对于这一观点我持怀疑态度，我们在这些多型属生物中发现的结构上的变异，对物种本身既没有益处也没有坏处，因此自然选择没有对它们起作用，下文我将对此进行说明。

众所周知，同种生物的不同个体之间，往往还存在着与变异无关的巨大差异。例如动物的雌雄个体之间，昆虫的不育雌虫（即工虫）的两三个不同职级之间，以及许多低等动物幼虫和未成熟个体之间表现出来的巨大差异。此外，在动植物中，还存在二型性和三型性的现象。近几年，华莱士先生注意到了这一问题，他举例说，马来群岛某种蝴蝶的雌性个体，有规则地出现了两种或者三种有明显差异的类型，而且并没有出现中间变种。弗里茨·米勒在谈到某些巴西雄性甲壳类动物时，曾讲述了类似的，甚至更为异常的情况。例如异足水虱的雄性，常常有规律地出现两种不同的类型：一种有着形状各异且强有力的螯足，另一种生有布满嗅毛的触角。虽然在大多数动植物中，它们表现出来的两三个类型之间没有过渡的中间类型，但是这种中间类型曾经也许存在过。据华莱士先生描述，在某一岛屿上的蝴蝶，变种很多，甚至能够组成连续的系列；而这个系列两个极端的类型，与栖息在马来群岛上的一个近缘二型性物种类似。蚁类也是如此，一般情况下，不同职级的工蚁有着很大的区别；但是随后我们要讲到，在某些例子中，这些职级是由一些有细微差别的中间类型连接起来的。根据我的观察，某些二型性的植物也是如此。同一类型的雌蝶，在同一时间内，可以生产出三个不同的雄性类型和一个雌性类型；一株雌雄同体的植物，能在同一个蒴果内，产出三种不同类型的雌雄同株的个体，而且这些个体中还包含着三种不同的雌性和三种或六种不同的雄性。这些事实初看的确非常奇特，但也只不过是将以下这个普通事实夸大了，即雌性产生的雌雄后代，彼此间的差异有时会达到惊人的状态。

可疑物种

有些类型具有物种的特征，但是它们与其他类型极其相似，或者有一些中间类型与它们联系非常紧密，因此博物学家们不愿意将它们归类为不同的物种。在某些方面来说，这些连续性的类型对我们来说是最重要的。我们完全有理由相信，很多分类可疑又极其相似的类型，它们的特征在很长一段时间内都在生活的区域得到了保留，就像我们知道的那些良好的物种一样。事实上，当一个博物学家把两个类型通过中间类型联系起来时，他会将其中一个类型视为另一个类型的变种。他会将最普通的最早出现的那个类型描述为物种，而另外一个则视为变种。在决定是否将一个类型作为另一个类型的变种时，有些情况下会非常困难，即使在它们之间有中间类型可以连接，而且这些中间类型通常被认为是变种，也不一定能消除这种困难，在这里我就不一一举例了。但是，在很多情况下，一种类型之所以被认定为另一个类型的变种，实际上并不是因为已经找到了中间类型，而是通过类推，假设它们现在在某个地方存在着，或者曾经可能存在过。而这样，也就为怀疑和猜想打开了一扇大门。

因此，在确定某种形式应归为物种还是变种时，博物学家的判断力和丰富经验似乎成为理应遵循的唯一标准。但是，在许多情况下，必须综合大多数博物学家的决定，因为曾经有很多特征显著而且被人熟知的变种被几个著名的鉴定家列为物种。

毫无疑问，这种性质令人怀疑的变种并非罕见。比较不同植物学家绘制的大不列颠、法国或者美国的植物志，我们会发现，很多被一个植物学家列为物种的类型，却被另一个植物学家列为变种，而且数量多到令人惊讶。在这方面，我非常感谢沃森先生，他曾在多方面协助过我，他为我列举了182种不列颠植物，这些植物通常被认为是变种，但是都曾被植物学家列为物种；在列出此清单时，他省略了许多微不足道的变种，尽管这些变种的变异如此微小，仍然有植物学家将它们列为物种。除此之外，沃森先生完全删除了几个高度多型性的属。在包含最多多型性类型的属之下，巴宾顿先生列出了251种物种，而本瑟姆先生仅列出了112种，其中可疑类型数目之差竟然有139种之多！对于那些通过交配来生育并且具有高度活动性的动物来说，有些类型常常被某些动物学家列为物种，却被另外一些动物学家列为变种；这种情况在同一个地区比较少见，但是在彼此隔离的地区却很普遍。在北美和欧洲，有多少鸟类和昆虫彼此之间有细微的差别，它们被一位著名的博物学家列为物种，而被另一博物学家列为变种，或者被称为地理亚种！在华莱士先生的几篇有价值的论文中提到，栖息在大马来群岛的鳞翅类动物可以分成四种类型：变异类型、地方类型、地理亚种和物种。在同一个岛屿上，变异类型具有多变性。地方类型则相当稳定，但是在各个隔离的岛上却不相同。如果将所有岛上的类型放在一起比较，就会发现除了极端类型之外，其他类型之间的差异非常微小，因此我们很难区分和描述它们。地理亚种是性状非常稳定、完全隔离的地方类型，但因为彼此之间性状上没有显著或者重要的区别，所以只能凭借个人经验去判断哪个是物种、哪个是变种。最后，在各个岛屿的生态结构中，代表性物种与地方类型和地理亚种占据相同的地位，但是由于它们彼此之间的差异比地方类型或者地方亚种之间的差异要大得多，因此博物学家们普遍把它们称作真正的物种。尽管如此，对于如何区分变异类型、地方类型、地理亚种和物种，我们还没有一个确切的标准。

许多年前，当我比较加拉帕戈斯群岛各个岛屿上的鸟类，并且参考其他学者进行过的比较，我惊讶地发现，它们彼此之间以及和来自美洲大陆的鸟类之间，物种和变种之间的界限是如此随意和模糊。在沃拉斯顿先生的著作中，在马德拉群岛上的很多昆虫都被定义为变种，但是毫无疑问，其他昆虫学家们会将这些昆虫列为不同的物种。甚至在爱尔兰也有一些动物，现在我们通常将其视为变种，但曾经也有一些动物学家将其列为物种。几位最有经验的鸟类学家认为，英国红松鸡只是挪威物种的一个有明显特征的种族，而更多的鸟类学家则认为它是大不列颠的一个特有物种。两种可疑类型之间的产地距离过于遥远，导致很多博物学家将它们定义为不同的物种；但是，多远的距离才能算是足够划分两个物种的距离？如果美洲与欧洲之间的距离足够远，那么欧洲大陆与亚速尔群岛、马德拉群岛、加那利群岛或爱尔兰之间的距离是否足够远呢？小群岛的几个小岛之间的距离又是否足够远？

美国著名的昆虫学家沃尔什先生，曾将食用植物的昆虫叫作植食性物种和植食性变种。大多植食性昆虫通常只食用同一种或者同一类植物，但是有一些植食性昆虫会不加区别地食用多种植物，而且这些昆虫并不会发生变异。沃尔什注意到，那些食用不同植物的昆虫，在幼虫期或者成虫期，或在这两个时期中，在色彩、大小、分泌物等方面都表现出了微小且固定的差异。这些差异有时候只限于雄性，有时候则雌雄两性都有。如果此类差异非常显著，而且不论是雌性还是雄性、幼虫期还是成虫期，都会出现，那么所有的昆虫学家都会将这些类型定义为物种。但是，将一个类型定义为物种还是变种，不同的人观察会得出不同的结果。沃尔什先生把那些可以自由杂交的类型定义为变种，不能杂交的类型定义为物种。但是，上述差异的形成，是由于昆虫长期食用了不同的植物，所以现在我很难找到中间类型。如此一来，博物学家们在将这些可疑类型进行分类时，就失去了最好的依据。生活在不同大陆或者岛屿中的同属生物，一定也存在这种情况。另外，一种动物或者植物，如果普遍存在于同一大陆的不同区域或者同一群岛的不同小岛上，而且在各地都有不同的类型，人们就可能找到两种极端类型的中间类型，而这种类型就被降级为变种了。

少数博物学家主张动物不存在变种，他们认为极微小的差异也具有物种的价值。如果在两个相距遥远的地区或者两个地层中存在着两个相同的类型，他们也认为那是两个外观相似的不同物种。如此一来，物种这个术语就成了毫无意义的抽象名词，它表示或者假定了独立创造的作用。我们必须承认，许多被优秀的鉴定家判定为变种的类型，都拥有如此完美的物种特征，以至于另外一些鉴定家们将它们判定为真正的物种。但是，在这些术语的任何定义尚未被普遍接受之前，讨论它们是应该被称为物种还是变种，都是徒劳的。

许多特征明显的变种和可疑物种的情况都值得我们认真考虑，为了确定它们的等级，人们已经从地理分布、类似变异、杂交等方向展开了讨论。由于篇幅的限制，我在这里不再过多讨论。在大多数情况下，密切调查将使博物学家就如何对可疑类型进行分类达成一致。但是必须承认的是，在研究得最透彻的地区，我们发现的可疑类型的数目是最多的。令我震惊的是，在自然界中，如果有任何一种动植物对人类非常有用，或者由于某种原因引起了人类的极大关注，那么几乎它所有的变种都会被记录下来。而且，这些类型通常会被某些作者列为物种。以普通栎树为例，人们对它的研究已经相当精细了。然而，有一位德国学者竟然将它分成了12个以上的物种，但是这些通常被认为是变种。在英国，即使是最权威的植物学家和实践经验丰富的人，对于无梗和有梗的栎树是不同的物种还是变种，也没有得出一致的结论。

在这里，我想讨论一下德康多尔发表的一篇关于各种栎树的著名报告。在辨别物种方面，从来没有人像他一样，拥有如此丰富的材料，并且热情和敏锐地进行研究。首先，他详细地列举了若干物种在构造上的诸多变异，并且计算出了变异的相对频数。他甚至能在同一个枝条上发现12种以上的变异特征，他指出，这些变异特征中，有的和植物的年龄或者生长环境有关，有的起因不明。正如阿萨·格雷所说，这些特征没有什么物种价值，它们一般已经具有确定的物种定义。德康多尔还说，如果某一类型具有在同一植株上永不变异的特点，而且此类型和其他类型没有中间类型，他就会将这一类型定义为物种。这正是他努力研究后得到的结果。此后，他又强调指出："有些人以为大部分物种都具有明确的界限，而可疑物种仅仅只是少数，这是不对的。只有当我们对一个属的了解有限，而且它的物种的建立是基于少数几个样本，即被假定的时候，这个说法才成立。随着我们对该属的了解加深，有越来越多的中间类型出现时，对物种界限的怀疑也会增加。”他又补充说，我们越熟悉的物种，出现的自发变种和亚变种就越多。例如，夏栎有28个变种，除了其中6个外，其他变种的特征都围绕着有梗栎、无梗花栎和毛栎这三个亚种展开。现在，连接这三个亚种的中间类型很少。就如阿萨·格雷所说，一旦这些中间类型灭绝，这三个亚种间的关系就会变得像夏栎周围那四五个假定物种一样。最后，德康多尔承认，他列举的300多个栎科物种中，至少有2/3是假定物种。也就是说，它是否真正满足物种的定义，我们也不清楚。需要注意的是，德康多尔已经不再认为物种是不变的创造物，他相信物种进化论是最符合自然规律的，“而且更符合古生物学、植物地理学、动物地理学、解剖学和分类学等方面已知的事实。”

当一个年轻的博物学家开始研究一个他从未了解过的生物群体时，最让他感到困惑的是，什么样的差异会被认定为物种，什么样的差异又会被认定为变种。因为他不知道他研究的生物产生的变异种类和数量，至少，这说明变异普遍存在。但是，如果他将注意力集中在某一地区的某一生物上，他很快就会发现如何对这些可疑类型进行分级。最初，他一定会列出许多物种，很快，就像之前提到的喜爱养鸽子或者家禽的人一样，他持续研究的那些类型之间的巨大差异，会给他留下深刻的印象。而且，因为他对其他地区其他生物群的类比变异知识不甚了解，这会导致他很难校正最初印象。随着观察范围的扩大，他将遇到更多困难，因为会有更多相似的类型出现。但是，如果观察范围继续扩大，他最终会做出决定，确定哪些是物种、哪些是变种。他如果想要成功，就必须承认变异的大量存在。并且如果他承认了这一真理，就必然会经常受到其他博物学家的质疑。此外，如果他研究的类型来自不同的地区，在这种情况下，他很难找到可疑物种的中间过渡类型，他将不得不几乎完全依靠类推，而此时就是他极度困难的时候。

当然，物种和亚种之间还没有明确的界限。有些博物学家认为，亚种是非常接近物种，但是却还没有完全达到物种等级的类别。同样，在亚种和显著变种之间，或者在不显著变种和个体差异之间，也没有明确的界限。这些差异混合在一条不甚明显的系列中，而这个系列让人们意识到了生物的演变过程。

因此，尽管分类学家们对个体差异没什么兴趣，但是我却认为它们非常重要。这些微小差异，正是迈向轻微变异的第一步，尽管这些有着微小变异的变种，几乎不值得被自然历史记录。我认为，无论何种程度的变种，都是更明显、更固定变种的基础，然后在此基础上走向亚种，最后变成物种。在某些情况下，从差异的一个阶段过渡到更高阶段，可能仅仅是由于两个不同区域中不同物理条件的长期持续作用；但是更重要和更能适应的性状，应该归因于自然选择对某些确定方向上的结构差异累积（以下将做更全面的解释）的作用，以及器官的使用或者不使用造成的结果。因此，一个显著的变种可以被称为初期物种；这个观点是否合理，还需要通过本书列举的各种事实和论点来做判断。

我们不必假设所有的变种或初期物种都会达到物种等级，因为它们可能在初始状态下灭绝，也可能一直以变种的形态存在下去。例如沃拉斯顿先生列举的马德拉岛某些陆地贝壳变种的化石，或沙巴达列举的植物变种的例子等，都是这种情况。如果一个变种蓬勃发展，超过了其父本物种的数量，它就可能会被列为物种，而其父本物种则会被降级为变种；变种甚至可能取代并消灭亲本物种；也许两者可以作为两个独立物种继续共存下去。这一点，我将会在后文提到。

综上所述，我认为“物种”这一术语，是为了方便区分一组彼此相似的个体而随意使用的，并且它与术语“变种”没有实质性的区别。“变种”是指差异不明显和性状不稳定的类型。而且，与单纯的个体差异相比，所谓的“变种”也是为了便于区分而被随意使用的。

分布广、扩散大的常见物种，更容易发生变异

从理论的角度出发，我认为，如果把一些著名的植物志中所有变种列表汇总，对于物种的性质和相互关系，可能会得出一些有趣的结论。初看起来，这项工作似乎很简单；但是沃森先生在这个问题上给了我很多宝贵的建议和帮助，让我知道了做这件事情有多困难，就像后来的胡克博士说的一样，他的措辞甚至更加严厉。我将在以后的作品中提出对这些困难的讨论，并会用表格列出不同变异物种的比例数。在仔细阅读了我的手稿并检查了表格之后，胡克博士允许我做出补充，他认为以下陈述是相当正确的。但是，要论述的问题是相当复杂的，而且由于“生存斗争”“性状分歧”以及一些其他问题是无法避开的，所以在此只能简单地叙述一下。

德康多尔等学者已经证明，生长范围广的植物通常都具有变种。我们可以预料的是，广阔的生长范围，让植物处于不同的物理环境之下，而且要和各种生物群进行竞争（这一点与自然条件同样重要，也

许会更重要，以后我们将会提到）。但是我的图表进一步表明，在任何有限的区域内，最常见的物种（个体最多的物种）以及在本土范围内最分散的物种（分散和分布广意义不同，不用于一般常见的含义），往往更容易产生显著变异，因而会被植物学家记录在他们的著作中。因此，这是最繁茂的物种，也就是所谓的优势物种（分布在世界各地，扩散最大，个体数量最多），往往会产生显著的变种，或者，就我而言，它们是初期物种。也许这是预料之中的，因为作为变种，为了永久地存在，它们必须和本土的其他生物斗争。已经占优势的物种将最有可能产生优秀的后代，尽管这些后代在某种程度上已经发生了变化，但是它们一定会继承亲本用来战胜其他物种的优势。这里所说的优势，是指相互竞争时，不同类型的生物具有的优点，特别是同属或者同类具有相似生活习性的生物的优势。关于个体数目的多少以及是否常见这个问题，仅是针对同类生物而言。比如，当一种高等植物，在数量和扩散程度方面都超过了同一地区相同条件下的其他植物时，它就具有了优势。虽然在同一水域中，水绵和寄生菌的个体更多，扩散更大，但是这种高等植物依然占有优势。如果水绵和寄生菌在这些方面都超过了其同类，那么它们也就具有了一定的优势。

各地区较大属内的物种比较小属内的物种变异更频繁

如果把任何植物志中生活在同一地区的植物划分为两个数目相等

的群，把较大属的放在一个群，较小属的放在另外一个群，在较大属的群中，我们将发现大量非常常见且扩散大或占优势的物种。同样，这可能是预料之中的，因为如果一个地区一个属类的物种众多，那说明该地区存在有利于这个属发展的有机或者无机的条件。因此，我们可能期望在包含许多物种的大属内找到大量的优势物种。但是，有太多原因会让结果不如预期的那样显著。令我感到惊讶的是，图标显示，大属拥有的优势物种仅略多过小属。在这里，我要指出两个原因：淡水植物和咸水植物通常分布广、扩散大，但这似乎与它们的生长环境有关，与该物种所在属的大小没有关系；通常，低等植物比高等植物更加容易扩散，这和属的大小也没有密切关系。在地理分布的章节中，我们将会讨论低等植物分布广泛的原因。

从把物种视为仅具有显著特征和界限分明的变种的观点中，我推想到，每一地区内，较大属的物种都比较小属的物种更容易产生变种。对于已经形成许多近缘物种（即同一属的物种）的地方，按照一般规律，通常应有许多变种或初期物种正在形成，例如在有许多大树的地方，我们会期望可以找到幼苗。在通过变异形成了许多物种的地方，各种条件对于变异必定是有利的，因此我们可以预期这些条件仍然会有利于变异。从另一方面来说，如果我们把每个物种看作独立创造的行为，那么，就没有明显的理由说明，为什么包含物种多的生物群产生的变种会比包含物种少的生物群多。

为了检验这种推想是否正确，我曾经选择了 12 个地区的植物和两个地区的鞘翅目昆虫，分成两个数量大致相等的组进行研究，我把大属的物种放在一个组，小属的放在另一个组。然而事实证明，较大属的一组出现变种的比例，比较小属的一组更高；而且较大属一组产生的变种的平均数，也比较小属的一组要大。我曾经采取另外一种划分的方法，把那些只包含一到四个物种的最小的属去掉，得到的结果依然与之前相同。这些事实，对于物种仅仅是极显著的永久变种这一观点很有意义。因为只要有许多同属物种形成的地方，或者我们可以这么说，在物种制造很活跃的地方，我们通常可以发现，现在物种制造依然非常活跃，因此有充分的理由相信制造新物种的过程是缓慢的。如果将变种视为初期物种，那么上面的观点肯定是正确的。因为我的图表清楚地指明了一种规则，任何一个地方，只要一个属中有多个物种形成，那么这个属的物种将会有很多变种（即初期物种）产生，而且其数目会超出平均水平。这并不是说一切大属的都会出现大量变异且物种的数目仍然在增加，也不是说小属的变异很少不会有物种增加。因为如果真的是这样，那我的理论将会遭到致命的抨击。因为地质学清楚地告诉我们，随着时间的流逝，小属规模通常会大大增加；而大属常常会在达到顶峰后衰落并消失。我们想要说明的是：在已经形成了许多物种的属内，许多新的物种仍在形成之中。

与物种内变种之间的关系类似，一个大属内的许多物种也有不同程度的密切相关性，而且在分布上有局限性

在大属内的物种和变种之间还存在其他关系，值得我们注意。我们已经看到，没有任何准确可靠的标准可以区分物种和显著变种，因

此当无法在可疑类型之间找到中间类型时，博物学家被迫根据它们之间的差异量来确定，通过类比判断该数量是否足以将其中一个或两个都提升至物种等级。因此，差异量是确定两种类型应被列为物种还是变种时非常重要的标准。现在，弗赖斯谈到植物时以及韦斯特伍德谈到昆虫时，他们都指出，大属中不同物种之间的差异量通常都非常小。我努力通过平均值来验证这一说法是否正确，最终证实了这一观点。我还咨询了一些睿智而有经验的观察员，经过仔细考虑，他们也同意了这一观点。因此，就这方面来说，大属内的物种比小属内的物种更像变种。或者我们可以用另一种方法来进行说明，可以这么说，在较大属中，不仅有大量的变种以及初期物种正在形成，而且在已经形成的物种中，仍然有一些和变种相似。因为这些物种中间的变异量，比一般的物种间的变异量要小。

而且，一个大属内物种间的关系，就像一个物种的不同变种之间的关系一样。没有一个博物学家会认为，一个属的所有物种间的区别都是一样的。它们通常可以分为亚属、组或更小的单位。正如弗赖斯所说的，小群的变种通常像卫星一样，聚集在其他物种周围。什么是变种？变种不就是围绕在亲种周围、彼此间关系亲疏不等的类型吗？毫无疑问，变种和物种之间有一个重要的区别，那就是，变种之间的差异或者变种和亲种之间的差异，远小于同属物种之间的差异。但是当我们讨论我所说的“性状分歧”这个原理时，我会解释这一点，同时我还会解释变种之间的较小差异，是如何发展成为不同物种之间的差异的。

在我看来，还有另一点值得关注，变种通常有很多范围限制。的确，这只不过是说实话而已，因为如果发现一个变种的范围比其假定的亲本物种的范围更广，那么它们的名称就应该互换了。但是我们也有理由相信，那些与其他物种密切相关而且类似于变种的物种，通常在分布范围上也会受限制。例如，沃森先生在经过严格筛选的伦敦植物目录（第 4 版）中为我标记了 63 种植物，虽然它们被列为物种，但是因为它们与其他物种很相似，以至于沃森对这些物种的地位产生了怀疑。沃森将大不列颠划分为很多省，上述 63 个物种平均分布范围是 6.9 个省；现在，在同一本植物志中记录的 53 个公认的变种，平均分布范围是 7.7 个省；而这些变种所述的物种，分布范围是 14.3 个省。由此看来，公认的变种和沃森先生帮我标记出的那些可疑物种，它们的分布范围是极其相似的，而且这些可疑物种几乎都被英国植物学家认定为真正的物种了。

摘要

变种和物种有很多相似特征，我们很难将它们区别开来，除了以下情况：第一，发现了中间过渡类型；第二，两者之间有若干不定的差异量。如果差异太小，即使两者之间没有发现中间类型，也会被认定为是变种，但是认定两种形式物种等级必需的差异量是不确定的。在任何一个地区，具有超过平均物种数量的属，这些属的物种也会具有比平均数量更多的变种。在大属中，不同的物种间有程度不同的密切关系，它们会形成一些小群，环绕在其他物种周围。与其他物种密切相关的物种，通常生长范围有限。从上述各方面看来，大属中的物种和变种非常相似。如果物种曾经作为变种存在，并且逐渐有变种发展形成，那么我们就可以清楚地理解物种与变种之间的类似；如果每个物种都是被独立创造出来的，那么上述的类似性就很难解释了。

我们还看到，各个大纲里、各大属中，最繁茂和最具优势的物种，平均而言产生的变种最多；而且在下文中我们会看到，变种往往会转变成新的独特变种。因此，较大的属有变得更大的倾向；在整个大自然中，现在占据优势的生物类型，通过留下大量具有优势的后代，而变得更具有优势。但是，在下文中我们将进一步说明的是，较大的属也有分裂为较小的属的趋势。因此，世界上的生物类型就会一级一级地分下去了。

The Origin of Species

第三章

生存斗争

在进入本章主题之前，我必须做一些初步说明，以表明生存斗争如何影响自然选择。在上一章中已经看到，处于自然状态的生物，其中一些个体会发生变异。确实，我不知道这曾经有过争议。对于我们来说，将多种可疑类型称为物种、亚种或变种并不重要。例如英国植物中的两三百种可疑类型，它们究竟是哪种等级并不重要，只要我们承认显著变种的存在就可以了。但是，仅仅知道个体变异和显著变种的存在，是本书的基础，却很难解释自然界中物种的形成。各种生物相互适应、它们对生活环境的适应、单个生物和生物之间的适应，为何能达到这么完美的地步呢？例如，啄木鸟和槲寄生，依附于兽毛和鸟羽的低等寄生虫，潜入水中的甲虫的构造以及依靠风力传送的带绒毛的种子等。简言之，完美的适应关系存在于世界上的每一个角落。

再者，可能有人会问，变种最终是如何转变成优质而独特的物种的？在大多数情况下，它们彼此之间的明显差异远远超过同一物种不同品种之间的差异；而构成不同属的物种之间的差异，又远大于同属的不同物种之间的差异，这些种类又是如何形成的呢？所有这些结果不可避免地缘于生存斗争，我们将会在下一章讲解详细内容。由于这种生存斗争，任何的变异，不论多么微小，也不论是出于什么原因，只要在某种程度上对物种的个体有利，就能保护该个体在与其他生物和自然环境的斗争中生存下去，而且这种变异通常会遗传给后代。因此，遗传到有利变异的后代具有更好的生存机会，但是通常只有少数个体可以生存下去。我将这个保存每个微小的有利变异的原则称为“自然选择”，以便与人工选择进行区分。斯宾塞先生更喜欢“适者生存”这个说法，比较方便且更为确切。我们已经看到，人类通过人工筛选，能获得巨大的效益，并且通过自然给予生物的微小变异，使得生物更适于人类的需求。但是，正如我们将在下文中看到的一样，自然选择的力量是强大且永无止境的，人类的力量是无法与其相比较的，就好比自然的艺术和人类的作品一样，有着天壤之别。

现在，我们要更加详细地讨论生存斗争这个问题，在将来的作品中，我会做更加详细的阐述。老德康多尔和莱尔两位先生，曾从哲学方面说明，所有有机生物都面临激烈的竞争。关于植物，曼彻斯特教务长赫伯特以无与伦比的态度和才华对这个问题进行了论述，这显然是因为他对园艺学颇有造诣的缘故。要想在口头上认可生存斗争这个真理并不难，难的是时时刻刻将它记在心中。但是，除非这个观念已经根深蒂固，我相信整个大自然的组成，包括分布、稀少、繁盛、灭绝和变异等事实，都会显得模糊不清或者被人们误解。我们常常在看到丰富的食物时就想起大自然的美好，但是却没有看到或者忘记了，那些在我们周围自由歌唱的鸟儿在食用昆虫和种子时，也是在毁灭其他的生命；或者我们忘记了这些歌唱家们，它们自身、它们的卵，或者它们的雏鸟，也会被猛禽猎食；我们总是忘记，尽管现在食物丰盛，但并非每年都是如此。

广义的生存斗争

首先我要说明的是，“生存斗争”这个词是广义的、含有隐喻的，其意义不仅包含生物个体的生存，还包含着它们之间是否能成功繁育后代。在食物稀缺时，两只狗争夺食物，可以说这是真正的生存斗争。沙漠边缘的植物为抗旱而奋斗，更准确地说，它们是依靠水分而生存。每年生产 1000 粒种子的植物，其中平均只有 1 粒种子可以开花结籽。也许可以更确切地说，它是在和遍地生长的同类和异类植物做生存斗争。槲寄生依附于苹果和其他一些树木生存，如果说它们是和寄主做斗争，那只能是牵强附会。因为如果一株树上生长的槲寄生太多，树木也会衰败死亡。在同一个枝条上生长的几个槲寄生幼苗之间的斗争，才是真正的生存斗争。由于槲寄生是由鸟类传播的，因此它们的生存取决于鸟类。用比喻的说法，槲寄生和其他结果实的植物之间也存在生存竞争，因为都需要诱使鸟儿来吞食以便传播它们的种子。在这几种相互交织的意义上，为方便起见，我使用了概括性的说法——“生存斗争”。

生物按几何增长的趋势

所有生物都有高速率增加的趋势，这不可避免地导致了生存斗争。每一个生物，在其自然生命周期内，都会产生若干卵或者种子。

在生命的某个周期或者某个季节、某些年份，生物往往会遭受破坏，否则，按照几何增长的原则，其数量将迅速变得过于庞大，以至于没有任何地区可以让它继续生存下去。因此，当生产出的个体过多而无法生存时，无论在什么情况下，生物都必须进行生存斗争，包括相同物种的不同生物个体之间、不同物种之间以及生物与其自身生存的生活环境的斗争。这正是马尔萨斯理论运用于整个动物界和植物界时产生的强大力量。因为在这种情况下，既不会有人为食物增加，也没有审慎的婚姻限制。尽管某些物种在数量上或多或少地增加，但是并非全部物种都是这样，否则这个世界将没有足够的空间容纳它们了。

这一规则没有例外可言，如果所有生物都以如此快的速度自然增长，而且不遭受毁灭性的破坏，即便只是一对生物的后代，也会将整个地球都覆盖。即使是生育率比较低的人类，人口数量在 25 年之内也翻了一番，以这样的速度，无须千年，人类的后代在地球上就没有立足之地了。根据林奈的计算，如果一年生植物每年只结两粒种子（然而并没有哪一种植物这样低产），那么明年它们会产生两棵幼苗，依此类推，20 年内将有 100 万株植物生成。大象被认为是所有已知动物中繁殖得最慢的，而且，我竭尽全力地估计其可能的最低自然增长率：可以假设它在 30 岁时开始生育，然后一直持续到 90 岁，这期间一共生育了 6 头幼仔；如果真是这样，经过 740~750 年左右，这对大象就会繁育出 1900 万头后代。

但是我们有比单纯的理论计算更好的证据，也就是说，在自然状态下，如果接下来两三个季节对它们有利，各种动物的数量会惊人地迅速增长。更令人震惊的是，世界某些地区的家养动物已经开始返回野生状态了。比如南美洲以及最近澳洲的牛和马，繁殖速度本来是比较慢的，如果不是有确凿的证据，我们很难相信它们现在的繁殖速度是如此之快。植物也是如此：以英伦诸岛引进的植物为例，在不到10年的时间里，它们已经遍布全岛成为常见的植物了。现在，拉普拉塔一些从欧洲引进的植物，例如刺菜蓟和高蓟，在南美平原上已经普遍生长了，在数平方千米的地面上，几乎很难看到其他植物。我从福尔克纳博士那里得知，自从美洲被发现后，从科摩林角到喜马拉雅山下，从美洲输入的植物几乎已经遍布整个印度了。这样的例子数不胜数，没有人会认为这是因为动植物的繁殖能力突然明显增强了。显而易见的解释是，生活环境对它们的生存非常有利，不论老幼都很少死亡，几乎所有年幼的都可以长大并且繁育。在这种情况下，个体的数量呈几何增长，其结果永远是令人惊讶的，这也简单地解释了为什么生物在新的地区会快速增长和广泛传播。

在自然状态下，几乎每一种植物都会产生种子；大多数动物，年年都会交配。因此，我们可以自信地推断，所有动植物都趋于以几何增长，然后迅速地占据所有它们可以生存的地域，而且必然在生命的某个时期遭到破坏以遏制这种几何增长。我认为，我们往往会被大型家养动物误导，我们没有看到它们遭受大的毁灭，但是忘记了每年有成千上万的家养动物被宰杀作为食物，在自然状态下，也会有相同数量的牲畜会因为种种原因而死亡。

每年能产上千种子或卵的生物，与极少繁殖的生物，两者之间唯一的区别就是，在有利条件下，生育率较低的生物需要数年时间才能占据整个地区（假设整个区域较大）。秃鹰每年产2个卵，而鸵鸟每年产20个卵，然而在同一地区，秃鹰的数量可能会比鸵鸟多。暴风鹱一年只产一个卵，但是人们相信它是世界上数量最多的鸟类。一只苍蝇一次可产数百个卵，虱蝇一次只产一个卵，但是这种差异并不能决定同一个地区两种生物数量的多少。由于赖以生存的食物数量经常波动，大量地产卵对有些物种来说具有一定的重要性，因为充足的食物可以使它们的数量急剧增加。大量产卵的真正意义在于，补充某个阶段个体数量的大量减少。对于大多数生物来说，这一阶段是在生命的早期。如果动物能够以任何方式保护自己的卵或幼体，则可能只产少量卵，仍可保持平均数量；相反，如果有许多卵和幼体被毁坏，则需要大量产卵，否则该物种就有可能灭绝。假如有一种树的寿命是1000年，它每1000年只产生1粒种子，假设这粒种子从未被摧毁，并且可以确保它在合适的地方发芽，那就足以保持这种树的数量了。因此，在任何情况下，任何动植物的平均数量仅间接取决于其卵或种子的数量。

我们在审视自然时，有必要始终牢记上述观点——永远不要忘记，周围的每一个生物都正为最大限度地增加数量而努力；每个生命在其生命的每一个时期都在为生存而进行斗争；在每一代或者每隔一个周期，毁灭性的破坏无可避免地会落到老幼个体上。只要减弱任何一种抑制，或者死亡率稍微降低，物种的数量就会大大地增加。

抑制数量增加的因素

每个物种增加数量是自然趋势，控制这个趋势的因素尚不明确。看看最活跃的物种，它们的数量已经如此之多，并且将以更大的幅度进一步增加。我们竟然无法举出一个例子，来说明是什么因素抑制了其大量增加。但是这并不会令人感到惊讶，因为在整个问题上，我们是多么无知；即使对于人类本身，我们也是如此无知，尽管我们对人类的了解比对其他动物要深刻得多。这个问题曾经被多个学者讨论过，在以后的作品中，我将对抑制生物自然增长的因素进行详细的讨论，特别是关于南美的野生动物。在这里，我只提几个要点，以引起读者的注意。动物的卵或非常幼小的动物似乎通常最容易受到伤害，但并非总是如此。对于植物来说，种子受到的破坏是最大的，但是根据我的观察，在长满其他植物的土地上，刚发芽的幼苗受到的损害最大。此外，幼苗也常常会遭受各种天敌的毁灭。例如，将一块长约 0.9 米（3 英尺）、宽约 0.6 米（2 英尺）的土地翻土除草，以便新生幼苗不会受其他植物的侵害，我将所有幼苗做了标记，结果在 357 株幼苗中，至少有 295 株被摧毁，主要是由蛞蝓和昆虫造成的。一块草坪长期被刈割或者经常被放牧，如果让植物在草地上自由生长，生命力较强的植物会逐渐排挤生命力较弱的植物致其死亡，哪怕生命力较弱的植物已经完全长大。例如，在一块约长 1.2 米、宽 0.9 米（3 英尺乘 4 英尺）的草地上，生长着 20 种植物，其中有 9 种植物被排挤而导致死亡。

当然，每个物种能获得的食物多少决定了物种增加的极限，但是，通常不是获得食物的数量，而是其他动物的捕食情况，决定了一个物种的平均数量。因此，几乎毫无疑问，任何大型庄园里的鹧鸪、松鸡和野兔的数量，主要取决于天敌被消灭的程度。假如在接下来的 20 年内，英国不再有猎人捕杀猎物，同时也不驱除它们的天敌，尽管现在每年有成千上万的猎物被杀死，但是猎物的数量也有可能会比现在更少。另一方面，在某些情况下，像大象那样的动物，不会被其他猛兽杀害，即使是印度的老虎，也不敢攻击在大象保护下的小象。

气候在决定物种的平均数量方面起着重要作用，那些极端寒冷或者干旱的周期性季节，最有效地抑制了生物个体数量的增加。我估计1854年—1855年的冬天，在我居住的区域，大约有4/5的鸟类死亡，对于鸟类来说，这是具有毁灭性的。对于人类来说，如果因为传染病造成了1/10的死亡率，就已经是很惨重的事情了。乍一看，气候因素似乎完全不会影响生存斗争；但气候主要起着减少食物的作用，只要是需要同样的食物，不论是同种还是异种生物，气候都让它们之间产生了激烈的斗争。即使在气候直接起作用时，如极端寒冷的气候，首先死亡的仍是那些最弱小的或在整个冬季里获取食物最少的个体。当我们从南到北，或从潮湿的地区到干燥的地区旅行时，总是看到某些物种变得越来越稀少，最后趋于绝迹。由于气候变化明显，我们试图将整个效果归因于其直接作用，但是这种观点显然是错误的。因为我们忘记了，即使在某个物种最繁盛的地方，在其生命的某个周期也会因为敌害的侵袭，或者在同一地方因为食物而导致的同类竞争，而导致个体的大量毁灭。如果这些敌人或竞争对手，气候变化对它们稍微有利，它们的数量就会增加，并且由于每个区域已经有足够的生物个体，那么其他物种必然会减少。当向南行驶并看到某个物种的数量减少时，我们可能会确信，是别的物种占据优势而导致了它们数量的减少。所以，当我们向北旅行时，物种数量减少的程度就比向南要低，所有的物种越向北，数量就越少，竞争者也就随之减少了。向北走或是上山时，比向南走或者下山时，遇到矮小的生物更多，这才是不利气候的直接影响。如果到了北极地区、白雪皑皑的山顶或者干涸的沙漠时，生存斗争的对象就几乎完全是自然环境了。

气候主要是通过有利于其他物种而间接发挥作用，虽然许多移植到花园里的植物可以很好地适应气候的变化，但它们永远不会自然化，因为它们无法与本土植物竞争，也无法抵御本土动物的破坏。

当一个物种由于高度有利的环境而在小范围内数量急剧增加时，往往会伴随着传染病的发生，至少这种情况在狩猎动物时时常发生。这就是一个与生存斗争无关的抑制因素。但是，即使是所谓的传染病，也有一些是寄生虫引起的，可能由于动物的密集性，给寄生虫的传播造成了有利条件。这样，就形成了寄生虫和寄主之间的生存斗争。

另一方面，在许多情况下，一个物种的数量多于敌害的数量，是保存这个物种的必要条件。因此，我们可以在田间轻松地种植大量玉米和油菜籽等，因为这些种子的数量远大于以种子为食的鸟儿的数量。尽管这个季节的食物丰盛，但是鸟儿的数量也不会大量增加，因为在冬季，它们的数量受到了限制。任何尝试过的人都知道，如果只在花园里种几株小麦或者其他类似的植物，想要收获种子非常困难，在这种情形下，我几乎颗粒无收。同一个物种大量个体的存在，对于物种的保存是非常必要的，我认为，这种观点可以解释自然界中的一些奇异事实。例如一些非常稀有的植物，有时在适合它们生存的少数地方却极为繁盛；又如丛生型的植物，即使在它们生存范围的边界，也依然保持丛生。对于这种情况，我们可能会相信，只有当生存条件如此有利，以至于一种植物可以成群地生长在一起时，这种植物才能免于灭绝。我还想补充说明的是，杂交的好处以及近亲交配的坏处，在某些情况下可能起了作用，但是在这里，我不打算详谈这个复杂的问题。

生存斗争中动植物间的复杂关系

许多记录在案的事例都可以证明，同一地区内互相斗争的生物之间，存在着十分复杂且令人意外的抑制作用和相互关系。我只给出一个实例，尽管它很简单，但是却引起了我的兴趣。在斯塔福德郡，我一个亲戚的土地上，有一片巨大而荒芜的地区，从未被人类耕种过，另外还有几百英亩完全相同性质的土地，25 年前被围起来并且种上了苏格兰冷杉。在种植冷杉的那部分土地上，本地植被变化最为明显，即使在两块土质完全不同的土地上，也无法看到如此大的差别。健康植物的比例完全改变了，而且这里还生长着 12 种荒地上没有的植物（草类不计算在内）。对昆虫的影响一定更大，因为有 6 种食虫鸟在人工林中很常见，而在荒地上则看不到；而经常来到荒地的两三种食虫鸟，在人造林中也没有见到。在这里，我们看到引入一种树的效果是何等强大，因为当初植树的目的是避免牛群进入，除此之外，我们什么都没有做过。我在萨里的法汉姆，清楚地看到了圈地这一因素的重要性。这里有大量的荒地，远处的山顶上有几株古老的苏格兰冷杉。在过去 10 年中，大量的荒地被圈起来，如今，自我繁殖的杉树如雨后春笋般冒出来，它们之间的距离如此之近，以至于不能让所有树苗都成长起来。当我确定这些树不是被人工播种或种植时，我对它们的数量之多感到非常惊讶，于是我又观察了几个地方。我查看了那几百英亩未封闭的荒地，除了以前种植的几棵冷杉之外，几乎看不到新生长出来的冷杉。但是当我仔细观察荒地上的那些树干时，无数树苗和小树都因为被牛啃食而长不起来了。在距其中一个旧冷杉几百码的地方，我在一平方码内发现了 32 棵小树，其中有 1 棵，从年轮上来看，已经生长了 26 年，但是始终无法让它的树干生长得高于其他树木。难怪一旦荒地被围起来，就会长满茂盛的小冷杉。然而，这块荒地荒芜至极，以至于没有人会想到，牛会如此紧密而有效地搜寻冷杉树作为它的食物。

在这里，我们看到牛决定了苏格兰冷杉的存在。但是在世界上的许多地方，昆虫决定了牛的存在。在这一方面，巴拉圭的例子最为奇特。在该地区，从来没有牛、马、狗变成野生的情况，尽管在该地区的南面和北面，都有这些动物在野生状态下成群游荡。阿萨拉和伦格曾经指出，在巴拉圭，有种蝇数量巨大，它们会把卵产在刚出生动物的肚脐中。这种蝇虽然数量巨大，但是它必定也受到了某种抑制，极有可能是受到了其他寄生虫的抑制。因此，在巴拉圭，如果某些食虫鸟的数量减少，寄生性昆虫就会增加，因此在动物肚脐中产卵的蝇的数量则随之减少。然后，牛和马就会变成野生的，这又会极大地改变植被（正如我在南美部分地区观察到的）。紧接着，植被的变化又会影响昆虫，进而影响食虫鸟，这样一来，正如我们在斯塔福德郡所见的那样，复杂关系影响的范围就越来越广了。并不是说，这种关系在本质上可以如此简单。战争之中还有战争，一点细微的差异就足以使一种生物战胜另一种生物且胜负交替。尽管一点细微的差异就足以使一种生物战胜另一种生物，但是从长远来看，各方面的势力是如此平衡，使大自然长期保持统一。我们如此无知，却总是喜欢做出各种推测。当我们听到某种生物灭绝时，会感到惊奇；而且由于我们不清楚灭绝的原因，只能用天灾来解释生命的毁灭，或创造出一些解释生物寿命的规则。

我很想再举一个例子，说明自然界中最遥远的动植物是如何通过复杂的关系网捆绑在一起的。以后有机会我会谈到，在我的花园里，有一种外来的墨西哥半边莲，昆虫从来没有接触过它。因此，从其独特的结构来看，永远都无法结出种子。几乎所有的兰科植物，都需要昆虫授粉才能受精。我也有理由相信，三色堇一定要依靠野蜂才能受精，因为其他的蜂从来不采它的花粉。根据尝试过的实验，我发现，有些三叶草也必须依靠蜂来传播花粉。例如白三叶草的大约 20 串花序可以结出 2290 颗种子，被遮盖起来不让蜂接触的另 20 串花序就一颗种子也没结。又如，红三叶草的 100 串花序结了 2700 粒种子，但被遮盖起来的同等数量的花序也是一颗种子也没结。只有野蜂会来造访红三叶草，因为别的蜂压不倒它的花瓣，就采不到它的花粉。有人认为蛾类也可以帮助三叶草受精，但我对此表示怀疑，因为蛾的重量并不能把三叶草的花瓣压下去。因此，我毫不怀疑，如果野蜂在英国变得罕见或者灭绝了，那么三色堇和红三叶草也会跟着变得罕见或者灭绝。在任何地区，野蜂的数量都取决于田鼠数量的多少，因为田鼠会毁坏蜂房和蜂窝。长期研究野蜂习性的纽曼上校，坚信英国有 2/3 以上的野蜂窝是被田鼠破坏的。众所周知，现在的鼠的数量很大程度上取决于猫的数量。纽曼先生说："在村庄和小镇附近，我发现野蜂蜂巢的数量比其他地方都多，这是因为田鼠被大量的猫消灭了。"因此，我们可以确定，如果某一地区猫比较多，通过猫对田鼠、田鼠对野蜂的干预，就可以决定某些花朵的数量。

对于每种物种，在不同的生命时期、不同的季节或年份，都有不同因素在制约着它的兴衰。其中一种或几种因素常常有最有力的作用，但一个物种的平均数量乃至能否生存下去，则是由所有因素综合决定的。某些情况下，同一物种在不同地区，受到的制约作用也极不相同。当我们看到密布在河岸的植物和灌木丛时，常常会将它们的种类和数量比例归因于偶然。但是这是多么错误的看法！每个人都听说过，当美洲的一片森林被砍伐时，出现了不同的植被群落；但据观察，在美洲南部的古印第安的废墟上，当初那里的树木被完全清除过，但是现在，废墟上生长着与周围原始森林相同的美丽植物，在物种的多样性和数量比例方面，两者完全一致。漫长的几个世纪中，每年散播数千种子的树木之间都有着激烈的斗争；在昆虫与昆虫之间，也有着激烈的斗争；在昆虫、蜗牛、小动物、鸟兽之间，同样存在着激烈的斗争。所有生物都在努力增加数量，但是它们又彼此相食，有的吃树木，有的吃种子，有的吃幼苗，有的吃那些刚长出地面会影响树木生长的其他植物。如果我们扔出几根羽毛，所有的羽毛都会按照明确的规则掉在地上。但是相对无数动植物之间的关系来说，每根羽毛应落在什么地方，就显得十分简单了。在数个世纪的历史中，无数动植物的作用和反作用，决定了在古老的印度废墟上生长的植物的数量比例和种类。

如果一种生物和另一种生物是依存关系，例如某些生物与其身上的寄生虫，通常都是亲缘关系很远的两种生物。但严格来说，有些远缘生物之间也会发生生存斗争，例如蝗虫和食草动物之间便是如此。但是，同一物种的个体之间的斗争几乎总是最激烈的，因为它们经常生活在同一地区，需要同样的食物，并且面临同样的危险。如果是同一物种的变种，斗争通常也同样严重，而且短时间之内就能看到结果。例如，如果把小麦的几个变种混合后一起播种在同一块土地上，然后再将它们的种子继续混合播种，那些最适应该地土壤和气候的，或者天生繁殖力最强的变种，通常会击败别的变种，结更多的籽，几年之后就将取代别的变种。至于那些极度相近的变种，比如不同颜色的香豌豆，它们必须每年单独采摘，然后按适当比例混合种子，否则较弱的变种将稳步减少并消失。绵羊的变种也是如此：有人断言某一种山地绵羊会使另一种山地绵羊饿死，所以它们不能一起放养。把不同变种的医用蚂蟥养在一起，结果也相同。假设在自然状况下，让家养动植物的一些变种进行任意斗争，每年也不按一定比例把种子或幼体保留下来，我们甚至会怀疑，6 年后，这个混合群体（禁止杂交）中的这些家养变种，能否完全保持原来的体力、体质及习性和原来的数量比例呢？答案恐怕是否定的。

最激烈的生存斗争存在于
同种的个体之间和变种之间

由于同属物种通常（尽管并非总是如此）在习性和体质上是相似的，并且在结构上也相似，因此，当同属物种相互竞争时，斗争通常比不同属的物种之间更加激烈。例如，最近在美国一些地区，一种燕子生存范围的增加，导致了另一种燕子的减少；最近，苏格兰鸣鸫的数量减少了，因为在一些地方，吃槲寄生种子的槲鸫的数量增多了；我们常常听说，在两种极端不同的气候下，一种鼠取代了另一种鼠；在俄罗斯，亚洲小蟑螂入侵后，迅速占领了同属亚洲大蟑螂的地盘；澳洲蜜蜂输入后，小型无刺的本地蜂随即灭绝；一种野芥菜取代了另一种荠菜；此类情况比比皆是。我们可以隐约地猜测出，在自然状态下，地位相近的近缘物种间生存斗争非常激烈的原因；但是也许在任何情况下，我们都无法准确地说出，为什么一个物种在这场伟大的生存之战中战胜了另一个物种。

我们可以从上述论述中得出一个重要的推论，即生物之间的构造都是相关的，但这种关系通常是隐藏起来的。借助这种关系，它们才能够与其他生物争夺食物，或者躲避其他生物的捕食，又或者捕食其他生物。这在老虎的牙齿和爪子的构造以及附着在老虎皮毛上的寄生虫的足和爪的构造中，都表现得很明显。乍一看，蒲公英美丽的羽毛状种子以及水生甲虫扁平的带缨毛的足，似乎只与空气和水分有关。然而，毫无疑问，羽毛状种子与地面布满的其他植物有着紧密的联系，这样种子就能传播到更远的、没有被其他植物覆盖的地面上去；而水生甲虫，其腿部构造非常适合潜水，更适合与其他水生昆虫竞争，方便寻找自己的猎物，并逃避其他动物的捕食。

初看起来，许多植物种子中积累的营养储备似乎与其他植物没有任何关系。但是，这种种子（比如豌豆和大豆）即使被播种在满是杂草的土地中，其幼苗也能茁壮成长。我怀疑种子中营养的主要用途是促进年轻幼苗的生长，使其能与周围生长旺盛的其他植物做斗争。

看一看处于生长范围中间的植物，为什么它的数目没有增加到两倍或四倍？我们知道它完全可以承受更高温或更低温、更潮湿或更干燥的环境，那么它也完全可以扩展到其他温度和湿度稍高或稍低的地区。在这种情况下，我们可以清楚地看到，如果想要让这种植物有能力增加它的数量，我们必须给它提供一些超越竞争对手或掠食动物的优势。就其地理范围而言，如果因气候的变化而使植物发生体质上的变化，这显然对增加其数量是有利的；但我们有理由相信，到目前为止，只有少数动植物能够在较远的区域生存，仅凭严酷的气候就能将其摧毁。除非达到生存范围的极限，例如北极地区和沙漠地区，否则生存斗争是不会停止的。即使在非常寒冷或干燥的地区，少数几个物种之间或者同种生物不同变种之间，仍然会为了争取更温暖或者更湿润的生活环境而发生竞争。

因此，我们还可以看到，当动植物被放置在新的环境中面对新的竞争对手时，尽管气候可能与以前完全相同，但是，它的生存条件仍然会发生本质上的改变。如果我们希望在新的区域增加它的数量，就得用不同于它原产地的方法来改进它，因为我们必须让它在不同的竞争对手或敌人面前具有一些优势条件。

幻想尝试使一种生物具有超越其他生物的优势，虽然是个好的想法，但是可能在任何情况下，我们都不知道该怎么做才能获得成功。这使我们相信，我们对所有生物之间的相互关系，实在是知之甚少，虽然我们很有必要弄清楚，但是实际上却很难做到。我们能做的，就是牢记：每个生物都在努力以几何增长；每个生物在其生命的某个时期、一年中的某个季节、每一代或每隔一段时间，都必须为生命而奋斗，并随时可能遭受巨大的破坏。当我们反思生存斗争时，可能会充满信心地安慰自己：自然中的斗争不是持续不断的，我们不必感到恐慌，通常死亡是迅速的，强壮、健康、幸运的生物就可以生存并且繁衍下去。

The Origin of Species

第四章

自然选择即适者生存

上一章我们简单地讨论了，生存斗争是如何对物种变异产生作用的。我们已经看到，选择原理在人类手中是如此有效，那么它适用于自然界吗？我想我们将会发现，它可以最有效地发挥作用。我们必须牢牢记住，自然状态下的生物也会如家养生物一样，产生无数微小变异和个体差异，只是程度稍小一些而已。此外，不能忽略遗传倾向的力量。被驯化的家养动物，整个身体构造在某种程度上都是可塑的。不过，正如胡克和阿沙·格雷所说，对于家养动物来说，我们普遍看到的变异并不是由人类直接作用造成的；人类既不能创造变异，也不能阻止变异产生，人类只是保存和积累已发生的变异。当人类无意中把生物置于新的、变化着的生活环境中时，变异就产生了；但类似生存条件的变化，在自然界中也有可能发生。我们还应牢记，所有的生物之间，以及生物与其生活的自然环境之间，是无限复杂和紧密契合的。既然家养动物肯定发生了对人类有用的变异，那么，对每个生物有益的变异就不会偶尔在许多世代纷繁复杂的生存斗争中发生吗？如果确实发生了这种情况，我们是否可以怀疑，由于繁殖出来的个体比可以生存下来的个体多得多，具有任何优势的个体都比其他个体拥有更多生存和繁衍的机会？另一方面，我们可以确信，任何最低限度的有害变异终将灭绝。这种对有利变异的保存和对有害变异的消除，我称为“自然选择”或者“适者生存”。既无益也无害的变化不会受到自然选择的影响，它们或者成为不固定性状，正如我们在某些多型性物种中看到的那样，或者根据生物本身和外界生存环境的情况成为固定性状。

一些人对“自然选择”这个名词产生了误解或表示反对，有的人甚至想象自然选择可以引起变异。其实自然选择的作用，仅在于保存生活在某种条件下已经发生的、对生物有益的变异而已。任何人都不会反对农学家们所说的人工选择的巨大作用；但在这种情况下，必须以自然界产生出来的个体差异为基础，人类才可以想按照某种目的进行选择。另外一些人，之所以反对“自然选择”这一术语，是因为他们认为这个词语包含变异的动物能够进行有意识地选择这一意义，但是既然植物是无意识的，那么这“自然选择”这个词就不适用于植物。就字面意思来说，“自然选择”肯定是不符合实际的用语；但是化学家们说各种元素具有“选择的亲和力”，又有谁反对过呢？严格来说，某种酸并没有特意选择某一种盐基去进行化合作用。有人反对我把自然选择解释成一种动力或神力，可是又有谁反对过行星运行是被万有引力控制的说法呢？人们都知道这些比喻的具体含义，为了简明起见，这种名词是有必要使用的。此外，很难避免“自然”一词的拟人化用法，但是我所谓的“自然”，是指许多自然法则的综合作用及其产物，而法则指的是我们所能确定的各类事物的因果关系。只要对这些内容稍加了解，就不会有人再坚持如此肤浅的反对意见了。

如果我们想要更好地了解自然选择的过程，就需要研究一下某个地区在自然条件轻微变化下发生的事情。例如，某一地区的气候发生变化时，该地区的生物比例也会发生变化，有些物种可能会灭绝。我们可以看到各地区的各种生物，紧密而复杂地联系在一起，由此可以得出结论：即使不考虑气候的变化，某些生物比例的变化也会严重影响其他生物。如果某一地区在边界上是开放的，那么肯定会有新的生物类型进入，这也将严重扰乱该地区原有生物之间的关系。不要忘记我们曾经证实，从外地引进某种树木或者哺乳动物而造成的影响有多大。但是对于岛屿或部分被障碍包围的地区而言，适应性好的新物种无法进入，则该地的自然生态中就会留出一些空位，当地就会产生一些变异物种去填补这些空位；而如果该地区允许外来物种进入，那么很快就会被外来物种占领。在这种情况下，任何能对生物个体有利的细微变异，都可以使生物个体更好地适应被改变的生活环境，而这些变异就有可能被保留下来，于是自然选择也就有更自由的空间去对生物进行改良。

如第一章所述，我们有理由相信，自然条件的变化有可能增加变异性。在上述情况下，生活环境发生变化时，有益变异的机会便会增加，这显然是有利于自然选择的。除非确实有有益变异的产生，否则自然选择将无济于事。正如我相信的那样，变异也包括个体差异。人类在一定方向上积累个体差异，并且在家养动植物中效果显著，自然选择也能够且更容易做到这一点，因为它发挥作用的时间比人工选择长得多。我也认为不需要任何重大的自然变化（例如气候变化），或通过高度隔绝限制生物迁移，便可以让自然生态系统中出现一些空位，以便自然选择去改良某些生物的性状，然后让它们填补那些空位。因为每个地区的生物个体都在以均衡的力量进行斗争，个体的结构或习性上的微小变异通常会使其比其他个体更具有优势；如果在相同的生活环境下继续生存下去，此类生物的进一步变异通常会增加该类生物的优势。没有哪个地区能使所有当地生物都能如此完美地适应彼此以及它们居住的自然环境，以至于没有任何生物需要继续变异以适应当地生存环境。迄今为止，在许多地区，都可以看到从外地引进的生物迅速战胜本土生物，从而牢牢地占据这片土地。世界各地都存在外来生物只能打败某些本土生物的事实，因此，我们可以得出结论，本土生物也曾经产生过有利变异，以利于其抵御外来生物的入侵。

人类通过有计划和无意识的选择方式能够产生并确实产生了巨大的成果，那自然选择为什么就不能发挥这么大的作用呢？人类只能对生物的外表和可见性状进行选择，自然（这里我将“自然选择”或者“适者生存”拟人化了）却不关心外表，除非它们可能对生物个体有益。自然可以作用于每个内部器官、任何不同程度的体质上的差异以及整个生命机制。人类只为自己的利益做出选择，而自然进行选择却是为了保护生物本身的利益。从事实可以看出，每一个被自然选择的性状都充分受到自然的“锻炼”；而人类把不同气候下生存的生物蓄养在同一个地区，很少以特殊而恰当的方式增强每个选定的性状。人类用相同的食物喂养长喙鸽和短喙鸽；人类不以任何特殊方式训练长背或长腿的哺乳动物；人类将长毛羊和短毛羊饲养在相同的气候下；人类也不允许饲养的雄性动物为了获得雌性配偶而斗争。人类并没有严格地毁灭所有劣等动物，而是在不同的季节，尽其所能地保护所有家养动物。人类往往根据某些半畸形的性状、在某些方面引起其注意的性状或者是对其有益的性状进行选择。在自然状态下，任何生物在构造和体质上最细微的差异，都有可能改变生存斗争中的微妙平衡，这些差异也因此得以保存。人类的努力多么短暂！人类的一生又是何其短暂！因此，与整个地质时期自然积累的成果相比，人类选择的成果是多么贫乏。大自然的产物应该比人类的产物具有更“真实”的特征，它们可以更好地适应最复杂的生活环境，也能更明显地体现出选择优良性状的能力，对此我们也不必感到惊讶。

可以说，自然选择是每时每刻都在仔细检查遍及世界的每一个变异，甚至是最微小的变异；剔除不良的变异，保留并积累有益的变异；无论何时何地，只要还有机会，自然就会默默地工作，以改善每种生物及与其生存条件有关的事物。除非随着时间的流逝，否则我们无法发现这些缓慢的变化，而我们对过去的地质时代所知甚少，以至于我们只能发现现在的生物类型与以前的大不相同。

物种的形成需要大量的变异，只有在变种形成之后，经过很长一段时间，再次发生同样性质的有利变异或个体差异，并将这些变异再次保留下来，这样逐步发展下去才行。因为相同的个体差异经常会出现，所以上面的设想也是不无道理的。但是这个设想是否正确，还要看它是否符合并且能否解释自然界的普遍现象。另一方面，有些人认为变异量是有严格限度的，这也只是一种设想。

尽管自然选择只能通过保障每种生物的利益而产生作用，然而，即使是那些在我们看来不太重要的结构和性状，对生物来说也可能发挥着重要作用。当我们看到食叶昆虫呈绿色，而食用树皮的昆虫呈灰斑色时；冬天高山上的松鸡是白色，而红松鸡是石楠花色时，我们必须相信，这些色彩有助于保护这些鸟类和昆虫，让它们免于遭受危险。松鸡，如果在其生命的某个时期没有被消灭，数量将会一直增加；但众所周知的是，松鸡会遭受猛禽的捕猎而死亡。鹰依靠视力捕食猎物，鹰的视力如此之强，以至于在欧洲大陆部分地区，人们被警告不要饲养白鸽，因为它们最容易被鹰捕食。因此，我没有理由怀疑，自然选择可能最有效地为每种松鸡赋予适当的颜色，并且一旦获得，就让该颜色持续不变地保持下去。我们也不应该认为，偶尔杀害一只颜色特殊的动物不会产生什么后果，我们应该记住，在白色羊群中除掉一只略显黑色的羊会产生重大的影响。此前我们谈到，在弗吉尼亚有一种猪，它们食用“色根”，而猪的颜色则决定了它们吃了以后是死是活。在植物中，植物学家认为果实的果皮和果肉的颜色不是重要特征，然而，一位出色的园艺家唐宁说，在美国，表皮光滑无毛的果实遭受象鼻虫侵害的风险要比表皮有毛的果实高得多，紫色李子比黄色李子更容易遭受疾病侵袭，黄色果肉的桃子比其他颜色果肉的桃子更容易得某一种疾病。如果用人工选择的方法来培育这些变种，小的变异会慢慢累积成大的变异；但是在自然状态下，这些树木必须与其他树木以及大量敌害进行斗争，此时，各种遭受病虫侵害时的差异就决定哪一个变种——果实有毛还是无毛，果肉黄色还是紫色——更具有优势。

在了解物种之间的差别时，就我们有限的知识来判断，这些细微的差别似乎并不重要，但是我们不能忘记，气候、食物等可能会对这些变异产生重要影响。但是，更需要牢记的是，根据许多未知的相关法则，当某一个部分发生了变异，并通过自然选择进行积累时，其他想象不到的变异将随之产生。

正如我们看到的，在任何特定时期出现的家养生物的变异，都倾向于在同一时期的后代中再次出现。例如，食用或农用植物的种子形状、大小及风味，蚕在幼虫期及蚕蛹期的变异，家禽的蛋以及颜色，牛羊接近成年时长出的角。因此，在自然状态下，通过在某些阶段积累有利的变异并且在相应阶段进行遗传，自然选择能在任何阶段对生物产生作用，并使其发生改变。如果植物的种子需要风来广泛地传播，那自然选择一定会让它发挥作用，这不比种植棉花的人通过选择的方法来增加和改善棉花的纤维更困难。自然选择可能会改变昆虫的幼虫，并使它们适应偶然出现的各种事故，但这些事故与成虫遭遇的完全不同。通过相关法则，幼虫期的变异无疑会影响成虫期的构造；相反地，成虫期的变异也可能会影响幼虫期的构造。但是，在任何情况下，自然选择将确保这些变异不会造成危害，否则，将会导致物种的灭绝。

自然选择会根据亲体让子体的构造发生变异，反过来也是如此。在群居动物中，为了群体的利益，自然选择会让个体的构造适应整个群体。自然选择无法做到的是，为了另一种物种的利益，在不给任何优势的情况下改变一种物种的结构；尽管可以在自然史著作中找到这种说法，但我找不到一个经得起调查的案例。即使在动物的一生中只使用一次的重要构造，也可以通过自然选择使其发生大的变异。例如，某些昆虫拥有的大颚，专门用于破茧；或者雏鸟的坚硬喙尖，用于破壳。有人断言，优良的短喙翻飞鸽，大部分死于蛋壳里，这个数量比能破壳孵出的多，所以养鸽者需要协助其孵化破壳。现在，如果自然选择为了这种鸽子的利益，而使成年鸽子的喙非常短，那么变异的过程必然非常缓慢，同时对幼鸽的选择也将非常严格，相对于具有最强壮、最坚硬的喙的雏鸟，喙弱的雏鸟必然死在蛋壳内；或者自然也会选择更薄、更易碎的蛋壳，众所周知，蛋壳的厚度也会像其他结构一样发生变异。

虽然所有生物都会面临意外死亡，但是这很少甚至不会影响自然选择发挥作用。比如，每年都会有大量的种子和卵被吃掉，如果它们发生了某种变异，可让其免遭敌害吞食，那么就能通过自然选择改变这种情况。由这些没有被吞食卵和种子长成的个体，可能会比碰巧存活下来的个体，具有更强的适应性。同样，大多数已经长成的动植物，无论是否能适应它们的生存条件，也会由于偶然原因而死亡。即使它们的构造和体质已经发生了某种对物种有利的变异，这种偶然死亡的情况也无法避免。不论成长中的生物的死亡率多么大，只要它们在任何地区内依然有部分个体没有完全毁灭——即使卵或种子只有百分之一或千分之一的机会成长发育——那么幸存者中更能适应生活环境的个体，就会通过有利的变异，比那些适应能力差的个体繁殖出更多后代。假如所有个体都由于偶然原因被淘汰（事实上这种情况常有发生），那么即使是自然选择也将无能为力了。但不能根据这个论点，就抹杀自然选择在别的时期和别的方面产生的效果，因为我们没有理由去设想，诸多物种都曾在同一时期和同一地区发生了变异。

性选择

在家养状态下，有些特性往往只表现在一个性别中，并且只通过这个性别遗传；自然界也会发生同样的事情。如果是这样，自然选择将能够使雌雄两性根据不同生活习性而发生变异，或者更常见的是某一性别根据另一性别发生变异。我用几句话对所谓的“性选择”做简略的阐述：这不取决于为生存而斗争，而是取决于雄性之间为拥有雌性而进行的斗争；斗争的结果不是失败者死亡，而是失败者后代减少甚至没有后代。因此，性选择不如自然选择严格。通常，最强壮的雄性是最适应自然环境的个体，也会留下最多的后代。但在许多情况下，胜负并不取决于强壮的体格，而取决于雄性特有的武器。例如无角雄鹿和无距公鸡，留下后代的机会很小。通过始终允许胜利者进行繁殖来进行性选择，无疑会给公鸡带来不屈不挠的勇气、增加距的长度以及在斗争中拍打翅膀增加距的攻击力。这就好比残酷的斗鸡者精心挑选最好的雄鸡一样。我不知道在自然界中，要到什么级别的动物分类，才没有性选择的存在。有人说，雄性鳄鱼为了得到雌性会战斗、吼叫和回旋，就像印第安人跳战斗舞蹈一样；雄性鲑鱼整天都在战斗；雄性锹形虫通常会遭受其他雄性巨大下颌骨的伤害。著名的观察家法布尔曾发现，有一种膜翅目昆虫，常常为了争夺雌性而发生争斗，而雌虫却在一旁漠不关心地观战，最后跟随胜利者离去。一夫多妻制动物之间的斗争可能是最激烈的，而这种雄性常拥有特殊的武器。食肉动物的武器已经很好了，通过性选择，又使它们具有了特殊的防御手段，就像雄狮的鬃毛、雄鲑鱼的钩形上颚等。对于胜利者来说，盾牌就像剑或长矛一样重要。

在鸟类中，性斗争通常更温和。所有研究过该主题的人都相信，歌唱是许多雄性鸟类使用的最激烈的性斗争方式，它们借此来吸引雌鸟。圭亚那的岩鹈、极乐鸟以及其他鸟类经常聚集在一起，雄鸟会在雌鸟面前展现其华丽的羽毛，并做出一些奇怪的动作，而雌鸟会作为观众在旁边观看，最后选择最有吸引力的雄鸟做配偶。那些密切观察过笼养鸟类的人清楚地知道，鸟类有各自的偏好。赫伦爵士曾经描述过，他养的斑纹孔雀是多么成功地吸引了所有的雌孔雀。在这里虽然不能做出详细的描述，但是，如果人类能够在短时间内根据其审美标准，让矮脚鸡具有美丽、优雅的姿态，那么我就有充分的理由相信，在几千年的发展中，雌鸟会根据自己的审美标准选择声音最悠扬、外貌最漂亮的雄性，由此而产生显著的性选择效果。在生命不同时期出现的变异，会在雌性后代或者雌雄两性后代相应的时期出现，性选择对这些变异起着重要作用；在一定程度上，用这种性选择的作用，可以解释雄鸟和雌鸟的羽毛为何不同于雏鸟的羽毛，在此就不详细讨论这个问题了。

因此，正如我相信的，当任何动物的雄性和雌性具有相同的日常生活习惯，但在结构、颜色或装饰上存在差异时，那么这些差异主要是由性选择引起的。这就是说，在连续数代遗传中，雄性个体会把攻击武器、防御手段或雄壮体格等略有优势的特点遗传给雄性后代。但是，我不希望将所有性别上的差异都归因于性选择。因为我们可以看到，家禽中有些雄性特有的特征并不能通过人工选择而增强。例如，野生雄火鸡胸前的丛毛对雄火鸡几乎没有用处，对雌火鸡来说也算不上装饰。事实上，如果这簇胸毛出现在家禽身上，是会被视为畸形的。

自然选择即适者生存的实例

为了弄清楚我相信的自然选择是如何起作用的，请允许我举出一两个例子。让我们以狼为例，它们以各种动物为食，在捕食时，它们时而使用技巧，时而使用力量，时而使用速度。让我们假设最迅速的猎物，以鹿为例，在狼捕食极其困难的时期，由于许多变化的发生，导致其数量有所增加或者减少。在这种情况下，当然只有跑得最快、体型最灵巧的狼才能获得最好的生存机会，从而获得选择和保存，当然它们还必须在各个时期都保存足够的力量，因为它们可能被迫需要去捕食其他的猎物。这和人类通过谨慎而有条不紊的选择来提高灵缇犬的敏捷性一样，也可能是无意识的选择，人们并没有期望能改变狗的品种。另外我想补充一点，根据皮尔斯先生所说，有两种狼的变种栖息在美国的卡茨基尔山脉上，一种形状略似长嘴猎狗，主要捕食鹿；另一种身体较大而腿较短，经常袭击牧人的羊群。

需要注意的是，上述事例中，我说的是那些动作敏捷、体型灵巧的狼能被保留下来，并不是说任何个体的显著变异都会被保留下来。在本书的前几版中，有时我会说单个显著变异常常被保留下来。因为以前我认为个体差异非常重要，并且详细论述了人类无意识选择的结果，这种选择是保存一切有价值的个体，同时除去不良个体。我曾注意到，对于偶然出现的任何构造差异，想在自然状态下被保留下来都是很难的。例如，一个既大且丑的畸形，即使最初被保存了下来，此后由于持续地与正常个体交配，特性会慢慢消失。但是，当我读了刊登在《北英评论》（*NorthBritish Review*，1867）上的一篇很有价值的文章后，我才认识到，不论是细微的还是显著的单独变异，都很难被长久保存下去。这位作者以一对动物为例进行了说明：虽然这对动物一生能够产 200 个仔，但平均只有 2 个幼仔可以存活下来并进行繁殖，因为会有种种原因造成幼仔的毁灭。对于大多数高等动物来说，这是一种极端情况，但对于许多低等动物来说，情况绝非如此。该作者指出，如果一个新生幼体由于某方面的变异，存活概率是其他个体的两倍，但因死亡率太高，想要存活下去仍困难重重。文章指出，假如这个新生幼体可以生存下去并成功繁殖，并且这种有利变异遗传给了一半的后代，其后代也只是多了一些生存和繁殖的机会，而且这种机会在以后还会慢慢减少。我非常认同这些观点。假如有一种鸟由于喙的弯钩而可以非常容易地获得食物，假如这种鸟中有一只的喙生来就极为弯钩，并因此避免死亡而繁殖下去。即使这样，这种鸟要永久独自繁殖下去的机会依然是很渺茫的。不容置疑的是，以我们从家养动物中们观察到的情况来判断，如果把大量带点弯钩喙的个体一代代繁殖并保留下来，而把直喙的个体大量地剔除，就能达这个目的。

有一个不可忽视的事实是，相似的变异发生在相似的组织结构上时，这些显著的变异会屡次出现，这些变异不能仅被视为个体差异。关于这一事实，可以从家养生物中可以找到很多证据。在这样的情况下，即使变异的个体最初没有把新获得的性状遗传给后代，只要生存条件保持不变，它迟早会把按同样方式获得的更强变异遗传给后代。毫无疑问，按同样方式产生变异的倾向是十分强烈的，可以不经任何选择作用，使同一物种的所有个体产生相似的变异；或者仅有的 1/3、1/5 或 1/10 的个体受到这样的影响，关于这种情况，也可以列举若干实例。例如，根据格拉巴估算，法罗群岛大约有 1/5 的海鸠属于一个极显著的变种，而这个变种曾经被列为一个独立的物种，其学名被定为 Uria Lacrymans。在这种情形下，如果变异是有利的，根据适者生存的法则，变异的新类型很快就会取代原有的类型。

杂交可以消除一切种类变异，这一点以后我还会谈到。但在这里我要说明的是，大多数动植物都固守本土，一般不做不必要的流动。候鸟也是一样，它们基本上都会返回原住地。因此，每一个新形成的变种，起初一般局限于原产地，对于自然状态下的变种来说，这似乎是一种普遍规律。因此，许多发生相似变异的个体通常很快就会聚集成小群体，共同生活，繁殖下去。假如这一新变种在生存斗争中取得胜利，就会从中心区域慢慢向外扩散，在继续扩大的区域边缘上，和那些未曾变化的个体进行斗争，并打败它们。

下面，我举出一个更复杂的案例来解释自然选择的作用。某些植物分泌甜汁液，显然是为了排出体液中的有害物质，例如一些豆科植物会从托叶基部的腺体中分泌出这种汁液，普通月桂树的叶子背面也会分泌这种汁液。这种汁液虽然量很少，但却被昆虫贪婪地寻觅，这对植物本身没有任何益处。现在让我们假设，甜汁或花蜜是从植物的花朵中分泌出来的，在这种情况下，昆虫寻找花蜜时会沾上花粉，并且肯定会经常将花粉从一朵花转移到另一朵花的雌蕊上。因此，同一物种的两个不同个体就可以进行杂交了。我们有充分的理由相信，这种杂交会产生非常强大的幼苗，这种幼苗有更多的生存和繁殖机会。那些花蜜腺体越大的花朵，会分泌出越多的花蜜，也最能吸引昆虫前来，从而获得更多的杂交机会。从长远来看，它们就会占据优势并形成一个地方变种。同样，相对于拜访它们的特定昆虫的大小和习性而言，花的雄蕊和雌蕊所处位置适合的话，在一定程度上有利于昆虫传授花粉，这样花本身也会受益。如果来往于花间的昆虫不采花蜜只采花粉，由于花粉是专门用来授精的，那么这种对花粉的破坏显然是植物的一种损失。然而，如果吃花粉的昆虫偶然地将少许花粉从这朵花带到那朵花上，这样就产生了杂交。尽管九成的花粉被破坏了，但对植物来说仍然是很大的收获。因此，自然就会将那些更多花粉以及具有更大花粉囊的个体选择出来。

如果上述过程一直持续下去，植物将会吸引越来越多的昆虫，昆虫也会不自觉地传播花粉。有许多事实都可以证明，昆虫是可以很有效地做到这一点的。现在我仅举一例，来说明植物雌雄分株的步骤。一些冬青树只开雄花，每朵雄花有 4 个雄蕊，能够产生少量的花粉，同时还有 1 个不发育的雌蕊；另外有一些冬青树只开雌花，它们有 1 个发育完全的雌蕊以及 4 个花粉囊萎缩的雄蕊，雄蕊上并没有花粉粒。我在距离雄冬青树 55 米（60 码）的地方找到了一棵雌冬青树，我从雌树的不同树枝上采集了 20 朵花，并把这些花的雌蕊放在显微镜下观察，毫无例外地，所有雌蕊都沾有花粉粒，有些雌蕊上的花粉还很多。那几天，风都是从雌树吹往雄树，因此雌花上的花粉不可能是靠风力传播的。那几天天气寒冷并且有暴风雨，因此对蜜蜂很不利，尽管如此，我检查过的每朵雌花都被采蜜的蜜蜂完成了受精。现在，回到我们想象中的情况：一旦植物对昆虫产生了如此高的吸引力，促使昆虫定期在花间传播花粉，另一个步骤可能就要开始了。没有博物学家对所谓的“生理分工”的优势表示怀疑，因此我们相信，对植物而言，在一朵或整株植物中单独产生雄蕊，而在另一朵或另一株植物中单独产生雌蕊是有利的。在经过培植并置于新的生存条件下的植物中，有时雄性器官或者雌性器官会退化。在自然界中，这种情况也会发生，只是程度比较轻微，因为花粉已经定期地从一朵花被带到另一朵花，按照“生理分工”的原理，性别的完全分离对植物是有利的，因此具有这种趋势的个体将越来越多，并不断受益且被选择，直至雌雄两体最终完全分离。很显然，许多植物的雌雄分离正在进行，至于植物是如何通过二型性和其他手段来达到雌雄分离的目的，此文不再赘述。我只想补充说明一点，根据阿萨 · 格雷的研究，在北美，确实有几种冬青树完全处于中间状态，按照他的说法，是属于“异株杂性”的情况。

现在，让我们讨论一下吃花蜜的昆虫。假设我们可以通过不断选择而逐渐增加普通植物的花蜜，而且某些昆虫主要依靠它的花蜜作为食物。我可以提供许多事实，来说明蜜蜂是如何节省时间采蜜的。例如，有些蜂喜欢在花的根部挖洞并吮吸花蜜，这样就能避免从花的开口部位钻到花里去的麻烦。考虑到这些事实，我没有理由怀疑，那些大小和形态上的差异，如口径的长度、弯曲度等，对于我们来说可能是微不足道的，但是在一定条件下有利于蜂和其他昆虫。如此一来，有些个体能够更快地获得食物，从而有更好的生存和繁衍的机会，它的后代也可能会继承类似的性状。普通红三叶草和肉色三叶草的管形花冠，看起来长度并不相同。然而，蜜蜂可以轻易地采到肉色三叶草的花蜜，却不能采到红三叶草的；只有野蜂能采到红三叶草的花蜜。尽管红三叶草布满田野，蜜蜂也无法得到珍贵的花蜜。但是蜜蜂显然是非常喜欢这种花蜜的，因为我曾经观察到，在秋季，许多蜜蜂通过野蜂在基部咬破的小孔，去吸食花蜜。蜜蜂能否从这两种三叶草中采到蜜，取决于花冠的长度，但其差异却不大。因为有人告诉我，在红三叶草被收割后，长出的第二茬的花要小一点，到那时蜜蜂就能采蜜了。这种说法的准确性难以确定，也不知道发表的另外一篇文章是否可靠。那篇文章说，意大利种蜜蜂可以采食红三叶草的花蜜，而一般都认为，意大利种蜜蜂是普通蜜蜂的变种，并且可以与普通蜜蜂自由交配。因此，对于生长在长满红三叶草的地方的蜂来说，具有长一些或不同形状的吻是一个优势。另一方面，我通过实验发现，三叶草的繁殖力在很大程度上取决于蜜蜂的授精。当一个地区的野蜂变少了，那么花冠短小或分裂较深的植株就占有优势了，因为蜜蜂也可以采这种红三叶草的花蜜。因此，我们可以明白理解花朵和蜜蜂是如何通过持续保存结构上互相有利的微小差异而彼此适应的了。

我非常清楚，用以上想象的事例来解释自然选择的原理，正如莱尔爵士曾经“用地球近代的变迁来解说地质学”一样，必然会遭到他人的反对。但是我们现在很少听到有人说，用仍然活跃的一些地质作用来解释深谷和内陆崖壁的形成是毫无意义的了。自然选择的作用就是将无数微小的变异积累并保存起来，被保留下来的变异通常都是对个体有利的。由于近代地质学已经抛弃了诸如一次大洪水就能形成一个大山谷的观点，因此，自然选择原理会消除人们不断创造新生物的观点，或改变人们对生物结构能够突然发生重大变异的观点。

个体杂交

我先说个简短的题外话。对于具有不同性别的动植物，当然很明显，每次生育都必须交配才行。但是就雌雄同体的生物而言，这种情况并不明显。我有理由相信，所有雌雄同体的生物，无论是偶然还是习惯性，都有可能两两结合以繁衍其类。斯普兰格尔、奈特和凯洛依德都曾经提出过这样的观点。我们现在来谈谈这个观点的重要性，尽管我准备了足够的材料来讨论，但是在这里，我只能力求简洁。所有脊椎动物、昆虫以及其他一些大型动物，都必须交配才能生育。近代研究确定，所谓雌雄同体的生物的数量已大大减少；而即使是雌雄同体的生物，大多数也需要两两结合。也就是说，两个个体要进行交配才能繁殖，才是我们现在要讨论的问题。对于大多数雌雄同体的动物和植物来说，我们有什么理由认定它们是通过交配来繁殖的呢？在此我们无法讨论细节，只能简单描述一下。

首先，我收集了大量事实，都表明动植物不同变种之间，或同一变种但不同品系的个体之间的杂交，能够让后代更强壮、更具繁殖能力，这符合育种者们的信念；相反，近亲交配会减弱后代的体质和繁殖能力。仅凭这些事实就使我相信，自然界的普遍定律是：自体受精的生物不可能永远生存下去，需要与其他个体偶然或间隔一段时间进行杂交。

我认为，这是自然法则，由此可以理解以下几类事实，否则用任何其他观点都无法解释这些事实。凡是做杂交实验的人都知道，暴露在雨水下的花朵，受精是多么的困难；然而，有很多花的花粉囊和柱头是完全暴露在空气中的！如果偶尔的异体杂交是必不可少的，就可以解释这种花蕊完全暴露的情况是为了别的花的花粉可以充分并且自由地进入。由于植物自身的雌雄蕊通常靠得很近，以至于自体受精几乎是不可避免的。也有一些例外，例如蝶形花科或者豆科植物，它们的结实器官是紧闭的；但是在几种（也许是全部）这样的花朵中，花朵的结构与蜜蜂吮吸花蜜的方式之间有着非常奇特的适应关系。对于蝶形花科的植物来说，蜜蜂的授粉非常必要，如果阻止蜂的来访，这些花的繁殖能力就会大大下降。蜜蜂从一朵花飞到另一朵时，肯定会将花粉从一朵花带到另一朵花，这对植物是有非常大的好处的。蜜蜂的行为就像刷子一样，先刷一下这朵花的雄蕊，再刷一下另一朵花的雌蕊，就完成了受精。但是，不能因此认为，蜜蜂会让不同作物之间产生大量的杂交品种。盖特纳曾经指出，在同一雌蕊上，同种植物的花粉比异种植物的花粉更具吸引力，而且可以抵消异种植物花粉的作用。

当一朵花的雄蕊突然弯向雌蕊，或慢慢地一个接一个地向雌蕊移动时，这种现象似乎仅仅是为了确保自花授粉，不过雄蕊的颤动有时候还需要昆虫的帮助。凯洛依德曾经说过，刺蘖（小蘖、伏牛花）就是如此。奇怪的是，这个属似乎都有自花传粉的特殊能力。众所周知，如果把近缘物种或者变种种植在一起，它们会自然杂交，很难产生纯种。在许多其他情况下，植物会有一些特殊的机制，来阻止雌蕊接收自花的雄蕊传来的花粉。根据斯普林格尔的著作以及我的观察，可以阐明这一点。例如，亮毛半边莲有一种巧妙的结构，能够在雌蕊准备受粉以前，从花粉囊中把花粉全部清除出去；由于昆虫从来不造访这种花，所以这种花从不结籽，至少在我的花园中是这样的。但是，通过将一朵花的花粉放在另一朵花的雌蕊上，我培育出了很多种子。而附近生长的另一种半边莲，因为常有蜂来造访，所以很容易结籽。在其他情况下，尽管没有特殊机制来阻止雌蕊自花授粉，但是正如我、斯普林格尔、希得伯朗及其他人指出的，这些花的花粉囊在柱头准备受精之前就破裂了，或者在花粉未成熟之前柱头已经成熟，因此这类植物被称作两蕊异熟，实际上是雌雄分化的，必须通过杂交才能繁殖，这也符合以上二型性和三型性植物的情形。这些事实是多么奇妙啊！同一朵花的花粉和柱头虽然靠得很近，就好像是为了自花授粉而形成的，可实际情况并非如此，真是太奇怪了！但是，如果我们用偶然的异体杂交的优越性和必要性来解释这些情况，那就十分简单了！

如果把甘蓝、萝卜、洋葱及若干植物的变种种植在临近的地方，那么据我发现，这样培育的幼苗，绝大多数都是杂种。例如，我们把几个甘蓝的变种栽培在一起，由它们的种子培育出 233 株幼苗，其中只有 78 株保留了原有性状，甚至还有一些不完全是纯种。然而，每朵甘蓝花的雌蕊不仅被它自己的 6 个雄蕊包围，还受同株植物上其他花朵的影响。而各个花内的花粉即使不依靠昆虫，也能轻易落在雌蕊柱头上，我曾经见过严防昆虫传粉的花朵顺利结籽。那么，为什么会有如此大量的杂种产生呢？我猜想是因为不同变种花朵上的花粉，比同种花朵上的花粉授精能力更强。这也进一步证明了，同种异体杂交具有优势这一观点是正确的。当异种杂交时，情况则正好相反，因为植物自身的花粉总是比外来花粉更占优势。关于这个问题，我们将在以后的章节中进行介绍。

如果有一棵巨大的树开着无数的花朵，我们不应该认为，花粉很少能从一棵树传到另一棵树上，而最多只能从同一棵树上的一朵花传到另一朵花；并且也不应该认为，只有在特殊情况下，同一棵树上的花才能被视为不同的个体。我认为这是有道理的，但是自然已经对此进行了补救，它让同一棵树的花产生了雌雄分离。当两性分开时，尽管可以在同一棵树上产生雄花和雌花，但我们可以看到，花粉必须经常从一朵花传到另一朵花。这样一来，花粉偶尔从一棵树传到另一棵树的机会就更大。和其他植物比起来，所有属于“目”一级的树的雌雄分化现象通常更多，我在英国就看到过这种情况。应我的要求，胡克博士和阿萨 · 格雷博士分别将新西兰和美国的树木情况制成表格，结果出乎我的意料。另一方面，胡克博士最近告诉我，他发现该规律在澳大利亚不适用。我以树木为例进行讨论，只是为了引起人们对这个问题的关注。

简单讨论一下动物的情况吧。陆地上虽然有一些雌雄同体的动物，例如陆栖的软体动物和蚯蚓，但是这些动物都需要交配来授精。到目前为止，我还没有发现一例能自体受精的陆生动物。这个异乎寻常的事实正好和陆生植物形成强烈反差。如果参照偶然杂交的必要性原理，我们就完全可以理解这个事实了。因为精子不能像植物的花粉一样借助昆虫和风力传播，所以陆生动物只有依靠两个个体的交配才能完成偶然的杂交。在水生动物中，有许多雌雄同体的可以自体受精；但是，水流为它们偶然的杂交提供了机会。而且，我曾与权威学者赫胥黎教授讨论过，世上是否存在某种动物，它是雌雄同体的，而且它的生殖器官是在体内完全封闭的，没有通向外界的途径，其受精过程也不会受到其他个体的影响；就如同讨论花的时候一样，我们没有找到这样的动物。很长时间以来，在上述这种情况下，我很难解释蔓足类的受精过程；但是，我非常有幸地从其他地方证实了，两个自体受精的个体偶尔确实是能进行杂交的。

有一个奇异的事情会让大多数博物学家感到震惊：对于动植物而言，属于同一科甚至同一属的物种，尽管在整体构造上几乎一致，但是有些是雌雄同体，有些是雌雄异体的。不过实际上，所有雌雄同体的动物都会偶尔与其他个体交配，就功能而言，雌雄同体和雌雄异体物种之间的差异就变得很小了。

基于这些因素以及我收集的许多事实（这里我无法一一提供），虽然动植物界中的偶然杂交不是绝对的，但也是一个很普遍的自然规律。

通过自然选择产生新类型的有利条件

这是一个极其复杂的问题。大量可遗传且多样化的可变性是有利的，其中也包括个体差异。在一定时期内，如果有大量的个体，产生了大量有利的变异，就可以弥补个体变异性较小的缺点，我认为，这是自然选择成功的极其重要的因素。虽然自然选择可以长时间发挥作用，但是这个时间的长度绝对不是无限的。可以说，由于所有生物都在努力斗争，以期在自然界中获得一个立足之地，如果一个物种没有跟随它的竞争者进行相应程度的变异和改良，它很快就会灭绝。假如有利变异无法遗传，自然选择也就不能发挥作用。虽然返祖倾向通常会抑制或阻止自然选择发挥作用，但是这种倾向既没能阻止人类通过人工选择培育出各种家养生物，也无法阻止自然选择发挥作用。

在有计划的人工选择的情况下，育种者会根据某种目的选择某些确定的对象，如果放任个体自由杂交，选择的工作就不会成功。但是，许多人并不打算改变品种，他们只是追求完美，试图让最优良的个体繁殖后代。虽然没有将已经选择出的个体进行分离，但是通过这种无意识的选择，也定能让它们缓慢地改良。在自然情况下也同样如此。在一个有限的区域内，其自然环境中还会有某些地方没有被完全占据，虽然变异程度不同，但自然选择总是会保留所有朝着正确方向发生变异的个体。如果是在很大的区域内，不同的地区肯定会呈现出不同的生活环境，自然选择就会让同一个物种在不同区域形成不同的变种，而在这些区域的边缘地带，不同的变种之间就会彼此杂交。我会在第六章中阐明，生活在中间地区的中间变种，往往会被生活在边缘地区的变种取代。杂交对那些每次生育都必须交配、流动性大且繁殖速度不快的动物产生的影响最大。正如我看到的那样，一般具有这种性质的动物，例如鸟，它们的变种通常只局限于隔离的区域内。对于只偶尔杂交的雌雄同体生物，以及每次必须交配才能生育、流动性小且繁殖速度很快的动物来说，一个新变种可以在任何地方迅速改良和形成，并且在那里聚集成群，随后慢慢传播到其他地区。根据以上原理，育苗者总是喜欢从大量相同品种的植物中获取种子，因为这样可以减少与其他品种杂交的概率。

即使是对于必须交配才能生育且繁殖速度较慢的动物来说，我们也决不能认为杂交会消除自然选择的影响。我可以用大量事实来证明：在同一地区，同一个物种的不同变种可以长期保持不同性状，这是出于它们栖息在不同的场地，各自在不同的季节繁育，或者倾向于与同种个体交配等原因。

交配在自然界中扮演着非常重要的角色，可以保持相同物种或相同变种的个体纯正和一致。显然，它对于那些需要交配才能生育的物种来说，具有更重要的作用。前面我已经说过，我们有理由相信所有动植物都会偶尔杂交，即使需要间隔很长一段时间才会发生，我也确信，杂交产生的后代比自体受精产生的后代，更强壮，繁殖力也更强，以使它们有更好的机会生存和繁殖下去。因此，从长远来看，即使是很长时间才发生一次杂交，也会造成极大的影响。至于极低等的生物，它们不进行有性繁殖，个体之间也不会进行交配，所以永远也不会杂交。只要它们的生存条件不变，就只能通过遗传和自然选择消灭任何偏离原种的个体，以维持物种的性状保持不变。但是，如果它们的生存条件改变了，并且个体也发生了改变，只有通过自然选择保留相同的有利变异，才能赋予它们改良后代以一致的性状。

隔离也是自然选择过程中的重要因素。在有限的密闭或孤立的区域中，有机和无机的生存条件通常会在很大程度上保持一致。因此，自然选择将倾向于在相同条件下以相同方式使同一物种的所有个体以同样的方式变异，这也会抑制生物与周边地区生物的杂交。关于这个问题，瓦格纳发表的一篇很有意义的论文中提到，隔离在阻止新变种进行杂交方面具有的重要性远超他的想象。但是，我无法赞同这位博物学者所说的隔离和迁徙是形成新种的必要因素这一观点。当任何物理条件（例如气候或陆地海拔等）发生变化后，隔离可能会更有效地阻止适应性更好的生物迁入这个地区。因此，在该地区的自然生态中就会空出一些位置，使原有生物产生变种后填充起来。最后，隔离就为新变种的缓慢形成提供了时间，这一点有时对新变种的形成是很重要的。但是，如果隔离区域很小，要么被障碍包围，要么自然环境很特殊，那么可以生存的个体数量就会很少。这样会减少出现有利变异的机会，也会极大地阻碍自然选择产生新种。

单是时间的流逝，对自然选择来说，并没有什么作用，它既不会促进也不会妨碍自然选择。我之所以对这一点做出说明，是因为曾经有人误会我，认为我曾经假定时间对物种的改变具有巨大的作用，好像由于内在规律，一切生物都会发生变异似的。时间的重要性只在于：一方面，它能使有利变异的发生、选择、积累和固定有较好的机会；另一方面，时间能加强自然环境对物种的直接作用。

如果我们去自然界检验这些言论的真实性，观察任何隔离的小区域，例如一个海洋岛屿，尽管栖息其中的物种数目很少，正如我们将在地理分布一章中看到的那样，在那里生长的物种都是当地独有的，在其他地方都没有。因此，乍看之下海洋岛屿似乎对新物种的产生非常有利。但是，我们可能因此而自欺欺人，为了确定是小的隔离区域，还是大的开放区域（例如大陆），更有利于生物新类型的产生，都应该在相等的时间内进行比较，而这正是我们无能为力的地方。

尽管我毫不怀疑隔离对于新物种的产生非常重要，但是总体而言，我倾向于认为宽广的区域对新物种的产生更为重要，尤其是对于长期存在并广泛传播的物种而言。在一个广阔而开放的地区，由于那里可以容纳同一物种的大量个体，因此有更多机会产生有利变异。但是由于大量栖息物种的生活环境极为复杂，如果众多物种中的某些物种发生了变异或改良，则其他物种必须进行相应程度的改良，否则它们将会被消灭。每一种新类型，只要经过很大的改进，都将能够在开放和连续的区域中传播，从而与许多其他类型竞争。此外，由于地壳运动，目前连接着的广大区域，过去一定曾处于互相分裂的状态，因此隔离一定在某种程度上对新种产生过良好的作用。最后，我得出的结论是：尽管有些小的隔离区域在某些方面对新物种的产生非常有利，但是在大范围内，变异过程通常会更快。更重要的是，那些在大的区域形成的，已经在和许多对手竞争中取得了胜利的新类型将会传播得更广泛，产生更多新物种和变种，从而在生物界发展史中发挥重要作用。

也许我们可以根据这些观点理解一些事实，这些事实将在地理分布一章中再次提及。例如，和陆地面积较大的欧亚大陆比起来，陆地面积较小的澳洲的产物就稍为逊色。又如，大陆上的生物可以在各处岛屿驯化。在比较小的岛屿上，生存斗争将不再那么激烈，同样变异和灭绝也会变少。因此，也许可以说，根据奥斯瓦尔德·希尔的说法，马德拉群岛的植物区系类似于欧洲已灭绝的第三纪植物区系。与海洋或陆地相比，所有淡水盆地的面积都比较小，因此淡水生物之间的竞争将没有其他地方那么激烈；新类型的形成和旧类型的灭绝将更加缓慢。在淡水中，我们发现了 7 种硬鳞鱼，它们是一种占优势的目留下来的 7 个属。在淡水中，我们发现了当今世界上已知的一些最奇特的生物，例如鸭嘴兽和美洲肺鱼，它们就像活化石一样，与当今在自然等级上差距很远的一些目有一定联系。之所以它们能一直生存到现在，是因为它们居住在一个隔离的区域中，生存斗争没有那么激烈。

我将在极端复杂的问题允许的范围内，总结一下有利于或者不利于自然选择的情况。展望未来，对于陆地生物而言，可能经历了多次地面升降变迁的广大区域最有可能产生新的生物类型，长期存在并广泛传播。如果该地区是一片大陆，在此期间，生存在该地区的生物种类和个体就会非常多，那么生物面临的生存斗争也会非常激烈。当地面沉降而形成若干大的独立岛屿时，每个岛屿上仍将存在许多相同物种的个体，但是分布在边缘地区的新物种的杂交会受到限制。在新的物种进入被阻止后，自然环境的改变导致岛上生态系统中出现的空位，都需要由旧物种产生的变异类型填补，而且，漫长的时间会允许每个物种都能进行充分的改良和完善。当再一次的大陆沉降将这些岛屿重新转变为一个大陆地区时，激烈的生存斗争会再次出现。最具优势或者改良最多的变种会得到广泛传播，而改良程度较低的类型将会消失。在重新形成的新大陆上，各类生物的比例数将会再次发生变化。自然选择将有充分的机会改良旧物种，从而创造新物种。

我完全承认，自然选择总是极其缓慢地起作用。自然条件想要发挥它的作用，则需要在现有的生活环境中留有一些空位，可以让现有生物变异之后更好地占有。而这些位置的出现，通常依赖于自然条件的缓慢变化，以及阻止更适应的外来生物的迁入。当旧物种发生变异后，它们与其他生物之间的相互关系就会受到干扰，此时新的位置就会出现，等待着新的类型占领。尽管同种个体间存在某种细微程度的差异，但需要经过漫长的时间，才能使它们的身体构造出现显著的差异；自由杂交常常会大大阻碍该过程。许多人会惊呼，这几个原因足以阻止自然选择的作用，但是我不相信。另一方面，我确实相信自然选择总是非常缓慢地起作用，而且通常仅在很长一段时间内，对同一地区的极少数个体起作用。我更加相信，这种非常缓慢的、间歇性的自然选择行为，与地质学告诉我们的生物的变化速度和方式非常一致。

尽管自然选择的过程可能很慢，但是如果力量有限的人工选择都能做很多事情，相信在很长一段时间内，在自然选择即适者生存法则的影响下，所有生物之间以及生物与其生活的自然环境之间相互适应的关系，一定会无限制地朝着更完美和更复杂的方向发展。

自然选择造成的灭绝

我们将在“地质学”一章中更全面地讨论该问题，但是在这里必须提到它与自然选择的紧密联系。自然选择仅以某种有利的方式通过保持变异而起作用，使这些变异可以持续下去。但是由于所有生物都以几何级数增加，而每个地区已经有足够的生物个体，随之而来的是，通过自然选择，占优势的个体数量会增加，同时处于劣势的个体会减少并变得稀有。地质学告诉我们，稀有性是灭绝的先兆。我们还可以看到，在季节变化或者敌害数量增多时，任何个体比较少的生物类型极有可能灭绝。但是进一步来说，随着新类型持续而缓慢地产生，除非我们相信物种类型持续不断地并且几乎无限地增加，否则很多旧的类型必然会灭绝。地质学清楚地表明，物种类型的数量并没有无限增加。接下来我会尝试说明，全世界的物种数目没有无限增加的原因何在。

另外，在任何时期，个体数量最多的物种将有最好的机会产生有利的变异，对此，我们有证据可以证明。第二章的事实表明，普通且分布广泛的优势物种产生了最多的变种。因此，个体稀少的物种变异和改良的速度都不会很快，它们在生存斗争中很容易被普通物种的改良或变异过的后代击败。

基于以上几点，我认为不可避免的是，随着时间的推移，新物种通过自然选择而形成，而有些物种将变得越来越稀有，甚至最终灭绝。与正在经历变异和改良的类型有着激烈竞争的类型自然会遭受最大的损失。我们在关于生存斗争的章节中看到，那些关系密切的类型，例如同种的各个变种，同属或近属的各个物种，由于结构、体质及习性相似，它们之间的竞争通常最激烈。因此，每个新变种或物种在其形成过程中通常会给最近缘种类造成最大的威胁，并倾向于最终消灭它们。同样我们也看到了，通过人工选择改良的类型，家养动植物也会出现相同的灭绝过程。我们还可以给出许多奇特的例子，牛、绵羊和其他动物的新品种以及花朵的变种是如何很快取代旧的、低劣的种类的。在约克郡，通过历史的记载，我们可以知道，古老的黑牛被长角牛取代，长角牛“又被短角牛如同残酷的瘟疫一般消除干净了”（引用一位农业作者的话）。

性状趋异

这个术语包含了重要原理，并且解释了一些重要现象。首先，变种，甚至是已经具有物种特征的显著变种，彼此之间的差异肯定远不及那些单纯而明确的物种之间的差异，在很多情况下很难对它们进行分类。不过，根据我的观点，变种是处于形成过程中的物种，或者正如我所说的，它们是初期物种。那么，变种之间的较小差异是如何扩大为物种之间的较大差异的呢？自然界中的无数物种都存在显著的差异，而变种作为未来可以发展为物种的原型和亲体，则表现出细微且不确定的差异。我们可以说，由于偶然变故，可能会导致变种在某些方面与亲体有所不同，该变种的后代在特征上就会在性状上与亲体产生更大的差异。但是，仅此一项，并不能在同一属的不同物种之间造成如此常见的巨大差异。

按照惯例，让我们从家养生物中寻求解释，从中我们可以找到一些类似的情况。我们必须承认，像短角牛与赫里福德牛、赛马和拉车马以及不同品种的鸽子等彼此差异极大的品种，绝不可能仅仅是在连续几代中通过偶然积累相似变异而产生的。有的养鸽者喜欢喙较短的鸽子，有的喜欢喙较长的。有个公认的事实是，养鸽者喜欢极端的类型，不喜欢中间类型。他们会继续选择和繁育喙更短或者更长的鸽子，就像培育翻飞鸽那样。另外，我们可以假设，在早期，某个地区或某些人喜欢奔跑速度快的马，而另外一些地区或者另外一些人更喜欢笨重但强壮的马。初期差异可能很小，随着时间的流逝，一些育种者继续选择较快的马，另一些继续选择强壮的马，两者之间的差距将变得更大，会变成两个亚种。最终，经过几个世纪的发展，亚种将转变为两个成熟且独特的品种。随着差异的逐渐扩大，具有中等特征的劣等马，既不是很快也不是很强壮，就不会被选来配种，最后就会消亡。然后，我们通过人工选择的产品可以看到所谓性状分歧趋异的作用，初期的差异几乎难以察觉，然后稳步增加，最后让品种出现不同于亲体的差异。

但是，可能有人会问，这个原理可以运用在自然界吗？我相信，它确实能最有效地应用。简单来说，任何一个物种的后代，在结构、体质和习性上越多样化，就越能够更好地占据自然界中的不同地方，从而使数量得以增加。

对于习性简单的动物，我们可以清楚地看到这一点。以食肉哺乳动物为例，在任何地区，可以容纳的哺乳动物的数量早已达到了平均饱和量。如果一个地区的自然状况没有发生任何变化，那么只有发生了变异的后代才能成功占据当前被其他动物占领的地方。例如，它们中的一些能够以新的猎物为食，无论是死的还是活的；有些可以生存在不同的场所，例如树上或者水里；有些减少了食肉的习性等。食肉动物的后代在习性和结构上越多样化，能够适宜它们居住的地方就越多。适用于一种动物的原则将始终适用于同一时期的所有动物，也就是说，除非它们发生变异，否则自然选择将无能为力。植物也是如此。实验证明，如果一块地上只种一种草，在另外一块相似的土地上种几种不同的草，那么我们可以从后一块土地上获得更多数量和更大重量的干草。如果在两块相似的土地上，分别种植一种小麦和多种小麦，也会得到相同的结果。因此，如果有任何一种草继续发生变异，即使变异非常微小，这些变种也能像不同的物种或者属一样，通过相同的方式被选择出来。于是，这种草中的更多个体，包括其变异的后代，将能够成功生活在同一片土地上。我们知道，各个不同物种和不同变种的草类，每年播种的种子几乎不计其数；可以说，它正在竭尽全力增加其数量。因此，我毫不怀疑，在数千代相传的过程中，任何一种草的最显著变种，总有最大的机会增加其数量，从而取代变异微小的变种。当变种之间的区别变得非常明显时，它们就被称为物种了。

生物构造的多样性，可以使其最大限度地获得生活空间，在许多自然情况下都可以发现该原理的正确性。在一个很小的区域，特别是开放的、生物可以自由迁入的地区，个体与个体之间的生存竞争往往非常激烈，当地的生物也更具多样性。例如，一块多年来没有发生变化的长 1.2 米（4 英尺）、宽 0.9 米（3 英尺）的草皮，生长了 20 种植物，分属 8 个目的 18 个属，由此可以表明，这些植物之间的差异很大。在情况类似的小岛上和淡水小池塘里面，植物和昆虫的情况也是如此。农民发现可以通过轮流种植不同目的植物来获得更多粮食，自然则遵循所谓的同时轮种原则。假设有一小块土地，它只是普通性质的土地，大多数动植物都可以在那里生活，或者说是竭尽全力地生存。按照一般规律，我们可以看到，在生存斗争最激烈的地方，由于构造的分歧和习性、体质趋异，那些异属和异目的生物之间的斗争也是最激烈的。

通过人为作用可以让植物实现异地归化，也说明了同样的原理。在任何土地上都能成功归化的植物，通常与当地植物有着近缘关系，因为一般都认为，当地植物都是专为适应这块土地而生长的。此外也有人认为，能够归化的植物只属于少数的几类，而且特别能适应迁入地区的条件，但是情况却并非如此。德康多尔在他伟大而令人钦佩的作品中指出，通过归化而增加的植物中属的数目，要多于本地的属与物种的数目。举一个例子：在阿萨 · 格雷的《美国北部植物志》中，列举了 260 种归化植物，它们属于 162 属。由此可见，这些归化植物具有高度趋异性。而且，归化植物在很大程度上不同于本地植物，因为在这 162 个属中，不少于 100 个属不是本地原生的，因此，现在生存于美国的属就有了很大比例的增加。

通过考察在任何地区都能战胜本地植物并且成功归化的动植物的性质，我们可以粗略了解到，本地植物需要如何变异才能获得比外来植物更大的优势。由此可以推断出，构造的分歧化能达到新属差异，肯定对它们的生存是有利的。

实际上，同一地区性状趋异带来的优势，就好像体内不同器官的分工一样，爱德华兹非常清楚地阐明了这个问题。任何生理学家都不会怀疑，适合消化素食的胃从素食中获得的营养最多，适合消化肉食的胃从肉食中获取的营养最多。因此，在任何地区的自然生态中，动物和植物为适应不同的生活习惯而更加广泛和完美地发展，有更多的生物个体能够在那里生存下去。一个在身体构造上很少分异的动物群体，很难与分异完善的动物竞争。例如，可能会有人怀疑，澳洲有袋动物可以分为彼此间差异很小的几类，分别是食肉、反刍和啮齿动物。正如沃特豪斯所说的那样，它们无法与那些发达良好的动物竞争。在澳大利亚哺乳动物中，我们可以看到，性状分异还处于早期和不完善的状态。

通过性状趋异和绝灭，自然选择对一个共同祖先的后代发挥作用

经过以上讨论，我们可以假设，任何一个物种的改良后代都会在结构上更加多样化，然后取得更大的成功，从而能够侵占其他生物占据的地方。现在，让我们看看从性状趋异中衍生获利的原理，以及它是如何与自然选择原理、灭绝原理结合并发挥作用的。

下图将帮助我们理解这个相当复杂的问题。图中的 A 到 L 代表某地大属的各个物种，这些物种彼此的相似度不一样，就像自然界中的一般情况一样，并且在图中以距离不等的字母表示。我们在第二章中已经看到，平均而言，大属的物种比小属的物种更多；并且大属的不同物种具有更多的变种。我们还看到，最常见和分布最广泛的物种比范围有限的稀有物种变异更多。假设 A 代表一个大属中常见的、分布广泛的正在变异的物种，从 A 发出的长度不等的、分散的虚线代表其变异的后代。假设这类变异虽然细微却拥有很高的分异性，它们不是全部同时出现，而是经常间隔一段时间出现，且持续的时间长短也不同，那么，只有那些有利变异才会被自然选择保存。从这里我们就能看出性状分异原理有利的重要性，因为这通常会导致通过自然

选择来保留和积累性状分歧最大的变异（用外部虚线表示）。当图中的虚线遇到横线并用小写字母和数字标记时，就应当认为，已经累积了足够数量的变异，可以让该类型称为一个性状显著的、值得被文献记载的变种了。

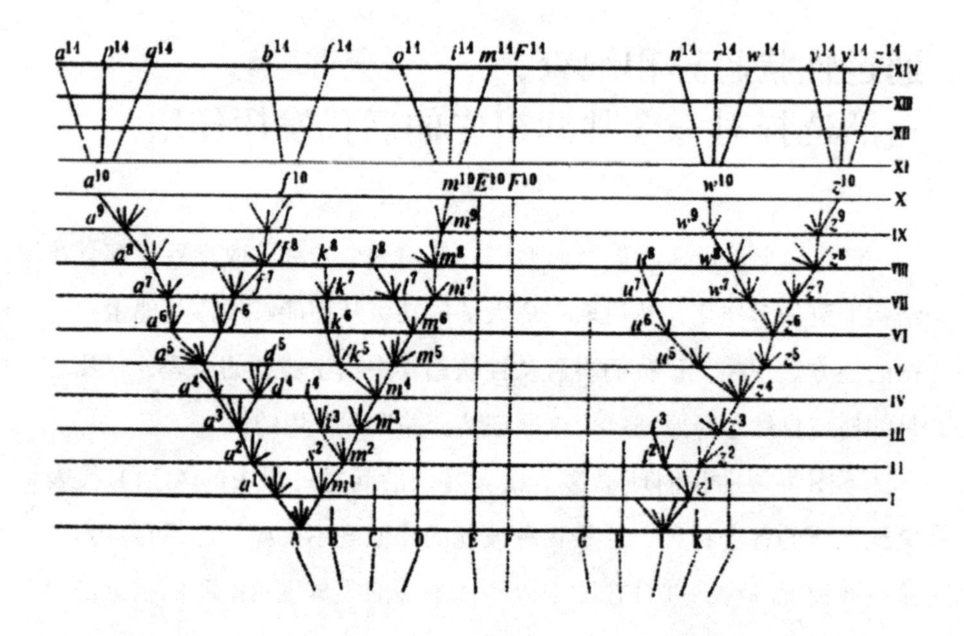

图中两条横线之间的间隔代表一千代甚至更多世代。经过一千代，物种 A 应该已经产生了两个显著变种，即 a^1 和 m^1。通常，这两个变种将继续处于与亲代相同的生存条件下，而变异的趋势本身就是遗传的，因此它们很可能按亲代变异的方式继续产生变异。而且，这两个变种只是细微变异，因此倾向于遗传它们亲代和亲代所在属的优点，即那些让它们亲代能比本地其他生物更繁盛的优点；它们还遗传了亲代所在大属的一些优点，这些优点曾使其属成为大属，而且我们知道这些条件都有利于新变种的产生。

如果这两个变种继续发生变异，接下来的最显著的性状变异都会被保留下来。这段时期之后，假定已经由图中变种 a^1 产生变种 a^2，由于趋异的原理，a^2 与 A 的差异一定大于 a^1 与 A 的差异。假定变种 m^1 产生了两个变种，即 m^2 和 s^2，它们彼此不同，并且与它们的共同父辈 A 更为不同。我们可以通过类似步骤在任何时间范围内继续该过程；有些变种每一千代只产生一个变种，但随着自然条件的变化，有的变种会产生两个或三个变种，有的则不会产生。因此，从同样的祖先 A 产生的变种，改良过的后代通常会继续增加数量，并在性状上继续变异。在该图中，这个过程仅到第一万代为止，从一万代到一万四千代，则用虚线简略表示。

但在此必须指出，我不认为该过程会像图中所示那样有规律地或者连续进行，尽管图表本身就反映了一些不规则。我绝不认为最分异的变种一定会被保留下来并成倍增长，虽然中间类型也可能会长期存在，可能产生一个或多个变异的后代。因为自然选择始终会根据未被占据或未被完全占据的地方的性质发挥作用，而且这也取决于某种无限复杂的关系。但一般来说，任何一个物种的后代，如果在性状上越分异，就可以占据越多的位置，其变异后代就能繁殖得越多。在我们的图表中，连续的系统以固定间隔用小写字母中断，这些字母表示连续变异已经变得足够充分，可以被标记为变种了。但是这些中断是虚构的，是可以出现在任何位置上的，只要间隔时间足够长且可以使变异大量地积累起来，就可以了。

大属内常见的、分布广泛的物种产生的变异后代，大都继承了亲代的优势，这种优势让它们的亲代在生存竞争中存活下来，一般也会继续增加这些后代的个体数量和性状变异的程度。这在图中由A开始的几个分支表示。图中从A延伸出来的几条没有达到顶部的分支虚线，表示早期变异较小的后代，它们已经被后来产生的、更为优良的后代取代且灭绝了。在某些情况下，我毫不怀疑，变异的过程被限制在一条支线上，尽管分歧变异的量在不停增加，但是变异后代的个体数量却没有增加。如果删除了从a^1到a^{10}这些支线之外，从A开始的所有虚线，就可以清楚地反映出这种情况了。同样的，例如，英国赛马和英国指示犬，性状已经慢慢地发生改变了，但是并没有产生新的分支或品种。

假设经过一万代之后，物种A产生了三种类型，即a^{10}、f^{10}和m^{10}，由于历代的性状分异，它们彼此之间以及它们和共同的祖先A之间，已经有了很大的差异，但是这些差异可能不相等。如果我们假设图表中每条横线之间的变异量很微小，则这三种形式可能仍然只是显著变种；但是我们只需要假设变异的步骤更多或变异的量更大，这三个变种就可能成为可疑物种，接着发展成明确的物种。因此，该图说明了将区分变种的小差异增大为区分物种的大差异的步骤。如果相同的过程按图中所示（以图中简略虚线显示）进行，更多的世代以后，我们可以得到源自A的由a^{14}和m^{14}之间的字母标记的8个物种。我相信，物种就是这样增加的，属也是这样形成的。

在一个大属中，可能不止有一个物种会发生变异。假设在图表中的第二个物种I经过类似的步骤，在一万代之后产生了2个显著变种，或是根据图中横线代表的变异量，产生了2个物种（w^{10}和z^{10}）。一万四千代后，应该产生了6个新物种，以字母n^{14}至z^{14}标记。在每个属中，那些差异非常大的物种，通常会产生最多数量的变异后代，因为它们有最好的机会占据自然界中新的位置。因此，在图中，我选择了极端物种 A 以及几乎极端的物种 I，因为它们变异最多，并产生了新的变种和物种。原属内的其他 9 个物种（以大写字母标记），可以长期继续传播未变异的后代；此情况在图中用长短不等的虚线表示。

但是在图中所示的变异过程中，还有另一条原理，即灭绝原理也发挥着重要作用。在每个充满生物的地区中，自然选择的作用主要体现在，被选择保留的类型在生存斗争中比其他类型更具优势。在任何阶段，任何一个物种的变异后代，都会不断取代和消灭其前代和原始祖先。我们应该记住，在习性、体质和构造上最密切相关的那些类型之间，生存竞争通常最激烈。因此，在较早状态和较晚状态之间的所有中间类型，也就是处于同种类型中改良较少和改良较多之间的类型，通常都会趋于灭绝。因此，有可能生态系统中有些整个的分支都会被后来改良了的分支取代直至灭绝。但是，如果某个物种的变异后代进入另一个地区，迅速适应了新的环境，后代与祖先就能和平相处，各自生存下去。

假设我们的图表代表了相当大的变异量，物种 A 和所有较早的变种都将灭绝，被 8 个新物种（a^{14} 至 m^{14}）取代；物种 I 将被 6 个新物种（n^{14} 至 z^{14}）取代。

进一步说，在自然界，通常同一属的原始物种，彼此相似程度不等。物种 A 与 B、C 和 D 的关系比与其他物种的关系更近；物种 I 与 G、H、K、L 的关系比较近。假定 A 和 I 这两个物种是非常普通且广泛分布的物种，那么它们最初比其他大多数该物种更具有优势。它们的后代，即在第一万四千代后产生的 14 个新物种，可能会继承一些来自共同祖先的相同优点。在系统的每个阶段，它们都以各种方式进行了变异和改良，以便它们在本地的生活环境中占据更多的位置。在我看来，它们极有可能会取代它们的祖先 A 和 I，并导致 A 和 I 因此灭绝，而且还可能消灭了与它们祖代近缘的那些原始种。因此，很少有原始物种能够传到第一万四千代。我们可以假设，那两个与其他九个种最疏远的原始物种，即 E 和 F，只有 F 可以将后代延续到最后阶段。

在图表中，从最初的 11 个物种衍生了 15 个新物种。由于自然选择的趋异倾向，新物种 a^{14} 和 z^{14} 之间的极端性差异将远大于原始物种中最不同的物种之间的差异。新物种之间的亲缘远近程度也很不相同。物种 A 的 8 个后代中，a^{14}、q^{14} 和 p^{14} 是由较近的 a^{10} 分化出来的，彼此之间的关系比较近。b^{14} 和 f^{14} 是由早期的 a^{5} 分化出来的，因此在某种程度上与前面三个物种有差异。而最后分离出来的 o^{14}、e^{14} 和 m^{14} 亲缘关系很近，由于它们是在变异一开始就分化出来的，因此与上面 5 个物种差异特别大，它们有可能构成一个亚属，甚至是一个独特的属。

物种 I 的 6 个后代可以组成两个亚属，甚至是两个属。但是由于原始物种 I 与 A 有很大不同，I 几乎处于原始属的另一个极端，由于遗传的作用，I 的 6 个后代与 A 的 8 个后代会有很大差异；而且，这两个群体应该继续朝着不同的方向发展。还需要考虑一个非常重要的因素，连接原始物种 A 和 I 的中间物种，除了 F 外，全部都灭绝了，并且没有产生后代。因此，必须将来自 I 的 6 个新物种和来自 A 的 8 个新物种分类为非常不同的属，甚至不同的亚科。

因此，我相信，两个或者更多的属，可以通过变异繁衍，从同一个属的两个或者更多物种中产生，并且这两个或者两个以上的亲种是从较早的一个属的某一物种中产生的。图表中大写字母下方的虚线就表示了这种情况，这些虚线分为几个支群，再向下聚合到一点。这里的一个点代表一个物种，它很可能是几个新亚属或者几个新属的祖先。

另外一个新物种 F^{14} 的特性也值得我们讨论。假定这个物种保持着 F 的形态，没有什么大的改变，性状分异也不大，那么在这种情况下，它与其他 14 个新物种之间就有了间接的亲缘关系。假定这个物种 F^{14} 起源于两个物种 A 和 I 之间的某个未知且已经灭绝的早期类型，它们的性状在某种程度上也介于 A 和 I 的后代之间。由于这两个物种的后代，已经在性状上与亲种分异，新物种 F^{14} 将不会直接介于这些新物种之间，而是介于两个大组之间的中间类型，每个博物学家都能找到这样的案例。

在该图中，每条横线都代表一千代，也可以代表一百万代或更多代；它也可以表示，含有已灭绝生物遗体地壳的连续地层中的一部分。在地质学这一章时，我们将再次讨论该问题。我们随后将看到，该图阐明了灭绝物种之间的亲缘关系。尽管它们与现存物种属于同目、同科或同属，但在某种程度上，它们的性状通常处于现有物种的中间状态。我们可以理解这一事实，因为灭绝物种生活在非常古老的时代，而那时候后代的性状分异比较小。

我认为上述变异的演化过程不应该仅限于解释属的形成。如果在图中，我们假设虚线代表的各个连续变异组变异量非常大，a^{14} 到 p^{14}、b^{14} 到 f^{14} 以及 o^{14} 到 m^{14} 代表的群类型将形成三个极不相同的属。有两个非常独特的属是从物种 I 传下来的，与 A 的后代差别很大。这两个属可以组成两个不同的目或者不同的科，这取决于图表中表示的变异量的大小。并且，这两个新科或新目起源于同属的两个物种；而这两个物种应该起源于一个更古老且未知的类型。

我们已经看到，在各个地区中，较大属的物种通常容易出现变种或初期物种。确实，这可能是预料之中的。因为只有当一个类型在生存斗争中比其他类型占有优势时，自然选择才能起作用，并且通常作用于已经具备了明显优势的物种；而且任何生物群体的庞大都表明它们已经从同一个祖先那里继承了一些共同的优势。因此，为形成新的改良后代而进行的斗争主要集中在较大的生物群之间，而这些生物群都在努力增加个体数量。一个大群将慢慢征服另一个大群，减少其个体数量，从而减少其进一步变异和改良的机会。在同一个大型的生物群中，后出现的、改良程度更高的亚群在自然体系中继续分异，以占据更多的新位置，将不断趋向于取代和摧毁较早出现的和改良程度较低的亚群。最终，那些小的、弱的亚群和群体就会灭绝。展望未来，我们可以预测，现在巨大而占据优势的生物群，由于最少遭到破坏，很少遭到灭绝之灾，它们的数量将长期持续增长。但是，哪个生物群最终会占上风，没有人能预知；众所周知，许多以前发达的生物群现在已经灭绝了。对于更远的未来，我们还可以预测，由于较大生物群的持续稳定增长，许多较小生物群将彻底灭绝，不会留下任何后代。在任何时期，能把后代一直延续下去的物种只是极少数而已。这里需要补充说明的是，基于这种观点，很少有较古老的物种的后代能传到今天；同样出于这个原因，我们可以理解，同一物种的所有后代组成的纲，为什么在动植物界中是如此之少。尽管现在极少数最古老的物种可能具有活着的和经过改良的后代，然而，在最遥远的地质时代，像现在一样，地球上也可能有许多属、科、目、纲的生物存在。

生物体制进化可达到的程度

自然选择的作用在于，在生命的各个时期，保存和积累各种在有机和无机条件下产生的对生物有利的变异。最后的结果将是，各种生物与生存条件之间的关系日益改善，而这种改善会促使世界上更多的生物体制逐渐进步。这样就出现了一个问题：什么是体制的进步？对此，博物学家还没有给出一个让大家都满意的答案。对于脊椎动物来说，智慧的程度和躯体构造上向人类靠近就标志着进步。也许有人认为，胚胎发育为成体的过程中，身体各个部分和各个器官的变化量可以作为比较的标准。但是，有些成体的构造并不比幼体高级，比如一些寄生的甲壳动物，成年后身体的某些部分反而变得不完善了。冯贝尔先生提出的标准，也许是最好的且广泛采用的标准。他把同一生物（这里是指成体）各器官的分异量和功能的专门化程度作为标准，也就是爱德华兹所说的按生理分工的彻底性程度作为标准。可是，只要观察一下鱼类，就能发现这个问题并不简单。因为有些博物学家把最接近两栖类的类型（如鲨鱼）定义为最高等的鱼，而另一些人却把硬骨鱼定义为最高等的鱼，因为它们拥有典型的鱼形，而且最不像其他脊椎动物。在植物界里，这个问题也很棘手，因为很难用智力作为标准。有些人把花的器官（花萼、花瓣、雄蕊和雌蕊等）发育完全的植物定义为最高等；同时，另一些人则认为花的器官变异增大而数目减少的植物是最高等的，我认为后者更加合理。

假如把成年生物器官的分化和专门化（包括促进智力发达的脑进化）当作高级体制的标准，自然选择肯定会向着这个标准进化：生理学家都认为，器官的专门化可以促进器官更好地发挥功能，这对每种生物都有重要作用，因此向专门化方向积累变异是自然选择作用的体现。但是，我们还应注意，一切生物都在努力以高速率增加个体数量，并占据自然体系中未被占据或者尚未被完全占据的位置；自然选择可能使某种生物逐渐适应某种环境。对于这个环境来说，某些多余的、无用的器官会出现退化现象。总体来说，生物体制是否是从远古地质时代向现代进化呢？这个问题我将在《古生物的演替》一章中进行讨论，那样可能会更方便。

对以上问题持否定态度的人会说，如果说生物发展是倾向于不断提高等级，那么自然界为什么还存在那么多低等类型的生物呢？为什么在一个大的纲内，一些生物类型要比另外一些发达得多？为什么在任何一个地方，高度发达的类型都没能把低等类型消灭掉？拉马克先生相信，所有生物都有使身体构造必然趋于完善的天赋，而这使他在回答上述问题时遇到了很多困难，于是他就只好假定新的简单类型在不断自发地产生出来。但是到目前为止，该假定并没有得到科学证实，将来能否证明，同样是未知的。而根据我们的理论，低等生物的持续存在并不难理解，因为自然选择即适者生存的原理并没有持续发展之意，它仅仅是保存和积累那些在复杂生活关系中出现的有利变异。试想一下，高级的构造对浸液小虫、肠寄生虫及某种蚯蚓到底有什么好处？如果改变没有好处，自然选择就不会或者很少会将这些改变保留下来，它们会将现在的低等状态一直保持下去。通过地质学我们可以知道，一些最低等的类型，如浸液虫和肉足虫，在很长一段时间内一直保持着现在的状态。但是，如果认为现存的低等类型自有生命以来毫无进步，那也太武断了。解剖过低等生物的博物学者，都会对它们奇特而美妙的构造留下深刻的印象。

我们可以用类似观点来解释，为什么同一大类群中具有不同等级的生物。例如，哺乳动物与鱼类并存在脊椎动物中；人与鸭嘴兽并存在哺乳动物中；鲨鱼与文昌鱼并存在鱼类中（现在的分类学将文昌鱼分属于头索动物），后者的构造非常简单，接近于一些无脊椎动物。但哺乳动物与鱼类之间竞争很小，即使整个哺乳纲或纲内某些成员进化到最高级，也不会取代鱼类的地位。生理学者认为，必须有热血流入，才能使大脑活跃，而这就需要呼吸空气，所以温血哺乳动物如果栖息于水中，就必须经常到水面呼吸，这对它们来说并不方便。至于鱼类，鲨鱼科的鱼不会取代文昌鱼。米勒告诉我，在巴西南部荒芜的沙岸边，文昌鱼唯一的伙伴和竞争对手是一种奇特的环节动物。有袋类、贫齿类和啮齿类是哺乳类中最低等的三个目，它们在南美洲能与许多猴子共存，彼此之间很少有冲突。总之，世界上生物体制也许曾经有过进化，而且还在继续进化，但在结构等级上会呈现各种不同程度的完善，因为某些纲或纲内某些成员的高度进步，没有使那些和它们无竞争关系的生物类群灭绝的必要。我们还会发现，在某些情况下，有些低等生物栖息于有限的或特殊的区域，因那里没有激烈的生存斗争，个体数量也很稀少，阻碍了有利变异的发生，因而使它们一直延续至今。

总而言之，低等生物能在地球各个地方生存，是由各种因素造成的。有些情况下，有利变异或个体差异从未发生过，导致自然选择无法发挥作用。如此一来，在任何情况下，它们都没有足够的时间去实现最大限度的发展。在少数情况下，甚至出现了退化。但是主要原因是，在极简单的生存条件下，高级结构是无用的甚至是有害的，因为构造越精巧，就越不容易被调节，从而容易受损伤。

我们相信，在生命的初期，一切生物的构造都非常简单。那么，各个器官的进化或分异的第一步是如何出现的呢？对此，斯宾塞先生的观点是这样的：一旦简单的单细胞生物成长或分裂为复杂的多细胞生物时，或者附着在任何一个支撑物的表面时，根据斯宾塞的法则，就会出现这样的情况——任何等级的相似单元都会依照它们与自然力的关系，按比例发生变化。但是这个说法并没有事实依据，几乎没有什么用处。如果没有众多类型的产生，就不会有生存斗争，也就不会有自然选择，这也是一种错误的观点。因为生活在隔离地区的单一物种也可能会发生有利变异，从而让整个群体发生变化，甚至会形成两个不同的类型。我在前言末尾说过，如果我们承认，对现在世界上生物间的相互关系所知甚少，对过去的情况更是十分无知，那么，我们也就不会奇怪，为什么在物种起源方面仍有许多无法解释的问题。

性状趋同

尽管沃森先生也相信性状趋异的作用，但他认为我对性状趋异的重要性估计过高，同时他认为性状趋同也会起一些作用。假如两个近缘属的不同物种各自产生了许多分异的新类型，假设它们彼此类似，以至于可以划分到同一个属。这样，异属的后代就是同一属的了。但是，在大多数情况下，仅仅因为构造上的相似，就把不同类型的后代视为性状趋同，也太过轻率了。分子的结合力决定了结晶体的形状，不同物质有时会呈现相同的形状也就没什么可奇怪的了。对于生物来说，每一类型都依存于无限复杂的关系，既包括已经发生了的，原因复杂又难以说明的变异，还依存于选择并保留下来的变异的性质，这与周围的自然地理环境有关系，主要是和与它进行竞争的周围生物有关系；最终，还与无数代祖先的遗传有关，因为遗传本身也是一种变动的因素，而所有的祖先也都是通过同样复杂的关系来确定其类型。所以两种差别极大的生物产生的后代在整体构造上会趋于接近以至相同，这很难令人相信。如果这样的事情发生过，那么在相隔很远的地层中应该能够找到非遗传因素造成的相同类型。但考察相关证据，得出的结论正好与此相反。

我的学说中有一个观点是，自然选择的连续作用和性状不断趋异会使物种一直处于增加的状态，对此沃森先生是表示反对的。因为根据无机条件我们可以知道，许多物种很快就能适应各种不同的温度、湿度等条件。我觉得，生物间的相互关系比无机条件的作用更重要。在任何地区内，有机条件都会随着物种数量的增加而变得更复杂。生物构造上有利变异的数量，初看起来似乎是无限的，所以产生的物种可能也是无限的。我们并不知道，生物最繁盛的地区是否已经被各类型物种所占满；许多欧洲的植物仍能在好望角和澳洲归化，尽管那里的物种数量如此惊人。可是，从地质学来看，从第三纪早期以来，贝类物种就没有大量增加；而从第三纪中期开始，哺乳动物的物种也没有再大量增加，甚至可能根本没有增加。为什么物种的数量并没有无限增加呢？一个区域能承载的生物个体数量（非物种数量）必定是有限的，这与当地的自然条件密切相关。因此，如果在一个地区生活的物种数量很多，则每个物种的个体数量就会很少。当气候恶化或敌害增加时，这样的物种很容易灭绝，且灭绝的过程极快，但是新物种的产生却是很缓慢的。我们可以假设：如果英格兰的物种数量与生物个体数量相同，一个严寒的冬季或酷热的夏季就会使成千上万的物种灭绝。在任何一个地区，如果物种数量无限增加，那么每个物种个体数量都会变得稀少。如前所述，稀少物种产生的变异少，形成新物种的机会也就少了。一旦任何物种变为稀少物种时，近亲交配又会加快它灭绝的速度。许多学者认为，以上观点可以用来解释立陶宛的野牛、苏格兰的赤鹿及挪威的熊等物种的衰亡现象。最后，我认为最重要的因素是优势种。一个优势种如果在本土已经打败了许多竞争对手，一定会扩展自己并取代其他物种。德康多尔曾证实，广泛分布的物种往往会更积极地扩展地盘，它们会在一些地方取代并灭绝一些物种，这就阻止了地球上物种的大量增加。最近，胡克博士指出，澳洲的东南端有大量来自世界各地的物种入侵，导致澳洲本土的物种大大减少。在此，我不想讨论这些观点的价值，但总结起来可以发现，在任何地区，这些因素都会阻止物种的无限增加。

摘要

在不同的生存条件下，几乎生物构造的每一部分都会表现出个体差异；由于生物都在按照几何级增长，在某个年龄、某个季节或某个年份一定会存在激烈的生存斗争，这是不容置疑的。考虑到所有生物之间相互关系及其生活环境的无限复杂性，导致结构、体质和习性上的无限有利变异，如果有利于生物本身的变异从未像人类经历过的许多有利变异那样发生过，那也太离奇了。但是，如果确实发生了任何对生物有利的变异，那么可以肯定的是，拥有这种有利变异将有最大的机会在生存斗争中被保留下来；从强大的遗传原理看来，它们将倾向于产生具有类似特性的后代。为了简洁起见，我将这种保存有利变异的原理，即适者生存原理，称为自然选择。自然选择不断改善生物与其有机和无机的生活环境之间的关系。在大多数情况下，它能使生物体制进化。但如果低等、简单的类型能很好地适应其生活环境，它们也可以长久地保持不变。

根据在相应年龄继承特性的原理，自然选择可以像选择成体一样，很容易地对卵、种子或幼虫进行改变。在许多动物中，性选择将有助于普通选择，通过让最健壮和适应能力最强的雄性产生最多的后代。性选择还能使雄体获得有用的性状，促使其与其他雄体斗争或对抗。这些性状会根据一般的遗传形式遗传给单性或者雌雄两性后代。

自然选择是否真的在自然界中发挥了作用，从而使各种类型的生命去适应它们的几种生活环境和场所，这个我们会根据下一章中的内容和例证去判断。我们已经知道自然选择是如何引起灭绝的；地质学清楚地表明，灭绝在世界历史上的作用有多大。自然选择也会导致性状分异；因为在构造、习性和体质上的差异越大，同一地区可以容纳的生物就越多；通过观察任何小地区的生物或外地归化的生物，我们都可以证明这一点。在任何一个物种后代的变异过程中，以及在所有物种不断为增加数量而进行斗争的过程中，这些后代性状分异越多，它们越有可能在生存斗争中获得成功。因此，区分同一物种不同变种的细微差异，会趋于稳定增长，直至扩大为区分同属内物种甚至是不同属的更大差异。

每个纲的大属中那些常见的、分布最广泛的物种，通常都是变异最大的；而且这些优势会遗传给其变异了的后代。如前所述，自然选择会导致性状分异以及使很少变异的中间类型灭绝。我相信，根据这些原理，可以解释世界上各纲内任何生物间的亲缘关系以及彼此之间存在的明显差异。令人感到奇怪的是，在整个时间和空间内，所有动植物都可以被归纳到不同的类群中，而且在群内建立联系，正如我们通常看到的那样。也就是说，同一物种的不同变种之间关系最密切，同一属的不同物种之间的关系比较疏远且不均等，形成了生物的组和亚属；不同属的物种之间的关系更疏远，而且根据属间关系的亲疏程度，形成了亚科、科、目、亚纲及纲。无论哪个纲内，总有若干附属类群不能列入单独的行列，它们围绕着某些点，这些点又和其他一些点相互环绕，长此以往，就形成了无穷的环。如果每个物种都是独立创造的，则无法解释上述分类情况；然而，正如图所示，只有遗传以及造成灭绝和性状分异的自然选择的复杂作用，才能解释这一点。

我们可以用一株大树来表示同一纲内生物间的亲缘关系。我相信这个比喻在很大程度上反映了真实情况。绿色发芽的树枝可以代表现有物种；过去长出的枝条可以代表长期的、先后灭绝的物种。在每个生长阶段，所有正在生长的树枝都试图向四面八方分支，覆盖住周围的树枝并使它们枯萎，就像物种和物种群体试图在生存斗争中超越其他物种一样。大树在幼小阶段时，现在的主枝曾经是刚发芽的小枝条，后来主枝分出大枝，大枝又分出小枝。这种通过分枝连接的旧芽和新芽的关系，代表了所有灭绝的和现有的物种在互相隶属的类群中的分类关系。当这棵大树还很矮小时，那些繁茂的小枝条中只有两个或三个可以成长为大枝，幸存下来并支撑起其他所有树枝。远古的地质时期生存的物种也是如此，其中只有少数能够遗传下现存的变异后代。在这棵树初生时就有的主枝和大枝，很多都已经枯萎脱落了。这些脱落的树枝可以代表那些现如今已没有留下存活的后代，只能依靠化石去考证的当时的目、科和属。偶尔我们会看到一个细小而散乱的树枝从大树低矮处冒出来，由于某种有利的条件，至今还在茂盛地生长着。这就像我们偶尔会看到诸如鸭嘴兽或肺鱼那样的动物，在某种程度上通过其亲缘关系连接了两个较大的生物分支，因为生活环境中有可以庇护它们的场所，所以能使它们避免残酷的竞争。当大树长出新芽时，这些新芽如果很强壮，就会生长出枝条并覆盖住周围较弱的枝条。所以我相信，巨大的代代相传的“生命之树”也是这样，它用掉落的枯枝填充了地壳，并用不断生长的美丽枝条覆盖了大地。

The Origin of Species

第五章

变异的法则

环境改变的影响

有些人会认为变异是偶然发生的——家养状态下的生物变异是普遍且多样的，而在自然状态下相对较少。显然，这种理解是不正确的，但却说明我们对引发各类特殊变异的原因毫无所知。一些学者认为，生殖系统的机能使个体产生差异或使结构上产生非常细微的变化，正如父母与孩子之间一样。与自然条件下相比，在家养条件下出现的变异和畸形的状况更加频繁，而且分布广的物种要比分布狭窄的物种的变异性更大。由此可知，变异性通常与生物的生存环境有关。我已经在第一章中提到过，环境变化以两种方式产生作用，一种是对生物体的部分或整体直接地发生作用，一种是通过生殖系统间接地发生作用。在生物界中，有两种引起变异的因素，一种是生物本身，另一种是外界环境，前者的作用更为显著。外部条件的改变会直接产生定向或者不定向变异。在不定变异中，生物体处于可塑状态，其变异性往往很不稳定。而在定向变异中，生物可以适应一定的环境，并且使所有个体或大多数个体通过同样的方式发生变异。

气候、食物等环境因素的变化，对生物变异产生多少直接影响，是很难确定的。但我们有理由相信，在时间的推移中，我们会发现，环境的作用产生的实际效果，比事实能证明的效果要更大。另外，我们也有充足的理由认为，在自然界中各类生物间看到的无数构造复杂的相互适应，绝不能单纯地归纳为外界环境的作用。以下几种情况中，外部条件似乎产生了一些细微的效果：福布斯自信地说，比起更北部或更深处的同一物种的贝壳，位于南端的以及生活在浅水中的贝壳的颜色更鲜艳，但也不是全都如此；古尔德认为，与在岛上或海岸附近生活的鸟相比，生长在陆地空旷大气中的同一种鸟的颜色更鲜艳；同样，对于昆虫来说，沃拉斯顿深信海滨环境会影响它们的颜色；穆根 - 唐顿曾列出一大串植物，证明生长在近海岸的植物，其叶片肉质比生长在别处的更肥厚。这些奇特的现象体现了生物的定向性，即同样环境条件下生活的同一物种的不同个体，常常具有相似的特征。

当变异对生物作用不大时，我们很难确定其中多少归因于自然选择的累积作用，多少归因于生活环境的影响。众所周知，相同物种的动物生活的地区越靠北，它们的毛皮就越厚实。但是，谁又能说清楚，这种皮毛上的差异，有多少是基于毛皮最温暖的个体对有利变异的累积，又有多少是基于寒冷气候的影响呢？因为气候似乎直接影响了家畜的皮毛。

许多实例都能表明，同一物种在不同环境条件下能产生相似的变种；也有一些在相同环境条件下生活的物种，却不会产生相似的变种。另外，每个博物学家都知道，有些物种生活在极端相反的气候条件下仍能保持纯种或根本不发生变异。这些事实让我意识到，相较于周围环境对变异的直接影响，某些我们完全不知道的原因引发的生物本身的变异倾向反而更重要。

从某种意义上来说，生活环境可以决定哪个变种可以生存下去，生活环境不仅能直接地或间接地产生变异，同样也能对生物进行自然选择。我们可以很明显地看出，当人类进行选择时，上述两种变异的差别很明显；人工选择通常是选择已经发生的变异，再按照人类的意志使其朝着一定方向累积；后一作用就与自然状况下适者生存的作用一致。

用进废退与自然选择，飞翔器官与视觉器官

从第一章提到的事实来看，我认为毫无疑问的是，家畜经常使用的器官会更强大，而不使用则会退化；并且这类变化是可以遗传的。在自然环境下，我们没有比较标准来判断长期连续使用或不使用的效果，因为我们不知道祖先的类型；但是许多动物的结构都可以通过不常使用而退化来解释。正如欧文教授所说，自然界中没有比不能飞的鸟更奇怪的现象了；但有几种鸟确实是处于这种状态的。南美洲大头鸭只能在水面上拍打它的翅膀，这几乎与家养的艾尔斯伯里鸭一样。坎宁安先生说，这种鸭在年幼时是会飞的，长大后就失去了这种能力。因为在地上觅食的体型较大的鸟，除了逃避危险之外，很少用到翅膀。因此我相信，现在或者不久之前在海岛上生活的几种鸟类，翅膀都不发达，可能是因为海岛上没有天敌，所以它们很少使用翅膀而退化了。鸵鸟确实栖息在大陆上，并处于危险之中，无法通过飞行逃避危险，但是可以通过爪子来防御敌人，就像那些四足兽类一样。我们可以想象一下，鸵鸟祖先和鸨类有相似的习性，但是在连续世代中，鸵鸟的体积和体重不断增大，爪子使用得比较多，而翅膀使用得

比较少，最后就无法飞翔了。

柯比曾指出（我也观察到了相同的事实），许多雄性食粪蜣螂的前足跗节经常折断。他检查了自己收藏的17个标本，发现没有一个留有前足跗节的痕迹。有一种蜣螂，由于其前足跗节常常断掉，以至于被描述为不具有跗节了。其他属的一些个体虽然有跗节，但也发育得不完全。被埃及人奉为神圣的甲虫蜣螂，其跗节也是发育不良的。没有足够的证据可以证明，偶然的损伤是否会遗传。但我们也不能否认布朗西卡观察到的事实：豚鼠手术后的特征可以遗传。因此，蜣螂前足跗节的缺失或发育不良，并不是肢体残缺的遗传，最恰当的解释是由于长期不使用造成的退化。因为许多食粪类的蜣螂，失去跗节都发生在生命的早期，所以这类昆虫的跗节应是一种不太重要或不经常使用的器官。

在某些情况下，我们很容易把全部或者主要由自然选择引起的构造变异，当作不使用的缘故。沃拉斯顿先生发现了一个引人注目的事实，即居住在马德拉岛的550种甲虫中，有200种甲虫的翅膀是残缺的，因而无法飞行。在当地29个特有属中，至少有23个属的物种与之类似！世界上许多地方的甲虫经常被吹到海上而死亡；沃拉斯顿先生观察到，马德拉岛的甲虫隐藏得很好，只在风和日丽的天气才出来；在没有遮蔽的德塞塔什岛，无翅甲虫的比例比马德拉群岛上的大；还有一个非常特别的事实，沃拉斯顿先生对此非常重视，即在其他地区非常多的必须使用翅膀飞翔的甲虫，在马德拉群岛几乎没有看见。以上几个事实使我相信，如此多的马德拉甲虫出现无翅的状况，主要是由于自然选择的作用以及长期不使用造成的退化。翅膀退化了的甲虫，由于丧失了飞行能力，可以避免被风吹向大海；另一方面，那些会飞行的甲虫通常会被吹到海里，因此被灭绝了。

马德拉群岛有些昆虫不在地面觅食，比如以花朵为食的鞘翅目昆虫和鳞翅目昆虫，它们必须使用翅膀来维持生存。正如沃拉斯顿先生猜测的那样，它们的翅膀根本没有缩小，反而有所增大，这与自然选择的作用是相符合的。因为当新昆虫来到岛上时，自然选择增大或减小翅膀的趋势，取决于大多数个体是通过战胜海风来生存，还是通过少飞或者不会来生存。

鼹鼠和若干穴居啮齿类动物的眼睛是残缺的，甚至在某些情况下会被皮毛遮盖住。眼睛的这种状态可能是由于不使用而逐渐退化，但也许自然选择也发挥了作用。在南美，有一种啮齿类动物栉鼠，它的穴居习性比鼹鼠更强。经常抓到它们的西班牙人告诉我，它们的眼睛通常都是瞎的。我曾经保存过一个活的此类动物，它的眼睛确实是这样，通过解剖显示，它眼睛会瞎的原因是瞬膜发炎。对于任何动物来说，频繁地发炎都会对眼睛造成伤害。然而，眼睛肯定不是生活在地下的动物必不可少的。因此在这种情况下，眼睛变小、上下眼睑粘连，而且有毛长在上面，对这类动物来说可能是有利的。这样的话，自然选择就会对不使用的器官产生作用了。

众所周知，生活在卡尼俄拉和肯塔基的几种穴居动物，虽然分属几个截然不同的纲，但是它们的眼睛都是瞎的。有一些螃蟹，尽管眼睛消失了，眼柄却仍然存在，就像望远镜失去了玻璃片而镜架却依然存在的情形。很难想象，尽管眼睛没有用，也不会对生活在黑暗中的动物造成任何伤害，所以我将眼睛退化的原因归结于不使用。有一种失明的动物洞鼠，西利曼教授在距洞口约 800 米（半英里）的地方（并非洞穴最深处）捕捉到两只洞鼠，它们的眼睛大而有光。西利曼教授告诉我，当这两只洞鼠在逐渐加强光线的环境中生活大约一个月以后，就可以蒙眬地看见周围环境了。

很难想象，还有与石灰岩深洞相似的生活环境。从普遍的观点来看，瞎眼动物来自美洲和欧洲的山洞，可以预料这些动物在构造和亲缘关系上应该非常接近。但是如果仔细观察两处洞穴内的动物，就会发现事实并非如此。仅就昆虫而言，喜华德说，“我们不能用单纯的地方性眼光来观察这些现象，马摩斯洞和卡尼俄拉各洞虽有少数相似的动物，但仅仅能表明欧洲与北美动物群之间存有一定的相似性而已。”在我看来，我们必须假设，具有正常视力的美洲动物，数代从外部世界慢慢迁移到肯塔基州洞穴越来越深的地方，正如欧洲动物也迁入了欧洲的洞穴一样。这种习性的慢慢改变，我们也有一些证据。正如喜华德所说：“那些在地下生活的动物，我们将其看作受邻近地方地理限制的动物群的小分支。一旦它们迁入地下，在黑暗中生活，就逐渐适应了黑暗的环境。但是刚转入地下生活的动物，与原动物群差异很小。它们首先要适应光明到黑暗的过渡，然后再慢慢适应微弱的光线，到最后完全适应黑暗环境，它们的构造也会变化。”我们应该认识到，喜华德的这些话是针对不同物种，并非同一物种。当一种动物经过若干代迁移到地下最深处生活时，眼睛由于不使用，会或多或少地退化，而自然选择通常会影响其他构造的变化，例如增长的触角或者触须，用以补偿失去的视觉。尽管发生了这样的变化，我们仍能看到，美洲大陆动物和穴居动物、欧洲大陆动物和穴居动物之间存在着亲缘关系。正如我从达纳教授那里听到的那样，某些美洲洞穴动物就是这种情况。一些欧洲洞穴昆虫与周围地区的昆虫息息相关。如果用上帝独力创造的观点看待两大洲上瞎眼的穴居动物与大洲上其他生物的亲缘关系，就无法做出任何合理的解释了。两大洲几种穴居动物的关系应当是相当密切的，我们可以从欧美两大陆上一般生物间的关系推测出这一点。有一种叫盲目埋葬虫的生物，它们大多数生活在离洞穴很远的阴暗岩石上。因此，该属内穴居动物视觉器官的消失，似乎与黑暗环境没有关系。因为它们的视觉器官早已退化，更容易适应穴居生活。墨雷先生曾观察到，盲步行属也具有这种显著的特征，该属昆虫除穴居之外，尚未在其他地方被发现过。但是生活在欧洲和美洲某些洞穴里的物种却与此不同，可能是这些动物的祖先在丧失视觉之前，在两个大陆上分布较广泛。不过那些在大陆上生活的都已经灭绝了，只留下了隐居在洞穴里的。某些穴居动物应该非常独特，但是这丝毫没有让人感到惊讶，如阿加西斯提到过的盲鱼以及欧洲的爬行动物盲螈（现在已将其划分为两栖类）。唯一令我惊讶的，也许是由于这些在黑暗中生活的生物个体不多，彼此间生存竞争没有那么激烈，因此没有保留太多的古代生物残骸。

气候驯化

植物的习性能够遗传，例如开花期、休眠期、种子发芽所需的雨水量等，这使我不得不说一些气候驯化的问题。同一属的物种居住在非常炎热和非常寒冷的地区的情况都非常普遍，如果同一属的所有物种都来自同一个亲种，那么在长期繁衍的过程中，气候驯化必定会发生作用。众所周知，每个物种都可以适应本土的气候，但是寒带或温带地区的物种却不能适应热带气候，相反也是如此。同样，许多肉质植物不能忍受潮湿的气候。但是，人们常常高估了某些物种对气候的适应能力，可以从以下事实推测出来：我们往往无法预测新引进植物是否能适应当地的气候；我们也无法预知，从不同地区引进的动植物，能否在这里健康成长。我们有理由相信，在自然环境下，物种之间的生存斗争限制了它们的地理范围。这种生存斗争类似于物种对特殊气候的适应性，前者的作用或许更大些。尽管生物只能适应一定的生存环境，但对于少数几种植物，有证据表明它们能适应不同的气候环境，即气候驯化。胡克博士从喜马拉雅山脉的不同高度采集到同种松树和杜鹃花的种子，在英国种植后，发现它们的抗寒能力不同。思韦兹先生告诉我，他在锡兰岛也观察到类似的情况。沃森先生对从亚速尔群岛带到英国的欧洲植物进行了观察，也发现了类似的情况。除此之外，我还可以列举一些别的例子。关于动物，也可以给出几个真实的案例：在某些历史时期内，一些物种的生存范围曾经从较暖的低纬度地区迁移到了较冷的高纬度地区，反之亦然。但是我们不能肯定这些动物是否严格适应了本土的气候，我们也不了解这些动物在迁移之后是否能适应新环境。

我相信家畜最初是由未开化人驯养的，并不是因为它们可以进行长距离的运输，而是因为它们非常有用，并且在家养的条件下易于繁殖。家养动物不仅能够适应不同的气候，还可以在这样的气候下繁育。由此，我们可以推论，现在生活在自然环境下的动物，很多类型都可以适应各种气候环境。但是，由于某些家畜可能来自几种野生种群，我们决不能将上述观点推得太远。例如，热带狼和寒带狼的血统可能混入了家养犬中。老鼠和鼷鼠不能被视为家畜，但它们是由人带到世界各地的。而现在，与其他啮齿类动物相比，它们的分布范围要广得多。它们既能生活在北方法罗群岛寒冷的地区，也能在南方马尔维纳斯群岛及热带的许多岛屿上生活。因此我认为，适应任何特殊的气候是大多数动物共有的能力。根据这种观点，人类和家养动物都具有能够忍耐不同气候的能力。例如已经灭绝的大象和犀牛能够忍受冰川气候，而现存的种类都属于热带或亚热带生物。我们不应将其视为异常，这只是在非常特殊的情况下表现出适应性的例子。

一个物种对任何特殊气候的适应程度，有多少是由习性造成的，又有多少取决于对具有不同构造的变种的选择作用，抑或是两者的共同作用，我们很难弄清楚。无论是通过类推，还是通过许多农业著作和中国古代书籍中提出的建议，我们都可以知道，在将动物从一个地区转移到另一个地区时要非常谨慎。因此，我必须相信习性会对生物产生一定的影响。因为人类不太可能成功地挑选出如此多的特别适应其所在地区环境的品种和亚品种；我认为这一定是由于习性的原因。另一方面，我没有理由怀疑，自然选择将继续保存那些天生最能适应居住环境的个体。在关于多种栽培植物的论文中记载，某些变种比其他变种更能适应某些气候。这在美国出版的关于果树的著作中非常明显地体现出来，某些变种建议种植在北方，而南方则建议种植其他变种。并且由于这些变种中的大多数是近代培育出来的，因此不会因为习性上的不同而影响它们体质上的差异。菊芋曾经被举例为气候驯化对物种无用的证据，在英国，菊芋从来没有通过种子繁殖过，因此不能产生新的变种，至今它们的植株都很柔弱。也有人以菜豆为例，而且更具有说服力。但是除非按照下面的方法做过，否则不能说他曾做过这个实验：首先要提早播种菜豆，让霜冻破坏大部分植株，然后从少数幸存的菜豆中收集种子；然后再以相同的方式种植；要一直留意不能出现杂交的情况，如此循环往复；经过二十代后，连续的种植才算完成了。我们无法确定菜豆的幼苗本身是否有差异，因为已经有报道说，有些幼苗看上去比其他幼苗更耐寒，我也曾亲眼见过这类明显的事例。

总的来说，我们可以得出结论：在某些情况下，生物的习性和器官的用进废退，在生物体构成和各种器官结构的变异中起了相当大的作用；但是用进废退通常与自然选择结合在一起，有时甚至被自然选择控制。

相关变异

相关变异是指生物的各部分在成长和发育过程中紧密地联系在一起，以至于当任何一个部分发生细微变异并通过自然选择而积累时，其他部分也会发生变异。相关变异是一个非常重要的问题，但我们对它的理解并不充分，并且常常和其他事实混淆。下面，我将谈到遗传常常表现出的相关变异的假象。最明显的情况是，仅仅为动物幼体或幼虫的利益而积累的变异将影响成体的结构。在动物胚胎早期，由于身体上一些构造相同，所处环境又大致雷同，似乎最容易发生相同的变异。例如，在身体的左右两侧发生同样的变异；前腿和后腿，甚至下颚和四肢，都同时发生了变异，因为某些解剖学家认为，下颚与四肢是属于同源构造。我毫不怀疑，这些趋势或多或少地受自然选择的控制。曾经有一群鹿，鹿角仅长在一侧；如果这对鹿有很大的用处，那么它可能会由于自然选择而永久保留下来。

正如一些学者指出的，同源部分趋向于结合。这一点在畸形植物中经常见到。在正常构造中，花瓣的管状结合是一种极常见的同源器官结合。生物中坚硬的部分似乎能影响相邻的柔软部分的形态。一些作者认为，鸟类骨盆形状的多样性会导致其肾脏形状的显著差异。另外有一些学者认为，因为压力的原因，人类母亲的骨盆形状会影响婴儿的头部形状。据施莱格尔说，蛇类身体的形状和吞咽方式决定了最重要器官的位置和形状。

这种相关变异的性质通常非常模糊。小圣提雷尔曾强调指出，我们还无法解释为什么有些畸形构造常常共存，而有些却很少共存。例如，白猫的蓝眼睛和耳聋之间的关系；猫的玳瑁色和雌性之间的关系；鸽子足上的羽毛外趾间蹼皮的关系；幼鸽绒毛的多少与将来羽毛的颜色之间的关系；还有，土耳其裸犬的毛与其齿之间的关系。在上述这些奇特的关系中，同源无疑起到了一定的作用。对于最后那种情况，我认为这一定不是偶然的，因为哺乳动物中皮肤特别的鲸目与贫齿目都长有最异常的牙齿。可是，正如米瓦特先生所说，这一规律存在许多例外，因此它的适用范围很小。

据我所知，菊科和伞形科植物在花序上内外花的差异更适合阐明相关变异规则的重要性，而与用进废退及自然选择作用无关。我们都知道，雏菊的中央花与边花是有差异的，这种差异往往伴随着生殖器官的部分或完全退化。但是，在这类植物中，有些种子的形态和纹路也有差别，一些学者将这些差异归因于总苞对边花的压力，或者它们彼此之间的压力，而一些菊科植物边花种子的形状也证明了这一点。

但是，正如胡克博士告诉我的那样，就伞形科的花冠而言，花序最密的物种中，内花和外花出现的差异最大。也许有人认为，边花的发育需要生殖器官输送养料，这样就会造成生殖器官发育不良。但是，这并不是唯一的原因。在某些菊科植物中，外部和内部小花的种子有所不同，但花冠却没有任何差异。可能这些差异与养料流向中心花和边花的多少有关。至少我们知道，在不规则的花簇中，最靠近轴的花朵通常最整齐。我还可以补充一个相关变异的实例：在许多天竺葵属的植物中，当花序的中央花上方两片花瓣失去浓色的斑点时，所附着的蜜腺就会完全退化；如果只有其中一瓣失去斑点，那么所附着的蜜腺就会缩短，但不会退化。

斯普兰格尔先生对于花冠发育的观点是可信的。他认为，边花的主要作用是引诱昆虫，这对植物的受精是有利且必需的。假如是这样的话，自然选择可能已经发挥作用了。但是，就种子的内部和外部结构上的差异而言，这些差异并不总是与花冠的差异相关联，似乎它们不可能以任何方式对植物有利。然而，在伞形科中，这些差异非常重要。根据老德康多尔先生的说法，该科植物的种子中有在外花直生而在内花弯曲的，他以这些特征作为该科植物的主要分类标准。因此，有些构造变化分类学家认为很有价值，这些变化可能完全受变异和相关法则的支配。而据我们判断，这对物种本身没有任何价值。

我们可能经常错误地将一群物种共有的、遗传下来的构造，当成相关变异所致。因为它们的祖先可能是通过自然选择获得了某种结构上的变异，并且经过几千代的发展，又有了一些不相关的变异。如果这两种变异已经遗传给具有不同习性的全部后代，自然会被认为它们在某些方面有内在的联系。因此，我毫不怀疑，其他相关变异的例子完全是由于自然选择作用的结果。例如，德康多尔指出，不开裂的果实里面从未发现过具翼的种子。我这样解释这个现象：除非果实是裂开的，否则种子不能通过自然选择而逐渐长翼。只有果实开裂需要风来传播种子时，能够被风吹起的种子才相对具有更大的生存机会。

生长的补偿与节约

老圣提雷尔和歌德在同时期提出了生长补偿法则或生长平衡法则；如歌德所言，“为了某一方面的花费，自然不得不在另一方面节约”。我认为这在一定程度上适用于家养物种：如果营养过多地流向某个部位或器官，那么流向另一部位或器官的营养就至少不会过量。因此，很难让一头奶牛既产很多牛奶，同时身体又很肥胖。同一颗甘蓝变种，不能既长出茂盛而有营养的叶子，又结出大量的含油种子。当果实中的种子萎缩时，果实本身的大小和品质就会大大提高。而在家鸡中，头上有大丛毛冠的往往都长有瘦小的肉冠，而那些颚须多的家鸡，通常肉垂会很小。如果物种处于自然状态，生长补偿法则很难普遍适用。但是许多优秀的观察者，尤其是植物学家，都相信它的真实性。我不会在这里给出任何实例，因为我没有方法区分：哪一构造只是由于自然选择作用而发达的，而另一相关构造因为自然选择的作用或者不使用而退化的；也难弄清楚某一构造的过度生长是因为它剥夺了相邻部分的营养。

我认为已经提出的补偿实例以及其他一些事实，都可以归纳在一个更普遍的原则中，即自然选择一直在努力节约生物体的每个部分。如果生存条件发生改变，一些之前有用的构造可能变得不那么有用了，这个构造就会缩小，这对生物个体是有利的，不会浪费其营养来建设无用的构造。因此，我才能理解当初观察蔓足类时曾令我震惊的事实：当一种蔓足类寄生在另一蔓足类体内，并因此得到保护时，它的外壳或背甲差不多完全消失了。类似的实例还有很多。雄性四甲石砌属个体就是这样，寄生石砌属更是如此。其他蔓足类都具有极其发达的背甲，它是由头部前端三个重要的体节组成的，并且具有巨大的神经和肌肉。而那些因寄生而被保护的石砌属，头的前部明显退化了，仅在触角基部留有痕迹。如果节省了不用的大型复杂构造，对于每个物种的后代来说，绝对是有利的。因为在每个动物面临的生存斗争中，它们为了获得更好的生存机会，必须减少营养的浪费。

因此，我相信，从长远来看，当身体的任何构造变得多余时，自然选择作用都会使它缩小，但不会引起其他构造的相应增大。反之，自然选择可以促使任何器官增大，而无须缩小某些毗邻部分作为必要的补偿。

重复的、残留的低级构造容易变异

正如小圣提雷尔所说，在物种和变种中，如果将同一个体的任何构造或器官（如蛇的脊椎骨、多雄蕊花中的雄蕊等）重复多次，它重复的次数就容易变异；相反的，同样的构造或器官，如果重复器官较少，就更具有稳定性，这似乎已经成为一种规律了。小圣提雷尔和一些植物学家进一步指出，重复的器官，在构造上也非常容易发生变异。这正是欧文教授所说的“生长的重复”，并且他认为这是低等生物的标志。上述观点似乎与博物学家的普遍看法是一致的，即在自然界中，低等生物比高等生物更容易发生变异。我认为这种情况下，所谓的低级是指生物的一些构造很少专门用于某种特殊功能。只要同一构造必须实现多种功能，我们也许可以发现为什么它容易发生变异，因为自然选择对这种器官比对专营一特殊功能的器官宽松。就好比一把有各种用途的刀，可以是各种形状；但是有特殊用途的刀，通常形状都是特定的。永远不要忘记，自然选择只在对生物有利的情况下才会发挥作用。

一般学者认为，退化的构造容易产生高度变异，以后我们会对这个论题进行讨论。我在这里仅做一点补充，它们的变异似乎是由于其无用性引起的，因此自然选择无法对这些变异发挥作用。

发育异常的构造容易发生变异

几年前，沃特豪斯关于发育异常的构造容易发生变异的说法曾引起了我的极大关注。欧文教授也观察并推断出了相似的结论。为了使人们相信上述结论的真实性，我必须列举出我搜集到的一系列事实，但无法在这里列出一长串实例。我只能说，这个观点是一个非常普遍的规律。可能有种种原因导致错误的发生，但是我希望我已经避免了所有能想到的错误。应该了解的是，该规律绝不适用于任何生物构造，只有在比较近缘物种的同一构造时，发育异常的构造才适用于这一规律。例如，蝙蝠的翅膀在哺乳动物中是最异常的构造，但是该规律不适用于这里，因为所有蝙蝠都有翅膀；仅当蝙蝠中的某一物种的翅膀比同属其他物种的翅膀发育得更显著时，这一规律才适用。此外，副性征以任何一种方式出现，这一规律都是非常适用的。亨特所说的副性征是指仅属于雌性或雄性的性状，这些性状与生殖作用没有直接关系。这一规律适用于雌雄两性，但是由于雌性的副性征通常不是很明显，因此该规律对雌性很少适用。毫无疑问，无论副性征以什么方式出现，都容易发生变异。但是，这一规律不仅适用于副性征，在雌雄同体的蔓足类中也得到了证实。我在研究该类动物时，特别研究了华特豪斯的言论，并发现这一规律基本上完全适用。在另外一部作品中，我会列举出更好的例子。在这里，我仅简要举出一个例子，用来说明此规律可以广泛应用。无论从哪方面来说，无柄蔓足类的厣甲都是非常重要的构造，通常在不同的属中，它们之间只有很小的差异。但在四甲藤壶属的几个物种中，同源的厣甲却有很大的差异，它们的形状完全不同，即使是在同种的不同个体之间，差异也很大。因此，这些重要的器官在同种的各变种间呈现的差异，比不同属之间物种呈现出的差异要大得多。

某一地区同种鸟类之间的差异非常小，我曾经仔细地观察过它们。在我看来，上述规律也可以适用于鸟类。但是我无法确认这一规律是否适用于植物，由于植物的变异性，使得比较它们的变异的相对程度特别困难，那将严重动摇我对其真实性的信念。

当我们看到某一物种的任何构造或器官显著发育时，就会推论该构造或者器官对那个物种具有高度重要性；但是，在这种情况下，该构造或者器官很容易发生变异。为什么会这样呢？如果每个物种都是独立创造的，其各个构造如我们现在看到的一样，那么对此我们无法做出任何解释。但是，如果各群物种是从其他物种衍生而来的，并且已经通过自然选择发生了变异，那么我们可以获得一些启发。如果我们忽略了家养动物的构造或个体，并且不进行选择，那么这部分构造（例如金鸡的冠）或整个品种将不再具有一致的性状，可以说这个品种已经退化。在退化的器官、几乎没有特殊目的的特殊器官或者多型性生物群里，我们可以看到类似的情况。因为在这种情况下，自然选择要么完全没有发挥作用，要么就无法充分发挥作用，因此生物体还处于波动状态。但是，我们更应该注意的是，家养动物的构造，由于连续选择而正在迅速地发生变化，而且这些构造也是最容易发生变异的。通过观察同一品种不同个体的鸽子，我们可以发现，翻飞鸽的喙、信鸽的喙与肉垂、扇尾鸽的姿态与尾羽等，具有巨大的差异，而这些正是英国养鸽家目前主要关注的几个点。甚至在同一亚品种中，例如短面翻飞鸽，也很难繁殖出近乎完美的个体，因为它们的大多数个体都与纯种鸽的标准相去甚远。确实可以说，有两种力量一直在不断斗争：一方面是通过不断的选择来保持品种的纯粹，另一方面是返祖以及发生新变异的内在倾向。从长远来看，前者会获得成功，但从优良短面翻飞鸽品种中，仍有可能会培育出普通粗劣的翻飞鸽。总之，只要迅速不断地进行选择，那些正在变异的部分必然会发生重大的变异。

现在让我们来讨论自然界的情况。与同属的其他物种相比，当某个构造在任何一个物种中显著发育后，我们可以得出结论，自从本属从各物种的共同祖先分出来以后，该构造已经发生了巨大的变异，并且这个时期不会很漫长，因为几乎没有物种能延续生存到一个地质纪以上。异常变异量是指非常巨大且长期持续的可变性，为了物种的利益，这种变异会一直通过自然选择不断积累。但是，由于异常发达的构造或器官的变异性很大，并且在一个不太久远的时期内可以持续很久，因此，作为一般规律，我们期望这些构造比长期保持不变的构造具有更大的变异性。我坚信情况就是如此，一方面是自然选择，另一方面是返祖和变异的趋势，两者之间的斗争随着时间的流逝将停止；而且发育最异常的器官也会稳定下来。因此，不管一个器官有多异常，都会按照同样的方式遗传给变异后代。例如蝙蝠的翅膀，按照我们的理论，必然在几乎相同的状态下存在了很长时间，因此比其他器官更不容易发生变异。只有在这种变异是相对较近发生并且异常巨大的情况下，我们才能发现所谓“发生着的变异性”。在这种情况下，通过继续选择以所需方式和程度变异的个体，以及通过继续拒绝倾向于恢复到以前的、放弃有返祖倾向的个体，变异性就可以稳定下来。

物种性状比属的性状更易变异

本题也适用上一节讨论的规律。众所周知，物种性状比属的性状更易变异。现在可以用一个简单的例子来说明：如果一个大属内，某些物种开蓝色花朵，而另一些物种开红色花朵，则颜色只是物种的性状，没有人会对蓝色花种变成红色或红色花种变蓝色感到惊讶；但是如果属内所有物种都开蓝色花朵，则颜色将成为属的性状，并且其发生变异将是不同寻常的情况。我之所以选择这个示例，是因为大多数博物学家提出的解释在这里都不适用。他们认为物种性状比属的性状更易变异，是因为在生理上，物种性状没有属的性状重要。我相信他们的解释是不全面的，或者只有部分是正确的，我在分类一章里还要提及这一点。关于物种性状比属的性状更易变异，援引证据来支持几乎是多余的。我在博物学著作里屡次注意到，有人惊讶地谈到关于重要性状的事实：某些重要器官或构造，在物种的大群中通常非常稳定，然而在亲缘密切的物种中却有极大的差异，并且在同一个物种的个体中，也往往会发生变异。这个事实表明，当属级特征降为种级特征时，虽然其生理重要性没有改变，但通常已经容易发生变异了。同样的情况也适用于畸形：至少小圣提雷尔深信，同一属中不同物种的器官差异越大，则个体发生畸形的可能性就越大。

从每个物种被独立创造的观点来看，我无法解释为什么同属的各物种之间，构造相异部分比相似部分更容易发生变异。如果按照物种是特征明显及固定的变种的观点来看，我们就可以预期在最近发生了变异、彼此有差异的那部分构造，仍然会经常发生变异。或者可以用另一种方式来陈述：属的性状是指同属内所有物种在构造上彼此相似，而与近缘属在构造上不相同的性状。我之所以将这些特性归因于共同祖先的遗传，是因为很少有自然选择会以完全相同的方式去改变不同的物种，以适应不同的生活环境。所谓属的特性，是指各物种在从共同祖先分离出来之前已经遗传到的特性，经历了数代后没有变异或仅有少许变异，现在可能不会再变异了。另外，同属不同物种之间的相异特性为物种的特性。由于这些特性在从共同祖先分出来以后发生了变异，因而不同的物种之间有了差异；它们很可能仍然在发生变异，至少比那些长期保持不变的构造更具可变性。

副性征是非常容易变异的，这一点无须我详细说明，已为博物学者公认。同时，人们也认为，在生物群中，各物种的副性征差异比其他构造的差异要大，例如我们可以比较副性征明显的雄鸡与雌鸡之间的差异量，并以此来说明。副性征容易发生变异的原因尚不明确，但我们能够了解到副性征不能像其他特性那样稳定，这是因为性选择积累造成了副性征，而性选择不像自然选择那样严格，它不会引起死亡，只是减少占劣势的雄性的后代。不管是什么原因造成的副性征变异，由于性选择具有很大的可变性，因此其作用范围很广，并可促使同群内各物种副性征的差异量比其他方面更大。

一个值得注意的事实是，同一物种两个性别之间的副性征差异，通常为同一属的不同物种之间相同构造上的差异。基于这个事实，我将列举两个此前提到过的例子加以说明，并且由于这些案例之间的差异具有特殊的性质，因此这种关系几乎不可能是偶然的。甲虫足部跗节的数目，通常是非常大的甲虫群体共有的特征；但是，正如韦斯特伍德所说，在木吸虫科中，这个变异非常大，即使在同种的两性之间也有差异；对于土栖蜂类来说，翅脉是最重要的特征，大部分土栖蜂类都有这些特征，但某些属的不同物种之间以及相同物种的两性之间却出现了差异。卢伯克爵士也指出，一些小形甲壳类动物例子能够极好地解释这一规律。他说："角镖水蚤属主要通过前触角和第五对附肢表现性征，而物种间的差异也主要体现在这些器官上。"这种关系可以明确解释我的观点：我认为同一属的所有物种，即任何一个物种的雌雄两性，都肯定来自同一祖先。因此，如果共同祖先或其早期后代的某些构造发生了变异，这部分变异很可能会被自然选择和性别选择利用，使得这些物种适应自然体系中的不同位置，也促使同一物种的两个性别彼此适应，或者使雄性通过与其他雄性斗争来获得雌性。

最后，我得出的结论是，物种的特征即区别各物种的特征，比属的特征即属内所有物种共有的特征更容易发生变异；一个物种与同属别的种相比较，任何发育异常的构造，往往变异性更大；一个构造无论如何发育异常，如果是全部物种共有的，那么变异程度就不会很大；副性征的变异性很大，并且在近缘物种中的差异也很大；通过生物的相同构造，通常能表现出副性征的差异和普通物种间的差异；以上所有规则都是紧密联系在一起的。所有这些主要是由于同一群体的物种都来自共同的祖先，并且从它那里遗传到了很多共同点；与遗传已久且没有变异的构造相比，最近变异较大的构造仍可能继续变异；对于自然选择而言，通过时间的流逝，或多或少地抑制了返祖和进一步变异的趋势；性选择不像自然选择那样严格；通过自然选择和性选择都可以积累相同构造的变异，因此它可以被当作副性征，也可以被当作是一般特征。

不同的物种会表现出相似的变异；并且一个物种中的许多变种通常都具有近缘变种的某些特征，或者重现其早期祖先的某些特征。通过关注我们的家养品种，这些主张最容易被理解。在相距最远的地区中，最独特的鸽子品种分化出的亚变种中，有的头上有倒羽，有的足上长羽毛，这些特征都是原始岩鸽没有的。因此，这些特征就是两个以上品种呈现的类似变异。球胸鸽经常出现 14 根或 16 根尾羽，可以被视为变异，对于另一品种孔雀鸽来说却是正常构造。我想没有人会怀疑，所有这些类似变异都是由几个品种的鸽子受到类似未知因素的影响时，从一个共同的祖先那里继承了相同构造和变异倾向。植物界也有类似的情况，如瑞典芜菁和芜菁甘蓝的膨大茎部，通常我们称之为根，有些植物学家将这两类植物列为通过对相同祖先的栽培而得来的两个变种。如果事实不是这样，那么这将是两个所谓的不同物种呈现出的相似变异；此外，还有普通芜菁也可以作为类似变异的例子假如根据每个物种是被独立创造的观点，我们应该将这三种植物的茎的相似性，归因于三个独立但密切相关的创造行为，而不是一个共同祖先以同样方式变异的结果。诺丹先生曾在葫芦科中观察到很多类似变异的例子，其他学者在谷类中也发现了类似的情况。最近，沃尔先生曾详细讨论过自然状态下昆虫的类似变异现象，并将其归于他的“均等变异法则”之中。

但是，对于鸽子，还有另一种情况，就是在各个品种中不时会有石板蓝色的品种出现，它们的翅膀上有两条黑带，尾端也有一条黑带，腰部及外尾近基部是白色。所有这些都具有岩鸽远祖的特征，因此我想没有人会怀疑这是一种返祖现象，而不是近期出现的相似变异。我们可能会相信这个结论：这些岩鸽远祖的特征颜色，很容易出现在两个颜色不同的品种的杂交后代中，说明它们并不是受到了外界条件的影响，而只是受到了遗传法则杂交作用的影响。

毫无疑问，一个令人惊奇的事实是，某些特征在消失了许多世代之后，也许是几百代之后还会重新出现。但是，如果一个品种只与其他某个品种杂交过一次，其后代（有人说是 12 代或者 20 代）偶尔都会表现出外来品种的特征。经过 12 代之后，从同个祖先承继的血液的比例仅为 2048∶1；然而，正如我们看到的，一般人认为这种极小比例的外来血液的保留带来了返祖的倾向。在没有杂交过的品种中，虽然它的双亲已经失去了祖代的某些特征，正如先前所说的那样，重现失去性状的倾向，无论是强是弱，仍然可以遗传给无数的后代，尽管有时候我们看到的可能正好相反。如果一个已在一个品种中失去的特征，在许多世代后重新出现，最可能的假设是，失去了几百世代的特征，并不是某一个个体突然获得的，而是这种特征潜伏在每一世代中，直到遇到了有利的条件才会再次出现。例如，在勾喙帕布鸽中很少会有蓝色的品种，但是产生蓝色品种的潜在因素在每一世代中都存在，而且可以通过无数世代遗传下去，与无用或退化器官的遗传相比，这种遗传在理论上的可能性更大。但是，退化器官的再现，有时确实是因为遗传造成的。

假设由于同一属的所有物种都应该是由同一个祖先繁衍而来的，所以可以预料它们偶尔会以类似的方式发生变异，并导致两个或两个以上物种产生彼此相似的变种，或某一物种的变种与另一物种在某些特征上有些相似。在我看来，这另一物种只是一个特征显著且永久的变种。但是由此获得的特征可能不重要，因为根据物种的不同习性，所有重要特征的出现都会受到自然选择的控制。因此可以进一步推断，同一属的物种偶尔也会重现远祖的特征。但是，由于我们永远无法知道某个群体共同祖先的确切特征，因此也无法区分返祖特征和类似变异的特征。例如，如果我们不知道亲种岩鸽是不具毛腿和倒冠毛的，就无法判断家养品种中这些特征的出现到底是返祖还是类似变异。但是，我们可以从色带的数目来推论，蓝色羽毛是一种返祖现象。因为鸽子的色带与蓝色是有关联的，而一次简单的变异无法出现大量的色带。尤其是不同颜色的品种杂交时，常出现蓝色与其他不同颜色的品种，我们可以由此推断出上述结论。因此，在自然界中，虽然我们无法判断哪些是祖代特征的重现，哪些又是新的类似变异，但是，根据我的理论，会发现一物种的变异后代与同群其他物种具有相似的特征，这一点是无可怀疑的。

之所以识别变异物种困难，是因为变种与同属其他物种的特征相似。此外，在两个可疑物种之间还存在着许多中间类型，这表明，除非所有这些类型都被认为是独立创造的物种，否则它们在变异时已经获得了其他类型的某些特征。但是类似变异最好的证据是，特征稳定的构造或器官偶尔也会发生变异，导致其在某种程度上与近缘种的同一构造或器官类似。我已经收集了很多这样的案例，但是像先前一样，无法在这里一一列举。我只能不断重复，这种情况确实存在，而且非常值得注意。

在这里，我将提出一个奇怪而复杂的案例，它发生于同属的某些物种中，一部分是在家养状况下，一部分是在自然环境下，这是一个生物的重要特征不受影响及返祖现象的实例。驴腿上有时有明显的横纹，就像斑马腿的一样。有人断言幼驴腿上的条纹是最明显的，从我的观察来看，这是事实。有时驴肩上的条纹是双数的，条纹的长度和形状都容易发生变异。据记载，有一头白色的驴子（并非患了白化病），其脊背上和肩上都没有条纹；而在深色的驴子中，这些条纹有时会非常模糊，甚至完全消失。据说，由帕拉斯命名的野驴，肩上有双重条纹。布莱思先生曾在一头野驴的标本上看到一条明显的肩条纹，它本来不应该有这种肩条纹；普尔上校告诉我，这个物种的幼驴通常在腿部有条纹，肩膀上的条纹却十分模糊。斑驴虽然像斑马一样，上体常具明显的条纹，但是腿上却没有。在阿萨·格雷博士绘制的标本图上，却有清晰的斑马状条纹出现在斑驴后足踝关节处。

我在英国收集了不同品种、各种颜色的马，还有肩上有条纹的例子。在暗褐色和鼠褐色的马中，腿上生有条纹的也不少见，栗色马就是一个例子。暗褐色的马，肩上有时会呈现出微弱的条纹，而我在一匹赤褐色马上也见过带有肩条纹的。我儿子仔细观察了褐色比利时拉车马，并且对我描述了该马，其双肩上都有两条并列的条纹，腿部也有条纹。我曾亲眼见过一匹灰褐色德文郡小马，其双肩上各有三条平行的条纹。有人告诉过我，在威尔士小马的肩上也曾出现过这样的情况。

在印度西北部的凯替华马，普遍长有条纹。为印度政府检查过该品种的普尔上校告诉我，没有条纹的马通常被认为不是纯种马。此马的脊背、腿上和肩上，通常都是有条纹的，肩上的条纹有时候是两条或者三条，脸的侧面有时也是有条纹的。条纹在小马驹上最明显，而有时在老马身上会消失。普尔上校也见过初生的灰色和赤褐色的凯替华马都有条纹。从爱德华兹先生给我的信息中，我也有理由怀疑，在英国赛马中，小马驹中的脊背条纹比在成年动物中更为常见。最近，我养了一匹小马，它是由赤褐色雌马（土耳其雌马和法来密斯雄马的后代）和赤褐色英国赛马杂交所生的。它产下一周时，它的臀部和前额都生出了很多极窄的暗色斑马状条纹，而腿部的条纹则不明显。不久之后，所有这些条纹就完全消失了。在此，我不再做进一步详细说明。但我要说的是，我在一些国家搜集了各种马生有腿纹和肩纹的例子，西自英国，东至中国，北起挪威，南至马来群岛，都有这些情况存在。在世界各地，这种条纹在暗褐色和鼠褐色的马中最多，暗褐色包括的范围很广，从黑色到褐色，直至接近乳黄色，应有尽有。

我知道史密斯上校曾就此主题撰写过文章，他认为马的一些品种来自于若干原种，其中的一个原种就是暗褐色且有条纹的，并且上述外观都是由于在古代曾和这暗褐色马种杂交而产生的。我们可以对这个论点加以反驳，因为那些壮硕的比利时拉车马，威尔士矮种马，挪威矮脚马和瘦长的凯替华马，都生活在世界上相距很远的地方，如果说它们都曾和某个假设的原种杂交，这是不太可能的。

现在，让我们谈谈马属中几个物种的杂交情况。罗林断言，驴和马杂交所生的骡子，一般腿部都具有明显的条纹。根据戈斯先生的说法，美国有些地区的骡子，十之八九腿部都有条纹。我曾经见过一条骡子，它的腿有如此多的条纹，以至于任何人起初都以为它是斑马的杂交后代。在马丁先生一篇关于马的优秀论文中，绘有一幅类似的骡子图。我在四幅彩色的图画中看到了驴和斑马产下的杂种，它们腿上的条纹比身体其他部分的更明显，并且其中一幅图上画有两条并列的肩条纹。莫尔顿勋爵蓄养了一匹有名的杂种，为栗色雌马与雄斑驴所生，它与后来该栗色雌马与黑色阿拉伯雄马所生纯种的后代，腿部的条纹都比纯种斑驴明显得多。此外，还有一个引人注意的例子，格雷博士曾绘制过驴子与野驴所育杂交种的图（他告诉我，他还知道另一个相同例子）。这个杂种的四条腿上都有条纹，像德文郡褐色马及威尔士小马那样，其肩部还有三条短条纹，甚至在面部两侧也生有斑马状的条纹。我们知道，驴腿上只是偶然有条纹，而野驴腿上和肩上没有条纹。关于这最后一个事实，我坚信杂种面部的每一条斑纹的出现都不是偶然。我曾向普尔上校询问过凯替华马的面部是否有条纹，并且得到了肯定的回答。

现在我们要如何解释这几个事实呢？我们看到马属的几个非常独特的品种，通过简单的变异，可以像斑马一样在腿上长有条纹，或者像驴一样在肩上出现条纹。在马匹中，这种条纹在暗褐色品种中出现的可能性最大，而这种颜色接近该属其他物种普遍具有的颜色。条纹的外观并不伴随任何形式的变异或任何其他新特征的出现。我们还看到，这种趋势在几种最独特的物种之间的杂种中变得最明显。现在看看几种鸽子的情况：这几个品种均来自一种蓝色的鸽子（包含两三个亚种或地理种），这种鸽子具一定的条纹或其他标志。如果任何品种的鸽子变异之后身体呈现蓝色，上述条纹及其他标志就会重现，但其他形态和特征都不会发生变化。假如不同颜色的最原始、最纯粹的品种进行杂交，其后代重现蓝色和条纹及其他标志特征的倾向最大。我曾说过，关于返祖想象，最合理的解释是：每一世代的幼体都有产生长期消失的特征的趋势，这种趋势有时由于未知原因会占优势。而且我们已经看到，在几种马属动物中，条纹在幼体中比在较老的个体中更常见。如果我们把那些保持纯种达数百年之久的家鸽称为物种，那么马属内的物种具有相似的特征。我可以大胆地猜测，千万代以前存在着一种动物，其条纹与斑马一样，但是其他方面的构造却不相同，它就是现在的家养马（无论是源自一个还是多个野生原种）、驴、野驴、斑驴和斑马的共同祖先。

如果有人相信每个马属内的各个物种都是独立创造的，那么任何物种被创造出来时就有一种趋势，即在自然界或家养条件下，都会按照一种特殊的方式进行变异，使得它像马属中其他物种一样具有条纹；而且，任何物种被创造出来时都会有一种强烈的趋势，即这些物种与生活在世界各地的物种杂交后，生出的带有条纹的后代与其父母并不相似，而是与同属中的其他物种相似。在我看来，一旦接受了这种观点，就等于否认了真正的原因，而去接受不真实的或未知的事实，这种观点夸大了上帝的作用；而我只能像老朽无知的神创论者们一样，相信贝类化石从未存活过，它们只是从石头里被创造出来的，以模仿今日在海边生活的贝类而已。

摘要

我们深感对变异法则的无知。各构造变异的原因，我们能解释的可能还不到百分之一。但只要我们使用比较的方法就可以看出，不论是同种中不同变种间的较小差异，还是同属中不同物种间的较大差异，同样都受到法则的支配。外部环境的改变通常会造成不稳定变异性，有时也会产生直接的和定向的变异，并随着时间的推移变得更加显著，但是我们还没有充分的证据证明这一点。习性可以产生特殊的构造，无论是经常使用的器官会强化，还是较少使用的器官会减弱和缩小，这些结论可以用于许多场合。同源构造趋于以相同的方式变异，并且趋向于结合。硬体构造及外部构造的改变，有时会影响相邻软体构造或内部构造。当某个构造特别发达时，可能会从相邻构造汲取营养；而在不损害个体利益的前提下，多余的构造可能被废退。生命早期的构造通常会影响随后发育的构造；虽然我们还不太了解许多相关变异事实的性质，但毫无疑问，它们是会发生的。重复构造在重复次数和构造特征方面容易产生变异，可能是这部分构造并没有因为特定功能而专用的缘故，因此，它们的变异不受自然选择的支配。可能是同样的原因，低级生物比高级生物更容易发生变异。无用的退化构造不受自然选择的控制，因此更容易变异。物种特性比属的特性更容易发生变异，所谓物种特性是指区别同一属内各物种的性状特征，这些特性从各物种的共同祖先分出以后，常常会发生变异；属的特性是指遗传已久而没有发生变异的性状特征。通过观察我们可以推测，在近期发生了变异，彼此有差别的构造，还会继续变异。我在第二章中说过，这个推论也适用于整个群体。在某些地区，我们可以发现许多同属的物种，这表明这里曾发生过很多的变异和分化，或者产生了很多新的物种。因此，平均而言，现在这些区域内的物种会出现很多的变种。副性征特别容易发生变异，同属内各物种呈现出的副性征差异常比其他构造的差异要大。同一物种雌雄两性间副性征的差异，通常表现为同属的各物种之间相同构造上的差异。异常发达的器官构造比近缘种的相同构造更容易发生变异，因为从该属形成以后，它们就经历了极多的异常变异，由于这种变异是一个长期、缓慢的过程，因此自然选择还没有充足的时间来抑制变异的趋势和阻止变异的进程。假如一个物种具有特别发达的器官，并且已经产生了许多变异的后代（这是一个缓慢且长久的过程），不论这个器官发育得如何异常，自然选择都会使这个器官的特征保持不变。如果源自同一个祖先的许多物种继承了大致相同的构造，并在相似的环境条件下生存，就容易发生类似变异，有时还可能发生返祖现象。虽然返祖现象与类似变异并没有引起重要的新变异，但是这些变异在增进自然界的美丽和协调的多样性的过程中，也发挥了巨大的作用。

无论是什么原因造成了后代与亲代之间的差异，每一个微小的差异都必定有它的起因。我们有理由相信：任何构造中，与物种习性有关的变异都是由有利变异慢慢积累而成的。

The Origin of Species

第六章

学说的难点

在本章之前，读者已经遇到了许多疑难问题。其中有些问题如此之难，以至于我现在都一筹莫展。然而，按照我的推断，其中大部分难点都只是表面的。而那些真正的难点，对我的学说并不致命。

这些疑难和反对意见可以归为以下几类：

第一，如果物种是由其他物种经过不可思议的细微渐变演化而来的，为什么我们没有到处看到无数的过渡类型？为什么自然界的物种都不是混乱的，而是如我们见到的那样区别明显呢？

第二，蝙蝠那样的构造和习性，是否可能由构造和习性完全不同的其他动物变化而来呢？ 我们是否可以相信，一方面自然选择可以产生不重要的器官，例如用来驱蝇的长颈鹿的尾巴，另一方面又会产生像眼睛那样奇妙的器官？

第三，可以通过自然选择来获得和改变本能吗？在被知识渊博的数学家发现之前，蜜蜂就已经具备筑巢的本能，对此我们该如何解释呢？

第四，我们要如何解释不同的物种杂交时会不育，或者它们的杂交后代会不育？而同种间不同的变种杂交时，繁殖能力却没有受到损害呢？

这章我们先讨论前两个问题，下一章讨论其他难点，接着用两章分别讨论本能和杂种性质。

过渡变种的缺乏

由于自然选择仅通过保留有利变异而起作用，所以在生物密度很高的区域，每种新类型都趋向于取代并最终消灭比其改进较小的祖先类型，以及在竞争中受到不利影响的其他类型。正如我们已经看到的，灭绝和自然选择齐头并进。因此，如果我们将每个物种看作其他未知类型的后代，那么，通常新类型在形成和完善过程中都会消除亲种和所有过渡变种。

但是，根据这种理论推断，必然存在过无数种过渡类型，可是为什么我们没有发现它们被大量地埋在地壳里呢？在“论地质记录的不完整”的章节中讨论这个问题将更加方便。在这里，我只想说，这一问题的答案主要在于，地质记录的不完全非一般人所能想象。地壳是一个巨大的博物馆，但是里面的收藏品并不齐全，并且在时间上也存在很大间隔。

当几个亲缘很近的物种生活在同一地区时，我们本应该找到许多过渡类型。让我们举一个简单的例子：当我们从北向南旅行，穿越整个大陆时，我们通常会发现，近缘物种或代表性物种占据着自然环境中几乎完全相同的位置。这些代表性物种经常会相遇并混合在一起；随着一个物种越来越稀有，另一个变得越来越繁盛，直到一个物种取代另一个物种。但是如果我们比较这些混合地段的物种就会发现，它们的每一构造细节都绝对不同，就像从各物种栖息的中心地带采集的标本一样。根据我的学说，这些近缘物种是来自同一个亲种；在变异过程中，每个物种都适应了自己所在地区的生存条件，已经取代并消灭了它的原始亲种以及过去和现在之间的所有过渡变种。因此，我们现在不应该期望在每个区域都能见到许多过渡变种，尽管它们一定曾经存在于该区域，并且可能以化石的状态埋藏在那里了。但是，在具有中间生存条件的中间地区，为什么我们现在没有找到联系紧密的中间变种呢？这个问题长期以来困扰着我，但是我相信整个问题基本上是可以解释的。

如果一个区域现在是连续的，就认定在很长一段时间内都是连续的。我们应该非常谨慎地做出这个推断。地质学使我们相信，即使在第三纪后期，几乎每个大陆都还被分割成各个岛屿。在这样的岛屿上，可能有中间变种的地区并不存在，因而单独形成了独特的物种。由于地貌和气候的变化，现在连续不断的海洋区域，在不久之前，一定不像如今这般连续一致。但是我不想借此逃避困难；因为我相信在原本严格连续的区域上，早已经形成了许多完全不同的物种；我毫不怀疑，在新种的形成过程中，尤其是在自由杂交和漫游动物的新种形成过程中，曾经分隔而现在连续的地区发挥了重要的作用。

在考察物种分布情况时，我们通常会发现它们在大的范围内数量众多，然后在边缘处变得越来越稀有，直至消失。因此，两个代表物种之间的中间地带，往往比它们各自占有的区域狭窄。正如德·康多尔观察到的那样，在登山的过程中我们会看到，一种普通的高山植物会非常突然地绝迹，这点很值得注意。福布斯在用拖网探察深海时，也发现过同样的事实。对于那些将气候和生活的自然条件视为生物分布的决定因素的人来说，这些事实是如此令人惊奇，因为气候和高度或深度都是在不知不觉中逐渐改变的。但是，我们需要牢记，任何物种如果没有其他物种与之竞争，即使是在中心区域，个体的数量也会大大地增加；每种生物不是捕食其他生物，就是被其他生物捕食。简而言之，每个生物都以最重要的方式与其他生物直接或间接相关，我们必须看到，任何地方的生物分布范围绝不完全取决于逐渐变化的自然条件，而在很大程度上取决于其他物种的存在，这些物种有的是它赖以生存的，有的是它的敌害，有的是它的竞争者。并且这些物种界限分明，没有与其他类型相互混淆，任何物种的分布都取决于其他物种的范围，而且其界限也十分明显。此外，由于每个物种在其分布边缘存在的数量已经减少，在其天敌或猎物的数量波动时或者季节变化期间，极有可能被彻底灭绝；因此，物种的地理分布界限就更明显了。

生存于连续地域的近缘物种或代表性物种，一般各自都有大的分布范围，并且它们之间的中间区域相对狭窄，在这些区域中的物种个体也变得越来越稀少。然后，由于变种在本质上与品种没有什么区别，因此此规律可能会同时适用于两者。如果假设一个正在变异的物种栖息于一个非常大的地域，那么我们必须将两个变种分别适应于两个大的地区，而第三个变种适应于狭窄的中间区域。由于栖息地狭窄，这个中间变种的数量必然会减少。实际上，据我所知，该规则广泛适用于自然状态下的变种。在藤壶属里有一个显著例子，足以说明显著变种的中间变种这一规律。从沃森先生、阿萨·格雷博士和沃拉斯顿先生提供给我的信息来看，当出现介于其他两个变种之间的中间变种时，通常它的数量要比它相连接的两个变种少得多。现在，如果我们可以相信这些事实和推论，并承认通常连接两个变种的中间变种的数量要比其相邻的变种少，那么便能明白为什么中间变种不能长期存在，而这也是它们常常比它原先连接起来的那些类型灭绝和消失得早的原因。

如前所述，对于数量较少的任何类型，被淘汰的可能性都比数量较大的类型更大；在这种特殊情况下，中间类型明显受到它两边存在的近缘类型的侵害。但我认为，还有一个更重要的考虑因素是，在进一步演变的过程中，两个变种将变为两个明显不同的物种，个体数量多且分布区域广的两个变种，一定会比生活在狭窄的中间地带且数量较少的中间类型的变种更占优势。在任何时期内，与个体数量较少的类型相比，数量较多的类型都有更多的机会产生更有利于自然选择的变异。因此，在生存竞争中，数量较多的普通类型便会击败和取代稀有的类型，因为后者的变化和改进更缓慢。正如第二章所讲，我认为同样的原理可以解释，为什么任何地方的优势物种要比稀有物种出现显著特征的变种多。我可以通过以下例子来说明我的想法。假设有3个绵羊变种，一个适应于广大的山区，一个适应于狭窄的丘陵地区，而第三个适应于广阔的平原；而且这些地区的居民都在尝试以同样的决心和技巧，通过人工选择来改良它们的种群。在这种情况下，与中间狭窄的丘陵地带的小农场主相比，山上或平原上的大农场主成功率更高，也能更快地改良其品种；因此，经过改良的山地或平原地区的品种将很快取代未经过改良的丘陵地区的品种；于是，原来数量较多的两个品种便会彼此衔接，而中间丘陵地带的变种会被取代而消失。

综上所述，我认为物种会成为界限分明的实体，而且在任一时期都不会由于无数变异连着的中间环节呈现一种混乱状态。这是因为：

首先，新品种的形成非常缓慢，因为变异是一个非常缓慢的过程；除非有利变异出现了，否则自然选择也无能为力；要是这个地区的自然结构中没有足够的空间，能让一个或多个变异了的生物更好地进入，自然选择同样无能为力。这样的新空间将取决于气候的缓慢变化或新个体的偶尔迁徙，也许，更重要的因素是，原有生物的某些个体经逐渐演变产生了新类型与旧类型之间的作用与反作用。因此，在任何区域、任何时间，我们应该只看到少数物种的某些结构在某种程度上永久发生了改变，我们也确实可以看到这一点。

其次，现在连续的区域，在距今不远的时期往往是彼此隔离的。其中许多类型，尤其是需交配繁殖和漫游甚广的动物，可能已经变得足够独特，可以称为代表性物种了。在这种情况下，几个代表性物种与其共同祖先之间的中间变种，以前必然存在于各分隔的地区，但是这些中间变种在自然选择过程中将被取代和灭绝，因此无法再看到它们的存在。

再次，当两个或两个以上变种在完全连续区域的不同部分形成时，中间品种很可能会首先在中间区域形成，但通常存在时间很短。对于这些中间变种，由于已经确定的原因（即近缘物种、代表物种以及已认可的变种实际分布的情况），要比与它们紧密相连的那些变种数量小。仅从这个原因来看，中间变种很可能意外灭绝；几乎可以肯定，在通过自然选择进行进一步改良的过程中，它们必然会被它们连接的类型击败和取代；因为它们的数量大且变异较多，通过自然选择进一步地改进，必然会获得更大的优势。

最后，如果我的学说是正确的，不是从某个时期而是从全部时期来看，那么，联系同一类群的所有物种的无数中间变种必然曾经存在过；但是，正如人们经常提到的那样，自然选择的过程总是趋向于消灭亲种和中间类型。因此，只有在化石残骸中才能找到它们先前存在的证据，正如我们将在以后的章节中要论证的那样，这些记录被保存在极其不完全且断断续续的地壳化石中。

具有特殊习性和构造之生物的起源和过渡

反对我的观点的人曾提出这样的问题：如何将陆栖动物转化成水栖动物？处于过渡状态的动物如何生存？要证明从严格的陆栖到水栖动物之间的各级中间类型的食肉动物现在依然存在，是很容易的。并且由于每个个体都在进行生存斗争，因此很明显，每个个体的习性都非常适合其在自然界中的位置。看一看北美的水貂，脚有蹼，毛皮、短腿和尾巴状似水獭。在夏季，这种动物会潜水并捕食鱼类；但是在漫长的冬季，它离开了冰冷的水域，并且像鼬鼠一样捕食老鼠和陆生动物。假若反对我的人问另一种情况，如何将食虫性四足动物转化成飞行蝙蝠，这个问题更加困难，我无法给出答案。

像在其他场合一样，这里对我很不利。因为在我收集的许多惊人案例中，我只能给出一个或两个在同一属的近缘物种中的过渡习性和结构的实例，以及在同一物种内无论是持续的还是多样化的多种习性。在我看来，只有列举无数的此类案例，才可以减少诸如蝙蝠这类特殊情况的难度。

试看松鼠科，有些松鼠只具有微扁平的尾巴，而另外有些品种，正如理查森爵士所说，它们的身体后部相当宽，侧面的皮膜也张开得很饱满。从这些品种到所谓飞鼠之间，有极其精细的中间等级。飞鼠的四肢，甚至尾巴的基部都与宽大的皮膜连接在一起，就像降落伞一样，使它们可以在空中从一棵树滑行到另一棵树上。我们必须相信，各种松鼠的每个结构在其生存地区都是有益的，使它能够逃离鸟类或猛禽的捕猎，或者更快地觅食，甚至可以降低它们偶然跌落的危险。

但是，我们不能因此而认定，每个松鼠的结构都是在所有自然条件下可以设想的最佳结构。如果气候和植被发生变化，让其他竞争的啮齿动物或新的捕食它的野兽迁入，或者让原有的肉食动物发生变异，我们相信：至少有一些类型的松鼠的数量会减少或灭绝，除非它们也以相应的方式进行了构造上的变异和改进。因此，我们不难理解，尤其是在生存条件变化的情况下，那些侧腹膜变得越来越大的个体，都可以继续生存下去，其每次变异都是有用的，并且会被保留下来，直到通过自然选择的积累，产生了一种所谓完美的飞鼠。

我们再来看看猫猴，即所谓飞狐猴，以前被错误地列为蝙蝠类，现在将它归为食虫类。它的侧腹膜非常宽，从颚角一直延伸到尾巴，包括四肢和细长的爪子：膜内还生有伸张肌。虽然现在并没有适合空中滑翔的各级过渡构造的动物，将猫猴与其他食虫类构造的动物连接起来，但是不难推测，这些连接的中间类型曾经存在过，而且每种连接体都以滑翔不那么完美的松鼠那样的方式逐渐出现，并且各级中间构造对这些动物自身一定都是实用的。我们可以进一步得出结论，连接猫猴爪子和前臂的膜，由于自然选择已经大大地延长了。就飞行器官而言，这会将食虫类的动物转变为蝙蝠。有些蝙蝠的翼膜，从肩膀的顶部一直延伸到尾巴，包括后肢在内，也许从这样的构造中，我们可以看到一种原先较适合滑翔而非飞翔的构造的痕迹。

如果大约有 12 个属的鸟类灭绝或不为人所知，那么谁敢贸然猜测，下面这些类型的鸟类还存在呢？例如翅膀只用来拍打水面的呆鸭；翅膀在水中作为鳍而在陆地上作为前腿的企鹅；把翅膀当作风帆的鸵鸟；翅膀没有作用的无翼鸟。然而，每只鸟的结构在它所处的生存条件下都对它有利，因为每只鸟都必须为生存而斗争；但不一定在所有可能的情况下都是最好的。更不能从这些论述中推断出，这里提到的任何一个翅膀构造等级代表了鸟类在获得完全飞翔能力过程中实际经历的步骤，但是它们却至少表明了，可能会有多种过渡的方式。

看到诸如甲壳动物和软体动物这样在水中呼吸的动物，有少数种类可以生活在陆地上；又看到飞禽、飞兽、各种各样的飞虫以及古代会飞行的爬行动物，就可以设想，依赖于鳍的猛拍而上升到空中并且可以滑翔很远的飞鱼，也可能演变为有完全翅膀的动物。如果真的可以这样，谁能想到，在早期的过渡状态，它们曾经生活在大海中？就像我们熟知的那样，谁又会想到，起初它们的飞行器官是专门用来躲避其他鱼类的吞食的呢？

当我们看到针对任何特定习性而高度完善的结构时，例如飞鸟的翅膀，我们应该记住，显示出该结构的早期过渡类型的动物，几乎不会生存到现在，因为在自然选择的过程中它们已经被更完善的后代取代了。此外，我们可以得出结论，适应于不同生活习性的构造之间的过渡类型，在早期很少大量存在，也很少出现许多从属类型。因此，回到我们对飞鱼的假设中，能够真正飞翔的鱼类似乎不可能自从属类型发展而来，因为除非它们的飞翔器官高度完善，使它们在生存斗争中比其他动物更具有决定性优势时，才具有在陆地和水中以多种方式捕获各种猎物的能力。因此，在化石中发现具有过渡结构的中间类型的机会总是很少，因为它们的存在数量本来就少于结构完全发达的物种。

现在再举两三个实例，来说明同一物种不同个体之间习性的改变和趋异。当发生以下任何一种情况时，自然选择都容易使动物的构造适应于其已经变化的习性，或专门适应若干习性中的某一种。很难说是习性先改变然后引起了构造的变化，还是构造的变化引起了习性的改变，还是两者同时进行，这对于我们来说并不重要。有关改变习性的情况，仅以英国以外来的植物为食或专门靠人工食物的昆虫为例就足够了。关于习性趋异的例子，可以列举无数个。我经常看到南美洲一种霸鹟像隼一样，在某地上空盘旋一阵之后，又飞至另一个地点的空中；有时候它静静地站在水边，然后像一只翠鸟急速冲入水中捕鱼。英国有一种大山雀，有时像旋木鸟一样攀爬树枝；而有时又像伯劳似的啄小鸟头部，来杀死小鸟。我多次看到或听到它敲击紫杉枝上的种子，以使种子破碎。赫恩在北美看到黑熊像鲸鱼似的在水中游了好几个小时，还会张大嘴巴捕捉水中的昆虫。

有时，我们会看到某些个体的习性，与它们同种或同属的其他个体的固有习性大不相同，我们便可以设想，这样的个体偶尔会形成新的物种，这个新的物种会具有异常的习性，并且其构造与正常类型相比或多或少会发生改变。而且这种情况确实在自然界中发生过。与啄木鸟能攀爬树木并在树皮缝中觅食虫子的情况相比，我们还能举出更具适应性的例子吗？ 然而在北美，有些啄木鸟主要以水果为食，而另一些啄木鸟的翅膀细长，以便在飞行时捕食昆虫。在没有树木生长的拉普拉塔平原上，也有一种啄木鸟，其两趾朝前，两趾向后，舌长而尖，尾羽又尖又细而且十分坚硬，足以使它在树干上保持直立，但是没有典型啄木鸟那么坚硬。此外，它的嘴挺直而有力，虽不如典型的啄木鸟的嘴那样笔直而坚硬，但也足以在树木上凿孔。因此，从这类鸟的主要构造来看，确实是啄木鸟，甚至在那些不重要的特征，例如颜色、粗糙的音调、起伏的飞翔等方面，也清楚地表现出与英国普通啄木鸟之间密切的亲缘关系。但是根据我本人以及阿萨拉的精确观察来看，我断定，在一些开阔的区域，这种啄木鸟并不攀爬树木，而是将巢穴筑在堤岸的洞穴内！然而据哈德森先生的说法，在别的地方，它经常在树林中飞翔，并在树干上凿孔筑巢。我还可以举另一个例子来说明这一属的习性变化情况，据德索热尔描述，墨西哥有一种啄木鸟，会在坚硬的树木上凿孔用来储藏栎果。

海燕是鸟类中最具海洋性和空栖性的，在火地岛宁静的海峡中，生活着一种叫倍拉鸌的鸟，由于它的一般习性、惊人的潜水能力、游泳和飞翔的姿态，很容易被人误认为是一种海雀或鸊鷉。但是，它实际上是一种海燕，只是许多涉及其新生活习性的构造发生了显著的变化。而拉普拉塔的啄木鸟的构造只是发生了轻微的变化。另一方面，最敏锐的观察者通过检查河鸟的尸体，永远也不会怀疑它是半水栖习性的鸟类。但是，这种鸟在起源上却与鸫科相近，以潜水为生：在水中用爪子抓住石子，并拍打它的双翅。昆虫中的一个大目膜翅类，全部都是陆栖的，只有卢伯克爵士发现的细蜂属的习性是水栖的。细蜂属的昆虫在水中时，通常是用翅而不是脚，并且可以潜在水下长达四小时之久。然而，它的构造却没有随着这种习性的变化而发生改变。

有些人相信生物被创造出来时的样子就是现在的样子，当他们偶然遇到一种动物具有的习性与其构造不一致时，一定会感到惊讶。鸭和鹅为了游泳形成的蹼足，没有什么例子比这更明显了。但是在高原地区生活的鹅，虽然有蹼足，却很少或者从不靠近水边。除了奥杜邦以外，还没有人见过四趾有蹼的军舰鸟会停留在海面上。另一方面，鸊鷉和白骨顶鸡尽管只在趾的边缘上长有膜，但二者都是显著的水栖鸟。涉禽目的鸟类，为了在沼泽和浮于水面的植物上行走，形成长而无膜的脚趾，还有比此更明显的事例吗？但是这一目内的苦恶鸟和秧鸡，却具有不同的习性。前者是水栖性的，和白骨顶鸡一样；而后者则是陆栖性的，几乎和鹌鹑或鹧鸪一样。我们还可以列举出很多类似的例子，来说明习性已经发生了改变而相应的构造却没有变化的情况。可以说，高原鹅蹼足的构造虽然还未发生变化，但几乎已是残留器官了。军舰鸟足趾间深凹的膜，说明其构造已开始发生变化了。

相信生物是经多次分别被上帝创造出来的人会说，这类情况是造物主愿意让一种类型的生物去取代另一类型的生物。但是在我看来，这仅是用庄重的语言重述了这一事实。相信生存斗争并遵循自然选择原则的人都会承认，每个生物都在不断努力增加其数量。任何一种生物，只要在习性上或在构造上发生微小的变化，便会比该地的其他生物更具优势，并会因此占领其他生物的位置，不管这一位置与它原来的位置有多么的不同。因此，对于以下事实，他们不会感到惊讶：长蹼足的高原鹅和有蹼足的军舰鸟，它们要么生活在干燥的陆地，要么很少接触水；长有长趾的秧鸡生活在草地上而不是沼泽中；某些啄木鸟生活在几乎没有树木的地方；鸫和膜翅目的一些昆虫可以潜水；海燕具有海雀的习性，等等。

极完美而复杂的器官

眼睛的构造之精巧，可谓无与伦比，它可以针对不同的距离来调节焦点，可以接纳强度不同的光线，并且可以校正球面和色彩的偏差。坦白地说，假设眼睛是通过自然选择而形成的，这样的说法似乎是极其荒谬的。有人曾宣称，太阳是静止的、地球围绕太阳转这一说法是错误的。因此，每个哲学家都熟知的“民声即天声”这样的谚语，在科学上却是不可信的。但是理性告诉我，假如可以证明，简单且不完善的眼睛到复杂且完善的眼睛之间，存在着无数等级，每个等级对动物都是有利的；如果可以进一步假设，眼睛的确会发生微小的变异，并且这种变异是可以遗传的；如果在变化的生存条件下，构造上的任何变异对动物都有利；那么，尽管用想象力难以克服，但是自然选择能够形成完美而复杂的眼睛这一观点一定是真实的。神经对光敏感的方式以及生命本身是如何起源的，这两个问题不在我们的研究范围之内。但我要指出，在一些最低等的生物体内虽然没有找到神经，但是它们确实可以感光的。我认为是某些感觉元素积聚在它们体内，进而具备了这种特殊感觉能力，这并非是不可能的。

在搜寻任何物种的器官不断完善过程中的中间类型时，我们应该专门研究其直系祖先；但这几乎是不可能的，并且我们不得不观察同类群中其他种或属的动物，即来自相同原始祖先的旁系后代，以便了解在完善过程中出现的不同级别，也许还会发现一些遗传下来的没有变化或者只有细微变化的级别。然而，不同纲内动物相同器官的状况，有时候也能说明该器官经历的演化步骤。

眼睛这个最简单的器官，由一根感官神经形成，只是被色素细胞围绕并为半透明皮肤遮盖，而且没有任何晶状体或其他折光体。但是根据乔丹的研究，我们可以发现更低级的视觉器官，它没有任何神经，只是一团色素细胞，附着聚集在肉胶质组织上，却可以起到视觉器官的作用。上述这样的眼睛，性质简单，只能辨别明暗，缺乏清晰的视觉能力。根据乔丹的叙述，某些海星包围神经的色素层上有小的凹陷，里面充满透明胶质，凸起来的表面有如高等动物的角膜，他认为这种结构不能成像，只是用来聚合光线，使它们更容易感光。光线的聚集是形成真正能够成像的眼睛的第一步，也是最重要的一步。因为只要具有裸露的感光神经末梢（在低等动物中，有些埋于身体的深部，有些接近于表面），当它与聚光机构距离适当时，便会形成影像。

关节动物纲的视觉器官是最原始的单根感光神经，仅被色素细胞覆盖。这种色素细胞缺乏晶状体或其他光学装置，但有时会形成一种瞳孔。现在我们已经知道，有巨大复眼的昆虫，眼膜上的无数小眼形成了真正的晶状体，并且这种视锥体包含着奇妙变异的神经纤维。但是关节动物的视觉器官趋异很大，以致米勒将其分为三个大类和七个亚类，除此之外还包括第四大类聚生单眼。

假如我们回想一下前面简要介绍过的这些事实，也就是低等动物眼睛构造变化之多，差异之大和中间类型之繁多；如果我们还记得，已灭绝的生命形式比现存的数量大多了，那么就会相信，在自然选择的作用下，一根简单的被色素细胞包围和被透明膜覆盖的装置，很容易演变为任何一种关节动物具有的那样完备的视觉器官。

读者看完本书后便会发现，大量的事实只有用自然选择变异的学说才能得到完美的解释。我们应当毫不犹豫地进一步承认，哪怕像鹰的眼睛那样完美的构造，也只能是这样形成的，即使我们不清楚其演变的过程。有人曾反驳，要想改进眼睛，把它作为完美的器官保留下来，就必须同时产生许多变异，他们认为自然选择不可能做到这些。就像我在论家养动物变异的那本书中指出的，如果变异是极细微且逐步发生的，就没有必要假设它们都是同时发生的。正如华莱士先生谈到的，“假如焦距太短或太长，晶状体便可通过曲度或密度的改变而得到改进。假如曲度不规则，光线则不能聚于一点；想要得到改善，只要增加曲度的规则性就可以了。因此，对于视觉而言，虹膜的收缩和眼肌的运动并不是最重要的，在眼睛的演化过程中，它们只不过是在某一阶段进行了补充和完善而已。”在动物界最高级的脊椎动物中，它们的眼睛最开始是极其简单的，例如文昌鱼的眼睛，没有什么特别的装置，只不过由一个透明皮肤小囊和一根盖有色素的神经组成。在鱼类和爬行类中，就像欧文说的那样，“屈光构造的诸级变化范围很大。”根据微尔和的意见，人类美丽的晶状体是在胚胎期由表皮细胞集聚形成在囊状皮褶中的；而玻璃体是由胚胎的皮下组织形成的；这一点具有举足轻重的意义。尽管如此，要想对如此奇异而并非绝对完美无缺的眼睛的形成得出公正的结论，就必须以理性战胜想象。但这对我来说是极其困难的，因此有人把自然选择的原理延伸到这样远时会犹豫不决，对此我也可以理解。

人们几乎不可避免将眼睛与望远镜相提并论。我们知道，望远镜是人类高智慧的结晶，通过长时间的研究已经将其完善了；我们很自然地推断出，眼睛是由某种相似的过程形成的。但是这种推论是否太过主观了呢？我们是否有权假定造物主是通过类似人类智慧的力量开展工作的呢？如果必须将眼睛与光学仪器进行比较，我们应该想象眼睛有一层厚的透明组织，间隙中充满着液体，下面有对光敏感的神经；然后，假设该层各个部分的密度不断发生变化，分离成了密度和厚度各不相同的厚层，各层之间的距离不同，表面的性状也在缓慢地变化着。此外，我们必须假设，总有一种力量即自然选择，随时关注着透明层中的每一个轻微的偶然变异，并仔细选择在不同条件下、以任何方式或任何程度产生的每一个与众不同的有利变异，然后保留下来。我们必须假设，这些被保留的新产生的状态呈百万倍地增加，直到产生更好的新状态后，旧的类型就会被消除。在现存的生物中，变异会引起一些微小的改变，繁殖会使它们的数量无限增大；而自然选择会准确无误地将每一个有利改进挑选出来。如果让这一过程持续数百万年，每年都作用于数以百万计的各种各样的个体，难道我们还不相信，这样形成的活的光学仪器不会优于玻璃仪器吗？就好像“造物主”的作品，难道不比人类的作品优秀吗？

过渡的方式

如果能够证明任何复杂的器官不可能是由大量的、连续的、微小的改进形成的，那么我的学说将完全崩溃，但我找不到这样的例子。毫无疑问，现存的器官可能存在许多我们不知道的过渡类型，尤其是当我们观察许多孤立的物种时，根据我的学说，它周围原有的许多过渡类型大都已经灭绝了。我们再用一个纲内所有动物共有的一个器官来做说明，因为后一种情况下，这个器官必然在一个非常遥远的时期形成，然后此纲内各种动物才发展起来。因此，想要发现该器官早期经过的各级过渡类型，就必须观察那些早已绝灭了的原始类型。

我们在得出结论，即认为不经过某种中间过渡类型就能形成器官时，应该格外谨慎。在低等动物中，关于同一器官同时具备完全不同功能的例子非常多。例如，蜻蜓的幼虫和泥鳅的消化道同时具有呼吸、消化和排泄功能。水螅的身体内层可以翻向外面，用其外表面进行消化，而负责消化的内表面则进行呼吸。在这种情况下，自然选择可能会让原本具有两种功能的器官的全部或者一部分专门负责某一种功能，并且如果因此获得了任何益处，该器官的性质就会发生很大的改变。众所周知，许多植物常常会同时开出不同形态的花。如果仅能开出一种形态的花，那么该物种的花的形态就会突然发生大的改变。但是，同一株植物开出的两种花型，很可能是由许多微小的变化积累而成的。个别情形下，这些微小的变化还在继续发生改变。

有时，两个不同的器官在同一个体中会同时发挥相同的功能，这是极为重要的过渡方法。举个例子，鱼通过鳃来呼吸溶解于水里的空气，同时通过鳔呼吸处于游离状态的空气，而充满血管的膈膜将鳔分隔开，并且还有鳔管来提供空气。再比如，植物有三种攀缘方式，螺旋状的缠绕、用有感觉的卷须附着在支持物上以及形成气根。一般来说，一种植物只使用其中一种方式，但也有少数植物的个体具有两种或三种攀缘方式。在这种情况下，可以很容易地对两个器官之一进行改变和完善，以承担这一功能的全部工作。在改善的过程中，另一个器官会协助这个器官的工作，而负责协助的器官则可能改变了，去发挥别的用途，否则这个器官就会完全消失。

鱼鳔是一个很好的例子，因为它清楚地向我们展示了一个非常重要的事实，即原本为某个目的（即漂浮）而生出的器官可以转化为完全不同目的（即呼吸）的器官。鱼鳔的另外一个作用，是作为听觉器官的辅助器。所有的生理学家都承认，鱼鳔在结构和位置上与高级脊椎动物的肺是同源的，或者是非常相似的。因此，在我看来，鱼鳔实际上已经成了肺，即专营呼吸的器官。

由此我们可以推断，所有具有真肺的脊椎动物都是从原型动物一代代衍变而来的，而对这种原型我们却一无所知，它具有鳔这个漂浮器官。正如我从欧文教授对这些部分的有趣描述中推断出的那样，我们可以理解一个奇怪的事实，即我们吞咽的每一个食物和饮料颗粒都必须经过气管上的孔，尽管有掉入肺部的风险，但是那里长有一个奇妙装置，能够让声门紧闭。在较高等的脊椎动物中，鳃已完全消失，颈旁的裂隙及弧形的动脉仍然在胚胎中标志着鳃原来的位置。但是可以想象的是，现在已经完全消失的鳃可能通过自然选择逐渐用于某些特定目的。就像兰度伊斯曾经说过的，昆虫的翅膀是由鳃气管进化而来的。因此很可能，在这一大纲里，曾经的呼吸器官现已转变为飞行器官了。

在考虑器官的转换时，牢记从一种功能转换为另一种功能的可能性非常重要，因此我要再举一个例子。有柄蔓足类具有两块很小的皮褶，我称其为“保卵系带”。它通过分泌一种黏液将卵粘在袋中，直到卵在袋中孵化为止。这些蔓足动物没有鳃，但它们整个身体和卵袋的表面以及系带都具有呼吸的功能。藤壶科即无柄蔓足类则不同，它们没有保卵系带，在密闭的壳中，卵散落在袋的底部。但在相当于保卵系带的位置却长有一张膜，宽大且多皱褶，它和系带、身体的循环小孔自由相通，所以博物学家认为它具有类似鳃的功能。现在，我认为没有人会争辩这一科里的保卵系带与别的科里的鳃在严格意义上是同源的；实际上，它们之间是逐步转变的。因此，我毫不怀疑，原本用作保卵系带，同时也有轻微地帮助呼吸作用的这两块小皮褶，通过自然选择，促使它们的体积增大、黏液腺消失，逐渐转变为鳃了。假如所有有柄蔓足类都已经灭绝，而有柄蔓足类比无柄蔓足类更容易灭绝，谁能想到无柄蔓足类的鳃最初的作用是防备卵被冲挤出袋子外的呢？

最近美国的科普教授和另外一些人提出另一种可能的过渡方式，

即通过生殖期的提前或推迟来实现。正如我们知道的，有些动物在其特征没有完全发育成熟之前的极早时期就能生殖了。如果一个物种的生育能力过早发展完全，那么该物种发育的成年阶段可能迟早会消失。在某些情形中，特别是幼体和成体的形态差别很大时，该物种的特征便会显著地改变或退化。而且，许多动物的性状在成熟之后，几乎在其余生还会不断地改变。例如哺乳动物颅骨的形状会随着年龄递增而发生很大的变化。穆利博士曾就海豹举出了若干与之相关的显著例子。众所周知，鹿越老，鹿角的分支数就越多。一些鸟类随着年龄的增加，羽毛的颜色会变得更加美丽。科普教授曾说过，某些蜥蜴的牙齿形状，随着年龄的增长也会发生很大的变化。根据米勒的记载，甲壳类动物成熟以后，不止有许多微小的部分会发生变化，甚至一些重要的部分也会呈现出新的特征。除了上述例子，我还可以举出更多例子，如果生殖年龄延迟了，那么该物种的特征，尤其是成年期的特征，就会发生变异。在有些情况下，发育前期和早期阶段很快结束而至最终消失，也并非是不可能的。我还不能确定，物种是否常常通过或曾经通过这种比较突然的过渡方式而改进。但是，如果这种情况曾经出现过，那么幼体与成体间以及成体与老年体之间的差异，最初很可能是逐步获得的。

自然选择学说的特殊难点

尽管我们在得出任何器官不可能由连续且渐变的过渡产生的结论

时必须极其谨慎，但是毫无疑问，还是会出现难题。

最严重的难题之一就是中性昆虫，它们的构造通常与正常雄性或可育雌性完全不同；但是这种情况将在下一章中讨论。鱼类的发电器官又带来了另一个难题；无法想象这些奇妙的器官是通过什么步骤产生的；这也并不奇怪，因为我们甚至对它们还有什么功能都不是很清楚。毫无疑问，电鳗和电鳐的发电器官是有力的防卫工具，同时也能用于捕食。然而，据马泰西观察，鳐鱼的尾部也有类似的器官，即使其被激怒了，产生的电也很少，这点电甚至无法起到任何防卫和捕食的作用。麦克唐纳博士曾经研究过，鳐鱼的头部附近还有一个不发电的器官，但它似乎与电鳐的发电器官是真正同源的器官。其内部构造、神经分布以及对各种刺激的反应方式与普通肌肉非常相似。还有一点需要特别重视的是，肌肉收缩会伴随一个放电的过程。拉德克利夫博士认为“电鳐的发电器官在静止时会发电，似乎与肌肉和神经在静止时会充电的情形非常类似。电鳐的放电并没有什么特殊之处，可能也只是肌肉和神经活动时的一种放电形式而已。”我们现在不可能有除此之外的第二个解释。但是由于现在我们对这些器官的功能知之甚少，而且对这些发电鱼类的始祖的习性和构造也不是很清楚，因此在这种情况下，认为这些器官不可能经过有利的过渡类型而逐渐形成，未免也太大胆了。

最初我们认为，这些发电器官给我们带来另一个更加严重的难题，因为它们仅出现在十二种鱼中，其中好几种鱼的亲缘关系非常遥远。通常，当同样的器官出现在同一纲且生活习性不相同的生物中，人们会认为它们是由同一祖先繁衍而来的。而这些器官缺失的成员，则被认为是由于长期不使用或自然选择的作用而丧失了。因此，如果这些发电器官是从某一原始祖先遗传而来，我们可能会认为，所有的发电鱼类之间都有一定的亲缘关系。然而事实并非如此，地质学上根本没有任何证据会使我们相信以前大多数鱼类有发电器官，而大部分变异后代都已丧失了这类器官。当我们对这一问题进行更详细的考察时便会发现，具有发电器官的鱼类，发电器官的部位和构造都不相同，就好似电板方式不一的排列组合一样，而且据佩西尼所说，这些发电器官的发电过程和方法也各不相同。还有最重要的一点，就是这些发电器官的神经来源也不一样。因此，我们不能认定，这些鱼类的发电器官是同源的，而只能说它们具有相同的功能。我们也没有理由认为它们是由一个共同祖先繁衍下来的。因为拥有一个共同祖先，意味着它们在各方面都应当极其相似。于是，对于那些表面上相同，实际上起源于若干亲缘关系很远的物种的器官，这一难题便被解决了。但是一个次要却仍然极难的问题却凸显出来了，那就是这些器官是怎样在这些不同类群的鱼中逐渐形成的呢?

有几种昆虫，分属亲缘相距甚远的不同科，它们的发光器官所处部位不同，对此我们不甚了解，这几乎提出了一个和鱼类发电器官差不多的难题。但是还有另外一种情况，例如，植物有一种奇妙装置，会使花粉团着生在具有黏液腺的足柄上，它们在红门兰属与马利筋属中的构造是一样的。但是，这两属的亲缘关系在显花植物中相距最远，这种类似的构造并不同源。有些生物在所有分类中地位相距甚远，但是具有特殊而类似的器官，即使这些器官的外观和功能相同，我们也可以发现它们之间的根本差别。例如，头足类或乌贼与脊椎动物的眼睛极其相似，但是我们不能因此认为在系统发育上相距如此远的两类动物，相似的部分遗传自一个共同的祖先。尽管米瓦特先生曾提出，这种情况也是一个特殊难点，但我并没有看出有多么困难。任何视觉器官必须由透明的组织形成，并且含有某种晶状体，这样才可以把影像投射到暗室的后方。乌贼和脊椎动物的眼睛除了外表上的相似，再没有任何真正相同之处。只要看过亨森先生关于头足类眼睛的研究报告，我们就可以清楚这一点了。我在这里不做详细说明，仅指出几点不一样的地方。较高等乌贼的晶状体由两部分组成，两者的构造和位置都与脊椎动物的完全不同，而是像一前一后的两个透镜。其视网膜的主要部分实际上是颠倒的，这一点也与脊椎动物完全不同，而且还有一个大的神经节在其眼膜内，肌肉间以及其他部分之间的一些特点也有很大的区别。所以描述乌贼与脊椎动物的眼睛构造是非常困难的，因为我们很难确定应该将同一术语应用到怎样的程度。当然，人人都可以否定，这两例中的眼睛是自然选择对连续的微小变异发生作用而逐渐形成的说法。但是，假如承认了一种眼睛是自然选择作用形成的，那么就可以清楚地认定另一种眼睛也可能如此。按此观点，我们就可以预测，这两大类动物的视觉器官会在结构上有根本差别。在上述例子中，自然选择通过保存每一生物的有利变异在工作着，所以也可以在不同的生物中产生功能类似的器官，而这些相同的构造并不是由共同祖先遗传来的，这就好比有两个人同时研究出了同样的发明一样。

米勒为了证实这一观点，非常谨慎地给出了大致相同的论据。甲壳纲几个科中的少数物种具有一种呼吸空气的器官，适于水外生活。米勒对其中两个科进行了特别详细的研究。这两科有很近的亲缘关系，各物种的所有重要特征都非常一致。例如它们的感觉器官、循环系统、复杂的胃中毛丛的位置以及营水呼吸的鳃的全部构造，甚至清洁鳃的微小的钩都几乎完全一致。由此我们可以预料到，这两个科中的少数在陆地上生活的物种，其同等重要的呼吸空气器官应当也是相同的。因为，既然别的重要器官都非常相同或完全一致，为什么具有同样功能的呼吸器官的构造会不一样呢?

根据我的观点，米勒认为这么多构造上的相似之处肯定是由共同的祖先遗传下来的。然而，米勒研究的这两科中大多数物种与大多数甲壳动物一样，都是水栖动物，所以它们共同的祖先不可能适于呼吸空气。于是，米勒仔细检查了呼吸空气的两个物种的呼吸器官，发现在某些重要方面，例如呼吸孔的位置、开闭的方式以及其他一些附属构造，都有差异。假设属于不同科的动物可以各自逐渐适应水外呼吸空气的方式，那么我们就可以理解这些差异，甚至可以预测。由于变异的性质决定于生物本身和所处环境两种因素，因而这些属于不同科的物种必然会有某种程度上的差异，那么它们的变异也不会完全相同。这样一来，如果要通过自然选择获得相同的功能，就必须在不同的变异材料上进行工作，由此产生的构造也必然会有差异。假如物种是分别被创造出来的，那这些事实就都无法被理解了。这样的论证过程使米勒在很大程度上同意了我在此书中的观点。

已故的克拉帕雷德教授是一位优秀的动物学家，他曾用同样的方式推论出了相同的结果。他指出，隶属于不同亚科和科的寄生螨都长着毛钩。这些毛钩不可能是由一个共同的祖先遗传而来的，它们必定是各自进化而来的；在不同类群中，它们的起源也各不相同，有些来自前腿，有些来自后腿，另一些由下颚或唇变化而来，还有一些由身体后部下方的附肢变化形成。

由前面的事例我们可以发现，完全没有亲缘关系或亲缘关系甚远的生物，也会有外观非常相似的器官，虽然起源不同，但是这些器官达到的目的和所起的功用却是一样的。另一方面，即使是密切相近的生物，通过多种方式也可以达到相同目的，这是贯穿整个自然界的共同规律。鸟的羽翼和蝙蝠的膜翼，在构造上是如此的不同；蝴蝶的四翅、蝇类的双翅及甲虫的鞘翅在构造上的差别就更大了。双壳类的壳能开能合，但从胡桃蛤的一长行交错的齿到贻贝的简单的韧带，铰合的结构形式有诸多不同。植物的种子构造精巧，传播方式因其性状与构造相异而不同，有的是荚转变成较轻的气球状被膜来传播；有的种子藏于不同部分形成的果肉中，营养丰富且色泽鲜艳，以此吸引动物吞食来传播；有的长有钩状物、锚状物或锯齿状的芒，可以附着于走兽的毛皮上；还有些长着形状各异且构造精巧的翅和毛，可以借助微风四处飘扬。以多种方式达到相同的结果，这个问题我们确实应该特别注意。对此，我还要举出另外一个例子。有些学者认为，各种生物以不同的方式形成，就好像商店里的玩具一样，仅仅是为了展示不同的花色样式，但是这种自然观念并不可信。雌雄异株的植物，甚至雌雄同株的植物，花粉不能自然地散落在柱头上，需要借助某种外力完成授精作用。有些植物的授精方式是这样的，花粉粒轻而松散，可以随风飘荡，单纯靠机遇落在雌蕊的柱头上，这是可以想象到的最简单的方法。有另外一种同样简单但却极不相同的方法，许多植物都是如此，它们的对称花会分泌一些花蜜，以吸引昆虫来访，昆虫就会把花粉带到柱头上去。

从这简单的方面入手，我们便会发现，为了同一目的，不同植物用基本相同的方式产生了无数装置，导致花的每一部分发生了变化。花蜜可以被储存在各种形状的花托内，雌蕊和雄蕊的形态可以有很多变化，有时形成陷阱似的形状，有时会由于刺激或弹性而进行巧妙的适应运动。最近，克鲁格博士描述了盔兰属的异常情况，也可以用此种构造来解释。这种兰花的唇瓣上方有两个角状构造，可以分泌几乎纯净的水滴，滴入唇瓣下方一个向内凹陷的水桶状构造中；当桶内的水半满时，水就会从一边的出口溢出。水桶上方是唇瓣的基部，此处也有一个凹陷的小窝，两侧有出入口，小窝内有奇特的肉质稜。一个人即使再聪明，如果他没有亲眼见过那种情形，也永远无法想象这些构造有什么作用。克鲁格博士曾看到成群结队的大土蜂造访这巨大的兰花；但它们不是为了采蜜，而是为了食用小窝内的肉质稜；因此经常因为相互碰撞而跌进水桶里，翅膀被水浸湿，不能够飞起来，只能从那个出水口或水溢出的孔道爬出去。克鲁格博士曾经见到许多土蜂在不情愿地洗过澡后排着队爬了出去。孔道上面盖着雌雄合蕊的柱状体，很狭小，所以土蜂想要爬出去就很费力，首先它的背便会擦着胶黏的雌蕊柱头，接着又会遇到花粉块的黏液腺。这样，当土蜂爬过刚开放的花的孔道时，便会把花粉块粘在它的背上带走了。克鲁格给我寄来一朵浸泡在酒精里的花和一只土蜂，土蜂是在还未爬出孔道时弄死的，花粉块还粘在它的背上。当粘着花粉的土蜂再次飞到这朵花上，或者飞到另一朵花上时，被它的同伴挤进了水桶里，在通过孔道爬出时，背上的花粉块首先便会与胶黏的柱头接触，并粘在上面，于是花就受精了。现在我们终于看到了此花每一部分构造的充分作用，例如分泌水的角状体、盛着水的桶，它们的作用都是为了防止土蜂飞走，让土蜂不得不从孔道爬出，从而擦着生在适当位置的黏性花粉块和黏性柱头，帮助花朵受精。

还有一种很奇妙的兰花，属于近缘的龙须兰属，其花的构造非常不同，但作用却是相同的。就像光顾盔兰属的花一样，蜂的来访是为了食用花瓣的；当它们这样做的时候，就不免与细长的尖尖的突出物接触，该突出物感觉灵敏，我称之为触角。触角一被碰到，就会把感觉即振动传到一种膜上，该膜便立刻会破裂，由此释放出一种弹力，使黏性花粉块如箭一样地射出，胶黏的一端就正好粘在蜂背上。这种兰花是雌雄异株的，这样雄株的花粉块会被带到雌株的花上，在那里碰到柱头，柱头的粘力能够撕裂弹性丝，从而使花粉留下并进行受精。

可能有人会问，通过上述及其他无数事例，我们如何弄清楚这种为了达到同样目的而出现的复杂分级步骤和各式各样的方法呢？这一问题的答案无疑就是我们前面讲过的：当两个类型彼此之间已经有细微差异，如果发生变异，它们的变异性质也不会完全相同，因此为了同一目的通过自然选择得到的结果也不会相同。我们还应记住，任何高度发达的生物一定经历过诸多变化；而且每种构造的变化都有被遗传下来的趋势，任何变异都不会轻易地丧失，只会一次比一次进步。因此，任何物种的所有构造，无论其目的是什么，都是众多遗传变异的总和，是物种在不断适应变化的生活习性和生存条件中获得的。

在许多情况下，很难通过器官可能发生的转变来推测其当前状态；但是，考虑到现存的和已知的类型，比起已灭亡的或未知的类型，数量要少很多。令我惊讶的是，很少有人能指出某个器官是未经过渡阶段而形成的。好像在任何生物中，为了特殊目的而创造的新器官，很少或从未出现过。实际情况确实如此，就像自然史里的那句格言："自然界里没有飞跃"，尽管这句格言久远且略显夸张。几乎每位经验丰富的博物学家都在著作中承认这一点；正如米尔恩·爱德华兹所说，自然界虽然富于变化，但却很少革新。假如生物是分别独立被创造出来的观点是对的，那该如何解释，为什么变异如此之多，而真正的创新却又如此之少呢？既然众多独立生物是分别创造出来的，并让它们适应自然界特定的位置，那么为什么它们的所有器官都普遍地被众多逐渐分级的步骤联系在一起呢？在从一种构造变成另一种构造时，自然界为什么不采取突然的飞跃呢？按照自然选择的学说，我们就很容易理解自然界为什么会如此，因为自然选择只能通过细微而连续的变异发生作用，它从来不突然采取大的飞跃，而是以小而稳的步伐缓缓前进。

自然选择对次要器官的影响

由于自然选择是通过生存与死亡，即让适者生存、不适者淘汰来实现的，这就使我很难理解次要器官的起源或形成；有时候，其难度就像理解最完美和最复杂的器官的起源一样，虽然这两种问题的难度截然不同。

首先，对于任何生物的整个构造，我们知之甚少，很难说哪些轻微变异是重要的，哪些是不重要的。在上一章中，我给出了大量次要性状的实例，例如水果的绒毛、果肉的颜色、兽类皮毛的颜色，这些性状与昆虫的侵害或者体质差异有关，可以肯定会受到自然选择的作用。长颈鹿的尾巴看起来像是人工制作的苍蝇拍；难以置信的是，它是通过连续不断的细微变异而越来越好，最后实现驱蝇这样的小功能。但是即使在这种情况下，做出肯定回答之前也要深思熟虑。因为我们知道，南美的牛和其他动物的分布和生存绝对取决于它们抵御昆虫侵害的能力。这样，无论用什么方法，只要可以抵御这些敌人的个体，就可以进入新的牧区，从而获得巨大的优势。并不是说大型的四足动物实际上会被蝇类摧毁（在极少数情况下除外），而是蝇类通过不断地对它们进行骚扰来削弱其体质，以使它们更容易患病，或者在即将来临的饥荒中，无法顺利地寻找食物或摆脱猛兽的攻击。

如今，在某些情况下，具有微不足道重要性的器官可能对早期祖先至关重要，并且在早先一个阶段逐渐完善之后，尽管现在已很少使用，但仍然以几乎相同的状态遗传下去；并且，它们现今构造上任何有害的偏差，都要受到自然选择的抑制。看到尾巴在大多数水生动物中具有何等重要的作用，便可以解释为何尾巴在许多陆地动物中普遍存在，而且用途很广；它们的肺部或改良的鳔，证明了它们是水生起源的。一种在水生动物中形成的发达的尾巴，随后可能会被用于各种目的，比如用作蝇拂，用作执握器官，或者如狗尾巴那样帮助转弯；但野兔在转身时，尾巴的帮助很小，因为几乎没有尾巴的野兔也能很快地转身。

其次，有时我们容易错误判断某些性状的重要性，并错误地认为这些性状是经自然选择形成的。我们应该记住：生存条件的改变会引起明显的效果；所谓自发变异的效果似乎与环境条件的关系很小；重新恢复消失已久的性状倾向产生的效果；相关作用、补偿作用、一部分压迫另一部分等复杂生长规律产生的效果；最后，经过性别选择，它们能够或多或少地将这一有利性状传播给另一性别，尽管这些性状的改变对另一性别来说没有丝毫作用。这样间接获得的构造，它最初可能对物种没有好处，在新的生存条件下和新获得的习性，以后却可能被该物种的后代利用。

如果仅存在绿色啄木鸟，并且我们不知道有很多黑色和杂色的啄木鸟，我敢说我们会以为绿色是一种美妙的适应方法，可以使频繁出没于林间的鸟藏于绿荫中而躲避敌害；因此，我们会认为这是一个重要的特征，可能是通过自然选择获得的；实际上，我毫不怀疑颜色主要是由于性别选择获得的。有一种藤棕榈生长在马来群岛上，枝尖丛生着构造精妙的刺钩，因此它可以借此爬上最高的树木，这一点无疑为该植物提供了巨大的用途。从非洲和南美洲生刺物种的分布情况来看，我们在许多非攀缘植物的树上也看到了几乎相似的刺钩，因此可以相信这些刺钩是用来防御草食兽的。藤棕榈的刺钩最初可能也是如此，后来又经过进一步变异并成为攀缘植物时，刺钩就被改良和利用了。兀鹫头上的秃皮，通常被认为是为了适应取食腐尸；这可能是对的，但也可能是由于腐败物质的直接作用。但是，我们可以看到干净饲养的雄性火鸡头上的皮肤同样裸露。我们做出任何此类推断时，都应该非常谨慎。幼小哺乳动物头骨上的裂缝被认为是可作为辅助分娩的一种完美方法，毫无疑问，这能促进生产，或许对生产必不可少。然而，裂缝也出现在幼小的鸟类和爬行类的头骨中，而且它们需从破裂的蛋壳里爬出来，由此我们可以推断出，这种构造最初产生于生长法则，然后被高等动物在分娩时利用。

我们根本不了解产生微小变异和个体差异的原因；通过思考不同国家——尤其是文明程度较低的国家（那里几乎没有人工选择）之间，家养动物品种间的差异，我们会立即理解这一点。各地未开化人所养的动物，在一定程度上受自然选择作用更多，因为通常它们都必须为自身的生存而斗争，在不同气候下，那些构造上稍有不同的个体更容易获得成功。牛对于蝇类的侵害非常敏感，就像对被植物毒害一样，敏感性与体色有关，甚至颜色也是自然选择的结果。细心的观察者坚信潮湿的气候会影响毛发的生长，并且角与毛发有关。山区品种总是与低地品种不同；在山区由于使用后肢较多，可能对后肢影响更大，甚至连骨盆的形状也会受到影响；然后根据同源变异法则，前肢甚至头部都可能会受到影响。骨盆的形状也可能影响子宫受到的压力，进而影响胎儿部分的形状。我们有理由相信，在高海拔地区费力地呼吸会增加胸部的大小；然后相关性将再次发挥作用。猪的品种发生巨大变异的一个重要原因是，食物丰盛且运动较少，那修西亚斯最近在他优秀的论文中提到过这一点。但是我们对于一些已知的和未知的变异原因了解得太少了，因此无法推测其相对重要性。我在这里只想表明，尽管通常都认为家养品种是由一个或几个亲种经过许多世代才出现的，但是假如我们不能清楚解释它们性状差异的原因，那么真正物种间产生微小相似差异的真实原因，就不必看得太严重了。

功利说有多少真实性：美是怎样获得的

前面的言论，使我想再针对一些自然主义者最近提出的反对功利说说几句，功利说主张构造的每一个细节都是为拥有者的利益而产生的。他们认为，已经创造的许多构造都是为了给人类或者造物主带来美感（造物主不在科学讨论范围之内），或者仅仅是为了更多的花样。如果这个说法是真的，对我的学说绝对是致命的。但是我完全承认，许多构造对个体没有直接的用途，并且对它们的祖先可能也没有任何用处，但这并不能证明它们是为了美观或新花样而创造出来的。毫无疑问，前面列举的各种变异的原因，确实改变了外部条件的明显作用，不管能不能因此获得利益，都可以产生效果，甚至是巨大的效果。但是到目前为止，更重要的是，要考虑到每个个体的主要部分都来自遗传。因此，虽然每一生物确实能适应它们在自然界的位置，但有许多构造现在已经与生活习性没有密切的关系了。因此，我们几乎无法相信，高原鹅和军舰鸟的蹼足对于它们有什么特殊的用途；我们也无法相信，猴子的手臂、马的前腿、蝙蝠的翅膀和海豹的鳍足中的相似骨骼构造，对于这些动物有特殊用处。我们完全有把握将这些构造归因于遗传。但是毫无疑问的是，正如对于大多数现生的水禽一样，蹼足对高原鹅和军舰鸟的祖先十分有用。因此，我们可以相信海豹的祖先不是鳍足，而是一只脚，脚上有五个脚趾，可以行走或抓握；我们可能会进一步相信，猴子、马和蝙蝠的四肢骨骼，最初可能是根据功利性由该全纲的某种古代鱼型祖先鳍内的众多骨头减少而形成的。对于引起以上变化的原因，如外界条件的一定作用、所谓自发的变异以及复杂的生长法则等，究竟应当占多大的比例，几乎是无法确定的。但是除了这些重要的例子之外，我们还可以推论，无论是现在还是过去，每一生物的构造对其所有者而言，总有某种直接或间接的用途。

至于说生物是因为人类的喜好才被创造得美丽，这一观念曾被宣告可以颠覆我的全部学说。首先我要指出，美的感觉很明显取决于主观感受，而与被欣赏对象的实质无关；而且审美观念也不是与生俱来或一成不变的。例如，不同种族的男人对女人的审美标准就迥然不同。假如是为了供人类欣赏才创造出了美的生物，那么在地球上，人类出现之前的生物就不会如人类出现后那么美丽。产生于始新世的美丽的螺旋形和圆锥形贝壳，以及第二纪形成的有精致刻纹的鹦鹉螺化石，难道是为了人类在多年之后能够在室内鉴赏它们而提前被创造的吗？几乎没有什么可以比得上硅藻的微小硅质壳的美丽，难道它们被创造出来也是为了让人类在高倍显微镜下观察和欣赏的吗？其实硅藻以及别的不少生物的美，显然是因为对称生长的缘故。花是自然界最美丽的产物，之所以容易被昆虫发现，是因为绿叶的衬托让花显得鲜艳美丽。我从一个不变的规律得出结论，风媒花从来就没有华丽的花冠。有些植物通常会开两种花，一种是开放且颜色更艳丽的，以吸引昆虫；另一种是闭合且没有鲜艳色彩的，也没有花蜜，因而昆虫从来都不来访。因此我们可以得出结论，如果地球上没有昆虫的发展，植物就不会开出美丽的花朵，例如我们在枞树、栎树、胡桃树、榛树、茅草、菠菜、酸模、荨麻等植物上看到的一样，它们全都借助风力来授精。在果实方面也一样：草莓或樱桃成熟之后，既悦目又可口，卫矛的果实和枸骨叶冬青树的浆果都很美丽，没有人可以否认这一点。但是这种美只是为了吸引鸟兽吞食，以便使成熟的种子随粪便排出后得以散播。任何被果实包裹的种子（即生在肉质的柔软的瓤囊内），如果果实具有鲜艳的色彩或夺目的黑白色，就会用这样的方式散布，因此我推论出了这样的规律，并且不曾发现过例外。

另外，我要承认大多数雄性动物都是为了美观而变漂亮的，例如一切漂亮的鸟类、鱼类、爬行类及哺乳类，以及各种色彩艳丽的蝴蝶等；但这并不是为了取悦人类，而是通过性选择获得的，因为更漂亮的雄性个体会不断被雌性选中。鸟类的鸣叫声也是如此。由此我们可以推论：大多数动物都偏好美丽的色彩和悦耳的鸣叫声。在鸟类和蝴蝶中，常有雌性和雄性长得一样美丽，这显然是性选择的结果，因为获得的色彩会遗传给两性而不只是雄性。从某种色彩、声音或形状获得的特殊快感，即最简单形式的美感，最初是怎样在人类及低等动物的心中出现的呢？这确实是一个难题。还有一个难题是，为什么某些香气和味道可以给予快感，而其他的却会引起不悦呢？在所有类似的情形中，习惯似乎在一定程度上发挥着作用；但必然还有某种基本原因，是存在于每个物种的神经系统构造中的。

自然选择不可能仅出于一个物种的利益而使另外一个物种发生变异；尽管在整个自然界中，一个物种不断地利用另一个物种的结构并从中获利。但是，自然选择可以而且确实会产生直接伤害其他物种的构造，正如我们看到的蝮蛇的毒牙以及姬蜂的产卵管，姬蜂通过它能把卵产在别的种活昆虫的体内。如果可以证明任何一个物种构造的任何部分是专门为了另一个物种而形成的，那将摧毁我的理论，因为这不可能是通过自然选择产生的。尽管在自然历史著作中可能会发现许多这样的陈述，但我觉得没有一个是有意义的。众所周知，响尾蛇有一个毒牙可以用作防御和捕猎，但是一些作者认为，它的响器同时也有不利的一面，即会使它的猎物产生警惕而逃脱。我很难相信，猫准备捕鼠准备越跃时尾巴的蜷曲摆动，是为了使命运已经被决定的老鼠警戒起来。更令人信服的观点是：响尾蛇用它的响器、眼镜蛇颈部的膨胀、蝮蛇在发出很响而粗糙的嘶嘶声时让身体膨胀，都是为了将那些对于最毒的蛇也会发起攻击的鸟兽吓走。当狗接近小鸡时，母鸡会竖起羽毛、张开两翼，也是相同的原理。动物吓跑敌人的方法很多，但因为篇幅有限，不再多做讨论。

自然选择永远不会产生对任何生物害大于利的构造，因为自然选择的行为完全是出于各生物的利益。正如佩利所言：没有一种器官的形成是以给生物本身带来痛苦或损害为目的的。如果对每个部分造成的利与害进行公正的评价，我们就会发现，每个部分都是有利的。经过一段时间后，在生存条件变化的情况下，如果任何部分变为有害，这部分就会发生改变；否则，该生物将灭绝，就像无数已经灭绝的物种一样。

自然选择只会使每一种生物与生存在同一个地区的、和它竞争的其他生物一样完善，或比其稍微完善。我们可以看到这是自然界中达到完美的标准。例如，新西兰本地的生物相比较起来都是完善的，但大批欧洲动植物被引进后，它们迅速地被征服了。自然选择不会产生绝对的完善，就我们能判断的，我们也永远不会在自然界看到这种高标准。据米勒说，即使最完美的器官，比如人类的眼睛，也不能完全校正光线收差。没有人会反对赫姆霍兹的判断，他认为人眼拥有奇异的能力，并用最有力的词语进行了描述，又说了以下重要的话："在这种光学结构和视网膜的影像里，我们也发现不精确和不完善情况的存在；但不能把这种情况与我们刚才遇到的感觉领域内的各种不协调相比较。我们可以说，自然界倾向于积累矛盾，那是为了要否定内外界之间已存在的和谐的基础。"如果理性使我们热衷于欣赏自然界中许多独特的创造，那么理性也会提醒我们，还有其他一些不完善的构造存在，尽管我们在这两方面都容易犯错。蜜蜂的尾刺上倒生了小锯齿，如果蜜蜂用尾刺蜇了敌人之后再拔出来，就连自己的内脏也会被拉出来，从而导致自身死亡。我们能够认为这样的结构是完善的吗？

如果我们假设蜜蜂的尾刺最初像锯齿状的钻孔工具存在于一个遥远的祖先中，像该大目中的许多蜂类一样，后来发生了变异以适应现在的功能，但还不够完善。它的毒素是以后才变剧烈的，最初可能只是用于产生树瘿。这样一来，我们也许可以理解，为什么用尾刺蜇敌人会导致蜜蜂的死亡。因为总的来说，如果尾刺的力量对蜜蜂社群有用，它将满足自然选择的所有要求，尽管这可能会导致一些成员死亡。如果我们钦佩雄虫凭着嗅觉寻觅雌虫的神奇能力，那么我们是否也要钦佩对社群没有任何作用的雄蜂呢？它们仅为繁衍目的而产生，最后被勤劳而不育的姊妹工蜂屠杀。也许这很困难，但我们应该佩服蜂王野蛮而本能的仇恨，这促使她立即消灭刚出生的女儿们，如果不这样，它可能就会在生存斗争中灭亡。毫无疑问，这是为了整个社群的利益，不论是爱还是恨，对于自然选择的无情原则来说都是一样的，尽管后者十分少见。如果我们钦佩兰科和其他许多植物的巧妙构造，考验通过昆虫来授粉，那么枞树产生大量密云似的花粉，只有少数几粒可以碰巧顺风飘落在胚珠上，我们能不能认为它也是完善的呢？

摘要：自然选择学说包含的模式统一法则与生存条件法则

在本章里，我们讨论了可以用来反对我的学说的一些难点和异议，其中许多是很严重的。但是我认为在讨论中已经提出了一些事实，依据独立创造的理论，这些事实完全是无法解释清楚的。我们已经看到，在任何一个时期，物种都不是可以无限变异的，也没有通过多个中间类型联系在一起。部分原因是自然选择的过程总是非常缓慢，并且在任何时候都只会对少数类型起作用；部分原因是自然选择的过程就几乎意味着先前和中间类型的不断被替代和灭绝。现在生活在一个连续区域中的近缘物种，通常是在这一区域还没有连接起来，以及生存条件彼此不同时形成的。当在一个连续区域中的两个地区形成了两个变种时，通常会形成一个适合中间地带的中间变种。但是根据前面的论点，中间变种的数量通常少于其连接的两种类型；因此，在进一步变异的过程中，后两者在数量上大于前者，因此更具优势，便会把中间类型排斥和消灭掉。

在本章中，我们已经看到，在做出极不相同的生活习性不可能彼此转化的结论时，我们应该多么谨慎。例如，蝙蝠不是通过自然选择而形成的，其最初只是能在空中滑行的一种动物。

我们已经知道，一个物种可能在新的生存条件下改变其习性，或具有多样化的习性，其中某些习性与它最接近的种类的习性非常不同。因此，我们应该牢记，每个生物都试图适应任何可以居住的地方，这样我们就能理解，为什么高原鹅脚上有蹼，啄木鸟会有陆栖的，有些鸫会潜水，以及有些海燕具有海雀的习性。

如果说通过自然选择就可以形成像眼睛那样完美的器官，这会让所有人犹疑；但是对于任何器官而言，如果我们知道一系列逐渐复杂的过渡类型，每个类型对该生物都是有利的，那么在生存条件变化的情况下，通过自然获得任何可想象的完美程度，这在逻辑上也不是不可能的。在我们不知道中间状态或过渡状态的情况下，若要断定不可能存在中间状态，我们必须非常谨慎，因为许多器官的变态至少证明了功能上奇妙的改变是可能的。例如用于漂浮的鳔已经转变成具有呼吸功能的肺了。同一器官同时执行两种不同的功能，以及不同器官同时执行同一功能，都会加速器官的过渡，前者会部分或全部地转化为执行一种功能，而后两个器官，一个会在另一个的帮助下不断完善。

在自然系统中，我们也能看到，亲缘关系很遥远的两种生物，可能会分别独立产生执行同样功能且外表十分相似的器官；当我们仔细观察这类器官时，通常会发现其构造上本质的不同，按照自然选择的原理也应该如此。另一方面，依据自然选择的原理，构造的多样性是为了达到同一结果，这是整个自然界的普遍规律。

在几乎每种情况下，我们知道的都太少了，所以我们会错误地认为：生物的某一部分或某个器官对物种的生存极不重要，以至于不能通过自然选择缓慢地积累其结构上的变异。在其他很多情况下，变异法则或生长法则可能会直接导致变异的产生，起初对该物种毫无利益。但是我们有把握相信，在新的生存条件下，该构造会被利用在物种的利益上，而且还会进一步变异下去。我们也可以相信，以前具有重要意义的部分通常会被保留下来，尽管它已经变得不那么重要，以至于在目前的状态下，它无法通过自然选择而获得，例如，水栖动物的陆栖后代依然保留了尾巴。

自然选择不会在一个物种中产生任何构造，只是为了另一个物种的利益或者只是为了伤害另一个物种；尽管它很可能会产生对其他物种非常有用甚至必不可少的，或对其他物种极其有害的部分、器官和分泌物，但在任何情况下，该构造对所有者都是有用的。在每个有众多物种生存的地方，自然选择都必须通过当地生物之间的生存斗争来发生作用，因此，只有按照当地特有的标准，才能在生存斗争中取得成功。正如我们看到的那样，一个较小地区的生物通常会屈服于另一个较大地区的生物。因为在一个更大的地区，将有更多的个体生存，也有更多样化的形式，并且竞争将更激烈，完善的程度也更高。自然选择不一定会产生绝对的完美，根据我们有限的认知也无法判断什么是绝对的完美，也不是随处都可以判定的。

根据自然选择学说，我们可以清楚地理解自然历史中“自然界没有飞跃”这一古代格言的完整含义。如果仅观察世界上现有的生物，这个格言严格看来并不正确，但是如果包括过去所有的生物，无论是已知的还是未知的，那么在自然选择学说的前提下，这个格言必定是正确的。

人们普遍认为，所有生物都是按照两大规律形成的，即体形一致和生存条件。体形一致是指同一纲的不同生物，构造上基本一致，并且与它们的生活习性完全无关。根据我的学说，体形一致可以从其后裔来解释。自然选择原则完全包含了著名的居维叶一贯坚持的生存条件的说法。自然选择的作用，可以使各个生物变异的部分逐渐适应其现在有机和无机的生存条件，或者使它们适应其过去的生存条件。适应在某些情况下得到器官使用和不使用的帮助，在生活的外部条件的直接作用下受到轻微的影响，而且在所有情况下都受生长和变异若干规律的支配。因此，实际上，生存法则是较高的法则；因为通过此前的变异与适当的遗传，它已经包含了“体形一致规律”。

The Origin of Species

第七章

对自然选择学说的各种异议

我打算专门在本章中探讨反对我的观点的种种异议，以便将以前的某些论点讲得更清楚一些；但无须对全部异议一一进行探讨，因为许多作者没有经过认真思考就提出了异议。例如，一位杰出的德国博物学家断言，我认为所有生物都是不完善的，这便是我的学说中最脆弱的部分；实际上我说的是，所有生物在其生存条件下并没有尽力地达到完善；地球上不少地区的土著生物都被外来入侵生物占据了它们的位置，正好阐明了这一事实。一种生物，即使在过去很好地适应了它们的生存环境，但是如果环境发生了变化，而它们本身却不跟着变化，就不能很好地适应了；而且所有人都认为，任何地区的物理条件以及生物的数量与种类，都曾多次发生改变。

近期有位批评家，为了夸耀数学的精准性，坚持认为对于所有物种来说，长寿都有巨大的好处，因此相信自然选择的人就应将其生物系统按照后代寿命都比祖先长的方法来排列！这位批评家为什么没有想到，两年生的植物或是低级动物，如果分布于寒冷地带，一到冬天就会死亡；而假如通过自然选择获得了优势，然后通过种子或卵就可以年年再生呢？兰克斯特先生曾讨论过这个问题，他总结说，该问题极其繁复，在允许的范围之内，长寿一般与每个物种在生物系统等级中的标准，以及在繁殖与普通活动中的消耗量，是有关联的。这些条件可能大多数是由自然选择决定的。

曾有人这样议论过，埃及的动植物三四千年来都没有发生过变化，因此可能世界上所有地方都是如此。但是就像刘易斯说的，这种论点也太过分了。因为刻在埃及石碑上的或者制成木乃伊的古代家畜，尽管它们与现在的家畜十分相似，甚至相同，但是所有博物学家都认为，这些品种是由祖先类型变异形成的。自冰川时期开始，许多动物都没有发生变化，这或许是一个更有说服力的例子，因为它们经历过剧烈的气候变化，并且进行了长途的迁徙。而据我们所知，埃及的生活环境几千年来都保持不变。自冰川时期以来生物很少或没有发生变化的事实，可以用来反对那些相信天生的和必然的发展规律的人们，但是却无力反驳自然选择即适者生存的学说。因为这一学说是指，只有在有利环境下，发生的有利变异或者个体差异才可能被保留下来。

著名的古生物学家布朗在他译的本书德文版末尾问道："按照自然选择的学说，一个变种怎么能和其亲种共同生存呢？"如果两者都可以适应略微不同的生活习性或生存环境，或许就能共同生活。如果暂时不说多型性物种（其变异性似乎拥有特别的性质）以及所有暂时性的变异，例如大小、白化症等，根据我的观察，其他较稳定的变种一般都栖息于不同的地方，例如高山与平原、干旱地区与潮湿地区等。此外，那些流动性大的和自由交配的动物，它们的变种一般都不会局限于相同的地区。

布朗还认为，不同的物种，不仅在单一性状上，而且在许多方面都有差别。他还提出一个问题，体制上的诸多构造是怎么样通过变异和自然选择作用而同时变异的呢？然而，我们没有必要设想每一生物的任何部分都同时发生变异，正如前面所说，最适应某种目的的显著变异可能很轻微，最先在一部分，然后被另一部分获得，最后通过不断变异而逐渐形成。因为这些变异都是一起传递下来的，所以让人误以为是同时发生的。然而，对上述问题最有力的答案就是那些家养品种，它们的形成是为了满足人类的某些特殊需求，通过人工选择的力量形成的。例如赛马和拉车马、西班牙猎犬和獒犬，它们的整个身体甚至是心理特征都已经发生改变了。如果我们能够找出它们变化史的每一时期（至少最近几个时期是能够找到的），那么将看到首先在一部分，然后到另一部分的轻微变异和改进，但是却无法看到巨大的和同时的变异。甚至在人类只选择某种性状，例如培育植物时，我们会发现，不管是花、果实还是叶子，都发生了巨大的变异，那么其他部分也会随之发生细微的变异。这可以用“相关生长”和所谓“自发变异”的原理来解释。

布朗和布罗卡提出了更严重的异议，他们认为，许多性状不会受到自然选择的影响，因为它们对所有者几乎毫无用处。布朗以不同种类山兔和鼠的耳朵和尾巴的长度、多种动物牙齿珐琅质的复杂皱褶，还有大量类似情况作为例证。对于植物，内格利在一篇优秀的文章中已探讨过了。他承认自然选择的强大作用，但认为各科植物之间的差异主要表现在形态学的性状上，而这类性状对于物种的利益似乎并不是特别重要。于是，他相信生物向着更进步和更完善的方向发展，是出于一种内部趋势。他还强调指出，自然选择不可能影响细胞在组织中的排列以及叶子在茎轴上的排列。我认为，除此之外，还有花的各部分的数量、胚珠的位置以及在扩散上毫无作用的种子形状等。

上面的异议颇有分量。但是，我们应当谨慎判断：第一，什么构造现在对物种有用或曾经有用；第二，当某一部分发生改变时，其他部分也会随之发生改变，尽管其中的原因我们还不是很清楚。比如，某一部分养料的增加或减少、不同部分相互之间的压迫、先发育部分对后发育部分的影响等，以及其他我们毫不理解的原因导致了许多相关变异的神奇实例。简而言之，这些作用都可以包含在生长规律之中；第三，我们还必须考虑到，生活环境的改变引起的作用，以及自发变异的作用，但是环境的性质显然对自发变异没有特别大的作用。芽变就是自发变异的典型例子，例如普通蔷薇上出现的苔蔷薇，或者桃树上出现的油桃。即便如此，如果我们还未忘记昆虫类的一小滴毒液就足以产生树瘿，就无法确定上面所说的变异不是由于环境改变引起的，而使树液性质发生了局部变化。每一微小的个体差异以及偶然发生的较显著变异，必然有其原因。如果这种不明原因不间断地发生作用，那么该物种的几乎所有个体都会产生类似的变异。

现在看来，我在本书的前几版中可能低估了自发变异的频度和重要性。但我并不认为，可以把任何物种适合于生活习性的一切微妙构造全部归于这个原因。对具有很好的适应能力的赛马和西班牙猎犬，一些博物学家前辈在还不知道人工选择的原理之前曾对此深感惊叹，我不认为这也能用自发变异来解释。

上述一些论点，有必要举例来说明。在假定的多种构造或器官毫无作用的问题上，无须多说，即使是最熟悉的高等动物，也有许多十分发达的构造，没有人会怀疑它们的重要性。但是，它们的功能至今还未确定，或只是在最近才有了一些了解。布朗以多种鼠类的耳朵和尾巴的长度为例，说明没有特殊功用却呈现了差异的构造，尽管这不是十分重要的例子。但是根据薛布尔博士的研究，普通鼠的外耳上具有很多神经，分布方式很特殊，很显然它们是被用作触觉器官的，所以耳朵的长度非常重要。我们还发现，对于某些物种来说，尾巴是一种十分有用的把握器官，因而其功用自然会受到长度的影响。

关于植物，由于内格利已经有相关论文，我将仅做以下说明。众所周知，兰科植物的花有多种奇特的构造。几年前，人们还认为这些构造只是形态上的差别，并没有什么特殊功能。但是现在我们已经知道了，这些构造很可能是受自然选择的作用形成的，并且借助昆虫的帮助，对植物完成受精是十分重要的。过去，人们不清楚对于二型性和三型性植物来说，雌雄蕊长短各异、排列不一样有什么作用，现在明白了。

某些植物的胚珠是直立的，也有些植物的胚珠是倒挂的。还有少数植物，同一子房内的胚珠，一个是直立的而另一个是倒挂的。乍看起来，这些现象似乎并没有生理学上的意义，只是形态上的差异。然而，胡克博士告诉我，在同一子房内，有的仅是上方的胚珠受精，还有的仅是下方的胚珠受精，他认为这可能是由于花粉管进入子房的方向不同。

不同目的一些植物，常常会开出两种花：一种是普通结构的开放花，另一种是闭合的不完全花。这两种花的结构有时呈现出很大的差异，然而在同一植株上也可以发现，它们是慢慢地相互转变形成的。开放花可以进行异花受精，并由此获得异花受精的好处。但是闭合的不完全花也非常重要，因为它们只需要少量的花粉就产生大量的种子。就如我们前面所说的，这两种花的构造迥异。闭合的不完全花的花瓣基本上发育不全，花粉粒的直径也变小了。有一种桂芒柄花，其 5 本互生雄蕊都已经退化了。在堇菜属的一些物种中，3 本雄蕊退化了，其余 2 本雄蕊虽然保留了原有机能，但已经很小了。一种印度堇菜（我不知道它的学名是什么，因为我从来没有见到其完全的花），

30朵花中，有6朵花的萼片从正常的5片减少到3片。根据米西厄的看法，金虎尾科中的部分物种，闭合的花出现更进一步的变异，即与萼片对生的5本雄蕊都已经退化了，仅有与花瓣对生的第6本雄蕊是发达的；但是这些物种的普通花，却没有这一雄蕊，而且花柱发育不全，子房从3个减少为2个。虽然自然选择有足够的力量去阻止某些花绽放，而且能够让闭合花的花粉量减少，但是上面的各种特殊变异并不能由此决定，而是应当受生长规律支配。在花粉减少和花闭合的过程中，某些部分在功能上的不活动也包含在生长规律之中。

由于生长规律的重要性，我要再举另外一些例子，来说明同一部分或同一器官由于在同一植株上的位置不同而有所不同。根据沙赫特的观察，西班牙栗树和一些冷杉树的叶子，它们分杈的角度，在接近水平和竖立的枝条上是不同的。在普通芸香及其他一些植物中，中央或顶端的花往往是先开的，生有5个萼片和5个花瓣，子房也是5室，而其余部位的花却都是4数的。英国的五福花属，其顶花通常只有2个萼片，而花瓣和子房则是4个，周围的花除萼片数为3外，花瓣和子房皆是5个。许多菊科、伞形花科以及其他植物周围花的花冠比中央花的花冠发达得多，而这可能是它们生殖器官退化了的缘故。还有一个更奇妙的现象，前面我们已经讲过了，即外面和中间的瘦果和种子，在形状、颜色及其他性状上通常也互不相同。在红花属和一些其他菊科植物中，只有中央的瘦果长有冠毛；而在猪菊苣属中，同一头状花序上长有三种形状各异的瘦果。根据陶施的看法，有些伞形科的植物，生长在外面的种子是直生的，而中间的种子是倒生的；德康多尔认为，这一性状对于其他物种在分类上十分重要。布朗教授提到过紫堇科的一个属，其穗状花序下部的花结出的是小坚果，呈卵形，有棱且包含了一粒种子，而上部的花结出的是长角果，呈披针形，有2个蒴片且包含了2粒种子。在这几种情况中，除了能够吸引昆虫的非常发达的小边花外，自然选择实际上并未发生作用，或仅仅起到十分次要的作用。所有这类变异，都是各部分的相对位置及其相互作用的结果。毋庸置疑的是，假如同一植株上的全部花和叶，都像在某些部位上的花和叶一样，受到同样的内部与外部条件的影响，那么它们都会按照同样的方式发生变化。

在众多其他的情形中，我们发现，通常植物学家认为具有高度重要属性的构造变异仅出现在同一植株的部分花中，或发生在同样外部环境下密集生长的不同植株上。由于这些变异对植物没有什么特殊的用途，因此它们不会受到自然选择作用的影响。对于这些变异的原因，我们知之甚少，甚至不能将其归类。接下来，我列举几个例子。在同一植株上花的数量为4数或5数，是很常见的事情。但是，当花的部件数量不多时，其数量上的变异也不会多见。德康多尔说，大红罂粟的花，具有2个萼片和4个花瓣（这是罂粟属的一般类型），或者3个萼片和6个花瓣。花瓣在花蕾中的折叠方式是众多植物的一种非常稳定的形态学性状，然而阿萨格雷教授说，属于金鱼草族的沟酸浆属中的一些物种，其花瓣的折叠方式既像喙花族的，又像金鱼草族的。圣提雷尔曾举出以下例子：芸香科是单一子房的植物，但本科的花椒属中部分物种的花，在同一植株甚至同一圆锥花序上，既有一个也有两个子房的。半日花属的蒴果，既有1室的，也有3室的；而变形半日花却“有一个稍微宽阔的薄隔，隔开果皮与胎座”。马斯特斯博士通过观察得知，肥皂草的花既长有边缘胎座，又长有游离的中央胎座。在油连木分布区域靠近南段的地方，圣提雷尔发现了两种类型，最初他坚定地认为这是两个不同的物种，直到后来他看到它们生长在同一灌木上，于是又补充道：“同一个体的子房和花柱，有的生在直立的茎轴上，有的却生在雌蕊的根基部位。”

综上所述，许多植物形态上的变化都与自然选择无关，而是生长规律以及各部分之间的相互作用引起的。但是内格利提出，生物倾向于朝着完善或进步的方向发展，然而这些显著变异的情形，能够说明这些植物是在朝着较高级的发展状态前进吗？与此相反，我仅从同一植株上花的各部分不相同或差异巨大这一事实就可以推断出，无论这类变异在分类上有多么重要，对于植物本身却无关紧要。一个无用部分的获得，决不能说成是提高了生物在自然界的等级。对于前面描述的不完全闭合花的情况，无论用什么新的原理来解释，它都必然是一种倒退，而不是进步；大量寄生的和退化的动物，也是如此。我们还不太了解上述特殊变异的原因，但是，如果这种未知原因长期地发生作用，我们便能够推测，其结果也是一致的；并且在这种情况下，该物种的所有个体将通过相同的方式发生变异。

上述各种性状对物种生存都无关紧要，因此出现的任何轻微变异，都不会被自然选择积累和增加。一种经长期连续选择而形成的构造，一旦对物种没有用处时，就容易发生变异。正如我们见到的残迹器官一样，因为它已不再受相同的选择力量支配。但是，如果由于生物本身和环境的性质引起了某些变异，而这些变异对该物种的生存无关紧要，则这些变异通常会以几乎相同的状态遗传给无数在其他方面已经发生变异的后代。有没有长毛、羽或鳞，对于许多哺乳类、鸟类或爬行类来说并不重要；然而，几乎所有哺乳类都有毛，所有鸟类都有羽，真正的爬行类都有鳞。不论什么构造，只要是大量相似类型共有的，我们就会认为它在分类上具有高度的重要性，往往会假定它对物种具有关乎生死的重要性。所以我更相信，我们认为的形态上的重要差异，例如叶的排列、花或子房的差异、胚珠的位置等，最初大多是以不稳定变异而产生的，之后早晚会因为生物和周围环境的性质，或通过不同个体间的杂交，才稳定下来，而不是自然选择作用的结果。由于这些形态性状对于物种的利益没有影响，因此它们任何细微的变异都不再受自然选择的支配和积累。于是我们便得出一个奇妙的结论，即：对物种生存无关紧要的性状，对于分类学家来说却是至关重要的。然而，当我们以后讨论分类的遗传学原理时，便会知道它绝不像乍看之下那么矛盾。

虽然还没有确切的证据可以证明，生物具有一种朝着进步发展的内在趋势，但就像我在第四章中尝试指出的那样，通过自然选择的连续作用必然会获得这样的结果。器官专业化或分化达到的程度，是定义生物发展高低的最好标准；自然选择会促使各器官朝着这个目标前进，这样各个器官就能更有效地行使它们的功能。

著名的动物学家米瓦特先生，搜集了最近我及他人对于自然选择学说的所有异议，并且以高超的技巧进行了阐述。那些异议一经整理，似乎就很有说服力了，但是米瓦特并不打算将那些与他的结论相对立的各种事实和推论都列举出来，因此读者要权衡双方的证据，费力地去推理和记忆。在谈到特殊情况时，米瓦特又省略了生物各部分增强使用与不使用的效果，而我一直认为这一点十分重要，并且我在《家养状态下的变异》一文中对此进行了最详细的讨论。此外，他经常认为我没有考虑到与自然选择无关的变异。但是与此恰恰相反，在上述一文中，我搜集了大量真实的例子，其数量比其他任何我知道的著作都多。我的推论并不一定可靠，然而在仔细阅读了米瓦特的书之后，我将他书中的每一部分都与我在同一题目中所做论述加以比较，结果发现本书所得的结论具有广泛的真实性，当然，因为这个问题如此复杂，所以难免会出现一些小差错。

米瓦特先生提出的异议，有些已经讨论过了，其余那些将在本书中加以讨论。其中一个让许多读者产生了共鸣的新观点是："自然选择无法解释有用构造的初期阶段。"这一问题类似于时常伴随机能变化的各性状的级进变化系。例如，在前一章中讨论过的由鳔到肺的转变。即使这样，我还是想详细讨论米瓦特先生所提的一些问题。由于篇幅有限，我选择其中最有代表性的几个。

长颈鹿身材高挑，颈、前腿和舌头都很长，它的整体构造非常适合取食较高的树叶。因此在同样的地区，它可以获得其他有蹄类无法接触到的食物，对于长颈鹿来说，这有利于它们渡过饥荒时期。南美洲尼亚塔牛的情况证实，即使再微小的构造差异，在饥荒时期也会对动物能否存活下去产生巨大的影响。这种牛与其他牛一样会吃草，但由于它的下颌突出，所以在持续干旱的时节，就无法像普通牛马一样取食树枝和芦苇等，如果主人不喂养它们，它们就会死亡。在讨论米瓦特的异议之前，我们先来了解自然选择在一般情况下是如何发生作用的。人类已经改变了一些动物，但是没有专注于其构造上的独特之处，例如对于赛马和西班牙猎犬，只保留和繁殖跑得最快的个体；对于斗鸡，仅从斗胜者中挑选并加以繁育。自然状态下初始阶段的长颈鹿也是如此，在饥荒时期，那些能从高处取食的个体也会被自然选择保留下来，因为它们会在整个区域搜寻食物。同一物种的不同个体之间，通常在身体各部分的相对长度上有细微的差别，许多自然史的著作中都有过相关论述，并且列举了详细的度量。对于大部分物种来说，这些由生长规律及变异规律导致的比例上的细微差异几乎没有任何用处。但是考虑初始阶段长颈鹿可能存在的生活习性，情况就不同了，那些身体的某一部分或某些部分比普通个体稍长的个体，通常都可以生存下来。存活下来的个体进行交配产生的后代，会遗传相同的身体特征，或者具有以相同方式再变异的趋势，而在这些方面不太适应的个体一般容易灭亡。

在自然状态下，自然选择不需要像人类那样，有计划地进行隔离繁育，而是通过保存所有优良个体，并让它们自由杂交，从而将所有劣等个体消灭。这种自然选择的过程持续地作用，与人工无意识选择的过程一样，并且必然以极其重要的方式与肢体增强的遗传效应相结合，我想一定可以使一种普通的有蹄类逐渐转变成长颈鹿。

对此，米瓦特先生提出两点异议。一是，身体增大需要的食物供给显然会更多。他认为："由此引发的不利，在饥荒时期是否会与由此获得的利益相抵消，便很成问题"。然而现在非洲南部确实生存着大量的长颈鹿，而且那里还有一些世界上最大且比牛还高的羚羊。因此，就体型大小而言，我们就不能怀疑，经历过像现在一样严重饥荒的中间过渡类型曾经在那里出现过。对于初始阶段的长颈鹿来说，各个阶段体型的增高使它能够取食当地其他有蹄类无法吃到的食物，这肯定是有好处的。还有一个无法忽略的事实，那就是身体增大可以抵御除狮子外几乎所有的猛兽。而且颈部越长，越有利于防范狮子，正如赖特所说的，可以把颈部用作瞭望台。因此贝克爵士说，想要偷偷地靠近长颈鹿，比靠近任何其他动物都难。长颈鹿剧烈地摇动生有断桩形角的头时，也可以将颈部作为攻击或防御的武器。一个物种的生存不可能取决于任意一种优势，而是取决于所有优势的联合作用。

米瓦特先生还提出疑问（这是他的第二点异议），如果自然选择的力量如此巨大，高处取食有如此大的利益，那么除了长颈鹿和稍矮一些的骆驼、羊驼和长头驼之外，为什么其他有蹄类动物没有那样长的脖子和那样高的身材呢？又为什么没任何有蹄类动物生有长吻呢？由于曾经有大量的长颈鹿栖息在南美洲，回答这一问题比较容易，并且还可以举出一个实例。在英格兰的每一块草地上，我们都能见到一些低矮的树枝茬，因为被牛马啃食过而被修剪成了同等的高度。对于生活在那里的绵羊，如果长出了稍长的脖子，这对它们来说又有什么优势呢？在某个区域内，总会有一种动物比其他动物能取食更高；而且差不多可以肯定的是，只有这种动物能够通过自然选择的作用和增加使用的效果，为了取食更高的食物而使颈部变长。在南非，为了吃到金合欢属及其他植物的上层枝叶，出现的竞争只会发生在长颈鹿与长颈鹿之间，而不是在长颈鹿与其他有蹄类动物之间。

在地球上的其他地方，有许多属于此目的动物，为什么它们没有获得长颈或者长吻呢？这个问题我们无法做出明确的回答。然而，就如同为什么人类历史上某些事件只发生于某国而没有发生在另一国一样，期望明确解答这一问题是没有道理的。我们并不清楚每一物种的数量和分布取决于什么，也无法推测，什么样的构造变化有利于它在某个新地域数量的增加。但是，我们大致上可以看出影响长颈或长吻发展的种种原因。有蹄类动物的构造并不适合爬树，因此如果它们要取食高处的树叶，就必须增大它们的躯体。我们了解到，在某些地区，例如南美洲，虽然草木非常茂盛，但是很少有大型四足兽。而在南非，大型兽数不胜数。我们不清楚为什么会这样，也不知道为什么第三纪后期比现在更适合它们的生存。无论是什么原因，我们都会发现，某些地区和某段时期总会比其他地区和其他时期，更加有利于长颈鹿之类的大型四足兽发展。

一种动物为了获取某种特别的构造，得到巨大的发展，许多其他部分几乎也会发生变异和相互适应。虽然身体每个部分都会发生轻微的变异，但是重要的部分并非总是按照适当的方向和适当的程度发生变异。我们已经清楚，不同物种的家养动物，它们身体的各部分变异方式和程度各不相同，而且有的物种比其他物种更容易变异。即使确实发生了合适的变异，自然选择也不一定会对它们产生作用，进而形成对该物种明显有利的结构。例如，假如一个物种在某地区的个体数量主要取决于食肉兽的侵害，或内部及外部寄生虫等的侵害情况（确实经常出现此类情况），那么，对于为了更好地取食而产生的任何特殊构造的变异，自然选择所起的作用都不会很大，甚至可能极大地阻碍这种变异的发展。而且，自然选择是一种缓慢的过程，要获得任何显著的效果，就必须保持有利条件长期不变。除了这些一般的和不太明确的理由之外，我们的确很难解释，在世界上许多地方，为什么有蹄类没有获得很长的颈或其他器官，以便取食较高的树叶。

不少作者都曾提出了和上面性质相同的异议。在任何情形中，除了刚讲过的一般原因之外，可能还存在各种原因，会妨碍自然选择对假定对某一物种有利的构造发挥作用。有一位作者问道，鸵鸟为什么不能飞翔呢？只要稍微思考一下便会清楚，这种在沙漠生存的鸟类，由于身体巨大，若要获得在空中飞翔所需的力量，得消耗多么巨大的食物量。海岛上栖息有蝙蝠和海豹，可是没有陆栖哺乳类。然而，有些蝙蝠是特殊的物种，它们一定在海岛上生活了很长时间。因此莱伊尔爵士提出了疑问：为什么在这些岛屿上，海豹和蝙蝠没有繁殖出适于陆地上生活的动物呢？对此他还给出了一些理由。如果要发生改变，海豹首先会转变为巨大的陆栖食肉动物，而蝙蝠会先变成陆栖的食虫动物。对于海豹，岛上没有可以捕食的动物；对于蝙蝠，尽管可以以地面上的昆虫为食，但是绝大多数昆虫早已被先移居过来且数目繁多的爬行类和鸟类吃掉了。构造上的级进变化在每一阶段都对变化着的物种有益，这只在某些特殊的情况下才会发生。一种严格意义上的陆栖动物，最初只是偶尔在浅水中猎取食物，然后慢慢进入小溪或湖泊，最后才可能完全变为在大海栖居的水栖动物。但是在海岛，没有利于海豹逐渐重新转变为陆栖动物的条件。至于蝙蝠，前面已经讲过，其翅膀的形成，最初可能是像所谓飞鼠一样，为了躲避敌害或者避免跌落，在空中由一棵树滑翔到另一棵树。可是一旦可以真的飞翔之后，至少为了前面所说的目的，绝不会再变回到效果不佳的空中滑翔能力中去。的确，蝙蝠也可以像某些鸟类一样，因为不使用翅膀而导致其退化或消失；在这种情况下，它们必须首先获得仅依靠双腿就能在地面上快速奔跑的能力，从而使其可与鸟类或其他地上动物竞争；但是这种变化非常不适合蝙蝠。上述这些推想只是为了说明，对每一阶段都有利的构造上的改变，实在是一件非常复杂的事情；同时，在任何一种特定的情况中，没有发生构造转变也不足为奇。

最后，不止一个作者问道，如果智力的发展对所有动物都有利，为什么有些动物的智商比其他动物的智商高得多呢？为什么猿类的智商没有人类那样发达呢？对此我们可以给出各种理由，但都只是猜测，并且不能权衡它们的相对可能性，所以列举出来用处也不大。不要期望有人可以做出确切的解答，因为还有一个更简单的问题没有解答，即在两族未开化的人中，为什么其中一族的文明水平会比另一族的高？文化水平的提高，明显意味着智力的提高。

我们再回头看米瓦特先生的其他异议。昆虫为了自我保护，使自己与各种物体相似，如绿叶、枯叶、枯枝、地衣、花朵、荆棘、鸟粪以及别的活昆虫，至于最后一点，留到以后再讲。这种相似通常不只局限于体色，甚至连形状以及保护自己身体的姿态，都模仿得惟妙惟肖。以灌木为食的尺蠖，常常拱起身体，纹丝不动犹如一根枯枝，这是一个很好的拟态的例子。而模拟类似鸟粪物体的例子非常少见且很特殊。针对这个问题，米瓦特先生说："按照达尔文的学说，生物有一种产生不定变异的稳定倾向，并且由于微小的初期变异是多方面的，因此这些变异必然会彼此抵消，且变异刚出现时是不稳定的。如果是这种可能的话，就很难解释，为什么极其微小的初期不稳定的变异会达到与叶子、竹子或其他物体极其相似的程度，并且可以为自然选择利用和长久保存。"

在上面所有的情况中，这些昆虫最初的状态，通常和它们生活环境中某种常见的物体，肯定存在一些大致的和偶然的类似性。但是想想各种各样的昆虫的形态和颜色是多种多样的，而且周围物体的数目无穷无尽，就知道这种说法完全是有可能的。这种大致的相似性对于最初的开始是非常必要的，因此我们便可以明白，为什么没有较大的和较高等的动物（据我所知，有一种鱼除外），为了保护自己，与其他特殊的物体相似，而只是与周围物体的表面相似，并且主要是颜色上的相似。假设有一种昆虫，最初在某种程度上偶然与枯叶或枯枝出现了相似的情况，并且朝多个方向发生了轻微变异，在这些变异中，只有能使这种昆虫更像枯枝或枯叶的变异因为有利于避开敌害会被保留下来，而其余变异就被忽视而最终消失掉。或者，如果有些变异使昆虫不像其模仿的物体，也会因此被消除掉。假如我们不用自然选择的作用来说明上述情况，而只是用不稳定变异来解释，那么米瓦特先生的异议的确很有说服力，事实却并非如此。

华莱士先生举出了一种竹节虫拟态的例子，它很像“一支长满鳞苔的木棍”，这种相似如此逼真，以至于当地的带亚克人坚称这棍上的叶状赘生物是真正的苔。米瓦特先生认为这种“非常完美的拟态技能”很难解释，对此我看不出有何力量。比起我们人类，以昆虫为食的鸟类和昆虫的其他天敌的视觉可能更敏锐，因此对于昆虫来说，无论是何种程度的拟态，只要能帮助它们躲避天敌，就有被保留下来的趋势。而且这种拟态越完美，对昆虫就越有利。试想一下竹节虫这一类群昆虫种间变异的性质，这种昆虫表面变得不规则以及多多少少带有一点绿色，并非是不可能的。因为在每一类群的生物中，几个物种之间不一样的性状最容易发生变异；而属的性状，即该属各物种具有的共同特征，则是最稳定的。

格陵兰的鲸鱼是世界上最奇特的动物，鲸须或鲸骨是它最大的特征。上颌的两侧各有一行鲸须，每行约有 300 片，对着嘴的长轴紧密地横排着，在主行之间还有一些副行。所有须片的末端和内缘都磨损成了刚毛，刚毛遮蔽了整个巨大的颚，作为滤水之用，由此获取这种巨型动物赖以为生的微小食物。格陵兰鲸鱼最长的须片长达 3.05 米（10 英尺）、3.66 米（12 英尺），甚至 4.57 米（15 英尺）。但鲸类不同物种的须片长度有不同的等级。据斯科雷斯比说，某一物种的鲸鱼，中间须片长 1.22 米（4 英尺），另一种则长 0.91 米（3 英尺），还有一种仅长 0.46 米（18 英寸），而长吻鳁鲸的须片长度大约只有 0.23 米

（9 英寸）。鲸骨的性质也随物种不同而各不相同。

对于鲸须，米瓦特先生讲道，当它“只有达到有用的大小和发展程度时，自然选择才会在有用的范围内帮助它的保存和增大。但是如何达到这一有用范围的初始状态呢？”在回答之前我们可以试问，长有鲸须的鲸鱼的早期祖先，为什么它们的嘴不像鸭嘴那样具有栉状片呢？鸭与鲸鱼一样，也是通过滤掉泥和水来获取食物的，所以有时候会称这一科为筛口禽类。请不要误以为我的意思是鲸鱼祖先的嘴的确和鸭嘴构造相似。我只是想说明这并不是不可思议的。也许格陵兰鲸鱼巨大的须片，最初是从栉状片经过了很多细微的渐进过程发展而成的，而且每一步骤对该动物本身都是有用的。

琵琶嘴鸭嘴的构造，比鲸鱼的更奇妙复杂。根据我对那些标本的观察，在其上颌的两侧都有一行栉状构造，是由 188 个富有弹性的薄栉片组成的。这些栉片对着嘴的长轴横长着，斜列成尖角形。它们都是从颚长出来，靠一种韧性膜附着于颚的两侧。位于中央附近的栉片最长，约为 0.8 厘米（1/3 英寸长），突出边缘下方约 0.4 厘米（0.14 英寸）。在它们的底部，另有一些斜着横向排列的隆起，形成了一个短的副行。这几方面都和鲸鱼的鲸须相似。但是在鸭嘴的前端却大不相同：鸭嘴的栉片是向里倾斜的，而不像鲸鱼一样向下垂直。琵琶嘴鸭的整个头部，尽管与鲸没有可比性，但和须片仅长 22.9 厘米（9 英寸）、中等大小的长吻鳁鲸相比，是它头长的 1/18 左右。假如把琵琶嘴鸭的头放大到和这种鲸的一样，那么它的栉片就长达 15.2 厘米（6 英寸），长度相当于这种鲸须的 2/3。琵琶嘴鸭的下颌也生有与上颌上长度相同的栉片，只是细一些；很明显这与鲸鱼的下颌完全相同，鲸鱼的下颌是不长鲸须的。另一方面，它的下颌的栉片顶磨成了刚毛，这一点却又和鲸须非常相似。海燕科的锯海燕属，也仅在上颌上生有很发达的栉片，超出了颌的边缘，在这一点上，这种鸟的嘴和鲸鱼的嘴是类似的。

根据萨尔文先生赠送给我的资料和标本，我们可以观察到高度发达的琵琶嘴鸭嘴的构造，就从其适应滤水取食这一点来说，就能够先通过湍鸭的嘴，再通过鸳鸯的某些方面，一直追踪到普通家鸭，中间并没有大的间断。与琵琶嘴鸭相比，家鸭嘴内的栉片要粗糙得多，并且牢牢地生长在颌的两侧，每侧 50 个左右，也没有超过嘴缘的下方。其顶端呈方形，边上嵌着半透明的坚硬组织，似乎是用来磨碎食物的。下颌边缘上横生着大量微微突起的小细棱。这种嘴如果用作过滤器，远比不上琵琶嘴鸭的嘴，但是众所周知，家鸭经常用它来滤水。萨文尔先生告诉我，另外有一些物种的栉片没有普通鸭那么发达，但我不知道它们是否被用来滤水。

接下来讨论此科内的另一类动物埃及鹅，它的嘴和普通家鸭的嘴很相似，不过它的栉片没有家鸭那么多，也没有那么明显，并且向内突出的程度也要小一些。但是巴特利特先生告诉我，这种鹅“像家鸭一样，会把水从嘴角排出”。它主要是食用草本植物，吃草的方式和普通家鹅相同。与家鸭相比，家鹅上颌的栉片要粗糙得多，每侧有彼此混长的栉片 27 个，上部末端长成了齿状的结节，颚部也布满了坚硬的圆形结节。下颌边缘的牙齿呈锯齿状，比鸭嘴还要突出、粗糙和尖锐。家鹅的嘴不需要用来滤水，而是完全用于撕开或切断草类。它的嘴非常适合做这个，几乎能从靠近根部的位置切断草类，这一点其他任何动物都比不上。巴特利特说，另外一些品种的鹅的栉片还不如家鹅发达。

由此可见，某种鸭科物种，其嘴的结构和普通鹅一样，仅适于吃草，甚至有一个物种具有更不发达的栉片，通过连续的微小变异也可能演变为像埃及鹅那样的物种，进而演变为像普通家鸭一样的物种，最终演变为像琵琶嘴鸭那样的物种，从而具有几乎完全适合滤水的嘴。因为这种鸟除了嘴端的带钩的前段之外，其他部分几乎无法啄食或撕碎食物。我还要进一步说明的是，家鹅的嘴也可能通过连续的微小变异最终演变成同一科的秋沙鸭那样的嘴，嘴里有突出且带倒钩的牙齿，但是其作用却和家鹅的很不相同，是用来捕捉活鱼的。

再回来讨论鲸鱼。无须鲸鱼没有真正有用的牙齿。但根据拉塞佩德的说法，它的颌长有小型且不等的粗糙的坚硬角质尖头。因此假设某些原始的鲸类，颌上也有与之类似的角质尖头，排列得稍微整齐一些，就像鹅嘴上的结节那样，可以帮助攫取和撕裂食物。如果是这样的话，几乎可以肯定，通过变异和自然选择，这类角质尖头有可能演变为埃及鹅那样的非常发达的栉片，同时具有捕食和滤水两种功能，接着再演变为家鸭那样的栉片。直到通过连续演变产生了像琵琶嘴鸭那样的栉片，形成了专门用于滤水的构造。从栉片长达长吻鳁鲸须片的 2/3 这个阶段起，通过我们现在可以看到的一些中间过渡类型，可以将我们引导到格陵兰鲸鱼的巨大须片上去。毫无疑问，就像现在鸭科的不同物种的嘴的逐级进化一样，古代鲸鱼器官演变的每一个步骤对处于发展进程中器官功能正在慢慢变化着的鲸鱼都是有用的。我们必须牢记，每一种鸭都处于激烈的生存斗争中，而且它们身体的每一部分构造都必须很好地适应生活环境。

比目鱼科以身体不对称而闻名，它们是侧躺着休息的，大部分物种是左侧，但有一些是右侧，有时也会出现相反的个体。下侧面，即躺着的那一侧，最初看来与普通鱼的腹面相似，呈白色，在很多方面都没有上侧的发达，侧鳍通常也较小。它的眼睛非常特别，都长在头的上面。幼苗时期，左右两侧的眼睛、整个身体以及两侧颜色都是对称的。很快，下侧的眼睛便绕着头部慢慢地移到了上侧，不过并不是以前推测的那样直接穿过头骨。很明显，如果下侧的眼睛移动到上侧，在鱼习惯地靠一边躺卧时，就无法使用这只眼睛了，下侧的眼睛也容易被底部的沙子磨伤。比目鱼扁平的体形和不对称的构造，巧妙地适应了它的生活习性。这种情况在鳎、鲽等诸多物种中都很常见。由此获得的主要利益，大概在于可以躲避敌害，而且易于在海底获取食物。然而希阿特说，从比目鱼科许多不同的物种中，"可以列举出一系列的过渡类型，从孵化后形态没有任何变化的庸鲽，直到完全侧卧的鳎为止"。

对于这种情况，米瓦特先生说，比目鱼眼睛位置的突然自发地转变是令人难以置信的，我同意他这个看法。他还说："假如这种转移是逐渐发生的，那么在向头的另一侧转移的过程中，很小的位置变化是如何对个体有利的，实在难以解释清楚。这种早期的转移，与其说有利，还不如说有害。"然而在马姆 1867 年发表的作品中，他已经对这一问题给出了答案。当比目鱼小且对称时，它们的两眼还是分别位于头的两侧的，但是由于身体太高，侧鳍小，又没有鳔，所以无法长时间保持直立。于是很快就会困倦，朝一边掉到水底。根据马姆的观察，比目鱼在侧卧时，下侧的眼睛为了观察上面的物体，经常会向上转动。由于转动眼睛时用力太大，致使眼球紧紧地抵住了眼眶的上侧，这样两眼间的额部宽度会暂时缩小，这一点可以清楚地观察到。有一次，马姆看到了一条幼鱼，其下眼提高和下压时的角距可达大约 70°。

我们应当知道，幼年时的头骨柔软可屈，因此容易受到肌肉运动的牵制。而且我们知道，高等动物即使在幼年的早期之后，如果它们的皮肤或者肌肉因疾病或意外事故长期收缩，头骨形状也会发生改变。长耳兔的一只耳朵如果向前或向下低垂着，耳朵的重量就足以牵动这一侧的所有头骨前倾，对此我还画过一幅图。马姆说，鲈鱼、鲑鱼以及其他一些对称鱼，新孵化的鱼苗常常也会侧卧在水底。他还观察到，这些幼苗侧卧时会牵动下方的眼睛朝上看，因此头骨会变歪，但是很快就能维持直立的姿势，所以不会因此产生长期的效果。但是比目鱼就不一样，因为身体随着年龄的增大越来越扁平，就会越习惯向一边侧卧，所以头的形状和眼的位置便成永久性的了。我们还可以类推，遗传原理会逐渐增强这种歪曲的倾向。希阿特的观点与某些博物学家恰好相反，他认为比目鱼可能在胚胎期就已经不那么对称了。如果是这样的话，我们就能理解为什么有些物种的鱼在幼年期习惯于左侧卧休息，而另外一些却习惯右侧卧休息。为了证实上面的观点，马姆又说：不属于比目鱼科的北粗鳍鱼，长大之后也是左侧卧，而且游泳时身体是倾斜的，据说这种鱼头部的两侧不是完全一样的。鱼类学权威京特博士曾引述了马姆的论文，并加以评论："对于比目鱼科鱼的奇特状况，作者做出了一个非常简单明了的解释。"

由此可见，米瓦特先生认为，比目鱼的眼睛由头部的一侧移向另一侧的初期阶段是有害的，但这是由于侧卧于水底时眼睛尽力朝上看的习性导致的，而这种转移的最初阶段显然无论对个体还是物种都是有利的。有几种比目鱼，嘴朝下侧面弯曲，头部没有眼睛那一侧的颚骨要比另一侧的强壮有力，特蕾奎尔博士推测，这样有利于在水底取食。对于这种情况，我们可以解释为使用效果的遗传所致。另一方面，包括侧鳍在内的整个下半部分都不太发达，这种情况可以由不使用的结果来解释。尽管耶雷尔认为，下侧鳍的缩小对鱼是有利的，因为“与上侧大的鳍相比，下侧鳍的活动空间要小得多”。斑鲽的上颚骨只有 4 到 7 个牙齿，但下颚骨却有 25 到 30 个牙齿，这种牙齿数目的比例也可通过不使用解释。根据大多数鱼类和许多其他动物的腹部呈白色的情况来看，我们有理由推断，比目鱼的下侧，无论是左边还是右边，呈白色都是因为光线的缺乏。但是，鳎鱼上侧很像沙质海底的奇特斑点，或者像波歇最近提出的可以根据周围表面而改变它们颜色的种类，又或者大菱鲆身体上侧的骨质结节，这些情况却不能假定是由光的作用引起的。这可能是由于自然选择发挥了作用，就如自然选择使这些鱼类的一般形态和诸多其他特征都能适合它们的生活习性一样。我们必须记住，就像我以前主张的那样，自然选择会加强各部分增加使用或不使用的遗传效果。因为朝着正确方向发生的一切自发变异都会因此被保留下来，这与任何部分的增加使用和有利使用的效果被最大限度地遗传下来的那些个体会被保留下来是同样的道理。几乎很难确定在每种特定的情况下，到底有多少能归因于使用的效果，多少归于自然选择的作用。

我可再举一例来说明，一种构造的起源显然是由于使用或习性的作用。有些美洲猴的尾端，已经成为一种极完善的抓握器官，并且可以将其作为第五只手。一位完全赞同米瓦特先生观点的评论家，关于这种构造说道：“不论这种抓握倾向从什么年代开始，要说最初这个倾向会帮助美洲猴个体获得生存和繁育后代的机会，是令人难以置信的。”但是，这样的观念并没有必要。习性几乎代表着可以由此获得或大或小的利益，习性或许能够实现这样的作用。布雷姆曾看到一种非洲猴的幼仔，在用双手抓着母猴腹部的同时，还用它的小尾巴钩住母猴的尾巴。亨斯洛教授饲养过一种欧洲田鼠，其尾巴的构造并不适合抓握，但他经常发现它们用尾巴绕着笼子里的一小丛树枝，借此帮助它们攀缘。京特博士曾做过一个类似的报告，他见过一只鼠用尾巴将自己挂起来。如果这种欧洲田鼠有更完全的树栖习性，那么它的尾巴可能就像同一目内某些其他种类一样，在构造上已经适应于抓握了。考虑到非洲猴幼仔具有的这种习性，可是为什么后来尾巴却没有成为抓握的工具呢？这个问题很难回答清楚。但是这种猴将长尾巴当作大幅度跳跃的平衡器官，比当作抓握器官更有用。

乳腺是哺乳纲所有动物都有的，对于它们的生存也是不可缺少的，因此它们必然在极其遥远的时代就已经形成了。我们一点儿也不清楚乳腺的发展过程。米瓦特先生问道："谁能够想象，某一种动物的幼仔，偶然从它的母亲膨胀的皮腺上吸了一滴没有什么营养的液体，就能够免于死亡？即使有一个动物是这样，那是什么使这种变异永久持续下去呢？"显然，提出这一问题并不恰当。大多数进化论者都认为哺乳动物都是有袋动物的后裔，如果真是这样的话，那么乳腺最初必定是在有袋动物的育儿袋内发展的。海马的卵就是在这样的育儿袋中孵化的，而且幼体在一定时期内也是在育儿袋内进行哺育的。美国的博物学家洛克伍德先生根据他对海马幼鱼的观察，认定海马是用此袋内皮腺的分泌物来养育后代的。哺乳动物早期的祖先在可以被称为哺乳动物之前，难道不可能是用类似的方式来养育幼体的吗？而且在这种情况下，那些分泌了类似乳汁且在某种程度上最有营养的液体的个体，比那些分泌液体营养较差的个体，肯定能养育更多营养良好的后代。因此，与乳腺同源的皮腺就会得到改进或变得更有用。根据普遍应用的特殊化原理，袋内特定部位的腺体会变得比其他部位的腺体更加发达，于是就变成了乳房。但有袋动物最初是没有乳头的，就如同我们在最低等的哺乳动物鸭嘴兽中观察到的一样。我也无法断定，究竟是由于生长的补偿作用，还是使用的效果，又或者是自然选择的作用，才使得特定部位的腺体变得比其余部位的更特殊化。

只有幼仔食用这种分泌物，乳腺的发展才有用，否则自然选择无法对它的发展起作用。要弄懂哺乳动物的幼仔如何本能地知道吮吸乳汁，就如同弄懂未孵化的雏鸡如何懂得用非常适应的嘴轻轻敲破蛋壳，或如何在刚出壳几小时之后就懂得啄食谷粒，都是非常困难的。在这种情况下，最可能的解释就是，最初这种习性是年长的个体通过实践获得的，然后传递给了年幼的后代。但是，有人说年幼的袋鼠并不吸乳，只是紧紧含着母体的乳头，然后母兽会将奶汁射进幼仔柔弱的、半成形的口中。对此，米瓦特先生说："假如没有特殊的构造，小袋鼠就会因乳汁被射入气管而窒息。但是，确实有这种特殊的构造，它的喉头极长，一直通向鼻管的后端，因此空气就能自由进入肺部，而乳汁则可以安全地通过这加长了的喉头两边到达位于后面的食管。"米瓦特先生又问道：自然选择如何除去成年袋鼠和大多数其他哺乳动物（假如它们的祖先是有袋类）中"这种至少是完全无益又无害的构造呢"？我们可以这样回答：对于许多动物来说，发声是非常重要的，如果喉头通入鼻管，就无法用全力发声了。并且弗劳尔教授曾经告诉我，这种构造会大大阻碍动物吞咽固体食物。

现在我们简单说一下动物界中比较低等的门类。棘皮动物（如海星、海胆等）长有一种引人注目的器官，人们称之为叉棘。发达的叉棘呈三叉钳形，也就是由三个锯齿状的臂组成。三个臂巧妙地配合在一起，位于一个可以伸缩的、由肌肉牵动的柄的顶端。这些钳子能够牢牢地夹住所有东西。亚历山大·阿加西斯曾看到，一种海胆迅速地把排泄物的细粒由一个钳子传到另一个钳子，顺着身体特定的几条线路传递下去，以防弄脏了它的外壳。但是除了移去各种污物之外，叉棘必定还有其他作用，其中一个明显的作用是防御。

关于这些器官，米瓦特先生又问道："这样的构造，在其初期的萌芽阶段有什么作用呢？而且这种初期的萌芽如何保护一个海胆的生命呢？"他接着补充说："即使这种钳状物的作用是突然形成的，假如没有自由运动的柄，这种作用也没有什么益处。同样，如果没有可以夹住物品的钳，这种柄也是没有用的。可是仅凭细微的不定变异，是无法同时逐渐形成这些复杂而协调的构造的，如果否认这一点，就等于承认了一种完全自相矛盾的谬论。"尽管米瓦特先生认为这一点好像是自相矛盾的，而确实有些海星具有固定不动的基部，但却具有可以夹住物品的三叉棘，如果它们部分地将其作为一种防御工具，那这个问题就容易回答了。对此问题，阿加西斯给我提供了很多资料，令我万分感激。他告诉我，有些别的海星，三只钳臂中一只已经退化成另外两只的支柱。另外，还有一些别的属，第三只钳臂已经完全消失了。根据佩雷尔先生的描述，斜海胆的壳上有两种叉棘，一种与刺海胆的叉棘相似，另一种与猬团海胆相似。这种情况往往令人感兴趣，因为它们可通过一个器官两种形态之一的消失，给人们提供一个器官明确的突然过渡的实现方式。

对于这些奇特器官的演化步骤，阿加西斯根据自己和米勒先生的研究推断，海星和海胆的叉棘应该被视为变化了的棘。从它们个体的发育方式，从不同物种和不同属的一系列完整的逐级变化，即从简单的颗粒棘到普通棘，直到完全的三叉棘，就可以推断出来。这种逐级演变的情况，甚至涉及普通棘和具有石灰质支柱的叉棘与壳体连接的形式。在一些海星属中可以看到，恰恰是那些必要的连接说明了叉棘仅仅是变异了的分支棘。这样我们就可以知道，一种固定的棘，它长有三个距离相等的、锯齿形的、会动的分支，与其近基部处相连，在更高一些的地方，同一个棘上还有三个会动的分支。上面的三个会动的分支如果长在一个棘的顶端，实际就构成一种简陋的三叉棘了，这种情况在长有三个较低分支的同一个棘上可以看到。毫无疑问，叉棘的钳臂与棘的会动的分支具有相同的性质。通常人们认为，普通棘是用来防御的，如果真是这样的话，那也就没有理由怀疑那些具有锯齿的且会动的分支的棘也具有相同的作用。而且如果三个分支连接在一起作为抓握或夹钳的工具，就更有用了。所以，从普通固定的棘演变到固定的叉棘，中间的每一个过渡形式都是有用的。

在有些海星属中，这种器官并不是固定地生长在不动的支柱上的，而是生长在能伸缩的长有肌肉的短柄上。除了防御之外，这样的构造可能还有其他作用。海胆类中，由固定的棘演变到连接在壳上而因此能动的棘，经历的阶段是可以弄清楚的。可惜由于篇幅有限，不能摘述更多阿加西斯先生关于叉棘发展的有意义的观察资料。按照他的说法，可以在海星的叉棘和棘皮动物另一类群，即海蛇尾类的钩刺之间，找到所有可能的中间过渡类型，而且还能在海胆类的叉棘与同一大纲海参类的锚状针骨之间发现同样的情况。

有些被称为植虫或苔藓虫的群体动物，长着一种叫鸟头体的奇怪器官。各种苔藓虫的鸟头体构造截然不同。发育最完善的鸟头体，与兀鹫的头和嘴非常相似，它们生长在颈上并且可以活动。我曾观察过一种苔藓虫，长在同一枝上的所有鸟头体，经常同时前后活动并张大下颚呈 90° 的角，可张开约 5 秒钟，并且它们的运动会促使整个群栖虫都随之发生颤动。如果拿一根针去刺它的颚，它就会牢牢地将针咬住，以至于该枝也会因此摇动。

米瓦特先生之所以以此为例，主要是因为他认为像苔藓虫的鸟头体和棘皮动物的叉棘在“本质上是相似”的器官，而且自然选择的作用很难使这类器官同时在动物界相距这样远的门类中得到发展。然而如果只对构造而言，我无法看出三叉棘和鸟头体之间的相似性。我认为鸟头体更像甲壳类的螯，而米瓦特先生也许可以适当地列举出这种相似性，甚至认为它们与鸟的头和嘴相似，作为特殊的难点。巴斯克先生、史密特博士和尼采博士都是认真研究过这一类群的博物学家，他们都认为鸟头体、单虫体以及组成植虫的虫房是同源的，虫房可以动的唇或盖，就相当于鸟头体可以活动的下颚。但巴斯克先生并不清楚单虫体和鸟头体之间现存的任意一个过渡类型，因此无法设想通过什么有效的演变能使这个变为那个，然而我们也不能因此便认定这样的演变从未存在过。

由于甲壳类的螯在一定程度上与苔藓虫类的鸟头体相似，二者都是用作钳子，所以必须指出，甲壳类的螯至今还存在着一长系列有用的过渡类型。在最初和最简单的阶段，肢的末端闭合时会抵住宽阔的倒数第二节的方形顶部，或者抵住整个一侧，因此就能钳住碰到的物体。但是，这肢依然是用作运动器官的。接下来我们会发现，那宽阔的倒数第二节的一边会稍微突起，有时还带有参差不齐的牙齿，末端一节闭合时便会抵住这些牙齿。随着这种突起日渐增大，它的形态以及顶节的形态都会出现微小的变异和改进，这样钳就变得越来越发达，直至最终演变成像龙虾螯一样有力的工具。以上这些过渡阶段，实际上都是可以追溯的。

除了鸟头体外，苔藓虫还有一种叫震毛的奇特器官，通常由一些能活动且容易受刺激的长刚毛组成。我曾观察过一种苔藓虫，其震毛略微弯曲，外部呈锯齿状；并且同一苔藓虫体上的所有震毛经常同时活动；因此，它们的一只像长桨一样，在我的显微镜下飞快地穿梭。假如把一只面朝下放着，震毛就会缠绕在一起，因此它们会使劲挣脱，以便分开彼此。有人设想这些震毛具有防御作用，正如巴斯克先生描述的，可以看见它们“缓慢而安静地在苔藓虫的表面擦过，当它们伸出触手时，就会擦掉有害于虫房中娇弱的栖息者的东西”。鸟头体与震毛相似，也许起着防御作用，但是它们还可以捕捉并杀死小动物。人们认为，被杀死的小动物会被水流冲到单虫体触毛所及的范围之内。有的苔藓虫物种既有鸟头体又有震毛，有的只有鸟头体，另外一小部分只有震毛。

我很难想象，还有比刚毛（即震毛）与如同鸟头的鸟头体之间外观上差别更大的两种东西。然而差不多可以肯定，它们是同源的，而且是由共同的根源，即单虫体及其虫房，发展形成的。所以我们可以理解，就如巴斯克先生所说，这些器官在某些情况下是如何慢慢地演变成另外一个样子的。膜胞苔虫属中，有几个物种的鸟头体会动的颚非常突出，并且非常像刚毛，因此只能根据上端固定的嘴确定它们鸟头体的实质。震毛也许是从虫房的唇片直接演变形成的，并没有经历过鸟头体这个阶段。但是它们经历这一阶段的可能性应该更大，因为在演变的初期，包含单虫体虫房的其他部分不可能马上消失。在很多情况下，震毛的基部长着一个带沟的支柱，近似于固定的鸟嘴状构造，但也有些种没有这种支柱。这种关于震毛发展的观点也很有意思，因为假设所有长了鸟头体的物种都灭绝了，那么即使最有想象力的人也绝不会想到，震毛原本是一个与鸟头式类似的器官的一部分，或像形状不规则的盒子或兜帽状器官的一部分。如此迥异的两种器官竟是从同一个起源发展而来，的确很有趣。由于虫房的能活动的唇片可以保护单虫体，因此便不难相信，唇片最初是演变为鸟头体的下颚，然后转变成长刚毛，中间的所有过渡类型，同样会在不同的环境下以不同的方式起到防御作用。

在植物界，米瓦特先生仅谈到两种情况，即兰花的构造和攀缘植物的活动。关于兰花，他说："对于它们的构造起源所做的阐述，完全无法令人满意，——对于其构造初期最微小的开端的阐述很不充分，因为这些构造仅在高度发达时才有用"。由于我在另一作品中已经对此做了详尽的讨论，在此仅对兰科植物的花最显著的特点，即花粉块，稍做详细的讨论。高度发达的花粉块是由一团花粉粒聚集组成的，花粉团连接在具有弹性的柄即花粉块柄上，此柄依附在一小块极胶黏的物质上，昆虫便可以将花粉块由一朵花转移到另一朵花的柱头上去。有些兰科植物，其花粉块没有柄，花粉粒只依靠许多细丝连接在一起。但这种情况并不限于兰科植物，在此无须再探讨。但是我想讨论一下兰科植物中最低等的杓兰属，从中我们可以看到这些细丝起初大概是如何发展起来的。在其他兰科植物中，这些细丝粘黏在花粉团的一端，这就是花粉块柄最初形成的迹象。即使某些兰科植物的花粉块柄已非常长且高度发达，其花粒块柄的起源也是如此，因为在发育不完全的花粉团里偶尔还能发现埋藏于其中心的坚硬部分，这就是明显的证据。

花粉块的第二个主要特征，就是附着在柄端的那一小块黏性物质，对此可以列举出它中间的许多过渡类型都对植物有用的例子。其他目的植物，大多数花的柱头分泌的黏性物质很少。有些兰科植物分泌的黏性物质与之类似，但三个柱头只有一个分泌大量的黏性物质。该柱头也许由于分泌过盛的缘故，因此成为不育的了。当昆虫来采蜜时，就会擦到一些黏性物质，同时也会将一些花粉粒也黏走。从这种与大部分普通花差别不大的简单情况开始，经过那些花粉团连接短的独立花粉块柄上的物种，直到那些花粉块牢固地附着在黏性物质上且柱头不育和变异很大的物种，中间存在着无数过渡类型。最后那种类型的物种，花粉块已经最高度发达和完善了。只要亲自认真观察过兰花的人，就会承认上述一系列过渡类型的存在——从仅通过一些细丝联系在一起的花粉粒且柱头和普通花差别不大的植物，到花粉块高度复杂且巧妙适应于昆虫的传粉的植物，并且也会承认那些物种中的所有过渡类型都巧妙地适应了其一般构造，以使各种昆虫能够让花朵受精。也许还能进一步研究，花的柱头是怎样变得有黏性的。对任何一类生物，我们都不了解它的整个发展史，没有办法解答这种问题，因此这个问题也毫无意义。

接下来讨论攀缘植物。从简单地缠绕一个支柱的植物开始到我所说的爬叶植物，再到有卷须的植物为止，可以排成一个很长的系列。后两类植物的茎大部分都失去了缠绕能力，但是它们保留了旋转的能力，因为卷须是有这样的能力的。从爬叶植物到有卷须的植物之间的过渡类型关系极为密切，其中有些植物甚至可以归于任意两类之一。与单纯的缠绕植物相比，爬叶植物增加了一种重要的性质，即对接触的感应性，借助这种感应性，无论是花柄或叶梗，还是由它们演变成的卷须，都会由于受到刺激就弯曲并缠绕住接触的物体。但凡看过我对该问题的相关研究论文（即攀缘植物的运动和习性）的人，我想他们都会承认，在单纯的缠绕植物和具有卷须的攀缘植物之间的过渡类型，所有功能和构造对各物种都是非常有利的。例如，缠绕植物演变为爬叶植物，显然是十分有利的；而且，长着长叶梗的缠绕植物，一旦叶梗稍微具有必需的对接触的感应性，也许就可以发展为爬叶植物。

缠绕是攀缘支柱的最简单的方式，也是攀缘植物系列中最低级的形式，因而有人自然要问：最初植物是怎么获得这种能力的，之后才能通过自然选择加以改进和增强。缠绕的能力，首先依赖于茎在幼嫩时的极度可绕性（这是许多非攀缘植物共有的一种特性）；其次依赖于茎秆按照相同顺序逐次沿着圆周各点不断弯曲。借助这种运动，茎秆才能朝着各个方向弯曲缠绕下去。茎的下部一旦碰到物体便会停止缠绕，而上部依然可以弯曲旋转，因此肯定会缠绕着支柱继续上升。许多嫩茎在初期生长之后，就会停止缠绕。在亲缘关系很远的许多不同科的植物中，某个单独的种或属具有盘绕能力，并因此变为缠绕植物，它们必定是单独获得了这种能力，而不是从共同的祖先遗传来的。因此我可以预测，在非攀缘植物中，稍微具有这种运动倾向的植物是很常见的，这就为自然选择提供了作用和改进的基础。我做此预测时，仅能举出一个不完全的例子，那就是轻微不规则旋转的毛籽草的幼嫩花梗，非常像缠绕植物的茎，但这种习性完全没有被利用。之后不久，米勒发现了一种泽泻和一种亚麻，两者都不是攀缘植物，且在自然系统中也相隔很远，它们的嫩茎即使旋转得不规则，也是可以旋转的。而且，他说他有理由推测某些别的植物也出现过这种情况。

对于那些植物，这种轻微的活动看起来并没有多少好处。至少，这些植物对我们关心的攀缘作用没有任何好处。但是我们还可以看出，假如这些植物的茎是可弯曲的，而且假如它们所处的环境有利于它们向上攀爬，那么这种轻微不规则的旋转习性就可能因此被自然选择作用增强和利用，直到它们成为非常发达的缠绕植物。

叶柄、花梗和卷须的感应性，基本上也可以用来说明缠绕植物的盘绕运动。由于许多属于不同类群的物种都具有这种感应性，因此，我们可以在许多还未成为攀缘植物的物种中看到这种性能的初始状态。事实也是如此：上述我们提到的毛籽草的幼嫩花柄，通常会朝其接触的一侧稍微弯曲。摩伦在酢浆草属的一些物种中发现，如果反复轻轻地触碰叶子和叶柄或摇动植株，叶子和叶柄就会运动，特别是被烈日曝晒之后。我反复观察过该属其他几个物种，结果同样也是如此。其中有些物种运动得很明显，这在嫩叶中看得最清晰，而在另外几个物种中却十分微弱。更重要的是，权威学者霍夫曼斯特说，所有植物的幼茎和嫩叶被摇动后，都可以运动。据我们所知，只在生长初期，攀缘植物的叶柄和卷须才是敏感的。

幼嫩的植物和正在发育中的器官，对于它们来说，因触碰或摇动而产生的微小运动，在机能上可能没有什么重要性。但是植物应对各种刺激产生的运动能力对植物本身是十分重要的，例如植物的趋光性和比较罕见的背光性以及背地性和比较罕见的向地性等。动物的神经和肌肉由于电流或士的宁（马钱子碱）的刺激而产生的运动，可以称为偶然的结果，因为神经和肌肉对这些刺激并不是特别的敏感。植物对某些刺激同样也具有运动的能力，所以它们被触碰或摇动后便会产生偶然的运动。因此很容易就能承认，在爬叶植物和长有卷须的植物中，被自然选择作用利用和增加的就是这种倾向。但是根据我的研究报告中列举的各种理由，只有那些已经获得了旋转能力的植物才会发生这种状况，并且它们会由此逐渐演变为攀缘植物。

我已经尽我所能来解释一种普通植物是如何变为一种攀缘植物的，那就是通过不断地增强植物最初具有的轻微不规则且无用的旋转运动的倾向来实现。这种旋转运动以及因触碰或摇动而引起的运动，都是运动能力的偶然产物，而且是因为其他有利目的而被获得的。我还无法确定，在攀缘植物逐步形成的过程中，自然选择的作用是否借助了遗传效果的力量；但是我们清楚，例如植物休眠等周期性的运动却是由习性支配的。

一位练达的博物学家精心挑选了一些事例，用来证明自然选择学说不能充分解释有用构造的初期阶段，对此我已做出了足够的、也可能是过多的讨论。而且我也指出了，这一问题并没有太大的难点，这正如我希望的那样。然而，我却因此得到了一个很好的机会，使我能够稍微多叙述一些伴随机能变化的构造演变的各个阶段。而在本书的前几版中，我都没有对这个问题做过详细的讨论。现在，我简单地回顾一下上述问题。

对于长颈鹿，在那些已经灭绝的能触及高处的反刍动物中，凡是长着最长的颈和腿并且可取食比平均高度略高的树叶的个体，便可以继续生存下去；反之则会不断地被淘汰。这样一来，这种神奇的四足兽就形成了。但是所有部分的长期使用，再加上遗传的作用，必然会极大增进各部分的互相协调。我们不得不相信，拟态昆虫与某种普通物体偶然相似，在所有情况下都曾是自然选择发生作用的基石，此后偶然对这种越来越相似的细微变异的保留，才使这种拟态慢慢变得完美。只要昆虫继续发生变异，并且只要越来越完美的拟态可以帮助它们逃避目光敏锐的天敌，这种作用便会一直进行下去。某些鲸鱼物种，具有在颚上生长不规则角质小粒的趋势，这些角质小粒一开始会变成像家鹅那样的栉片状结节或齿，然后变成像家鸭那样的短形栉片，接着变成像琵琶嘴鸭那样完美的角质栉片，直到最后变成像格陵兰鲸口中那样巨大的须片。全部有利变异的保存，仿佛全都在自然选择作用的范围之中。鸭科动物的栉片最初是被用作牙齿，然后部分被用作牙齿，部分被用作滤器，直到最后几乎完全当作滤器用了。

按照我们的判断，在上述如角质栉片或鲸须这类构造的发展中，习性和使用很少或甚至没有起作用。另一方面，比目鱼下侧的眼睛向上侧转移以及某些哺乳动物的尾巴抓握的功能的形成，基本上可以归因于长期使用以及遗传的结果。至于哺乳动物乳房的起源，最合理的推测是，最初有袋类的袋内表面布满了可分泌营养液的皮腺，自然选择作用改善了这些皮腺的功能，并且聚集在某一个区域内，就形成了乳房。要弄清楚某些古代棘皮动物用作防御的分支刺是如何通过自然选择作用变为三叉棘的也很容易；而要弄清楚甲壳动物最初仅用于运动的肢的末端一节和倒数第二节是如何通过微小的有利变异而发展成为钳的，就很困难。通过观察苔藓虫的鸟头体和震毛，我们发现外观上极不相同的器官可能是同源的，而且通过震毛，我们可以弄清楚震毛发展的各个连续阶段有什么作用。关于兰科植物的花粉块，我们可以从最初连接各花粉粒的细丝，追溯其黏合成为花粉块柄的整个过程，同样，由于普通花柱头分泌的黏性物质与附着于花粉块柄游离末端的胶黏体即便不完全一样，功能也大致相同，可以追溯出黏性物质演变到胶黏体经历的阶段。一切演化过程中的中间过渡类型对于该植物都是特别有利的。至于攀缘植物，由于刚刚讲过，我就不再复述了。

经常会有人问：既然自然选择如此有力，为什么某些物种并没有获得显然对其有利的这样或那样的构造呢？我们无法期望对这类问题有一个明确的答案，因为我们并不了解每一物种过去的历史以及现今决定它们数量和分布的因素。在大多情况下，只能给出大概的理由，但在少数情况下，却可给出具体的原因。一个物种想要适应新的生活习性，必然会发生许多对应的变异，而通常那些必要的部分却不会以恰当的方式或适当的程度发生变化。许多物种数量的增加，肯定受到了一些破坏性力量的阻碍。有些构造似乎对该物种有利，便让我们觉得它们是通过自然选择获得的，然而实际上并没有关系。在这种情况下，生存斗争并不依赖这类构造，因此这类构造就无法通过自然选择获得。很多时候，某种构造的发展需要复杂且长期的特殊条件，而这种机会非常少。通常我们认为，无论什么情况下，所有对物种有利的构造都是通过自然选择作用而获得的，然而这是一种错误的想法，并且这种想法与我们了解的自然选择的作用方式正好相反。米瓦特先生承认自然选择对此有一些影响，但是他认为，我用自然选择的作用解释的此现象“例证还不太充分”。我们刚刚已经讨论过米瓦特先生的重要论点了，其他论点后面再讨论。依我看来，这些论点很少有例证，其分量远远比不上我主张的自然选择的力量，以及有助于自然选择作用的其他力量的论点。必须补充一点，我在此引用的事实和论点中，有一些已经在新近出版的《医学外科评论》上的一篇论文中出于相同目的被提出了。

现在，几乎所有博物学家都承认存在某种形式的进化，但米瓦特先生却认为物种是由于“内在的力量或趋势”而引起变化的。但是这种内在的力量究竟是什么，我们却一无所知。所有进化论者都认为物种具有产生变异的能力；但据我观察，除了普通变异趋势以外，似乎没有其他任何内在力量的存在。借助人工选择的帮助，普通变异趋势已经产生了许多适应性很好的家养品种，而且在自然选择的帮助下，肯定会逐渐变异产生好的自然物种。最终的状态，如同我前面所说，通常是构造的进步，但在少数情况下却是构造的退化。

米瓦特先生进一步说明新物种“是突然出现的，并且是由突然变异而产生的”。也有部分博物学家认同这一观点。例如，他假设已经灭绝的三趾马和马之间的差异是突然产生的。他认为，鸟的翅膀“除了通过明显且重要的突然变异发展起来的之外，其他任何解释都无法令人信服”。他把这一观点很明显地应用到了蝙蝠和翼手龙翅膀的形成。这就意味着进化系列中存在着巨大的断裂或不连续性，在我看来，这是完全不可能的。

如果有人相信进化是缓慢而逐步的，那他也会承认物种的变化也可能是突然且巨大的，就如同我们在自然界，甚至在家养环境下见到的各种个别的变异一样。但是由于家养环境下的物种要比它们在自然环境下更容易发生变异，因此在自然环境下，不可能经常发生像家养环境下那样巨大而突然的变异。家养环境下的变异，有些可能是因为返祖遗传。很多情况下，这些重现的性状最初也可能是慢慢获得的。还有更多的情况，一定会被称为畸形，如长了六根手指的人、体毛过多的人、安康羊和尼亚塔牛等，因为它们的性状与自然种差异巨大，因此不太可能解释本问题。除了前面所说的那些突然变异之外，剩下的少数突然变异，如果发生在自然状态，最多只能形成与其亲种类型关系密切的可疑物种。

我不相信自然物种会像家养物种那样突然地产生变异，我也完全不信米瓦特先生所说的它们在以奇特的方式发生变化，原因如下。按照我们的经验，通常家养生物要间隔很长一段时间才会单独出现一次突然而明显的变异。如前所述，假如这类变异出现在自然环境下，由于偶然的毁灭和后来个体之间的彼此杂交，通常容易失去。这种突然变异即使是在家养环境下产生的，如果没有人为地特殊保护和隔离，同样也会失去。因此，如果新物种是以米瓦特先生所说的那种方式突然产生的，那么有不少奇特的个体，几乎会同时在同一个地区出现。但是，这和所有推理是相反的。就像人类无意识选择的情况一样，该难点只有根据逐渐进化的学说才可以避免，即通过逐渐保存那些发生了任何有利变异的大量个体，同时不断淘汰那些向相反方向变异的大量个体来实现。

毋庸置疑，许多物种都是通过极其渐变的方式进化的。许多自然大科里的物种甚至属，相互之间是如此密切地类似，以致许多物种都难以被区别。在每个大陆上，从北到南，从低地到高地，我们都会遇到大量密切近似的或者典型的物种。即使在不同的大陆上，我们也有理由认定它们之前曾是相连的，也可以看到相同的情况。但是同时我不能不讨论一下以后要提到的问题。观察一下远离大陆周围的岛屿上的生物，有多少能上升到可疑种的地位呢？如果我们考察过去的物种，而把某地区刚刚消失的物种与现存物种相比较，或者把埋存于相同地质层不同亚层中的化石物种相比较，就会发现情况也是如此。很明显的是，许多化石物种与现存物种或近期灭绝的物种之间，关系是非常密切的，因此不能说这些物种是突然产生的。同时还应牢记，如果我们观察近缘物种，而不是明显的不同物种时，就会发现无数极细微的过渡型构造，它们可以将完全不同的构造彼此联系起来。

许多事实只有通过物种逐渐细微进化的原理才可以解释。例如，大属内物种之间的相互关系比小属内的更密切，而且变种数量也更多。大属内的物种又可聚集为许多小群，就像变种围绕着物种一样。还有其他一些类似于变种的情况，我在第二章做过说明了。同样，根据这个原理我们能够了解，为什么种的性状比属的性状更容易发生变异，为什么以异常的程度或方式发展起来的构造比该物种其余的构造更容易发生变异。关于这方面的类似例子，我还可以举出很多。

即使产生很多物种经历的步骤，不比产生那些区别细微的变种经历的步骤多，还是可以认为，有些物种是通过不同的和突然的方式发展起来的。不过想要证实这一点，还需要提供有力的证据。赖特先生列举的那些模糊且在某些方面存在错误的类比，想借以说明突然进化的观点，比如无机物质的突然结晶或存在小面的球体上的一个小面落到另一小面等，基本上毫无讨论的价值。但是有一类事实，比如在地层内突然有新的明显不同的生命形式被发现，乍一看好像可以支持突然产生的观点，但是这种证据的价值，取决于地球史远古时代的地质记录是否完整。假如地质记录像许多地质学者所说的那样，是不完整的，那么新类型仿佛是突然形成的说法便不足为奇了。

假如我们否认生物演变是像米瓦特先生所说的那样巨大，比如鸟类或蝙蝠的翅膀是突然产生的，或三趾马是突然变成普通马的，那么对于地层内相连环节的不足，突然变异的观点提供不了任何解释。胚胎学却对这种突然变化的观点提出了强有力的反对。大家都知道，在胚胎初期，鸟和蝙蝠的翅膀，马或其他四足兽的腿，并没有什么区别，之后它们经过不可察觉的细微步骤而产生了分化。后面我们还会谈到，所有胚胎学上的相似性都是因为，现存物种的祖先在幼年期之后才产生变异，而后才将它们新获得的性状在相应年龄传递给它们的后代。所以，胚胎几乎不受影响，而且这可以作为该物种过去存在情形的记录。因此，在胚胎发育的早期阶段，现存物种通常与古代同一纲且已灭绝的生物类型很相似。根据这种胚胎相似的观点，我们无法相信动物会经历上述那样巨大且突然的转变；何况在胚胎状态下，找不到任何突然变异的痕迹；而其构造上的各个细微变化，都是经过无法察觉的微小步骤逐渐发展起来的。

假如有人相信某种古代生物是通过一种内在的力量或倾向而突然转变成的，例如有翅膀的动物，那么，他必须违反所有推理，假设许多个体都是同时产生变异的。他也无法否认，这类构造上突然而巨大的变化与大部分物种产生的变化极不相同；他还必须承认，为了适应生物本身所有其他部分以及周围的环境，许多完美的构造是突然产生的。那么，他将无法解释这种复杂而奇特的相互适应。他还得假设，这些巨大而突然的转变并没有在胚胎上留下丝毫痕迹。依我看来，这些假设完全只能说是奇迹，都已经超出了科学的领域。

The Origin of Species

第八章

本能

本能与习性的起源不同

许多本能如此奇妙，这对于许多读者来说，它们的发生可能足以推翻我的整个理论。在此我必须声明，我不打算探讨智力的起源，正如我没有探讨过生命本身的起源一样。我们只关注同纲动物的本能和其他精神能力的多样性。

我不会试图给本能下什么定义。很显然，该名词通常包含若干不一样的智力行为。如果我们谈到本能驱使杜鹃迁徙，并把蛋产在其他鸟的巢内时，谁都能明白这是什么含义。通常人类需要经验才能完成某些活动，而当一种动物，特别是毫无经验的年幼动物，在不清楚目的的情况下却可以按照相同方式去完成时，就被称为本能。但我能够证明，这些性状都不具有普遍性。就像休伯说的，即使是自然系统中的低等动物，少许推理和判断常常也会产生作用。

弗·居维叶和一些较老的形而上学者，曾对本能和习性做出了比较。我认为，这种比较对于执行本能动作的心理状态给出了非常准确的看法，但并没有涉及其起源。我们在不知不觉中做出了许多习惯性行为，实际上有很多行为是与我们的意志直接相反的！可是它们却可能由于意愿或者理性而被改变。习性容易与其他习性在一定时间段和身体状态相关联。习性一旦获得，通常在整个生命中保持不变。我们还可以指出本能和习性之间的其他相似点。就像重复唱一首著名的歌曲一样，也是出于本能，按照一定的节奏，一个动作跟随着另一个动作。如果一个人唱歌时或者死记硬背任何东西时被打断，他通常会被迫从头开始，以恢复惯常的思维方式。休伯发现一种毛毛虫也是如此，它可以搭建一种非常复杂的茧床。如果他把一只已经完成了茧床第六阶段的毛毛虫，放到只完成第三阶段的吊床上，那只毛毛虫就会轻松地完成第四、第五和第六阶段的建造。但是，如果将一条刚完成第三阶段的毛毛虫从茧床中取出，并放入已经到第六阶段的茧床中，由于大部分工作已经完成了，它并未因此得到任何好处，这让它感到很困惑，为了完成吊床，它似乎不得不从第三阶段开始，试图去完成已经完成的工作。

如果我们假设任何习惯性行为会遗传（我认为可以证明这种情况有时确实会发生），那么一种习惯与一种本能之间的本来相似性就会变得如此接近，以至于无法区分。如果说莫扎特在三岁那年不是只练习了一点钢琴便会弹奏，而是完全没有练习过就能演奏一首曲子，那他也许真的可以说是出于本能了。但是，如果假设通过习性使某一代人获得了大量的本能，然后又通过遗传传给了后代，那将是最严重的错误。可以清楚地证明，我们了解的最奇妙的本能，即蜜蜂和许多蚂蚁的本能，不可能因此获得。

人们普遍承认，在每个物种目前的生存条件下，它们的本能对于它们的生存而言，与肉体构造同等重要。在生存条件变化的情况下，对本能进行轻微的改变至少可能对物种是有利的；如果可以证明本能确实可以变异，无论变化多么微小，那么我认为在自然选择中保存并不断积累本能的变异，直到任何有益的程度都没有难度。因此，正如我相信的，所有最复杂、最奇妙的本能都是这样产生的。由于身体结构的变异是由使用或习性引起和增强的，并且由不使用而减少或丢失的，因此我毫不怀疑本能也是这样。但是我相信，相对于自然选择对所谓本能的自发变异的影响来说，习性的影响是次要的。相同地，本能的自发变异是由未知原因产生的，就如同身体结构上出现的细微差别一样。

通过自然选择不可能产生复杂的本能，除非缓慢而逐步地积累了许多微小但有利可图的变异。因此，就像身体构造的情况一样，我们应该无法在自然界中找到每种复杂本能的实际过渡类型（只能在每个物种的直系祖先中找到这些过渡类型），但我们应该能在旁系中找到一些证据；或者我们至少应该能够证明某种过渡类型的存在是可能的；我们当然可以做到。考虑到除了欧洲和北美以外，几乎没有观察过动物的本能，并且对于已灭绝物种更是一无所知，导致最复杂的本能的中间类型能够大量地被发现，这让我感到非常惊讶。同一物种有时在不同的生命周期，一年中的不同季节或处于不同环境下时具有不同的本能，这种情况有时会促进本能的变异。在这种情况下，某些本能可能会通过自然选择得以保留。而且，很多实例可以证明，自然界存在同一物种中本能多样性的这种情况。

就像身体构造那样，每种物种的本能都对物种本身有利，但据我们判断，并且按照我的理论，它从来没有专门为其他物种的利益而产生过。一种动物显然是为另一种动物的唯一利益而采取行动的最强实例，首先便是由休伯观察到的，蚜虫是自愿向蚂蚁分泌甜味物质。以下事实表明，它们是自愿这样做的。我从酸模植物上的大约 12 只蚜虫中捉走了所有的蚂蚁，并在几个小时内阻止了蚂蚁出现。经过这段时间后，我确信蚜虫要排泄了，我用放大镜观察了一段时间，但发现没有蚜虫排泄。然后我模拟蚂蚁用触角触摸它们，尽我所能地用一根头发轻轻地抚摸它们，但蚜虫依然没有排泄。之后，我让一只蚂蚁接近了这些蚜虫，然后，通过蚂蚁急切的奔跑推测，它似乎立即意识到自己发现了一笔巨大的财富。这只蚂蚁开始用触角拨弄一个蚜虫的腹部，然后又转移到另一个蚜虫边。蚜虫一感觉到触角，便立即举起腹部，排出一滴清澈的甜汁，蚂蚁便急切地吞下了甜汁。甚至很年轻的蚜虫都表现出这种方式，这表明该动作是本能的，而不是经验的结果。根据休伯的观察，蚜虫对蚂蚁肯定是不嫌恶的。即使没有蚂蚁在场，蚜虫最终也必须排出它们的分泌物。但是，由于分泌物的黏稠度极高，所以很难将其清除。因此，蚜虫可能并不是出于蚂蚁的利益而分泌甜汁。尽管我不相信世界上任何一种动物的某种行为是专门为了另一物种，但是每种动物都试图利用其他动物的本能，就像利用了其他动物较弱的身体构造一样。同样，在某些情况下，某些本能不能被认为是绝对完美的。但是这一点和其他类似要点并不是必不可少的，因此不必做详尽的分析。

由于自然状态下本能可以发生某种程度的变异，以及这种变异的遗传对于自然选择的作用是必不可少的，因此应该给出尽可能多的实例；但是受篇幅所限，无法一一列举出来。我只能断言，本能的确会发生变化，例如，迁徙本能在范围和方向上可能发生变化，甚至可能全部丧失。鸟类的巢穴也是如此，鸟类的巢穴部分随选择的位置、栖息地的自然环境和气候而变化，但通常是我们完全不知道的原因引起的。奥杜邦给出了几个关于美国南北部几种巢穴差异的杰出案例。曾有人有这样的疑问：既然本能是可变的，那么为什么“在蜡质缺乏时，蜂没有获得使用别的材料的能力呢？”可是蜂又能使用什么别的自然材料呢？我曾经见过它们用混合朱砂而变硬的蜡或混合猪油而变软的蜡来工作。奈特曾发现，他的蜜蜂并不积极采集树蜡，而是取用去皮树木上的一种蜡和松脂的黏结物。最近还有人说，蜜蜂不去采集花粉，而喜欢使用一种叫燕麦粉的物质。惧怕任何天敌无疑是一种本能，就像在雏鸟中看到的那样，通过经验和其他动物对天敌的恐惧感会增强这种本能。但是，正如我在其他地方指出的，栖息在荒岛上的各种动物对人类的恐惧是逐渐形成的。而且，甚至在英国，我们可能会看到这样的例子，就是所有大型鸟类对人类的恐惧都比小型鸟类更大，因为大鸟受到人类的迫害最大。我们可以肯定地将大鸟更怕人归于这个原因。因为在无人居住的岛屿上，大鸟并不比小鸟更怕人。在英国，喜鹊对人很警惕，但在挪威正好相反，就像小嘴乌鸦在埃及一样。

可以通过多种事实证明，自然状态下出生的同一物种的不同个体的精神性能极为多样化。在某些物种中也可能出现一些偶然和奇特的习性，如果对物种有利，则可能通过自然选择而产生新的本能。但我很清楚，这些一般性陈述如果没有详细事实加以证明，只会对读者产生微弱的影响。我只能再次保证，我不会说缺乏可靠证据的话。

家养动物的习性和本能的遗传变异

通过简单地考虑家养状况下的一些案例，将增强对自然状态下的本能发生遗传变异的认识。因此，我们还能够看到，习性以及自发变异的选择在改变家养动物的精神性能方面发挥了作用。众所周知，家养动物的精神性能变化是非常大的，例如猫，有的天生就是抓大老鼠的，有的天生就是抓小老鼠的，而且我们清楚这种特性是遗传的。据圣约翰说，有一只猫经常抓鸟回家，另一只则会捕捉野兔或家兔，还有一只却在沼泽地捕猎，基本上每夜都要捕捉丘鹬和沙锥。许多奇怪而真实的例子都可以说明某些心境或时间段相关的各种性格、品味以及怪癖都是可以继承的。但是，让我们看一下几种我熟悉的狗的情况。毫无疑问，年幼的指示犬（我也曾亲眼见过这样惊人的例子）第一次被带出去时，有时会引导甚至帮助其他的狗。寻回犬在某种程度上会遗传寻回的特性，而且牧羊犬倾向于围着羊群奔跑，而不是奔向羊群的特性也会遗传。我不明白为什么这些行为是幼犬在没有经验的情况下进行的，并且每个幼犬几乎会使用相同的方式，每个品种都渴望并乐于完成这样的行为，尽管它们并不知道最终目的，年幼的指示犬不知道它这样做可以帮助主人，就像菜白蝶不知道为什么它把卵产在甘蓝的叶子上，我看不出这些行为在本质上与真正的本能有什么不同。如果我们看到一种狼，它年幼时未经任何训练，一闻到猎物就站起来，像雕像一样一动不动，然后以奇特的步态缓慢地向前爬；还有另一种狼环绕追逐鹿群，而不是直接冲向鹿群，并将它们驱赶到很远的地方，我们当然应该将这些行为称为本能。家养状态下的本能，肯定不像自然本能那样稳定不变，因为对它们的选择不那么严格，并且是在不那么固定的生存条件下、在非常短的时间内遗传下来的。

当不同品种的狗杂交时，这些家养条件下的本能、习性和性格的遗传程度如何，以及它们如何奇妙地融合在一起，就可以很好地显示出来。因此，众所周知，与斗牛犬的杂交已经影响了许多世代的灵缇的勇气和顽强性。牧羊犬与灵缇的杂交使整个后代都有捕猎野兔的倾向。这些家养条件下的本能经过杂交实验后，就类似于自然本能，它们以类似方式奇妙地融合在一起，并在很长一段时间内表现出父母双方本能的痕迹。例如，勒罗伊描述了一只狗，其曾祖父是狼，而这只狗只以一种方式表现出其野生血统的痕迹，即被召唤时并没有以直线走向主人。

有些人认为家养下的本能仅遗传自长期且强制的习惯性行为，我认为这是不正确的。没有人想去教或者可能教过翻飞鸽翻飞，就像我目睹的那样，从未见过翻飞的幼鸽也可以翻飞。我们可能会相信，有些鸽子对这种奇特的习惯表现出轻微的倾向，并且连续不断地选择连续几代的最佳个体，就使翻飞鸽变成了现在的样子。正如我从布伦特先生那里听到的一样，在格拉斯哥附近有一种家养的翻飞鸽，如果不倒过来飞，就不能飞 0.46 米（18 英寸）高。如果没有一只狗表现出指示猎物倾向的话，我们可能就会怀疑，是否有人会训练一只狗来指示猎物的方向；正如我曾经在纯种梗犬中看到的那样，偶尔会发生这种情况。初期的指示倾向一旦出现，就可以有条不紊地进行选择，并在每一代后继者中强制训练遗传效果，这种指示犬很快就会被培养出来。在每个人都试图获得最善于指示和捕猎的狗，而不打算改良品种的过程中，无意识的选择仍在起作用。另一方面，在某些情况下，仅习性一个因素就足够了。没有动物比幼小的野兔更难驯化了；也几乎没有动物比幼小的家兔更易驯服了。但我不认为曾经对家兔进行选择是为了让其容易驯服。我们必须将从极端荒野到极端驯服的全部遗传变异，大部分归因于习惯和长期持续的圈养。

驯化会失去自然的本能：在那些很少或永远不会孵卵（也就是根

本不想卧在它们的蛋上）的家禽中看到了一个明显的例子。仅仅因为太熟悉，就让我们无法看到家养动物曾经历了多么巨大和持久的心理变迁。几乎不可能怀疑狗对人的爱已成为狗的本能。即使被驯服后，所有的狼、狐狸、豺和猫属物种仍喜欢攻击家禽、羊和猪；并且这种倾向已经被发现是无法矫正的，这些动物是在年幼时从火地岛和澳大利亚等地区被带回家的，这些地区的土著人没有饲养这些家养动物。另一方面，即使被驯化的狗还很小，也很少被教导不要攻击家禽、羊和猪！毫无疑问，它们偶尔也会发起攻击，然后就会遭到殴打；如果不改正，就会被处死；因此，通过某种程度的选择，这种习性可能已经通过遗传使我们的狗变得文明化了。另一方面，幼鸡完全由于习惯而失去了对狗和猫的恐惧的本能，毫无疑问，这种本能是天生的。赫顿告诉我，一只被家鸡抚养的原鸡（印度野生鸡）的雏鸡，最初野性很大。在英国，由母鸡抚养的小雉鸡也是这样，并不是说小家鸡失去了所有的恐惧，而只是不怕猫和狗，因为如果母鸡发出危险的警告声，它们会从母鸡的翅膀下逃走（尤其是年轻的火鸡），并藏在周围的草丛或灌木丛中；显然，这样做是出于本能，正如我们在野生地面鸟类中看到的那样，目的是为了让它们的母亲飞走。但是，在驯养过程中，我们的鸡保留的这种本能就变得无用了，由于不使用，母鸡的飞行能力几乎已经消失了。

因此，我们可以得出这样的结论，在家养环境下，动物可能会获得一些新的本能，而自然本能已经部分由于习性而丧失，部分由于人类在连续几代家养个体中选择和积累了特殊的心理习性和行为而丧失，这些情况刚刚出现时，我们常常无知地认为是一种意外。在某些情况下，仅强制性习惯就足以产生这种遗传的心理改变；在其他情况下，强制性习惯却无所作为，一切都是有条不紊和无意识地选择的结果；但在大多数情况下，习性和选择可能会共同起作用。

特殊本能

通过分析一些情况，也许我们能最好地理解自然状态下的本能是如何通过选择而改变的。在接下来的内容中，我将只讨论其中三个，即本能使杜鹃将卵产在其他鸟巢中、某些蚂蚁的养奴本能以及蜜蜂的筑巢本能，后两种本能通常被博物学家称作是所有已知本能中最奇妙的。

杜鹃的本能　现在普遍认为，杜鹃的本能的更直接和最终原因是，它不是每天产蛋，而是每隔两三天下一次蛋；因此，如果它要自己筑巢并孵卵，那么刚下蛋的卵就必须放置一段时间，否则在同一巢中会有不同年龄的卵和雏鸟。如果是这样的话，产卵和孵化的过程可能会很不方便，特别是雌鸟必须在很早的时间进行迁徙；而最初孵出的雏鸟可能仅由雄性来喂养。但是美国杜鹃正处在这种困境中：因为雌鸟自己筑巢，产卵并孵育雏鸟。有人声称，美国杜鹃偶尔会在其他鸟的巢中产卵，这种说法有人认可也有人反对。但是，我最近听艾奥瓦州的梅丽尔博士说，有一次他在伊利诺伊州看到，一只小杜鹃与一只小松鸦一起栖息在蓝松鸦的巢内，而且由于这两只小鸟的羽毛都已经长齐了，绝对不会认错。不过，我可以举几个不同种类的鸟的实例，这些鸟偶尔会在其他鸟的巢中产卵。现在让我们假设，欧洲杜鹃的古老祖先具有美国杜鹃的习惯，偶尔也会在别的鸟巢里产卵。如果老鸟偶尔通过这种习性而获利，或者如果幼鸟由于误用了另一只雌鸟的母性本能而使它们比由自己的母亲照料更强壮，因为雌鸟必须同时产卵和照顾不同年龄段的幼鸟，那么雌鸟和被误养的幼鸟将获得优势。这会让我相信，这样养育的幼鸟很容易遗传其母亲的偶发异常习性，进而又倾向于在其他鸟巢中产卵，从而使它们孵育幼鸟更容易获得成功。通过这种自然的持续过程，我相信杜鹃的奇特本能可能已经产生。最近，米勒用充分的证据证明了，杜鹃有时也会把卵产在空地上并在那里孵卵和哺育雏鸟。这种罕见的情况可能是早已丧失的原始筑巢本能的重现。

有人反对说，我没有注意到杜鹃的其他有关本能和构造的适应性，他们认为二者必然是相互关联的。但是在所有的情况下，只通过一个单独的物种去推测一种已知的本能是毫无用处的，因为到目前为止还没有任何事实可以提供。直到现在我们知道的，也只有欧洲杜鹃和非寄生的美洲杜鹃的本能。目前，根据拉姆齐先生的观察，我们了解有关三种澳洲杜鹃的一些状况，这三种杜鹃也会在其他鸟类的巢内产卵。有关杜鹃这种本能的要点有三个：第一，除了极少个体之外，普通杜鹃都只在一个巢中产一个蛋，这样一来，硕大而贪吃的幼鸟就可以获得充足的食物；第二，其蛋相当小，甚至比不上云雀的蛋，而云雀仅有杜鹃 1/4 大。我们通过非寄生的美国杜鹃所产的巨大的蛋可以推测，蛋小的确是一种适应性特征；第三，小杜鹃孵出后不久，便具有将巢内其他雏鸟挤出巢外的本能和力量，以及正好合适的背部形状，致使其他小鸟冻饿而死，这曾被称为仁慈的安排。因为这样既能让小杜鹃得到足够的食物，又可以使其他小鸟在尚未有感觉之前便无痛苦地死去！

现在看看澳洲杜鹃，通常它在一个巢内只产一枚蛋，但也有在相同巢中产两至三枚蛋的。古铜色杜鹃蛋的大小差异很大，长度从27毫米（8英分）到33毫米（10英分）不等。为了欺骗代养雌鸟，或者更大可能是让孵化期缩短（据说蛋的大小和孵化期的长短是正相关的），如果产的卵比现在还小，对该物种就会更有利，因为小个的蛋可以更安全、更保险地孵化和养育出来。拉姆齐先生说，有两种澳洲杜鹃，如果它们在没有遮盖的巢里产蛋时，特别喜欢挑选那些蛋的颜色与自己的类似的鸟巢。欧洲的杜鹃明显表现了一些与此本能类似的倾向，但也有一些与众不同，它的蛋是暗灰色的，但是会把蛋产在具有鲜蓝绿色卵的篱莺巢内。如果欧洲杜鹃一成不变地表现出上述本能，那么在全部那些假设一起获得的本能中，肯定还应加上这一种本能。据拉姆齐先生讲，澳洲古铜色杜鹃的蛋在颜色上有极大的变化，所以自然选择也会像对蛋的大小一样，把任何在蛋的颜色上有利的变异保存和稳固下来。

至于欧洲杜鹃，在破壳后3天内，养父母自己的雏鸟一般都被挤出巢外；因为小杜鹃这时还是相当无力的状态，所以古尔德先生以前认为，是养父母将其雏鸟驱逐出去的。但是，他现在已得到了真实的记录，确实有人看见，一只小杜鹃在眼睛还没有睁开，甚至连头都抬不起来时，就可以把它的义兄弟挤出巢外了。观察者把被挤出的一只雏鸟放回巢中，结果又被挤出来了。至于获得这种奇怪而可恨本能的方式，假如对于刚出生的小杜鹃尽可能快且多地获得食物具有非常重要的作用（可能确实是这样），那么我想，杜鹃在连续数代中慢慢获得了为排挤能力所需的盲目欲望、力量和构造，这并不是一件难事。

因为具有这种最发达的习性和构造的小杜鹃，就会得到最好的孵育。最初，这种特殊本能可能来自年龄和力气稍大一些的雏鸟不经意的乱动，后来这种习性得到了改进，并遗传给了年龄更小的后代雏鸟。我认为这种本能的获得与其他鸟类的幼鸟在出壳前获得破壳的本能同样困难，或者像欧文说的那样，幼蛇为了破壳，上颚临时的锐齿更难获得。假如在所有年龄段身体的每个部分都容易产生单独的变异，并且这些变异倾向于在相应的或更早的年龄段被遗传——这是无可争议的观点——那么幼体的本能和构造，的确与成体的一样，可以慢慢地发生变化，这两种情况必然与自然选择的一切学说共存亡。

牛鸟属是美洲鸟类中很特别的一属，和欧洲的椋鸟类似，其中有些物种也像杜鹃一样具有寄生的习性，并且它们在完善本能的过程中表现出了有趣的级进。杰出的观察家赫德森先生说，褐牛鸟的雌鸟和雄鸟，有时群居在一起，有时和自己的配偶一起生活。它们要么自己筑巢，要么强占别的鸟类的巢，偶尔还会将其他鸟类的雏鸟抛出巢外。它们要么在占据的巢内产蛋，要么很奇怪地在此巢的顶上为自己再造一个巢，它们通常自己孵育卵和雏鸟。但根据赫德森先生说，它们偶尔也可能会寄生，因为他曾见到该物种的幼鸟追着不同种的老鸟，鸣叫着要老鸟喂食。牛鸟属的另外一个物种——多卵牛鸟，寄生习性比上述牛鸟更发达，但依然不完善。据了解，这种鸟一定会在别的鸟巢里产蛋。但令人注意的是，这种鸟有时会数只鸟共筑一个既不规则又不干净的巢，巢的位置选得很不合适，例如在大蓟的叶子上。但是赫德森先生认为，它们从来不会把自己的巢筑好。它们常常在别的鸟的巢内产 15 至 20 枚蛋，所以可能很少或根本没有蛋可以孵化出来。另外，它们还有在蛋上啄孔的奇怪习性，无管是自己产的还是强占的巢中的蛋，它们都会啄。它们将大量的蛋随意下在空地上，因此就被丢弃了。第三个物种，北美洲的单卵牛鸟，已经获得如杜鹃一般完美的本能，因为它们从不在寄养的巢内产一个以上的蛋，所以就能确保幼鸟得到很好的哺育。赫德森先生坚决不相信进化论，但是他看了多卵牛鸟的不完全的本能，似乎也受到了触动，于是便引用了我的话，并问："是否我们必须得认为这些习性，不是天赋的或特别创造的本能，而是一种普遍的法则即过渡形成的微小结果呢？"

如上所述，有许多鸟会在其他种类的鸟巢中产蛋，这种习性在鸡科并不罕见，并且有助于阐明鸵鸟奇特的本能。几只母鸵鸟会先一起在一个巢中产下几枚蛋，然后再在另一个巢中产下几枚蛋，通常这些蛋都是由雄性孵化的。雌鸵鸟产下大量蛋的事实可能解释了这种本能；但是，就像杜鹃一样，雌鸵鸟每两三天才产一次蛋。然而，美洲鸵鸟的本能尚未完善，因此在平地上撒满了数量惊人的鸵鸟蛋，所以在一天的狩猎中，我捡了不少于 20 个蛋，它们都是被丢弃和浪费的。

许多蜂是寄生的，总是将卵产在其他种类的蜂巢中。这种情况比杜鹃更引人注目；因为这些蜂不仅具有本能，而且根据其寄生习性改变了构造；因为它们没有花粉收集器官，而这种器官是它们为幼蜂储存食物必需的。同样，某些泥蜂科物种（类黄蜂昆虫）也寄生在其他物种上。法布尔最近给出了令人信服的理由，他说，尽管小唇沙蜂一般会自己制造巢穴并将猎物储存起来供幼虫食用，但是当这种昆虫发现一个泥蜂已经筑好并储存了食物的洞穴时，它会加以利用，临时在此处寄生。在这种情况下，就像牛鸟和杜鹃一样，如果对物种有利，并且被侵占巢穴的物种也不会因此而灭绝，自然选择会使偶尔的习性永久化，这一点很容易理解。

养奴本能 这种非凡的本能是休伯在红蚁中首次发现的，休伯作为观察家，比他的父亲更为出色。这个蚂蚁绝对依赖于它的奴隶；如果没有奴隶的帮助，该物种肯定会在一年内灭绝。雄蚁和可育雌蚁都不工作，工蚁或不育雌蚁尽管捕捉奴隶很有勇气和活力，但是并不会做其他工作。它们没有能力自己筑巢或喂养幼虫。当发现旧巢不方便并且必须迁徙时，是由奴隶决定迁徙，并实际上由奴隶将主人衔在嘴里带走。主人们是如此的无能，以至于当休伯在没有奴隶的情况下把其中的 30 只蚂蚁关在一起时，尽管给它们提供了大量的食物，并用幼虫和蛹来刺激它们工作，它们也什么都不做。它们甚至无法养活自己，许多蚂蚁因此饿死。然后，休伯放进去了一个奴隶即黑蚁，它立即着手工作，喂养并拯救了幸存者；黑蚁造出一些蚁房，抚养幼虫，然后将一切都整理得井井有条。有什么比这些已经确定的事实更加非同寻常的呢？如果我们不知道任何其他蓄养奴隶的蚂蚁，那么要推测这种本能是如何发展完善的将变得非常困难。

血蚁同样是由休伯首次发现的会蓄养奴隶的蚂蚁。该物种在英格兰南部被发现，大英博物馆的史密斯先生已经注意到了它的习性，我非常感谢他提供有关此问题和其他问题的资料。尽管我完全信任休伯和史密斯先生的资料，但还是试图以一种怀疑的心态来对待这个问题，因为任何人都可能会怀疑这种非同寻常和可恶的养奴本能。因此，我将详细介绍自己所做的观察。我打开了血蚁的 14 个巢穴，发现所有的巢穴都有几个奴隶。奴隶物种的雄性和可育雌性仅在它们自己的固有社群中被发现，从未在血蚁的巢中被发现过。奴隶是黑色的，并且体型不超过其红色主人的一半，因此外观上的差异非常大。当巢穴受到轻微干扰时，奴隶偶尔会出来，就像它们的主人一样烦躁不安，并捍卫巢穴；当巢穴受到极大干扰并且幼虫和卵暴露在外时，奴隶们会与主人一起积极地工作，将其带到安全的地方。因此，很明显，奴隶们感到像在自己家里一样舒适自如。在连续三年的六七月中，我曾在萨里郡和萨塞克斯郡对着数个巢穴观察了好几个小时，但从未见过奴隶离开或进入巢穴。因为在这几个月中，奴隶的数量很少，所以我认为奴隶数量更多时，它们的行为可能会有所不同。但是史密斯先生告诉我，他在 5 月、6 月和 8 月的各个时段，都在萨里郡和汉普郡观察过这些巢穴，但是从未见过奴隶出入巢穴，尽管在 8 月有大量奴隶存在。因此，他认为黑蚁是严格的家庭奴隶。另一方面，可以经常看到主人往巢穴里带入材料和各种食物。但是，在 1860 年 7 月，我遇到了一个蚁群，那里有大量的奴隶，而且我看到一些奴隶与主人混在一起，离开巢穴沿着同一条路朝约 22.8 米（25 码）远的一株高高的苏格兰冷杉行进，并一起往树上爬，可能是为了寻找蚜虫或胭脂虫。据曾做过大量观察的休伯说，在瑞士，奴隶习惯于与主人一起筑巢，并且独自在早晚开放门户。正如休伯明确指出的那样，它们的主要任务是寻找蚜虫。在两个国度的蚁群中，主人和奴隶的普通习性出现如此差异，可能仅仅因为在瑞士捕捉到的比在英国捕捉到的奴隶更多吧。

有一天，我有幸见证了血蚁从一个巢穴到另一个巢穴的迁移，这是一个最有趣的景象，可以看到主人小心翼翼地将奴隶衔在自己的下颚中，这一点和红蚁很不同。另一天，大约有 20 名血蚁在同一地点出没，显然不是在寻找食物，这引起了我的注意。它们慢慢接近奴隶物种（黑蚁）的一个独立社群，但是遭到激烈抵御。有时，好几只血蚁紧紧拉着黑蚁的腿。血蚁残酷地杀死了它们的小对手，把尸体当作食物送往了大约 26.5 米（29 码）远的巢穴，但是它们想抢夺黑蚁的蛹来培育成奴隶的计划却失败了。然后，我从另一个巢穴中挖出一小团黑蚁蛹，并将其放到战斗地点附近的空地上。血蚁很急切地抓住了黑蚁蛹，并把它们带走了，也许在幻想它们最终在战斗中胜利了。

同时，我在同一地方放了一小包另一个物种黄蚁的蛹，其中一些黄色小蚂蚁仍紧贴着巢穴的碎片。正如史密斯先生描述的那样，有时黄蚁也会被当成奴隶，尽管这种情况很少出现。黄蚁的体型很小，但它非常勇敢，而且我曾经看到它猛烈地攻击其他蚂蚁。在一个实例中，令我惊讶的是，在血蚁巢穴下面，我找到了一个独立的黄蚁群的巢穴，当我不小心扰动了这两个巢穴时，小黄蚁以惊人的勇气袭击了它们的大邻居。我很想知道血蚁是否能将它们习惯性当成奴隶的黑蚁，和那些很少被捕获的勇敢的小黄蚁区分开来。不过很明显的是，它们立即就能将二者区分开，因为我曾经看到血蚁急切地抓住遇到的黑蚁蛹，但是当它们碰到黄蚁的蛹或者黄蚁巢中的泥土时，都会立刻跑掉。在大约一刻钟之后，等所有的小黄蚁都离开之后，它们才振作起来并带走了蛹。

一天晚上，我观察了另一个血蚁群，发现许多这些蚂蚁进入巢穴时携带了许多黑蚁的尸体（这说明它们正在归巢而不是迁移）和蛹。我逆向追踪了带着战利品的蚁群，在大约四十码远的地方，一个石楠丛莽下，我看到了最后一只衔着蚁蛹出现的血蚁，但我无法在厚厚的石楠丛中找到被破坏的蚁穴。然而，这个巢穴必然近在咫尺，因为有两三只黑蚁在慌乱中奔涌出来，有一只蚁还衔着蚁蛹静静地停在石楠的小枝顶上，对巢穴被毁灭表现出了某种绝望的神情。

就蓄养奴隶的奇妙本能而言，这些都是事实，不需要我多加证明。这些事实让我们了解了，血蚁的本能习性与红蚁的本能习性形成了鲜明的对比。红蚁不会建立自己的巢穴，不能决定自己的迁徙，不为自己或幼蚁收集食物，甚至不能养活自己，这一切绝对依赖其众多奴隶。另一方面，血蚁拥有的奴隶数量要少得多，而且在夏季的初期，奴隶数量会更少。主人决定在何时何地建造新的巢，主人在迁移时会携带奴隶。在瑞士和英国，奴隶似乎都专门照顾幼虫，只有主人独自外出抢夺奴隶。在瑞士，奴隶和主人共同工作，筑巢和搬运材料；主奴一起照顾蚜虫，并且都会为蚁群收集食物。在英国，主人通常独自离开巢穴，为自己、奴隶和幼虫收集建筑材料和食物。因此与瑞士相比，英国的主人从奴隶那里得到的服务要少得多。

我不会妄加猜测血蚁的这种本能是通过什么步骤来形成的。但是，正如我所见，由于不是蓄养奴隶的蚂蚁，如果有些蛹散布在它们的巢穴附近，它们也会带走蚁蛹，那么原本作为食物储存的蚁蛹可能会发育；这样，无意中被养育的蚂蚁便会遵循自己的本能，并尽其所能工作。如果事实证明它们的存在对抓捕它们的物种有用，如果对捕获该物种的工蚁比繁殖工蚁更有利于该物种，那么就可以通过自然选择来加强最初为食物而采集蚁蛹的习性，并转变为完全不同且永久化蓄养奴隶的目的。一旦获得了这种本能，即使其作用甚至比英国血蚁要少得多，正如我们已经看到的那样，英国血蚁来自奴隶的帮助比瑞士的同类要少，自然选择也会增加并改变这种本能。如果总是假设每种变异都对物种有用的话，自然选择就会让这种本能一直加强，直到像红蚁一样完全依赖于其奴隶。

蜜蜂筑巢的本能　在这里，我不准备详细讨论该问题，而只是概述我得出的结论。除非是一个愚钝的人，否则只要看到了蜂巢的精美结构能够如此巧妙地适应它的目的，无不引起强烈的钦佩！我们从数学家那里获悉，蜜蜂实际上已经解决了一个深奥的问题，它们所造的蜂房形状合适，可以容纳尽可能多的蜂蜜，而在建造时消耗的蜂蜡最少。有人指出，即使熟练的工人用最合适的工具和计算器，也很难制造出真正形状的蜂房，尽管这完全是由一群在黑暗的蜂巢中工作的蜜蜂建造的。不管出于何种本能，乍一看，似乎很难想象蜜蜂们是如何制作所有必要的角度和平面的，甚至无法感知蜂房的制作是否正确。但是难度可能并不像刚开始那么大，我认为，可以通过一些非常简单的本能来说明所有这些精美的工作。

沃特豪斯先生带领我研究了这个问题，他证明了蜂房的形态与相邻蜂房存在密切相关；以下观点也许只能被视为对他的理论的修正。让我们看一下伟大的级进原理，看看大自然是否向我们揭示了它的工作方法。某个简短系列的一端是一些土蜂，它们使用旧茧来盛放蜂蜜，有时还会在其中添加蜡质短管，并且也会制作独立且非常不规则的圆形蜡质蜂房。该系列的另一端是双层的蜂房，众所周知，每个蜂房都是一个六边形棱柱，其六个侧面的底边都斜切成斜角，以便连接由三个菱形组成的倒锥体。这些菱形具有一定的角度，并且三个菱形在蜂巢的一侧构成一个蜂房锥体底面的三条边，正好形成反面三个连接的蜂房的底部。在蜜蜂极度完美的蜂巢与土蜂极度简单的蜂巢之间，有一个中间类型，就是墨西哥蜂的蜂房。休伯曾仔细地描绘过这种蜂房。墨西哥蜂的身体构造也处在蜜蜂和土蜂之间，但与后者之间关系更近。墨西哥蜂可以建造近乎规则的圆柱状蜡质组成的蜂巢，在小的蜂房中孵化幼虫，此外，还有一些大的蜂房用来储存蜂蜜。大的蜂房几乎是球形的，并且大小几乎相等，聚集为不规则的块。但是需要注意且很重要的一点是，这些蜂房始终以彼此接近的程度制成，如果球体已完成，它们将相交或破碎。但这是绝对不允许的，蜜蜂会在球体之间建立起完美平坦的蜡壁以易于彼此相连。因此，每个蜂房都由一个外部球形部分和两三个或更多的完美蜡壁组成，蜡壁的个数由相邻接的蜂房个数来决定。当一个蜂房与其他三个蜂房相接时，由于球体的大小几乎相同，这三个平面往往或必然会合为一个棱锥体，正如休伯所说，这个棱锥体显然与蜜蜂蜂房底部的三边锥体大致相似。就像在蜜蜂的蜂巢中一样，在这里，任何一个蜂巢中的三个平面必然会是三个邻接蜂巢的一部分。很明显，墨西哥蜂通过这种方式节省了蜂蜡，更重要的是节省了劳动力。因为相邻小室之间的蜡壁不是双层，而是具有与外部球形部分相同的厚度，但是每个蜡壁都成了两个蜂房的一部分。

考虑到这种情况，如果让墨西哥蜂蜂巢的球体彼此间隔一定距离，并且大小相等，对称地将它们排列成双层，那么最终的构造可能就与蜜蜂蜂巢一样完美了。因此，我写信给剑桥的米勒教授，做了一下陈述，这位几何学家认真地阅读了之后，告诉我这是完全正确的。

如果画出多个相等的球体，其中心位于两个平行面上；每个球体的中心与周围同层球心的距离等于或者小于半径的$\sqrt{2}$倍，即半径乘以 1.41421（或更小距离），并且与另一个层面上的球心距离相同；如果在两层中的几个球体之间形成相交平面，则将形成一个双层六边形棱柱，其底部由三个菱形组成的角锥体的底面连合而成。菱形和六边形棱柱侧面的每个角度，都与精确测量蜜蜂蜂房所得的角度相等。但是怀曼教授告诉我，他曾认真做过许多测量，人们过分夸大了蜜蜂所做蜂房的精确度，因此，无论蜂巢的典型形状是什么样的，真的要达到这样的精确度也是很困难的。

因此，我们可以肯定地得出结论，如果可以完善墨西哥蜂已经拥有的不太完美的本能，那么这只蜂将筑造出像蜜蜂一样完美的蜂巢。我们可以想象，墨西哥蜂能够建造出真正球形并且大小相等的蜂房，这并不奇怪。因为它已经在一定程度上做到了这一点，并且我们还知道，有许多昆虫显然可以通过绕着固定点旋转，从而在树木中建成完美的圆柱形洞穴。我们同样也可以想象到，墨西哥蜂已经可以排列出圆柱形蜂房，那它也有能力把蜂房排成平层的。我们必须进一步假设，这也是最困难的，那就是墨西哥蜂能够以某种方式准确地判断，当数只蜂同时建造多个球形蜂房时，蜂房之间应该保持多远的距离。但到目前为止，墨西哥蜂已经能够很好地判断距离了，因为它总是让球形在一定程度上相互交叉，然后通过完整的平面将相交点合并在一起。本能的这种变异本身并不十分奇妙，我相信，蜜蜂通过自然选择获得了独特的筑巢能力。

我们可以通过实验来检验这个理论。仿照特格特迈尔先生的实验，我分开了两个蜂巢，并在它们之间放了一条长而厚的方形蜡板。蜜蜂立即开始在其中挖掘微小的圆形凹坑，随着它们不断加深这些小凹坑，小凹坑也越来越宽，直到被转换成与蜂房直径大体相同的浅盆形，看起来是球形的一部分。对我而言，最有趣的是，无论有多少只蜜蜂开始在附近一起挖掘这些小凹坑，它们都彼此相距一定的距离开始工作，以使这些盆形凹坑在获得上述宽度（即大约正常蜂房的宽度）时，凹坑的深度大约是形成球体直径的 1/6，这时盆形凹穴的边缘就会彼此相交，或彼此穿通。一旦发生这种情况，蜜蜂就停止挖掘，并开始在凹坑之间的相交线上筑起平坦的蜡壁，从而使每个六边形棱柱都建在平滑的扇形边缘上，而不是建造在角锥体的三条直边上。

然后，我将一块细而窄的方形蜡板放在蜂巢中，代替上面所说的长方形厚蜡板，新蜡板如刀刃，上面涂有朱红色的颜料。然而，蜜蜂并没有受到影响，它们在适当的时候停止挖掘。凹坑一旦加深一点，就会出现平坦的底部。这些平坦的底部是由未被咬去的薄朱红色蜡板形成的，用肉眼判断，它们正好位于蜡片反面浅盆之间想象的交切面上。在不同部分中，两个凹坑之间剩下的菱形板块有大有小，可见，在非自然状态下，这项工作做得不是十分精致。蜜蜂环绕咬着并加深两侧的凹坑时，必须在朱红蜡板的另一侧以几乎相同的速度工作，这样才能成功地在盆形凹穴之间留下平面，以便正好停在相交平面处工作。

考虑到薄蜡片的柔韧性，蜜蜂在蜡片的两侧工作时一定会在适当的位置停止工作。在普通的蜂巢中，在我看来，蜜蜂并不总是能够以相对相同的速度成功地在两侧进行工作。因为我注意到，一个蜂巢的底部尚有完成了一半的菱形，略微凹向另一侧，我认为是因为这一面的蜜蜂的工作速度太快，而对于凸出的那一侧来说，蜜蜂的工作速度则较慢。有一个明显的例子。我将蜂房放回蜂巢中，让蜜蜂继续工作一小段时间，然后再次检查，发现菱形壁已经完成，并且变得非常平坦。由于菱形小板的极薄性，绝对不可能通过咬掉凸面来达成这个效果。我怀疑在这种情况下，蜜蜂会站在对面的蜡壁前，将温热的可延展的蜡（按照我的尝试很容易做到）推入适当的位置，然后将其弄平。

从朱红蜡块的实验中，我们可以清楚地看到，如果蜜蜂要为自己建造一层薄薄的蜡壁，它们可以通过彼此间隔适当的距离来制造出适当形状的蜂房，以相同的速度开挖，并尽力制作相等的球形凹陷，但决不允许球体彼此穿透。现在，通过观察正在制造中的蜂房的边缘可以清楚地看到，蜜蜂确实首先在整个蜂巢周围形成了粗糙的围墙或边缘，然后它们从相反的方向咬凿，不断加深每个蜂房。它们不会同时构成任何一个蜂房的整个三面椎体的底面，而是先仅增长最边缘一个或者两个菱形板（视情况而定）；直到六面的壁开始出现时，它们才完成菱形板的上边缘。其中一些陈述与公正的休伯先生所做的陈述有所不同，但我坚信它们的准确性。如果有足够的篇幅，我可以证明，这些事实符合我的理论。

据我所见，休伯的说法是，第一个蜂房是从一面平行的蜡壁中挖出的，这一说法并不完全正确；因为开始存在一个小蜡兜，但我不会在这里做详细说明。我们看到了挖掘在蜂房的建造中起着多么重要的作用；但是，假设蜜蜂无法在适当的位置（即沿两个相邻球体之间的相交平面）建立粗糙的蜡壁，就无法建立完善的蜂房。我有几个标本清楚地表明，蜜蜂可以做到这一点。在粗糙的围墙边缘或蜂巢周围的蜡壁中，有时也可能会观察到弯曲，其位置与未来蜂房地面的菱形壁板对应。但是在任何情况下，粗糙的蜡壁都必须通过两侧的咬凿工作才能变得精致光滑。蜜蜂的建造方式令人好奇，它们总是使最初建造的蜂房壁比最终完成的蜂房壁厚 10 到 20 倍。我们要了解蜜蜂是如何工作的，首先要设想泥瓦匠将水泥堆成一堵宽阔的墙基，然后在靠近地面的两侧切掉相等的水泥，直到中间留下光滑而薄的墙为止。泥瓦匠总是将切下来的水泥和新水泥和在一起，然后又堆在墙壁的顶上，让墙壁逐渐增高，但是墙壁的最上面会有一个厚大的顶盖。因此，所有的蜂房壁，无论是刚开始建造的，还是已经完成的，上面总有一个坚固的蜡盖。这样，蜜蜂可以在蜂巢上成群地爬行，而不会损坏精致的六角形壁。米勒教授曾经测量过，蜂房壁的厚度并不一样，巢边缘经过 12 次测量后得出的平均厚度为 0.07 毫米（1/352 英寸），而底部的较厚菱形板的平均厚度是 0.11 毫米（1/229 英寸），二者的厚度比值接近 2∶3。通过这种奇特的方式来建造蜂巢，消耗的蜡最少，而且可以使蜂巢更坚固。

许多蜜蜂都一起工作，想知道它们是如何建造蜂房的，似乎有难度。一只蜜蜂在一个蜂房短时间工作后又去了另一个蜂房，因此，正如休伯所说，在第一个蜂房开始建造时，已经有 20 多只蜜蜂在此工作过。实际上，我可以证明这一事实的正确性。用一层非常薄的熔化朱红色蜡片覆盖整个蜂房的六角形壁，或者覆盖正在建造的蜂巢的外端边缘，从而发现，颜色被细腻地散布开来，就像漆匠刷过的那样，这是因为蜜蜂取出了有色蜡质微粒，然后将它们加工分散到周围的蜂房壁上了。在许多蜜蜂之间，建造蜂房的工作似乎是均衡分配的，它们本能地以彼此相等的距离站立，挖掘大小相等的球穴，然后建立或保留它们之间的相交平面。让人很惊奇的是，在遇到困难的情况下，例如当两个蜂巢以一定角度相遇时，蜜蜂通常会将已建好的接触处的蜂房拆除，并以不同的方式重建一个蜂房，有时会恢复为最初被建造的样子。

当蜜蜂有一个适当的位置，可以站立此处进行工作时，例如，向下建造的蜂房正下方有一块木板时，那么，必须将蜂巢建在木板的上方，在这种情况下，蜜蜂可以在完全合适的位置铺设一个新的六面体的壁的基础，并突出到早已建好的蜂房外面。只要足以使蜜蜂彼此之间以及与最后完成的细胞壁之间保持适当的相对距离，然后凿掘假想的球体，便可以在两个相邻球体之间建造中间的壁；但是据我所知，直到该蜂房和相邻蜂房的大部分都已建成为止，蜜蜂是绝对不会修理蜂房的角落的。在某些情况下，蜜蜂在两个刚起步的蜂房之间建造墙壁的能力很重要，因为它涉及一个事实，那就是在黄蜂蜂巢最边缘的细胞有时是严格的六角形；乍一看，这似乎与上述理论不相符，但是我现在不想讨论这个问题。在我看来，单独一只昆虫（如黄蜂）制造六角形蜂房，似乎也不是一件难事，只要它在两三个同时开始建造的蜂房内外交替工作，并且在刚开始建造时使这些蜂房保持适当的距离，凿掘球体或圆柱体，并建立中间的壁就可以了。

由于自然选择仅是通过对构造或本能的微小变异的积累起作用，每一种构造或本能在其生存条件下对个体都是有利的，因此就有理由问，经过变异的筑巢本能如何长期延续地逐步发展，如何使蜜蜂的祖先受益呢？这个问题不难回答：众所周知，蜜蜂常常很难获得足够的花蜜。特盖特迈耶先生告诉我，他在实验时发现，蜂巢中每分泌 0.45 千克（1 磅）蜡就会消耗不少于 5.44~6.80 千克（12~15 磅）的干糖；因此，蜜蜂必须收集并消耗大量的花蜜，以分泌出建造蜂巢所需的蜡。此外，许多蜜蜂在分泌过程中必须保持许多天不工作。为了在冬季养活大量蜜蜂，储存大量的蜂蜜是必不可少的，并且我们知道，蜂巢的安全性主要取决于蜂群的数量。因此，通过大量节省蜡来节省蜂蜜以及蜜蜂采蜜的时间，必定是任何蜜蜂家族成功的最重要因素。当然，任何种类蜜蜂的成功都可能取决于其寄生虫或其他敌人的数量，或者取决于完全不同的原因，这些都与蜜蜂可以收集的蜂蜜数量无关。但是，让我们假设，蜂蜜的数量决定了一个地区可能存在的蜂群的数量；如果该蜂群要度过整个冬季，就需要储存一定量的蜂蜜。在这种情况下，如果蜂的本能稍有变异，使蜡质蜂房靠在一起，并且使其相交于一点，这将对整个蜂群有利，因为如果两个相邻的蜂房共用一个墙壁，可以节省一些劳力和蜡。因此，如果蜜蜂的蜂房越来越规则，并且越来越紧密地聚集在一起，就像墨西哥蜂的蜂房一样聚集成团，这将对蜂群越来越有利。因为在这种情况下，每个蜂房的大部分边界表面将与相邻的蜂房共用，可以节省很多劳力和蜡。出于同样的原因，如果墨西哥蜂使自己的蜂房更加紧密，并且在各个方面都比目前更加规则，那对墨西哥蜂来说是有利的。因为正如我们看到的，球形表面将完全消失，全部由平面替代，墨西哥蜂的蜂巢就会像蜜蜂巢一样完美。这样完美的构造，自然选择是无法做到的。因为据我们所见，蜜蜂的蜂巢在节省蜡质和劳动力方面是绝对完美的。

正如我相信的，所有已知本能中最美妙的本能，例如蜜蜂筑巢的本能，都是自然选择保留了简单本能并经历无数次连续且轻微的变异而形成的。经过缓慢的过程，自然选择可以越来越完美地使蜜蜂在双层上建造距离相等且大小相等的球体，并沿相交平面积聚并挖掘出蜡壁。当然，蜜蜂并不知道它们彼此之间以特定距离在凿掘球体，就如它们不知道六边形棱柱和基底菱形板的角度是多少一样。自然选择过程的动力在于尽量节约劳动力和蜡的同时，建造出具有应有强度、适当大小和形状的蜂巢。如果一个蜂群能够使用最少的劳动力、最少的蜂蜜建造出最好的蜂房，这样就能取得最大的成功。并且，蜜蜂通过遗传还会将其新获得的节约本能传递给新的蜂群，而这些蜂群又将有最大的机会在生存斗争中获得胜利。

反对把自然选择学说应用于本能上的理由：中性的和不育的昆虫

对上述本能起源的观点，有人曾反对："构造和本能的变异一定是同时发生的，并且相互之间是密切协调的，如果一方发生变异的同时另一方没有立即产生相应的变异，就会导致死亡。"这种异议的说服力完全是建立在构造和本能的变异都是突然发生这一假设上。前面章节谈到的大山雀能够作为例子。这种鸟经常站在树梢上，用双脚夹住紫杉的种子，用喙去啄，直到啄出种仁。鸟的喙在形状上出现的有利而微小的变异都通过自然选择得以保存，这样喙越来越适合啄破这类种子，直到形成完全适应这种目的的具有完美构造的喙。与此同时，习性，或强迫，或嗜好的自发变异，导致这种鸟逐渐成了一种食用种子的鸟。用自然选择学说对此进行解释完全没有任何困难。在这个例子中，假设习性或嗜好先开始缓慢地发生变化，然后通过自然选择，喙才慢慢地发生变化。然而，假设大山雀的脚和喙有关，或由于其他未知的原因发生了变异而逐渐变大，脚的增大可能会增强这种鸟的攀缘能力，直至获得像大山雀那样显著的攀缘能力和力气。之所以如此，是设想由于构造的逐渐变化导致了本能习性的变化。再举一个例子：生活在东方岛屿上的雨燕，全部用浓缩的唾液来建造巢穴，很少有比这更奇异的本能了。有些鸟类用泥巴筑巢，可以断定其中混有唾液。我看到北美洲的一种雨燕，用唾液将小枝甚至是碎枝粘起来筑巢。那么，自然选择通过对分泌唾液越来越多的雨燕个体产生作用，最终便会产生一种物种，具有专门用浓缩的唾液而不用其他材料筑巢本能，这也是有可能的。其他情况也是如此，但是我们必须承认，在众多事例中，我们还没有办法确定，究竟是本能还是构造先发生了变异。

毫无疑问，许多很难解释的本能可能会与自然选择理论相抵触。例如，我们无法了解有些本能是如何起源的；不存在中间过渡状态的情况；有些本能的重要性显然如此微不足道，以至于自然选择几乎不可能对它们产生作用；在自然界如此遥远的动物中，本能的情况几乎相同，以至于我们无法通过从共同祖先遗传来解释它们的相似性，因此必须承认它们是通过独立的自然选择行为获得的。我不会在这里讨论这几种情况，而是要集中讨论一个特殊的难点，这在我最初看来是无法克服的，并且对我的整个学说是致命的。我指的就是昆虫群落中的中性个体，即不育的雌性：因为这些中性个体的本能和构造，通常与雄性和可育雌性差异很大，而且由于不育，它们无法繁殖后代。

这个问题值得详细讨论，但在这里我仅举一个例子，即不育的工蚁。如何使工蚁处于不育状态是一个难点，但不比其他任何明显的构造变异更难；因为可以证明自然状态下的某些昆虫和其他具关节的动物有时也会变得不育。如果这种昆虫是社会性昆虫，每年有一定数量的个体有工作能力，但无繁殖能力，并且能使群体从中获利，那么实现这个结果对自然选择来说就没有很大的困难。最大的困难在于，工蚁在构造上与雄性和育性雌性都大不相同，例如胸腔的形状、没有翅膀、有的没有眼睛，以及在本能上也不同。就本能而言，工蜂与完整雌性之间在这方面的巨大差异，蜜蜂就是很好的例子。如果工蚁或其他中性昆虫是处于正常状态的动物，我应该毫不犹豫地假设其所有特征都是通过自然选择而慢慢获得的；就是说，个体出生时对构造进行了一些稍微有利的变异，这种变异又被其后代遗传，后代又发生变异，然后又被选中，依此类推。但是，工蚁就大不相同了，它与它的父母差异很大，又是绝对不育，因此它永远不可能将其构造或本能上连续获得的变异传递给它的后代。有人可能会问，这种情况怎么会符合自然选择学说呢？

首先，要记住，无论是家养状态下的物种，还是自然状态下的物种，有无数种例子可以证明，被遗传的各种各样的构造上的差别，都与某些年龄和性别有关。我们已知的差异不仅与性别有关，而且与生殖系统活跃时的那个短时期有关，例如许多鸟类交配时节的婚羽和雄鲑的钩状颚。经过人工阉割的公牛，不同品种的牛角可能略有不同；某些品种被阉割的公牛牛角的长度，与相同品种正常公牛或母牛的牛角相比，要比其他品种被阉割的公牛的牛角要长。因此，在昆虫群落中，某些个体的任何性状变得与不育状况相关联，并没有多大的难点，难点在于了解如何通过自然选择缓慢积累这种相关的构造上的变异。

这种困难虽然看起来无法克服，当我清楚自然选择可能既适用于个体，也适用于整个家系，并且因此可以达到预期的目的时，难度便会减轻了，或者如我相信的，难点会消失。牛的饲养者希望肉和脂肪能很好地融合在一起；虽然具有这种特征的牛已被宰杀，但育种者相信可以从这牛的原种育出，并且获得了成功。我对自然选择的能力充满信心，所以我毫不怀疑，仔细观察哪些公牛和母牛在配对会生产出牛角最长的去势公牛，从而慢慢就能培育出总是生产牛角特别长的牛的品种，虽然从来没有去势公牛繁殖过自己的后代。这里有一个确切的而且更好的例证，据弗洛特说，一年生重瓣紫罗兰的某些变种，经长时间认真地选择，到适当的程度时，产生的幼苗常常会开出许多重瓣而不育的花，但它们也会产生一些单瓣和可育的植株。只有这单瓣可育的植株才可以繁衍这个变种，可将其比作可育的雄蚁和雌蚁，而重瓣不育的植株则相当于那些中性的工蚁。无论是紫罗兰的这些变种，还是社会性的昆虫，选择的目的不是有利于个体，而是有利于整个家系。因此我认为，对于社交型昆虫来说，与社群中某些个体不育相关的构造或本能的轻微变异对社群是有利的，同一社群中可育的雄性和雌性因此而蓬勃发展，并向它们的可育后代传递了产生具有相同变异的不育成员的趋势。我相信这个过程已经重复了无数次，直到在同一物种的可育和不育雌性之间产生了巨大的差异，正如我们在许多社会型昆虫中看到的那样。

但是我们还没有触及困难的顶峰，有几种蚂蚁种，不育的工蚁不仅与可育的雌性和雄性不同，而且彼此之间也有差异，有时会达到几乎不可思议的程度，因此可以被分为两个或三个等级。而且，不同等级通常区别很明显，但是往往缺乏渐进的特征，彼此的区别就像同属中的任何两个种，或者像同科中的任何两个属。因此，埃西顿蚁的中性蚁有工蚁和兵蚁两种，它们的颚和本能都截然不同；隐角蚁工蚁只有一个级，头上有一种奇妙的盾牌，这种盾牌的用途还鲜为人知；在墨西哥壶蚁中，有一种工蚁永远不会离开巢穴，由另一级别的工蚁喂养，并且它们的腹部发达，可以分泌一种汁液，代替了蚜虫的分泌物；这些蚜虫被视作能提供食源的“奶牛”，欧洲的蚁类通常会将它们看守和圈养起来。

如果我不承认这样奇妙而确定的事实可以立即摧毁我的学说，确实有人会以为，我对自然选择的原理太自负了。在较简单的中性昆虫案例中，中性昆虫只有一个级，我相信这完全有可能是由于自然选择的作用，导致中性昆虫不同于可育的雄性和雌性，在这种情况下我们可以确认，从一般变异类推来看，每个连续的、轻微的、有利的变异，可能最初都不会出现在同一个巢的所有中性个体中，而是发生在个别中性个体上。这样的群体才能更好地存活下来，通过长期选择能育出更多中性后代的可育雌性，让它们产生有利变异，最终才使所有中性个体都具有了相同的变异特征。根据这种观点，我们偶尔应该在相同的巢中发现相同物种的中性昆虫，它们呈现出不同级别的构造，而且我们确实发现过，由于很少有欧洲以外的中性昆虫被仔细研究过，甚至可以说这种情况并不罕见。史密斯先生已经证明了，有几种英国蚂蚁的中性个体在大小和颜色上的差异令人惊讶，而且极端类型有时可以由同一巢穴中的个体完美地链接在一起。我自己比较了这种完美的级进类型，经常发现体型较大或较小的工蚁最多，或这两种体型的数量都很多，而中等大小的数量很少。黄蚁的大小不一，中等大小的个体比较少。并且，正如史密斯先生观察到的，在这个物种中，较大的工蚁有单眼，虽然眼睛很小，但可以清楚地区分，而较小的工蚁则只有单眼的残迹。在仔细剖析了这些工蚁的几个标本之后，我可以断言，较小工蚁的眼睛已经高度退化了，无法通过按体型比例缩小解释。我完全相信，尽管我不敢这么肯定地断言，中等工蚁的单眼正好处于中间状态。因此在同一巢穴中，我们可以发现两种不同的中性工蚁，不仅大小不同，而且视觉器官也各不相同，但却可以通过中间状态的少数几个个体连接起来。我可能要补充一点，如果较小的工蚁对社群最有用，并且不断选择那些可以生育较小不育后代的雄性和雌性，那么就会产生越来越多的较小的工蚁，直到所有工蚁都成为这个状态为止。那么就应该形成了一种与褐蚁属中的中性个体几乎完全相同的中性蚂蚁物种。对褐蚁属的工蚁来说，甚至没有单眼的痕迹，尽管该属的雄蚁和雌蚁都有发达的单眼。

我还可以举另一个例子：我很自信地期望在同一物种的中性不同级不育个体之间，发现重要构造上的中间过渡类型，所以我很高兴地利用史密斯先生提供的来自西非驱逐蚁同一巢穴的大量标本。我不提供实际测量值，而是给出严格准确的说明，读者也许会最好地理解这些工蚁之间的差异。这些，就像我们看到一群工人在盖房子一样，有些工人高 1.63 米（5 英尺 4 英寸），有些工人高 4.88 米（16 英尺）。但是我们必须假设，较大工人的头比较小工人的不止大 3 倍而是 4 倍，而颚几乎是 5 倍。而且，几种大小的工蚁，在颚的形状、牙齿的形状和数量上都非常不同。但是对我们来说最重要的事实是，尽管可以将工蚁分为不同大小的级别，但它们之间的差别是很难清楚区分的，即使差别极大的颌骨构造也是如此。我对谈论工蚁的颚充满信心，因为拉伯克爵士曾把我解剖的几种大小不同工蚁的颚描绘出来了。

有了这些事实，我相信，自然选择通过对有生育能力的雌雄蚁发挥作用，会形成一个应该习惯产出体型大而具有某种形态颚的中性后代的物种；或习惯产出体型小而具有不同构造的颚的中性蚁；或者习惯于能同时产出两群具有不同大小和构造的工蚁；最后一点是我们最难弄清楚的，像驱逐蚁一样，首先形成了一个级进系列，然后通过自然选择使它们的父母得以生存，产生了越来越多的两个极端类型的个体，直到没有中间类型的存在。

华莱士和米勒两位先生曾对同样复杂的例子分别提出了相似的说明。华莱士的例子是，某种马来西亚的蝴蝶的雌体，通常表现为两种甚至是三种差异明显的类型。米勒所举的例子是，一种巴西的甲壳动物也有大不相同的两种雄体类型。但没有必要在此讨论这个问题。

因此，正如我相信的，起源于同一巢穴中的两个级进分明的不育工蚁的奇妙事实已经出现，它们彼此之间以及与父母之间都存在很大差异。我们可以看到，正如分工对文明人有用的原则一样，它们的产生对蚁类社群有很大用处。由于蚂蚁是通过遗传本能和工具或器官，而不是通过获得的知识和制造的工具来工作的，因此只有通过保持不育工蚁的存在，蚂蚁才能实现完美的分工。我相信，自然通过选择的方式在蚁群中实现了令人钦佩的分工。但是我必须承认，以我对这一自然选择原理的全部信念，如果没有这些中性昆虫的案例使我相信这一事实，我绝对不会想到自然选择会如此高效。因此，为了显示自然选择的力量，我以很少但完全不足的长度讨论了这种情况，同样，因为这是我的学说遇到的最严重的特殊困难。这种情况也是非常有趣的，因为它证明了动物和植物一样，构造的任何变异量都可以通过大量细微的（我们必须称其为偶然的）有利变异的积累来实现，而不是通过训练或习性的作用。在一个社群中不育个体的习性，无论经过多长时间，也不可能会影响到这些可育成员的构造或本能。令我惊讶的是，没有人利用这一著名的中性昆虫案例，去反对拉马克提出的“获得性遗传”的学说。

摘要

在本章中，我简要地说明了家畜的智力性能是可以产生变异的，并且这些变异是可以遗传的。我试图更简单地证明本能在自然状态下也会发生轻微变异。没有人会质疑本能对任何动物都至关重要。因此，在生存条件变化的情况下，自然选择作用可以将任何本能上的微小有利变异积累到任何程度，这没有什么真正的困难。在某些情况下，习性或器官使用和不使用可能发挥了作用。我不敢说本章中给出的事实在很大程度上增强了我的学说；但据我判断，所有困难情况都没有摧毁它。另一方面，本能并不总是绝对完美的，而且容易出错。没有专为其他动物的利益而产生的本能，但每种动物都利用了其他动物的本能。自然历史中的“自然界没有飞跃”这一格言既适用于本能又适用于身体构造，可以简洁明了地解释在上述观点，如果不是这样的话，那就无法解释了。所有这些事实都更加巩固了自然选择学说。

关于本能的其他事实也加强了这一学说，就像栖息在世界上相距遥远的地区，并且生活在截然不同的生存条件下，亲缘关系紧密的不同物种，通常却保持几乎相同的本能一样。例如，我们可以通过遗传原理来理解，为什么南美洲热带的鸫与英国的鸫一样用泥巴筑巢；为什么非洲和印度的犀鸟都具有这样的本能：把雌鸟用泥封在洞内，雄鸟从封口处留的小孔来饲喂雌鸟及孵出的幼鸟？为什么北美鹪鹩和欧洲的鹪鹩都是雄性筑巢，这种习性完全不同于其他任何已知的鸟类。最后，这也许不是逻辑上的推论，但是据我的想象，这种看法更令人满意，即把这些本能——即年幼的杜鹃会将其义兄弟挤出巢外，蚂蚁蓄养奴隶，姬蜂的幼虫寄生在活的毛虫体内等——不是特别赋予或创造的本能，而是一种普遍法则的微小后果，这一法则导致所有生物的演变，即繁殖、变异，让最强者生存和最弱者死亡。

The Origin of Species

第九章

杂种性质

初始杂交不育性和杂种不育性的区别

博物学家普遍认为，物种相互交配时具有不育性，以防止物种之间混杂。这种观点乍看之下是有可能的，因为如果一个地区的物种能够自由杂交，那么它们几乎不可能保持不同。这个问题对我们来说很重要，尤其是首次杂交时的不育性和其杂种后代的不育性，对物种来说可能没有任何好处，因此不能通过保持连续有利的不育性获得，不育性是由亲本物种获得性差异所附带的。

在处理这个问题时，有两类事实在很大程度上有根本的不同，但是人们通常会将它们混在一起，即两个物种首次杂交时的不育性和由它们产生的杂种的不育性。

纯种当然具有处于理想状态的生殖器官，但是进行种间杂交时，它们几乎不会或者很少产生后代。另一方面，从植物和动物的雌性生殖质可以看出，杂种的生殖器官在功能上是无效的，尽管据显微镜显示，它们生殖器官本身的构造是完善的。在第一种情况下，形成胚胎的两个雌雄生殖器官都是完善的。在第二种情况下，它们要么根本不发育，要么发育不完善。当必须考虑两种情况共同的不育性原因时，这种区别就很重要。由于这两种情况的不育都被视为特殊的天赋，超出了我们的理解能力范围，因此往往忽略了它们的区别。

在我的学说中，变种被认为是起源于同一个物种的不同形式，不同变种间杂交的可育性以及杂种后代间杂交的可育性，与物种间杂交的不育性同等重要，因为它似乎在变种和物种之间做出了明确的区分。

不育性的程度

首先，我们来看看物种间杂交的不育性及其杂种后代的不育性。有两位尽职尽责且令人钦佩的观察家科勒特和盖特纳，他们几乎一生都致力于研究这个问题，只要读过他们的回忆录和著作的人，都会对某种程度不育现象的高度普遍性有深刻的印象。凯洛依德使这个规则普遍化了，但随后在 10 个案例中，他发现有两种类型（大多数作者认为是不同的物种）杂交后是可育的，因此他毫不犹豫地将它们归为变种。盖特纳也使该规则普遍化了，但他对凯洛依德 10 例中的完全可育性表示怀疑。在这种情况以及其他许多情况下，他必须对种子的数目进行统计，以表明存在一定程度的不育性。他总是将两个物种初次杂交后产生的最大种子数以及它们的杂交后代产生的最大种子数，与两个纯种亲本在自然状态下产生的平均种子数进行比较。但是在我看来，这将导致一个严重的错误，原因就是：要杂交的植物必须被去势，而且必须被隔离，以防止其他植物的花粉被昆虫带过来。盖特纳实验的几乎所有植物都是盆栽的，而且被保存在他家的一个房间里。毫无疑问，这些过程通常会危害植物的可育性；因为盖特纳用了 20 种已去势的雄性植株，并用它们自己的花粉人工授精，除了公认的操作困难的豆科植物外，其中一半植物的可育性在一定程度上受到了损害。此外，最杰出的植物学家都将常见的红花蘩缕和蓝花蘩缕列为变种，但是盖特纳在反复杂交之后，发现它们完全不育。我们很可能会质疑盖特纳的结论，即怀疑许多物种在杂交时是否真的如此不育？

可以肯定的是，一方面，各个物种杂交时的不育程度差异很大，并且是以难以察觉的速度缓慢消失的；另一方面，纯种的繁殖力很容易受到各种环境的影响，很难确定可育终端与不育开端的界限。我认为，科勒特和盖特纳这两个最有经验的观察者的例子是最好的证据，他们就同一物种得出了截然相反的结论。对比这两位植物学家的证据、不同杂交者根据可育性提出的证据，或由同一观察者根据不同年份进行的实验得出的证据，很有启发。可以证明，不育性和可育性都无法明确区分物种和变种；但是来自这方面的证据越来越少，并且与来自其他方面的证据同样值得怀疑。

关于杂种后代的不育性，尽管盖特纳能够培育一些杂种，小心地保护它们免于与亲本的杂交，这样培育六七代，甚至是到第十代，但他肯定地说，杂种的可育性从未增加，反而大大降低了。对于这种情况，最初我们可能注意到，如果杂种的两个亲种都在构造或体质上出现任何偏差，遗传给后代时往往会增强，并且在一定程度上会影响杂种植物的两性生殖质。不过我相信，在这些实验中，可育性都是由于另外一个原因降低的，即由近缘杂交而导致的。我搜集了许多事实，都表明近缘类型的交配会降低后代的可育性；另一方面，偶尔与不同的个体或变种杂交会增强可育性，我无法怀疑这种观点的正确性。实验学家很少培育出大量的杂种，由于亲种或其他近缘杂种通常生长在同一花园中，在开花季节必须谨慎地防止昆虫的到来。因此，杂种通常在每一代中都是自花授粉的；我坚信，这将对它们的可育性造成伤害，因为源于杂种的情况本身已经降低了它们的可育性。盖特纳一再声明，即使是可育性较低的杂种，如果用相同类型的杂种花粉人工授精，尽管其操作频繁会带来不良影响，但它们的可育性有时还是会明显增强，并逐代持续增强。现在，在人工授精中，花粉是来自另一朵花还是来自本身要受精的花，机会是均等的（据我自己的经验，确实如此）。这样一来，虽然可能生长在同一株植物上，但两朵花之间却可以杂交。此外，每当进行复杂的实验时，盖尔纳都会小心翼翼地去掉杂种的雄蕊，这将确保每一代植株都能与同一植物的另一朵花或者同一变种不同植株的花的花粉杂交。因此我认为，人工授精杂交后代的可育性代代增强与自发自花受精的结果正好相反，这一奇怪事实是为避免近缘杂交造成的。

现在让我们来看第三位经验丰富的杂交工作者赫伯特牧师得出的结论。他强调，有些杂种完全可育，和它的纯种亲本一样。凯洛依德和盖特纳都认为不同物种之间一定程度的不育是自然的普遍规律。赫伯特与盖特纳一样，对一些相同的物种进行了实验。我认为，结果的差异部分可以归因于赫伯特出色的园艺技术以及他掌握的温室。我仅举他的许多重要陈述中的一个为例，即“将长叶文殊兰豆荚中的每个胚珠授以卷叶文殊兰的花粉，产生了一个我们在自然受精情况下从未见过的植株”。在这个例子中，两个不同物种之间的初次杂交拥有了完美的可育性。

文殊兰属的这个案例使我想起一个奇特的事实，那就是像半边莲属、毛蕊花属、西番莲属的某些物种的植株，异株植物的花粉更容易使它们受精，而同株植物的花粉却不能，尽管这些同株植物的花粉都是可育的，因为它们可以促使其他植株受精。希得伯朗教授在朱顶红属和紫堇属中发现了这种特别的情况，斯科特先生和米勒先生在各种兰科植物中也发现了这种特别的情况。因此，由于不容易自体受精，某些物种的一些异常个体和某些物种的所有个体实际上更容易杂交。例如，一棵朱顶红的球茎产生了四朵花，赫伯特用它们自己的花粉给其中三株花授精，随后用另外三株复合杂种的花粉给第四株授精，结果是“前三朵花的子房很快就停止生长，几天就完全枯萎了，而由杂种花粉授精的豆荚则生长旺盛，成熟迅速，并结出了能自由生长的良种”。赫伯特先生在随后多年继续该实验，并且始终能获得相同的结果。这些事实表明，一个物种可育性的高低有时取决于一些细微而不可察的因素。

园艺家的实验虽然没有科学上的精确性，但值得一提。众所周知，天竺葵属、倒挂金钟属、蒲包花属、矮牵牛属、杜鹃花属等物种，曾经经历了非常复杂的杂交，但其中许多杂种却可以自由繁殖。例如，赫伯特断言，在一般习性上最不相同的物种是皱叶蒲包花和车前叶蒲包花，它们的杂种“繁殖力非常好，就好像是智利山上的自然物种一样”。关于杜鹃花属的一些复合杂种的可育性，我可以肯定其中许多都是完全可育的。例如，诺布尔先生告诉我，他把小亚细亚杜鹃植物和北美山杜鹃的杂种嫁接在栽培的砧木上，这样的杂交种“拥有我们所能想象的自由结子的能力”。如果处理得当，杂种在以后的每一代中都会继续降低可育性，正如盖特纳认为的那样，这一事实必将引起园艺家们的注意。园艺家在广大的园地上培育了相同的杂种，这样才能以昆虫为媒介，使个体之间可以自由地相互杂交，从而避免近交繁殖的有害影响。通过检查不育性较高的杂交杜鹃花，我们就会相信昆虫媒介的效率，因为杂交杜鹃花本身不会产生花粉，却会在它们的柱头上发现从其他花中带来的大量花粉。

关于动物，与植物相比，经过认真尝试的实验要少得多。如果我们的分类系统是可以信任的，也就是说，如果动物的属和植物的属一样彼此之间区别明显，那么我们可以推断，在自然系统中差别更大的动物比植物更容易杂交。但我认为动物杂种本身更为不育。不过应该牢记的是，很少有动物在封闭条件下自由繁殖，因此就很少进行相关试验。例如，金丝雀已经与其他九种雀科杂交，但这些雀没有一种能在封闭的环境中正常繁殖，我们就不能指望它们与金丝雀之间的第一次杂交，或它们的杂种完全可育。此外，关于比较可育的杂种动物后代可育的例子，我几乎一个也不知道：由不同亲种同时建立起相同杂种的两个家系，从而避免了近亲杂交的不良影响。相反，通常在每一代后代中，兄弟姐妹之间常常会杂交，这却与每个育种者不断重复的告诫相反。在这种情况下，杂种的内在不育性会继续增加一点也不奇怪。

尽管我不知道任何经过充分证实的完美可育杂种动物的例子，但我有理由认为，凡季那利斯羌鹿和列外西羌鹿的杂种以及东亚雉和环雉之间的杂种，具有很好的可育性。奎特伦费吉说，在巴黎的两种野蚕（柞蚕和阿林地亚蚕）的杂种，已经被证明自行杂交八代之后仍然可育。最近又有人断言，两个极其不同的物种，比如野兔和家兔，若彼此杂交也能得到杂种后代，并且用后代与任一亲种杂交，都是高度可育的。欧洲普通鹅和中国鹅非常不同，以至于它们通常被列在不同的属中。在英国，两者杂交也能得到杂种后代；后代与任何一个亲种杂交，通常也是可育的；并且在一个实例中，杂种之间的交配也是可以繁殖的。这是埃顿先生的实验成果，他从不同孵化场中的同一亲种中培育了两只杂种鹅。从这两只鹅中，他又育出了不少于八只杂种（纯种鹅的孙代）。但是在印度，这些杂种鹅的可育性必定高得多，因为布莱斯先生和赫顿上尉这两位杰出的鉴赏家向我保证，这些杂种鹅都在该国各地被成群饲养；由于它们是为牟利目的而存留的，在没有纯种鹅的情况下，它们肯定是高度可育的。

至于家养动物，不同品种间彼此杂交都是具有可育性的。大多数家养动物起源于两个或多个土著物种的杂交繁衍。根据这种观点，土著亲种要么必须首先产生了非常可育的杂种，要么这些杂种必须在驯养的后代中变得非常可育。在我看来，后一种情况最有可能，这一情况首先是由帕拉斯提出的，尽管没有任何直接证据，但我倾向于相信它的真实性。例如，我相信我们的狗是从几种野生动物中繁殖而来的。但是，也许除了南美洲的某些本地家养犬外，其余的家养犬都能很好地杂交繁育。这样的类推让我非常怀疑，这几种原始野生物种起初是否会自由繁殖并产生可育的杂种。最近，我又得到了一个重要证据，即印度瘤牛与普通牛杂交的后代互相交配后是完全可育的。据卢特梅耶对这两种牛骨骼的观察结果，以及从布莱斯先生传达给我的事实来看，它们之间有重要的不同，因此我认为它们必须被视为不同的物种。家猪的两个品种同样如此。因此如果坚持物种在杂交时一般不育的看法，就必须承认动物的这种不育性是可以在家养条件下被消除的。

最后，考虑到所有有关动植物杂交的事实，可以得出结论，无论是初次杂交还是杂种，一定程度的不育都是极为普遍的结果。但是在我们目前的知识状态下，它不能被认为是绝对普遍的。

支配杂种不育性的规则

现在，我们将更详细地考虑控制首次杂交和杂种的不育性规则。我们的主要目的是查看这一规则是否一定赋予了物种不育性，以防止它们相互杂交并完全混淆在一起。以下规则和结论主要来自盖特纳在植物杂交方面的出色工作。为了确定规则在动物身上的适用程度，我付出了很大的努力，并且考虑到对杂种动物的了解还很少，我惊讶地发现相同的规则在动植物界的适用范围是多么广泛。

前面已经提到过，无论是初次杂交还是杂种，其可育程度都可以从零到完全可育。令人惊讶的是，这种渐变可以以多种奇妙的方式表现出来。但是这里只能给出这些事实的粗略概述。当将某一科植物的花粉放在另一科植物的柱头上时，它所产生的影响像无机粉尘一样。从这个绝对的育性零值开始，将同一属不同物种的花粉施加到某些物种的柱头上，就可以使所产生种子的数量产生逐级的变化，直至完全可育。正如我们已经看到的，在某些异常情况下，甚至超出了植物自身花粉所能产生的可育性。因此，在某些杂种中，即使有纯亲本的花粉，也可能从未产生过甚至绝对不会产生一个可育种子。但是在某些情况下，通过授以一种纯亲本的花粉，可以使杂种的花早于其他的花枯萎；花的早谢是初期受精的标志。我们有各种各样的例子表明，这种自交极度不育的杂种可以产生越来越多的种子，直至达到完全可育。

如果有两个物种很难杂交，很少产生任何后代，通常它们的杂种是不育的。但是，进行首次杂交的难度与由此产生的杂交种的不育性

（两者通常被混为一谈），二者之间有所不同。在众多情况中，如毛蕊花属，两个纯种可以很容易就杂交，并产生大量杂种后代，但这些杂种非常不育。另一方面，有些物种很少能杂交，或者极难杂交，但是产生的杂种却非常可育。即使在同一属的范围内，例如在石竹属中，也会同时出现这两种相反的情况。

与纯种的可育性相比，初次杂交的可育性和杂种的可育性更容易受到不利条件的影响。但是，初次杂交的可育性本身是可以变化的。因为相同的两个物种在相同的环境下杂交，可育性并不总是相同的，部分取决于碰巧被选择用于实验的个体的体质。杂种也是如此，因为通常发现同一蒴果的种子，在完全相同条件下培育出的几个个体，可育性也有很大差异。

术语“亲缘关系”是指物种之间在体质和构造上的总体相似性。现在，物种之间的初次杂交以及由此产生的杂种的可育性，在很大程度上取决于它们的亲缘关系。所有被分类学家列为不同科的物种之间从来不会产生杂种，与之相反，亲缘关系极近的物种间通常容易产生杂种。另一方面，分类系统中的亲缘关系和杂交的难易性之间的一致性也绝非严格。可能有很多案例涉及非常近缘的物种，这些物种之间不能杂交，或者极难杂交。另一方面，又有许多非常不同的物种很容易杂交。在同一科中，可能有一个像石竹属这样的属，其中许多物种最容易杂交。还有另一个属，如麦瓶草属，即使付出努力也未能在亲缘极近的物种之间产生一个杂种。在同一属内，我们也会遇到同样的差异，例如与几乎其他所有属的物种相比，许多烟草属的物种的杂交程度更高。但盖特纳发现，智利尖叶烟草虽然不是一个特别独特的物种，却极难杂交，曾用至少八个其他烟草种做过试验，都不能使它受精；它也不能使其他物种受精。类似的事实还有很多。

对于任何可识别的性状，没有人能够指出，什么样类型的差异或多大的差异才可以防止两个物种杂交。但可以发现，在习性和外观上差异最大的植物是可以杂交的。一年生和多年生植物，落叶和常绿乔木，尽管生长在不同地点并适应极端不同气候，却通常可以轻松地杂交。

通过两个物种之间的互交，我的意思是，例如，首先将一匹公马与一头母驴杂交，然后再将一头母马与公驴杂交，然后就可以说这两个物种已经互交了。进行相互杂交的难易性常常存在极大的差异。这样的案例非常重要，因为它们证明了，任何两个物种杂交的能力，通常完全独立于它们在系统中的亲缘关系，也就是说，与生殖系统之外的其他任何构造上或体质上的差异无关。科尔勒很久以前就观察到了相同两个物种之间互交结果的差异。举一个例子，紫茉莉可以很容易地被长筒紫茉莉的花粉授精，而且这样产生的杂种是完全可育的。但是在接下来的八年中，科尔勒尝试了 200 次以上，试图以长筒紫茉莉的花粉让紫茉莉受精，却失败了。可以给出其他几个同样引人注目的案例。瑟伦在某些海藻，即墨角藻属里，也观察到了相同的事实。此外，盖特纳发现，互交的难易程度不同极为普遍。他甚至在亲缘很近的类型之间（如一年生紫罗兰和无毛紫罗兰）都观察到了这种现象，而许多植物学家仅将它们归类为变种。另一个值得注意的事实是，互交产生的杂种虽然是由两个相同物种产生的，但一个物种先被用作父本，然后又被用作母本，虽然外部形状差异很小，但其可育性通常有所不同，偶尔差异还很大。

从盖特纳的工作还可以得出其他一些奇妙的规则。例如，某些物种具有与其他物种杂交的显著能力；同一属的其他物种能使杂种后代与其特别相似，但是这两种能力并不一定完全伴随在一起。有些杂种并非具有两个亲种的中间性状，而总是非常像其中一个。这些杂种尽管外表像它们的纯粹亲种一样，但除了极少数外，都是极不育的。此外，在那些通常具有其父母之间的中间构造的杂种中，有时又会产生出例外和异常的个体，它们非常像其纯粹的亲种之一；而且这些杂种几乎总是完全不育的。这些事实表明，杂种中的完全可育性与它和任一纯粹亲种的外在相似性无关。

考虑到关于初次杂交和杂种可育性的规律，我们可以发现，当被视为真正不同的物种之间进行杂交时，它们的可育性会从零逐渐变为完全可育，甚至在某些条件下还会超常可育。它们的可育性除了极易受到有利和不利条件的影响外，还具有天生的可变性。初次杂交以及从该杂交产生的杂种，可育程度绝不总是相同的。杂种的可育性与它们与父母双方外观的相似程度无关。最后，在任何两个物种之间进行首次杂交的难易度，并不总是由它们之间的亲缘关系或相似度决定的。相同两个物种之间的互交清楚地证明了后一种说法，因为把一个物种或另一个物种用作父本或母亲，杂交的难易度通常都存在一些差异，有时存在着极大的差异。此外，由互交所产生的杂种的可育性也常常不同。

现在，这些复杂而奇异的规律是否表明，赋予物种不育的目的仅仅是为了防止其在自然界中混杂在一起？我觉得不是。如果避免物种混杂在一起对各物种都同样重要的话，为什么当各个物种杂交时，不育的程度会如此巨大呢？为什么在同一物种的个体中，可育程度会发生变化？为什么有些易于杂交的物种却又会产生非常不育的杂种；而那些和其他物种杂交极度困难的物种，却产生了相当可育的杂种？为什么同样两个物种之间的互交结果经常会有如此大的差异？为什么允许杂种产生呢？让物种具有产生杂种的特殊能力，然后又通过不同程度的不育来阻止其进一步繁殖，并且这与它们父母之间的初次杂交并不严格相关，这似乎不太合理。

另一方面，上述规律和事实在我看来似乎清楚地表明，首次杂交和杂种的不育都只是偶然发生的，主要取决于所杂交物种在生殖系统中的未知差异。这种差异是如此独特且严格限定，因此在两个物种之间互交时，一个物种的雄性生殖质通常会完全地作用于另一个物种的雌性生殖质，但反过来却不会。最好通过一个例子来更全面地解释我的意思，即不育是由于其他差异产生的，而不是被特殊赋予的品质。一棵植物在自然状态下，嫁接或芽接的能力对其生存来说完全不重要，有人会认为这种能力是由两种植物生长规律的差异偶然产生的。从树的生长速度、木材的硬度、树液的流动或性质方面，我们有时可以看到一棵树不能嫁接到另一棵树上的原因。但在许多情况下，我们无法给出任何理由。两种植物的大小差异很大，一种是木本的，另一种是草本的；一种是常绿的，另一种是落叶的，并且适应不同的气候，但并不能总是阻止两种植物嫁接在一起。与杂交一样，嫁接也受到亲缘关系的限制，因为没有人能够将属于不同科的树木嫁接在一起。另一方面，通常可以但并非总是很容易将近缘物种和同一物种的变种嫁接在一起。但是，这种能力就像杂交一样，绝不是仅仅受亲缘关系支配的。尽管同一科中的许多不同属已被嫁接在一起，但在其他情况下，同一属的不同物种却不能相互嫁接。相比同一属的苹果，梨可以更容易地嫁接到不同属的榅桲树上。甚至不同品种的梨嫁接到榅桲树上的难易程度也不同。杏和桃树的不同变种嫁接到某些李子树的变种上时，也是如此。

正如盖特纳所发现的那样，有时在相同两个物种的不同个体之间存在先天差异。因此，萨加里特认为，将同一个物种的两个不同个体嫁接在一起的情况也是如此。就像在互交中一样，相互嫁接的难易程度通常也很不相同。例如，普通的醋栗不能嫁接到黑醋栗上，而黑醋栗却可以接在普通醋栗上。

我们已经看到，生殖器官处于不完善状态的杂种的不育性，与两个具有完美生殖器官的纯种难以杂交的不育性，有很大的不同。然而，这两种不同的情况在一定程度上是类似的。 在嫁接中会发生类似的事情。索因发现了三种刺槐属物种，它们可以在其根部大量地结子，并且可以很容易地嫁接到其他刺槐属物种上，但如此嫁接会变得不育。另一方面，某些花楸属的物种嫁接到其他花楸属物种上时，其结子量是其自身根系的两倍。后一个事实使我们想起了朱顶红、西番莲等属的特殊情况，当用不同物种的花粉授精时，其产生种子的数量要比本株花粉授精时产生的种子多得多。

因此，我们可以看到，尽管嫁接与雌雄生殖质的结合之间存在明显而巨大的差异，但不同物种嫁接和杂交所得到的结果却大致相似。而且，由于我们认为支配树木嫁接难易的规则是由于它们的营养系统存在未知的差异而产生的，因此应该相信，决定初次杂交难易度的更为复杂的规律主要是由其生殖系统的未知差异而产生的。在这两种情况下，就如我们所预料的，这些差异都在一定程度上遵循了系统的亲缘关系法则。通过这种亲缘关系，可以表明一切生物之间的各种相似和不同。在我看来，这些事实绝不表明嫁接或杂交各个物种的难易度是一种特殊赋予。尽管在杂交的情况下，这种困难对于物种特定形态的维持和稳定非常重要，而在嫁接的情况下，难易度对于它们的生存并不重要。

初次杂交不育性和杂种不育性的起因

在过去一段时间里，我曾和其他人一样，认为初次杂交以及杂种的不育性可能是自然选择作用让可育性的程度逐渐降低而缓慢获得的；并认为微小的可育性降低与其他任何变异一样，在一个变种的某些个体和另一变种的某些个体杂交时会自发地产生。然而事实并非如此。对两个变种或早期物种，若能将它们彼此区分开来，对它们肯定都是有利的。根据同样原理，人们同时选择两个变种时，就应该把它们彼此隔离开。首先，可以看到，在不同栖息地的物种间杂交，通常都是不育的；很明显，这种杂交对这些物种没有什么好处。因而，杂交不育肯定不能通过自然选择而产生。这也许说明了，如果一个物种与同一地区的其他物种杂交会产生不育，那么其他物种杂交必然也会产生不育。其次，在互交中，第一种生物的雄性生殖质无法使第二种生物受精，而与此同时，第二种生物的雄性生殖质却能使第一种生物大量受精，这种情况违反了特创论，也不符合自然选择的学说，因为生殖系统这种奇异的状态对所有生物几乎都没有任何好处。

如果认为自然选择作用可能影响物种杂交不育，最大的难点在于，从轻微降低的不育性到完全不育性之间应该存在许多逐级演化的过程。一个初期物种，如果与亲种或某一其他变种杂交而具有某种程度的轻微不育，就能说明这对初期物种是有利的，因为这样便可以避免产生一些不纯的和退化的后代，以便它们的血统与正在形成过程中的新种区分开来。但是，谁要是不厌其烦来思考这些过程，即通过自然选择，从最低程度的不育性而逐渐增强达到许多物种共有的，以及已分化为不同属和不同科物种所具有的高度不育性，便会发现这一问题是非常复杂的。经过反复思考之后，我认为通过自然选择作用应该不可能产生不育。

现以任意两个物种杂交可产生少数不育的后代为例，偶尔有一些个体被赋予了略微高一些的不育性，并由此前进一小步，走向完全不育，这对于那些个体的生存到底有什么好处呢？如果自然选择的学说在此适用，那么这种增强必定会在许多物种中不断地发生，因为大部分物种彼此是相当不育的。对于不育的中性昆虫，我们可以认为，其构造和育性上的变异是通过自然选择作用逐渐累积起来的，由此能够间接地使该类群比其他同种类群更占优势。但是一个非群体生活的动物，若某些个体与其他某一变种杂交而使它稍微不育，是不可能获得任何好处的，也不会间接地给同一变种别的个体带来什么好处，而使它们能够留存下来。

但是，没有必要再认真讨论这一问题了，因为对于植物，我们已经得到了确切的证据，证明杂交物种的不育性肯定是由与自然选择无关的某种原理引起的。盖特纳和凯洛依德已经证明，在含有许多物种的属内，不同物种间杂交可形成一个由结子数量逐渐变少直到不结子的系列，但后者可能会受某些别的物种花粉的影响，使其子房膨大起来。很显然，不能选择比那些已经不结子的个体更为不育的个体。因此，这种极端不育性只对胚胎造成了影响，是无法通过选择作用获得的。而且由于支配各种不育程度的规则在动植物界是一样的，我们便能够推断，无论不育性的起因是什么，在任何情况下，它都是相同的或近乎相同的。

现在，我们会更仔细地研究首次杂交和杂种不育的可能原因。即使在初次杂交中，杂交和获得后代的难易度显然也取决于几个不同的原因。有时雄性元素的天然因素使其无法到达胚珠，就像雌蕊长的植物花粉管不能到达子房那样。还已经观察到，当将一种花粉放在另一个远缘物种的柱头上时，尽管花粉管会伸出，但它们不能穿透柱头表面。同样，雄性生殖质可能会到达雌性生殖质，但无法使胚胎发育，就像瑟伦对墨角藻进行的一些实验一样。对于这些事实，和为什么某些树木无法嫁接到其他树木上一样，无法给出解释。最后，胚胎可能发育，然后在早期死亡。这一种情况没有得到足够的重视；但是根据在雉和家鸡的杂交上颇有经验的休伊特先生的观察结果来看，我相信，胚胎的早期死亡是促使杂交不育的一个常见原因。起初我非常不愿意相信这种观点。最近，萨尔特先生发表了他的一个研究结果，由鸡属的三个不同物种和它们的杂种之间的各种杂交产下的约 500 个蛋，其中大部分都已受精。然而大部分受精卵，要么在胚胎发育过程中死亡，要么虽然快要发育成熟，雏鸡却不能啄破蛋壳。在孵出来的小鸡中，有 4/5 以上的个体在最初几天或几个星期内死亡。“没有任何明显的原因，只是由于它们缺乏生存的能力”。最终，通过这 500 个蛋仅仅育出 12 只鸡。植物的杂交胚胎常常也会以同样的方式夭折。我们已经知道，由差异极大的物种杂交产生的杂种，常常是虚弱和矮小的，而且会在早期死亡。关于这类事实，马克斯 · 威丘拉最近提供了一些有关杂种卵的显著例子。其中值得注意的是孤雌生殖的某些情况，未受精的蚕卵，其胚胎在早期发育后就像不同物种杂交的胚胎一样随即死亡。在不清楚这些事实以前，我一直认为杂种的胚胎不会在早期死亡，因为杂种一旦产生，例如我们所见到的骡子，往往是健康长寿的。然而并不是所有杂种在它出生前后所处的环境都是相同的。若出生和生长在双亲生活的地方，其环境条件往往是适合它们的。但是，如果一个杂种只有一半的属性和体质是来自母体的，那么在出生之前，还在母体的子宫内或卵和种子内被养育的时候，可能就已处于不适合的条件之下了，通常就容易早夭，因为所有极其幼小的生物，对于有害的或不正常的生存状态都是极其敏感的。但是总体来看，与它此后所处的环境条件相比，胚体早夭更重要的原因可能是原先受精作用中的某些缺陷，从而导致胚胎不能完全发育。

关于两性生殖质发育不完全的杂种不育，情况则大不相同。我已经不止一次提到我搜集到的大量事实，表明当动植物从自然条件下移出时，极有可能严重影响其生殖系统。实际上，这是阻止动物驯化的重大障碍。在由此诱发的不育与杂种的不育之间，有许多相似之处。在这两种情况下，不育都与整体健康无关，并且通常伴随着体形过大或过分茂盛。在这两种情况下，不育性的程度均不同，雄性生殖质最容易受到影响，但是有时候雌性生殖质比雄性生殖质受到的影响更大。两种情况下，不育性都与系统亲缘关系有一定程度的关联，或者由于相同的异常条件使整个动植物群变得不育，因为整个类群都倾向于产生不育的杂种。另一方面，一个类群中的某个物种有时会抵御巨大的环境变化，同时生育力没有受到损害。而且在同一个类群中的某些物种会产生异常可育的杂种。在尝试之前，没有人能确定，任何特定的动物是否会在封闭条件下繁殖，或任何植物在人工栽培下可以自由地结子。在尝试之前，也没有人能确定，一个属的任何两个物种是否会产生或多或少的不育杂种。最后，当生物在连续数代都处于非正常条件下时，它们极易变异。我认为，之所以会这样，是因为它们的生殖系统受到了特别的影响，尽管其影响程度要比不育发生时低。杂种也是如此，因为每个实验者都观察到，它们的后代很容易发生变异。

因此我们可以知道，当生物处在新的异常条件下，并且当两个物种勉强杂交产生杂种时，生殖系统与总体健康状况无关，而是以非常相似的方式受到不育的影响。在前一种情况下，存活条件受到了干扰，尽管常常程度小到使我们无法觉察；在后一种情况下，虽然外部条件保持不变，但是该杂种的体质因是由两个不同的体质、构造和生殖系统混合而成而受到干扰。由于杂种是由两种不同的体质结合而成的，所以在发育、周期性活动以及不同部位和器官的相互关系等方面都会受到干扰。当杂种能够自由交配时，它们便可以将这种组合体质代代相传给后代，因此它们的不育性在一定程度上会发生变化，但不会消失，甚至还有可能增强。如前所述，不育性的增强，是由近亲繁殖所导致的普遍结果。马·威丘拉就极力支持上述的杂种不育性是由两种体质合二为一所引起的观点。

但是必须承认，依据上述或其他的观点，我们无法理解关于杂种不育性的若干事实。例如，互交产生的杂种的育性不平等；或那些偶尔或异常类似于纯亲种的杂种的不育性的增加。我无法确定，上述说法是问题的根源，其无法提供任何解释说明为什么将生物置于异常环境中会变得不育。我试图证明的是，在两种情况下，在某些方面，不育是常见的结果：一种是由于生存条件受到干扰，另一种是由于两种体质合二为一而受到了干扰。

同样的现象也适用于相关但又非常不同的一类事实。我认为这是一种古老而几乎普遍的信念，即有大量证据表明，生存条件的轻微变化对所有生物都是有利的。我们看到农民和园丁常常把块茎或者种子从一种土壤或气候换到另一种土壤或气候，然后再换回来。在动物生病后的康复期间，我们清楚地看到，生活习惯上的任何改变几乎都可以带来巨大的好处。同样，对于动植物，也有大量证据表明，同一物种不同个体之间杂交后代的生命力和繁殖力都增强了。与此相反，近亲之间连续数代的杂交，特别是如果将它们保持在相同的生存条件下，则总是会导致后代的衰弱和不育。

由此看来，一方面，生存条件的轻微变化有益于所有生物；另一方面，这种轻微的杂交，也就是同一物种的雄性和雌性处在略微不同的生活环境中，或者同一物种有略微差异的变种之间的杂交，会增强后代的生命力和繁殖力。但是我们已经看到，自然条件下生活的物种，一旦处于变化十分大的环境中，如在圈养下，常常会使生物在某种程度上变得不育。而且我们还知道，更大的杂交，即血缘相差很远或具有种级差异的雄性和雌性之间的杂交，通常会产生在某种程度上不育的杂种。我不能说服自己这种双重的平行关系是偶然或错觉。如果可以解释，为什么大象和其他许多动物在当地即使是在不完全圈养的条件下，也不能繁殖，那么便能弄清楚杂种如此普遍不育的根本原因；同时也能够解释，为什么通常处于新的和不同条件下的某些家养动物品种杂交时却相当可育，尽管它们源自不同的物种，并且这些物种在最初杂交时可能是不育的。这两个系列的事实似乎是通过某种共同但未知的纽带联系在一起的，这种纽带本质上与生命原理有关。据斯宾塞先生说，这一原理指的是，在整个自然界中，决定或存在于生命中的各种力量的不断作用和反作用总是趋向于平衡的；当任何变化轻微地扰乱了这一平衡时，生命力就会增强。

交互的两型性和三型性

这里对此问题进行简要讨论，便发现会对杂种性质的理解提供一些说明。属于不同目的若干植物表现出两种类型，即两型性，它们的数量大致相同，仅仅在生殖器官上存在差异：一种类型的雌蕊长、雄蕊短，另一种则相反；而且两种类型的花粉粒大小也不一样。至于三型性植物，有三种不同的类型，在雌蕊和雄蕊的长短、花粉粒的大小和颜色以及其他方面也不同；而且每一类型都有两组雄蕊，所以三种类型共有 6 组雄蕊和 3 种雌蕊。这些器官相互在长度上非常匀称，两种类型的一半雄蕊的高度与第三种类型的雌蕊恰好相等。我曾经说明，要使这些植物完全可育，就必须用一种类型对应高度的雄蕊上的花粉对另一种类型的柱头授精，这点已经被其他观察者所证实。所以对于二型性的物种，有两种结合是合理且完全可育的，而另两种结合是不合理且有某种程度的不育。对于三型性物种，则有 6 种结合是合理且完全可育的，而有 12 种结合是不合理且有某种程度的不育。

若对各种不同的二型性和三型性植物进行不合理的授粉，即用高度不相配的雄蕊给雌蕊上的花粉授粉时，便可以观察程度变化很大的不育性，一直到彻底的、完全的不育；正好与不同物种杂交中的情况一样。由于在后一种情况下，不育的程度取决于生存条件的适合程度，因此我认为不合理的结合也是一样。众所周知，如果将其他物种的花粉放在一朵花的柱头上，然后，即使在相当长的一段时间后，把自身花粉再放到这个柱头上，它的作用优势仍然非常明显，通常可以达到歼灭外来花粉的效果。同一物种不同类型的花粉也是如此。合适的花粉和不合适的花粉被放在同一柱头上时，前者比后者的优势更强大。好几朵花的授粉情况证明了这一点，首先我对花朵进行不合适的授粉，24 小时后，再用一种具有特殊颜色的变种花粉进行合适的授粉，结果所有幼苗都表现出了与其类似的颜色。这表明，即使在 24 小时之后才授以合适的花粉，它仍能完全破坏或阻止先前授以的不合适花粉的作用。就好像相同的两个物种互交，经常会得到很不同的结果，三型性植物也一样。例如，紫色千屈菜的中花柱类型，可以很容易就使用短花柱类型的长雄蕊上的花粉进行不合适授精，而且可以产生大量种子。但是当用中花柱类型的长雄蕊上的花粉来使短花柱类型的植株受精时，却无法产生一粒种子。

在所有这些情况下以及其他一些情况下，同一物种不同类型之间的不合适结合，与两个不同物种杂交的情形完全相同。因此，我用四年时间认真地观察了由几种不合适的结合产生的许多幼苗，并得出了结果：这些所谓的不合适的植株，都不是充分可育的。我们能够由二型性的物种培育出长花柱型和短花柱型两种不合适的植物，也可由三型性的植物培养出所有三种不合适的类型。培育出的这些类型都能够以合适的方式正确结合。若做到这一点，就很容易理解，为什么这些植物所产生的种子不比它们双亲在合适受精时所产生的种子多。但事实并不是这样，这些植株都具有不同程度的不育；有些不育非常极端且无法改变，以至在四年中从来没有结过一粒种子，有时甚至只是一个空蒴。当这些不合适的植株之间进行合适的结合时，它们的不育性与杂种相互杂交时的不育性是完全一致的。另一方面，如果一个杂种与任意一个纯亲种杂交，其不育性通常会大大降低；若一种不合适的植株与一种合适的植株受精，结果也一样。就像杂种的不育性与两个亲种初次杂交的难易度并非总是一致的一样，某些不合适的植物是非常不育的，但产生它们的那一种结合的不育性却不一定很小。用同一蒴果培育出的杂种之间的不育性程度存在着内在差异，很明显，不合适的植物也是如此。最后，许多杂种开的花繁茂而持久，而其他不育性较大的杂种，不仅开花很少，而且非常弱小，类似的情形在各种两型性和三型性的不合适后代中也出现过。

总之，不管在性状上还是在行为上，不合适植物和杂种之间都非常相似。换句话说，不合适的植物就是杂种，这种说法并不夸张，只不过这样的杂种是由相同物种的某些类型的不合适结合形成的，而普通杂种是通过不同物种间的不合适结合形成的。我们也发现了，初次不合适结合与不同物种次杂交之间存在着许多相似性。通过以下例子来说明这一点，也许会更加清楚。我们假定，有一位植物学家发现了三型性紫色千屈菜的长花柱类型有两个明显的变种（事实的确如此），并打算用杂交的方法来确定它们是否属于不同的物种。结果可能会发现，它们所结出的种子大约只有正常数量的1/5，并且在别的方面表现的好像是两个不同的物种。但是要确定这种情况，还需要把假定的杂交种子培育为植株，那么就会发现，这些植株矮小得可怜且极其不育，并且在其他各方面都表现得与普通杂种一样。这样，他便会根据一般的标准，确定已经证明了这两个变种是真正的不同物种。然而，他完全错了。

上述关于两型性和三型性植物的事实都很重要，首先，因为它们说明了，对初次杂交以及杂种可育性降低的生理测试并不能作为区分物种的可靠标准；其次，因为我们可以断定，在不合适结合的不育性与它们不合适后代的不育性之间，一定存在着某种未知的纽带将它们连接起来，而且使我们把同样的看法延伸到了初次杂交和杂种的不育性上；再次，因为我们知道，同一物种可能存在着两种或三种不同的类型，它们与外界环境的相关构造和体质都是相同的，但是如果以某些方式结合则会不育，在我看来，这一点似乎特别重要。因为我们不要忘记了，形成不育的，恰好就是相同类型两个个体的雌雄生殖质的结合，如两个长花柱类型植株的雌雄生殖质的结合；而造成可育的，却是两个不同类型个体的雌雄生殖质的特定结合。因此，乍一看，这种情况似乎正好与同种个体的一般结合以及不同物种杂交中的情况相反。然而是否真的如此，还不能确定，但我不想继续详细讨论这个含糊不清的问题。

然而，通过分析两型性和三型性的植物，我们可以推断，不同物种杂交的不育性和它们杂种子代的不育性，与它们的构造上和一般体质上的一切差异都无关，可能只取决于雌雄生殖质的性质。通过对互交的分析，我们也可以得出相同的结论。在互交中，一个物种的雄性不能或很难与第二个物种的雌性杂交，而其反过来杂交却很容易。那位杰出的观察家盖特纳也得出了同样的结论：物种间杂交的不育性，只是由于它们的生殖系统存在差异。

并非所有变种杂交和其混种后代都是可育的

由于无法辩驳的论据，我们必须承认，在物种和变种之间一定有一些本质上的差别，因为无论变种在外观上有多大差异，都很容易进行杂交，并产生完全可育的后代。我完全承认这是第一种规则，除了下面几个例子之外。但是，如果我们面对自然条件下产生的变种，我们将立即陷入绝望的困境。因为如果两个公认的变种在杂交时被发现有某种程度上的不育，那么大多数博物学家会立即将它们列为物种。例如，盖特纳说，红色和蓝色两种蘩缕被大多数植物学家列为不同变种，它们之间的杂交可育性很低，因此他将它们列为毫无疑问的物种。因此，照此循环论证下去，我们就必须承认自然条件下产生的所有变种的可育性。

如果我们转向家养条件下已经产生或假设已经产生的变种，仍然会产生疑问。例如，当说到某些南美本土的家犬不容易与欧洲犬杂交时，每个人都会这样解释，并且也可能是真正的原因，即这些狗是从几个不同的土著犬种中繁衍出来的。然而，如此众多的家养品种，例如鸽子或甘蓝，虽然在外观上差异很大，却具有完美的育性，这是一个很明显的事实；尤其是我们发现尽管有很多物种彼此很相似，但相互杂交后却完全不育。不过，通过下面几点分析，我们就可以知道家养品种的具有可育性不是奇怪的事情。首先，我们可以清楚地看到，仅仅外观的相似性并不能决定两个物种之间杂交时的不育程度，家养变种也适用相同的规则。其次，对于物种，其原因肯定完全在于它们生殖系统的差异。改变家养动物和栽培植物的环境条件，很少能够引起相互不育的生殖系统的变化。因此我们有理由相信与此正好相反的帕拉斯的学说，即家养条件往往会消除后代杂种的不育性；因此在自然状态下，杂交可能会产生某种程度不育的物种，它们的家养后代进行杂交后却会变成完全可育。再次，对于植物，人工栽培避免了不同物种之间产生不育的倾向，但在前面所述的若干确实有据的例子里，有些植物却与此相反，因为它们已变为自交不育，同时却仍然可以使其他物种授精，或能被其他物种授精。如果我们认同帕拉斯的学说，即经过长期连续的家养便可消除不育性（实际上很难加以反驳），那么，长期生活在相同环境下也可诱发不育性的倾向便成为极不可能的了，即使在某些情况下，偶尔也会有体质特殊的物种因此产生不育性。于是我们就能够明白，为什么家养的动物不会产生彼此不育的变种；而植物就像我即将谈到的，只发现了极少数这种情况。

在我看来，该问题真正的难点似乎并不是为什么家养变种在杂交时没有变为彼此不育，而是在自然环境下，一旦变种经过长久的变异成为物种时，为什么反而会具有普遍的不育性。我们还无法弄清楚其真正的原因，所以当我们发现对我们生殖系统的正常作用和异常作用还是这样一无所知时，也就没有什么可奇怪的了。但可以知道的是，自然物种与无数竞争者进行了生存斗争，比家养变种更长时间处于一致的环境中，因此便产生了迥异的结果。当野生动植物离开它们生活的自然环境而被家养或人工栽培时，通常就会使其变得不育；而且一直在自然环境下生活的生物，它们的生殖功能对于非自然杂交所产生的影响或许也是非常敏感的。而家养生物则不一样，就像仅由它们被家养这一事实来看，它们对生存条件的变化已经不会高度敏感了，而且现在通常足以抵御反复变化的生存条件，同时不会降低其可育性。

因此可以预测，家养条件下产生的变种，在与家养条件下起源的其他变种杂交时，它们的生殖能力不太会受到这种杂交作用的不利影响。

好像我还没有说过，同一物种的变种杂交时总是可育的这个问题。但是在我看来，在以下几种情况下，无法否认存在一定程度的不育的证据，我将对此进行简要的说明。这种证据至少与我们相信众多物种不育的证据一样有用。证据也来自反对者，在所有其他情况下，他们都将可育和不育视为区别变种的可靠标准。盖特纳几年来在自己的花园里种植着矮秆黄籽粒玉米和高秆红籽粒玉米，并且植株之间相距很近；尽管这些植物都是雌雄异花，但它们从未自然杂交过。然后，他用一种玉米的花粉对另外一种玉米的 13 朵花授粉。但是只有一个果穗能结籽，而且只结出了 5 粒种子。这种情况下的人工授粉一般不会造成损害，因为植物是雌雄异花的。我相信，没有人怀疑这些玉米品种属于不同的物种；更需要注意的是，这样培育的杂种本身是完全可育的。因此，即使是盖特纳也没有冒险将这两个变种视为不同的物种。

别沙连格曾对三个不同的葫芦品种进行杂交，葫芦就像玉米一样是雌雄异花的，他断定，相互之间的受精难易度与它们之间的差异是有关系的，差异越大就越难受精。我不知道这些实验的可信度如何，但是萨加里特主要根据不育性实验的分类方式，把实验的这几种葫芦都列为变种，而且劳丁也得出了一样的结论。

下面的情况更加引人注目，尽管起初看起来非常不可思议，但这是杰出的观察家和坚决的反对者盖尔纳先生多年来对 9 种毛蕊花物种进行无数次实验后得出的结果，即相同颜色的变种杂交产生的种子要比黄色和白色变种在杂交时产生的种子多；而且他断言，当一个物种的黄色和白色变种与不同物种的黄色和白色变种杂交时，相同颜色的花朵之间的杂交比不同颜色的花朵之间的杂交产生的种子更多。斯科特先生也对毛蕊花属的物种和变种进行了实验，虽然没能证明盖特纳关于不同物种杂交的结果，但却发现同一物种的不同花色变种的杂交，要比同花色变种杂交结的种子少，其比例为 86:100。然而，这些变种，除了花的颜色外没有其他区别；而且有时可以从某一种变种中结出另一种的种子。

凯洛依德工作的准确性得到了后来每一个观察者的证实。他曾证明了一个引人注意的事实，当与非常不同的物种杂交时，普通烟草中的一种特殊变种比其他变种的可育性更高。他用最严格的方式即互交，对五个公认的变种进行实验，发现它们的杂种后代都是完全可育的。但是，这五个变种中的一个，无论是作为父系还是作为母系，与黏性烟草这一物种杂交后产生的杂种总会比其他四个变种产生的杂种的不育性更低。因此，这一变种的生殖系统必然已经以某种方式发生了某种程度的变异。

根据这些事实，便不能再坚持认为变种间杂交总是相当可育的了。由于在自然状态下确定变种的不育性的困难很大，如果公认的变种有任何程度的不育，通常都会被列为物种。对于家养变种，人们通常也只注意其外部性状，并且这些变种也没有长时间在同样的环境下生活。考虑到这些事实，我认为杂交的可育性并不是变种和物种之间的根本区别。在我看来，物种间杂交的不育不是一种特殊赋予或者特别获得的属性，而是伴随着发生在生殖系统的一种未知变化而产生的属性。

除育性外，杂种和混种的比较

除了可育性之外，还可以在其他几个方面比较物种杂交的后代和变种杂交的后代。盖特纳渴望在物种和变种之间划清界限，然而他在物种杂交的后代和变种杂交的后代之间只能找到很少的差异，我认为这些差异都不重要。相反，这二者的后代在很多重要方面都非常接近。

我将在此简短地讨论一下这个问题。最重要的区别是，在第一代中，混种比杂种更容易变异。但是盖特纳承认，长期栽培的物种杂交产生的杂种在第一代中常常会发生变异。而且我自己也看到了这一事实的惊人实例。盖特纳进一步承认，与非常独特的物种相比，非常近缘的物种之间杂交产生的杂种更容易变异。这表明变异程度的差异会逐渐消失。当混种和更可育的杂种各自繁殖数代后，其后代的极高变异性是众所周知的。在少数情况下，混种和杂种都可以长期保持性状一致，但是混种在后继世代中的变异性可能比杂种大。

混种的变异性比杂种大，这似乎完全不足为奇。因为混种的双亲都是变种，而且大部分是家养的变种（很少用自然变种做实验），这就说明变种的变异性是近期出现的，而且意味着杂交作用产生的变异还会继续下去，并且会增强。杂种在第一世代的变异性比在后继世代中变异性要小，这种奇特的事实值得注意。因为这与我提出的引起普通变异性的一种原因是相关联的；就是说，由于生殖系统对生活环境的变化特别敏感，因此在这种情况下，便不能利用其正常的功能，产生出在各方面都非常类似亲种类型的后代。由于亲种（除经过长期培养的物种）的生殖系统没有受过任何影响，因此所产生的第一代杂种不容易发生变异；但是杂种本身的生殖系统已经受到了巨大的影响，因此它们的后代容易发生高度的变异。

现在来比较一下混种和杂种。盖特纳说，混种比杂种更容易再现双亲中的任意一种类型。如果真是这样，也只不过是程度上的差异。盖特纳还特意强调，长期栽培植物的杂种要比自然状态下产生的杂种更容易出现返祖现象。这也许可以解释，为什么不同的观察者所得出的结果大相径庭。威丘拉曾用柳树的野生种做过实验，他怀疑杂种是否可以再现其亲本类型的性状。相反，劳丁却坚决认为，杂种的返祖几乎是一种普遍的现象，其实验对象主要是栽培植物。盖特纳进一步认为，如果任意两个十分相似的物种分别与第三个物种杂交，所产生的杂种相互差别会很大；但是如果同一物种的两个迥然不同的变种分别与另一物种杂交，所产生的杂种则没有太大的差异。据我了解，这一结论建立在单次实验的基础上，而且好像和盖特纳多次实验的结果正好相反。

盖特纳所指出的杂种和混种植物之间的差异，只不过是一些不重要的差异。另一方面，按照盖特纳的看法，混种和杂种，尤其在近缘物种间产生的杂种，与它们各自亲本的相似程度和性质同样遵循这一规则。当两个物种杂交时，有时其中一个物种具有一种优势，可以优先将自己的性状遗传给杂种。我认为植物的变种也是如此，对于动物，两个变种杂交时，必然也有一个变种具有这种优先遗传的优势。由互交产生的杂种植物，通常彼此非常相似；互交产生的混种植物也是如此。不管是杂种还是混种，通过在后继世代中与任意一个纯粹的亲种连续杂交，都可能让它重现该亲本类型的性状。

这几个观点显然也适用于动物。但是对于动物，这个问题过于复杂，部分原因是动物存在次级性征；但更特别的是，当两个物种或两个变种杂交时，一种性别传递本身特征的优势比另一种性别更强。例如，我认为那些主张驴比马更具有优先遗传能力的学者是对的，因为驴和马形成的杂种更像驴。但是，母驴的优先遗传能力比公驴要弱，因此公驴与母马的后代要比母驴与公马的后代更像驴。

一些作者非常强调这样的事实，即混种后代只与亲本中的一个非常接近，不存在中间性状，在杂种后代中有时也会发生这种情况。但是我认为，与混种相比，杂种后代发生的频率要低得多。考虑到我搜集的杂种与一个亲种非常相似的案例，这些相似之处似乎主要限于性质上近乎畸形，而且是突然出现的那些性状。例如，白化病、黑化病、尾巴或角缺失，或者多余的手指和脚趾，大都与通过自然选择缓慢获得的性状无关。与杂种相比，混种突然完全重现任一亲种性状的倾向要大得多，因为混种经常是由突然产生且性状为半畸形的变种繁衍而来的，而杂种是由缓慢而自然产生的物种繁衍而来的。总的来说，我完全同意卢卡斯博士的看法，他在对与动物相关的事实进行了大量整理后得出结论，即子代与亲种的相似原则是相同的，无论双亲差异是否巨大，即无论是相同变种或不同变种，还是不同物种个体间的交配，都是如此。

撇开可育和不育这个问题，在所有其他方面，物种杂交的后代和变种杂交的后代都具有普遍相似之处。如果我们将物种视为上帝特别创造的，并将变种视为由次要法则产生的话，那么这种相似性将是一个惊人的事实。但是，它与物种和变种之间没有本质区别的观点非常相符。

摘要

足够被列为不同物种的生物之间的初次杂交，以及它们的杂种的不育性非常普遍，但不是全部不育。不育程度各有不同，而且往往相差甚小，以至于曾经有过两个最细心的实验家，通过这项测试在分类上得出了截然相反的结论。不育在同一物种的不同个体中具有天生的可变性，并且非常容易受到有利和不利条件的影响。不育程度并不严格遵循亲缘关系规则，而是由一些奇妙而复杂的规则所决定的。在相同两个物种之间的互交中，不育性通常是不同的，有时甚至是很大的不同。初次杂交以及从该杂交中产生的杂种，不育的程度也有所差别。

嫁接树木时，一个物种或变种嫁接于另一物种的能力，通常取决于它们的营养系统未知的差异。与此相同，在杂交时，一个物种与另一个物种杂交的难易度，取决于生殖系统未知的差异。因此，没有更多的理由认为，物种被赋予了不同程度的不育性以防止它们在自然界中杂交和混淆；也没有理由认为，树木被赋予各种各样不同程度的嫁接难度是为了防止它们在森林中互相接枝。

初次杂交的不育性和杂种的不育性不是经过自然选择作用获得的。初次杂交的不育性似乎取决于多种情况。在某些情况下，很大程度上取决于胚胎的早期死亡。杂种的不育性，主要是由于两种不同的生物类型组合，干扰了它们整个体质的组成。这种不育性与纯粹物种因为异常的新生活环境的影响而产生的不育性非常相似。只要能解释后一种不育性，就能够解释杂种的不育性。这种观点得到了另一种平行事实的有力支持。这种平行事实是：第一，生存条件的轻微变化显然有利于所有生物的生命力和繁殖力；第二，在不同环境下生活的或略微变异的生物类型之间的杂交，有利于它们后代的个体大、生命力和可育性。前文所列举的两型性和三型性的不合理结合的不育性，以及它们不合理后代的不育性的相关实例，也许能够说明，在任何情况下都可能存在某种未知的纽带，把初次结合的可育性程度和它们后代的可育性程度联系在一起。研究有关二型性的事实以及互交的结果，会清晰地得出这样的结论：杂交物种不育性的主要原因是物种生殖质的差异。但是，有一点我们还未弄清楚，那就是为什么在不同物种杂交时，生殖质会如此普遍地发生或多或少的变异，进而引起了它们的彼此不育。这似乎与物种长期生活在近乎一致的生活环境中有关。

由于不同的原因，两个物种杂交的困难程度与它们的杂种后代的不育程度通常应该是一致的。这也不足为奇，因为两者都取决于所杂交物种之间某种差异量。初次杂交的难易程度、杂种的可育性以及嫁接在一起的能力（尽管后者的能力显然取决于极不同的情况），都应该在一定程度上与实验类型在系统中的亲缘关系相对应，因为分类系统的亲缘关系包括了所有类型之间的各种相似性。

已知为变种或足够相似到被视为变种的类型之间的初次杂交，以及它们的混种后代，一般都是可育的，但并非全部如此。假如我们还记得，我们循环论证处于自然状态下的变种；假如我们还记得，更多的变种是在家养条件下通过单纯选择的外部差异而产生的，并且没有长期生活在一致的环境中，那么，变种具有如此普遍和完美的可育性就不足为奇了。我们特别应该牢记，长期连续的家养具有消除不育性的倾向，因此这似乎不可能引起不育。除可育性外，在所有其他方面，杂种和混种之间都有非常密切且普遍的相似之处，例如在变异性上，在多次杂交中相互结合的能力上，在遗传两性亲种的性状上，都极为相似。最后，虽然我们既不清楚为什么动植物离开其自然环境后就会变为不育，也不清楚初次杂交和杂种不育性的确切原因，但是在我看来，本章中简要介绍的事实似乎与物种来源于变种这一观点是一致的。

The Origin of Species

第十章

地质记录的不完整

现代生物中缺少变种

在第六章中，我列举了反对本书观点的主要意见，现在已经讨论了其中的大多数。但是一个是很明显的难题没有解决，那就是为什么物种之间界限分明，为什么它们没有通过无数的过渡类型联结在一起？在广袤相连的大陆上，自然地理条件的逐渐变化对过渡类型的存在是非常有利的，但为什么人们至今都没有发现这些过渡类型呢？我曾努力证明，每个物种的生存更重要的取决于其他的生物类型，而不是气候。因此，真正控制生存的，并不是像温度或湿度那样渐变的条件。我也努力表明，在进一步变异和进化过程中，通常存在的中间类型（其数量少于它们所联结的类型）将被淘汰或灭绝。然而，导致如今大自然中无数中间类型非常罕见的主要原因是自然选择的作用。在自然选择过程中，新变种不断取代并消除它们的亲种类型。但是，既然大量的物种已经灭绝了，按比例就可以推算出，以前在地球上存在的中间变种的数量一定非常巨大。那么，为什么每个地质层和每个地层都没有这种中间类型的存在呢？地质学确实没有证实有如此细微差异的中间类型存在过。这也许是对我的理论最明显和最有利的异议。但是我相信，这一点在于地质记录的极端不完整性。

首先，我们应始终牢记，根据自然选择学说，以前必然存在过哪些中间类型。人们很难避免自己直接对任何两个物种的中间类型进行描绘，其实这是完全错误的。我们应该始终寻找介于两个物种和一个共同但未知的祖先之间的类型；并且，其祖先通常在某些方面与所有后代有所不同。举个简单的例子，孔雀鸽和球胸鸽都是从岩鸽传下来的。如果我们能找到曾经存在过的所有中间变种，就能在这两种鸽子与岩鸽之间建立一个联系非常紧密的系列；但是，孔雀鸽和球胸鸽之间没有任何中间变种，没有一个品种能将这两个品种的特征结合在一起，即不存在既有微微张开的尾部又有略大嗉囊的鸽子。而且，这两个品种已经发生了很大的变异，以至于如果我们没有关于它们起源的历史或间接证据，就不可能仅通过将它们与岩鸽的构造进行比较，来确定它们究竟是岩鸽的后代还是另一种相似的野鸽的后代。

因此，对于自然物种，如果我们发现差别比较大的生物类型，例如马和貘，就没有理由假设它们之间直接存在中间类型。但是我们可以设想，马和貘与未知的共同祖先之间存在中间类型，共同祖先在整体构造上大致与马和貘有很多相似之处，但在某些构造上，可能与两者有很大的差异，甚至比马和貘之间的差异还要大。因此，在所有这些情况下，即使我们将亲种的构造与其变异后代的构造进行严格比较，应该也无法识别任何两个或多个物种的共同祖先，除非我们发现了几乎完美的中间渐变类型链条。

根据自然选择学说，某种现存生物可能是从另一种现存生物繁衍而来。例如，来源于貘的马；在这种情况下，它们之间将存在直接的中间类型。但是，这种情况意味着一种类型（貘）在很长一段时间内都没有改变，而其子孙却经历了巨大的变化。生物与生物之间、后代与祖代之间的生存竞争原则将使这一情况非常罕见；在所有情况下，新的改良过的生物类型都将倾向于取代旧的未改良的生物类型。

根据自然选择学说，所有现存物种都与本属的祖先联系在一起，其差异不大于我们今天在同一物种的变种之间看到的。这些现在已经灭绝的祖种又与更古老的物种联系在一起。以此类推，可以追溯至每个大类的共同祖先。因此，所有现存物种和已灭绝物种之间的中间过渡类型的数量一定是令人难以置信的。但是可以肯定的是，如果这个理论是正确的，那么这些中间过渡类型就必然在地球上存在过。

从沉积速率和剥蚀程度来推测时间的进程

除了我们没有发现如此众多的中间类型的化石遗迹外，还有人反对的原因就是，认为没有充足的时间来满足如此大量的生物演变，因为所有变化都是通过自然选择非常缓慢地完成的。我甚至无法引导那些可能不是有实践经验的地质学家的读者，以便使他们了解时间的进程。查尔斯·莱尔爵士的宏伟著作《地质学原理》被后代的历史学家认为是自然科学领域的一场革命，能够读懂此书却不承认过去的时代极为久远的人，请不要再继续读我的这本书。然而仅仅研读《地质学原理》一书，或阅读由不同的观察者撰写的关于不同地层的专著，并注意每个作者对每个地层的持续时间所做的不完全估计，都远远不够。只有弄清楚了地质作用发生的各种动力，考察了地面被侵蚀多深、堆积多厚的沉积物之后，我们才能深刻认识到过去地质时间的长短。正如莱伊尔所说，某地区沉积层的宽度与深度就是地壳上其他地区被侵蚀的结果和数量。一个人只有多年亲身研究大片重叠的地层，观察小河流如何带走泥土，海浪如何侵蚀掉海岸悬崖等，才有希望领会时间的久远，这些痕迹在我们周围随处可见。

最好沿着由中等坚硬的岩石形成的海岸漫步，并观察侵蚀的过程。在大多数情况下，潮汐只有一天两次短时间到达海岸悬崖，只有在携带着沙子或碎石时，海浪才会侵蚀悬崖。有理由相信，清水对侵蚀岩石几乎没有作用。最后，悬崖的底部被破坏，巨大的岩石掉在海岸边，然后逐渐被侵蚀掉，直到尺寸减小到可以被海浪卷起，然后更快地磨成鹅卵石、沙子或泥土。但是，我们有很多次在后退的悬崖底部看到圆形的巨石，这些巨石全部被海洋生物覆盖，显示出它们很少被海浪卷动，很难被侵蚀。此外，如果我们沿着任何一条后退的海岸悬崖走几千米，就会发现，被侵蚀的海岸悬崖只有很短一段，或在海角周围零星分布着。地表和植被的外观表明，它们已经很久没有被海水冲刷过了。

然而，通过许多优秀的观察家——朱克思、盖基、克罗尔等人以及他们的先驱者拉姆塞的观察，我们可以知道，比海岸边波浪的作用更重要的是地表剥蚀作用（即风化作用）。整个地表都暴露在空气和溶有碳酸的雨水的化学作用下。与此同时，在严寒地区，还要受冰霜的作用。即使在平缓的斜坡上，已经被剥离的物质也会被暴雨冲走。尤其在干旱地区，被风吹走的碎屑的数量多到超乎人们的想象。这些被冲下来的碎屑又被大河小溪带走；湍急的河流加深了河床，碎屑也被打磨得更细。下雨时，即便是在坡度很缓的地方，我们也可以观察到地表被剥蚀的效果——混浊的泥水顺着斜坡流下去了。

拉姆塞和维特克先生曾提起过一个令人印象深刻的发现，即威尔顿地区和横贯英格兰的巨大陡崖线。以前它们曾被视为古代海岸，但其实它们并不是在海边形成的，因为这两个陡崖都是由同一种地层构成的，而英格兰海边悬崖的每一处都是由各种不同地层交错而成的。如果情况确实如此，我们就不能否认，之所以形成这种陡崖，主要是因为组成它们的岩石比周围地表岩石能更好地抵御风力的剥蚀，于是周围地表被剥蚀会逐渐减轻，遗留下的坚硬岩石就形成了凸起的陡崖线。按照我们的时间观念，风化作用是最有说服力的推证时间久远的例子，因为风化作用的力量极其细微，作用的进程如此缓慢，然而产生了如此惊人的结果。

当我们知道了陆地是在风化作用和海岸作用下慢慢被剥蚀的观点后，想要进一步了解过去时间的久远，最好是一面研究大片区域被移走的岩石，另一面去研究沉积层的厚度。我曾为火山岛的情形而惊叹，此岛被海浪冲蚀，四面被冲蚀掉，成了高达几百米的直立悬崖；因为当初火山喷出的液态熔岩流，凝结成斜度较缓的坡，清楚地表明了坚硬的岩层曾一度向大海延展得那么遥远。断层的变迁将相似的风化剥蚀作用表现得更清晰。顺着那些巨大的裂缝，地层在此处隆起，又在别处下陷，其高度或深度高达数百米；自从地壳断裂以来，不管地面隆起是突然出现的，还是大部分地质学家所认为的那样——由多次震动而逐渐隆起的，并没有太大的差别。现在，地表已经完全平坦，从表面上已经看不到任何曾经巨大的断层错位的痕迹。例如克拉文断层上升有 48 千米（30 英里）；顺着断层面，地层垂直错位从 0.18~0.91 千米（600~3000 英尺）不等。安格尔西的地层下陷达 0.70 千米（2300 英尺），拉姆塞教授曾对此发表过文章。他还告诉我，他坚信美里奥内斯郡的一个断层确实下陷了 3.66 千米（12000 英尺）。但是在这些地方，地表并没留下这种巨大运动的痕迹，断层两边的石堆早已变成平地了。

另一方面，世界各地的沉积层都是非常厚的。我曾在科迪勒拉山对一片砾岩进行过测量，其厚度可达 3.05 千米（10000 英尺）。尽管这些砾岩层的形成速度可能比其他许多沉积层要快，但它们都是由磨损的圆形卵石形成的；每个卵石都意味着耗费了很长的时间，可以很好地说明砾岩的累积速度是多么的缓慢。拉姆齐教授记录了各地区连续地层最大的厚度，在大多数情况下是通过实际测量得出的，结果如下：

古生代地层（火成岩除外）17.42 千米（57154 英尺）

中生代地层　4.02 千米（13190 英尺）

第三纪地层　0.68 千米（2240 英尺）

共计 22.12 千米（72584 英尺），约合 13.75 英里。这些地层中，有些在英国是薄层，有些在欧洲大陆却厚达数千英尺。此外，大多数地质学家看来，每个相继的地层之间存在非常长的空白时期。因此，在英国高大的沉积岩堆中，其沉积过程所经过的时间也只代表了地质历史时期的一部分。仔细研究种种事实，会让我们明白，地质历史如此久远，实在难以准确把握，就如我们无法把握“永恒”这个概念一样。

但是，这种想法并没有概括所有的事实。克罗尔先生在一篇文章中说道，“地质时期过长”这个说法并不是错误的，错误的是我们在以“年”为计时单位。如果地质学家研究了这些巨大而繁杂的地质现象，然后再看到几百万年的估算数字，二者会在他的脑海中留下完全不同的印象，立刻觉得这个数字太小了。关于风化剥蚀作用，克罗尔先生通过对比一些河流的流域面积和每年冲刷下来的沉积物的数量，发现需要600万年才能把厚达0.30千米（1000英尺）的坚硬岩石逐渐剥蚀，使其整个面积的平均水平线以上部分被剥蚀掉。这似乎是一个令人惊讶的结果，某些研究令人怀疑这个数字太过巨大了，即使将该数字减到1/2或是1/4，也依然是很惊人的。但是，很少有人知道一百万年的真正含义是什么。克罗尔曾做出了以下说明：假如拿一张25.4米（83英尺4英寸）长的窄纸条，顺着一个大厅的墙壁将其悬挂起来，然后在距离某一端0.25厘米（1/10英寸）的地方做个记号，用这1/10英寸来代表100年，那么整张纸条才代表100万年。要知道，这种计量办法代表的100年在这样一个大厅里没有任何意义，但对于本书所讨论的物种变异而言却至关重要。有一些杰出的育种家，在他们的一生中，大大改变了某些高等动物的特征（而高等动物的繁衍速度远不如大多数低等动物），培育出了新亚种。很少有人能够花费50年以上的时间去认真研究某一个品种，因此100年可以代表两个育种家的连续工作。我们不能假设自然状态下物种可以像家养动物一样，在有计划的选择下改变得那么快。把自然状态下物种的改变与人类无意识选择所产生的效果进行比较，也许更为公正。所谓无意识的选择，是指人类只想保留那些最有用或最好看的动物，却没想过要改变那个动物的品种。然而，即使只是这种无意识的选择，在两三百年时间里，也大大地改变了许多动物的品种。

但是物种的改变可能要慢得多，在同一地域内，只有少数的物种会一起发生改变。之所以如此缓慢，是因为相同地区内的所有生物，彼此之间早已经很好地适应了。只有经过很长的时间之后，自然条件的变化或是迁入了新类型生物，才能引起生物的改变。此外，当环境改变后，一些生物适应新环境的变异或个体之间的变异往往也不可能马上发生。遗憾的是，我们无法依据年代来确定一个物种的改变究竟需要多长时间。有关时间的问题，我们以后再讨论。

古生物化石标本的贫乏

现在让我们看看收藏最丰富的地质博物馆的情况，即使是这样，人们所见到的陈列品也少得可怜！每个人都承认目前搜集的化石标本非常不完善。我们永远也不会忘记令人敬佩的古生物学家爱德华·福布斯的一句话，即化石都是以某个地点搜集的少数几个标本命名的，甚至有些是单个且经常是破碎的。欧洲每年都有重要的化石被发现，这就证明我们仅对地球表面的一小部分进行了地质勘探，并且没有任何地方的采掘是充分的。没有骨、壳构造的软体生物无法保留下来。有贝壳和骨头的生物落在没有沉积物堆积的海底时，它们也会腐烂消失。我们可能一直在相信一种错误的观点，即沉积物以足够快的速度在几乎整个海床上埋藏和保存了大量生物遗骸。在整个海洋中，海水的亮蓝色代表着其纯净。有文献记载，某个地层在经过很长时间的间隔后会被另一个晚期的地层所覆盖，而下面的一层在此间隔期内没有遭受任何磨损，似乎仅从海底保持不变的角度可以解释得通。如果生物和遗体埋入沙子或砾石中，在底层上升之后，通常会因含有碳酸的雨水的渗入而溶解。在高潮线和低潮线之间的海滩上生存的许多动物，其中只有极少数被保留下来。例如，藤壶亚科（无柄蔓足类的一个亚科）的几种物种，覆盖在全世界各地的岩石上，它们数目众多，是典型的海滨生物。除了在西西里岛发现的一个生活在地中海深水中的化石外，迄今尚未在任何第三纪底层发现其他任何藤壶亚科物种；然而，现在我们已经知道，藤壶属曾存在于白垩纪时期。最后，还有许多需要很长时间堆积而成的非常深厚的沉积层，里面都没有发现生物的遗骸，目前我们还无法解释其缘由。其中一个最典型的例子是复理石地层，它由页岩和砂岩组成，厚度达数千英尺，有的地方甚至达1828.8米（6000英尺），从维也纳到瑞士绵延300多英里（注：1英里≈1.6千米）。然而，在经过仔细的考察后，这种特厚的岩层中除了极少数植物遗骸外，并未发现任何别的化石。

关于在中生代和古生代时期生活的陆栖生物，我们得到的化石遗骸证据非常有限。直到最近，莱伊尔和道森博士才在北美洲石炭纪地层中发现了一种陆相贝壳化石，除此之外，尚未发现其他陆相贝壳（不过，在下侏罗纪地层中已发现了新的陆相贝壳化石）。关于哺乳类遗骸，只需看一下莱尔的《手册》中公布的历史年表，就会发现事实真相，即被保留下来的哺乳动物化石是多么偶然和稀有。然而，这也并不令人惊讶，因为第三纪哺乳动物的骨骸大多是在洞穴或湖床沉积物中发现的，而中生代和古生代中，并没有洞穴或真正的湖床沉积地层。

但是，地质记录的不完整性确实主要不是由上述原因造成的，更重要的原因是多个地层之间有很长的间断。许多地质学家和古生物学家（包括和福布斯先生一样完全不相信物种会变化的学者）都认同这种看法。当我们看到书面作品中列出的地层图表时，或者我们在野外考察时，都很难不去相信各个地层是紧密相连的。但是，从默奇森爵士关于俄罗斯的伟大著作中，我们知道该国在重叠的地层之间存在着巨大的间断，在北美以及世界其他许多地区也是如此。如果经验最丰富的地质学家的注意力仅限于这些范围较大的地区，就永远不会想到，在他家乡地层处于沉积间断的“空白”时期，其他地方已经堆积了如山的沉积物，其中充满了新奇和独特的生物类型。而且，如果无法确定地在某个单独区域连续地层之间建立时间序列，那么在其他地方也无法确定这一点。连续地层的矿物成分常常会发生频繁而巨大的变化，这通常意味着周围地区地理上的巨大变迁，因为沉积物是从周围地区汇集来的，这一事实与各个连续地层之间曾有长期沉积间断的观点是一致的。

我认为，我们可以理解为什么每个区域的地层沉积几乎总是断断续续的，也就是说，彼此之间并没有紧密连续。沿着南美海岸数百千米的海岸考察时，让我最震惊的是，海岸在短期内上升了数百英尺（注：1 英尺 ≈0.3 米），几乎没有任何近代的沉积物。整个西海岸都栖息着特殊的海洋动物，然而那里的第三纪层如此不发达，以至于一些连续而独特的海洋动物的化石不能保留下来。我们稍加思考就能明白，尽管多年来，有大量崩落的海岸岩石以及河流入海带去的泥土，即有长期充足的沉积物供应，但是为什么顺着南美西部上升的海岸无法找到具有近代或第三纪遗骸的特大地质层？毫无疑问，这是因为沿海波浪的冲蚀作用使土地在缓慢而逐渐地上升时，海岸和近岸的沉积物也不断地被侵蚀掉。

可以确定，沉积物必须极厚、极坚固或极大地堆积，才能在第一次上升时以及在随后的水平面上下波动期间承受波浪的侵蚀作用。这种厚而广的沉积物堆积可以通过两种方式形成：要么形成在深海中，海底只有极少物种生存，而在这种情况下，当海底上升时，它所包含的生物化石记录相对于地层堆积期间生存在它周围的生物而言就极不完整；要么形成在浅海中，如果沉积物继续缓慢沉降，则其可能会在浅海底部形成巨大的堆积。在后一种情况下，只要沉降速度和沉积物的供应速度平衡，海洋就会保持浅水状态，并有利于不同类型生物遗迹的保存。如此一来，富含化石的地层的厚度就会增加，当它上升变为陆地后，就足以抵御强烈的侵蚀作用。

我坚信，所有化石丰富的古代底层都是在海底沉降过程中形成的。我自 1845 年发表了关于这一问题的观点，一直关注着地质学的进展，并惊讶地注意到，许多专家在讨论各个巨大的地层时，都得出了相同的结论，即认为它是在海底沉降过程中积累形成的。我还要补充的是，南美洲西海岸唯一的古代第三纪地层，在海底下沉时积累了可观的厚度，其厚度足以抵御岩石的崩塌作用。不过，这个地层几乎很难持续到未来更遥远的地质时代。

所有地质事实都清楚地告诉我们，每个区域都经历了缓慢的水平振荡，而且这些振荡显然产生了广泛的影响。因此，在沉陷期间，可能已经在广阔的空间中形成了化石丰富、足够厚且能够抵御随后的侵蚀的地层。只有当沉积物的供应足以使海面保持足够的浅度，并且残骸腐烂之前就被埋藏和保存，这些地层才能形成。另一方面，如果海床保持静止，那么沉积物就不会在最有利于生物保存的浅层部分积聚得很厚。在交替的上升期间，沉积会更少；更准确地说，即使已经积累起来的地层，在上升并进入海岸作用的范围后，也常常被破坏了。

上述分析主要是针对海岸和近海岸的沉积而言。在广阔的浅海情况下，例如马来群岛的大部分，海水深度在 0.76~1.52 米（30~60 英寸）之间，当海底上升时，就可以形成大范围的地层。同时，由于海底缓缓上升，所受到的侵蚀也不至于过大。不过这种地层可能不会很厚，因为地层的上升运动，使得地层的厚度要比它所形成地方的海水深度小。而且，上升运动也使地层沉积物堆积得不太坚固；它的层面上也不会有其他地层覆盖，这样在以后海底上下颤动时，就很容易遭受风化剥蚀和海水的冲蚀。然而，根据霍普金斯先生的意见，如果某一区域在上升后尚未遭受剥蚀就已下沉，那么即便它在上升时所形成的沉积层不厚，也能够得到此后新沉积物的保护而长期保留下来。

霍普金斯先生还认为，面积广阔的沉积层不太可能被全部破坏掉。大部分地质学家都认为岩浆岩外层已经被剥蚀掉了，只有少数地质学家相信现在的深成岩浆岩和变质岩曾是构成地球核心的物质。这类岩石在没有地层覆盖的情况下很难凝固结晶，但是如果在深海底发生了变质作用，岩石原来的保护性地层就不会很厚。如果认为片麻岩、云母片岩、花岗岩、闪长岩等曾经被掩埋过，那么对于地球上不少地方这类岩石大面积裸露出来的现象，我们只能解释为原有的覆盖层已经完全被剥蚀了。毋庸置疑，这类岩石是大面积存在的：根据洪堡的描述，巴赖姆地区的花岗岩范围至少是瑞士面积的 19 倍。在亚马孙河南面，布埃曾划出一片花岗岩区域，其面积相当于西班牙、法国、意大利、德国的一部分及英国各岛的总面积。这块地方还没有被详细地考察过，但是根据旅行家提出的所有证据，可以证明这片花岗岩面积是很大的：例如冯 · 埃什维格曾绘制了花岗岩地区的详细地图，其范围自里约热内卢延伸至内地，直线距离达 260 海里；我又沿着另一方向走了 150 海里，沿途见到的都是花岗岩，整个海岸从里约热内卢开始，到拉普拉塔河口为止，全长 1100 海里。我沿途采集了大量标本，经研究发现，它们都是花岗岩类。沿着整个拉普拉塔河北岸的全部大陆，我发现除了近第三纪地层外，只有一小片是轻变质岩，这也许是最初覆盖这片花岗岩区唯一剩下的部分。下面说说我们比较熟悉的地区，例如美国和加拿大，我曾按照罗杰斯教授精美的地图剪出了图纸，并且使用称重的方法来估算各类岩石的面积，发现变质岩（半变质岩除外）和花岗岩的比例为19:12.5，两者面积之和比全部晚古生代地层的面积还要大。在很多地区，如果把覆盖在变质岩和花岗岩上面的所有沉积岩层移去的话，就会发现它的实际含量要比我们看到的大得多，而沉积岩层也不可能产生结晶花岗岩的原始覆盖物。因此，在地球上的某些区域，其沉积地层可能已经全部被剥蚀掉了，没有留下任何痕迹。

还有一点需要注意。在上升期间，陆地和邻近浅滩部分的面积将增加，并且经常会形成适合生物生存的新场所；如前所述，新场所中的所有情况都有利于形成新变种和新物种，但在此期间，地质记录通常会是一片空白。另一方面，在沉降过程中，生物的栖息地面积和数量将会减少（大陆沿岸最早分裂成的群岛除外）。因此，在沉降过程中，尽管很多生物灭绝了，但也会形成新变种或新物种；在沉降过程中，富含化石沉积物就积累起来了。

任何一个地层中都缺失许多中间变种

根据上述种种情况考虑，地质记录是非常不完善的。但是，如果我们将注意力集中在任何一个地层上，就很难理解为什么我们没有在其中找到近缘物种之间的中间变种。有记录表明，在某些情况下，同一物种在同一地层的上部和下部出现了不同的变种。例如，特劳希勒曾列举的菊石；黑尔干道夫曾在瑞士连续沉积的淡水地层内发现，多形扁卷螺存在十种递变类型。尽管每个地层的沉积肯定需要相当长的时间，但是为什么每个地层中都没有一直生存在那里的物种之间的递变连锁系列呢？对此，我们可以列举出几个理由。不过，我对下面所讲的理由还不能给予恰当的评价。

尽管每个地层的形成都需要花费很长的时间，但与一个物种演变为另一个物种所需的时间相比，还是太短了。布隆和伍德沃德这两位古生物学家的意见值得我们认真听取并考虑。他们曾认为，每个地层的平均存在时间是特定物种的平均存在时间的两倍或三倍。但是，在我看来，无法克服的困难使我们无法做出任何公正的评价。当我们看到某个物种首先出现在任何地层中时，就推断它不曾在其他更早的地层存在过，这无疑是轻率的。因此，当我们再次发现某个物种在一个沉积层尚未结束之前就消失了时，就假设它已经完全灭绝，这同样是轻率的。我们应该记住的是，欧洲与世界其他地区相比有多小；在整个欧洲，同一地层的几个阶段也并非是有关联的。

对于各种各样的海洋动物，我们可以谨慎地推断出，在气候变化和其他因素变化期间曾大量迁移；当我们看到某个物种在任何地层初次出现时，该物种很可能才刚刚移民到该地区。众所周知，在北美的古生代地层中，有几个物种出现的时间要早于欧洲，这是因为从北美洲向欧洲迁移需要相当长的时间。在考察世界各地的现代沉积物时，到处都可以看到，该沉积物中尚有一些现在仍很常见的物种，但在紧邻的海域却已经灭绝；相反，一些海洋生物现在在邻近海域很繁盛，但在沉积岩中却很少或没有。探查在冰川时期欧洲生物实际的迁移量（冰川时期只是整个地质时期的一部分）、海陆的升降变迁、气候的巨大变化、悠久的时间历程，这是有好处的。然而，可能无法确定的是，在这段时间里，包含化石遗迹的沉积层是否一直在该地区沉积。例如，在整个冰河时期，密西西比河河口附近海水正好适合海相动物的繁殖，但是那里的沉积物不可能完全是在冰河时期连续堆积起来的。因为我们知道在这段时间，美洲的其他地区发生了巨大的地理变迁。如果在冰河时期的某个时期，沉积的这些地层在密西西比河河口附近的浅水中上升时，由于物种的迁移和地理的变迁，生物遗骸可能会出现或者消失在不同的地层中。在遥远的将来，地质学家研究这些地层可能会得出结论：埋藏化石的平均生存期比冰河时期要短；然而事实却是比冰河时期更长，因为这些生物是从冰河时期前一直延续到今天的。

为了在同一地层的上部和下部两种形式之间获得全部渐变类型，该地层必须长时间地不断堆积，以便为缓慢的变异过程留出足够的时间。因此，该沉积层通常必定是极厚的，并且正在经历变异的物种也必须在这段时间内都栖息在该地区。但是我们已经看到，厚厚的富含化石的地层只能在下层期间堆积；为了使相同物种能够持续生活在相同地点，就必须保持海水深度大致相同，因此沉积物的供给必须与沉降量保持平衡。但是，这种沉降运动往往会使沉积物的来源地区也浸泡在水中，从而在连续向下沉降时期减少沉积物的供给。实际上，沉积物供应量与沉降量之间的这种几乎精确的平衡可能是一种罕见的偶然情况。许多古生物学家已经观察到，除了顶部和底部之外，其他非常厚的沉积层通常都没有生物的遗骸。

就像任何地区的整套地层，似乎每个单独的地层也是有间断的。当我们经常看到各个层次由不同矿物组成的地层时，可以合理地怀疑沉积过程是间断的。即使对地层最详尽的考察，也无法确定其沉积消耗的时间。有许多实例可以证明，有的岩层厚度只有几英尺（注：1英尺≈0.3米），却代表了其他地方厚达几千英尺的地层，而且它们的堆积必定耗费了很长时间。但是，一个不知道这一事实的人，会怀疑以这样稀薄的地层如何能代表长久的时间过程。在许多情况下，一个地层升起后，其底部被剥蚀，再下沉，然后再被同一地层的上层重新覆盖。这些事实表明，地层的堆积过程中存在着容易被忽略的间隔。在其他情况下，我们发现了显著的证据：大型树木的化石像活着的时候一样，仍保持直立状态，这表明在沉积过程中具有漫长的间隔，并发生了水平面的升降变化，如果没有发现这些树木化石，就永远不会有人想到这些。例如，莱尔和道森先生在新苏格兰发现了427米（1400英尺）厚的石炭纪地层，其中至少有68个含有古老树根的不同层面彼此相叠。因此，当同一物种的化石同时出现在地层的底部、中部和顶部时，很可能说明这一物种在整个沉积过程中经历了多次绝迹和多次重现。因此，如果这些物种在任何一个地质时期发生了显著的变异，那么这个地层中就不可能找到中间递变类型。然而，那些突然变异的形体必然会保留下来，尽管那些变异可能非常微小。

要记住，博物学家并没有区分物种和变种的黄金法则。他们承认每个物种之间都有细微的差异，但是当发现任何两种差异较大的类型时，除非能够通过紧密的中间渐变类型将它们联结在一起，否则两种类型都将被列为物种。出于上述原因，我们很少希望在任何一个地层的断面中发现中间渐变类型。假设B和C为两个物种，第三个物种A位于下面的岩层中；即使A确实介于B和C之间，除非有中间类型将A和B、C紧密地联系在一起，否则A将仅被列为第三个不同的物种。如前所述，也不应忘记A可能是B和C的真正原始祖先，所以不一定在所有性状上都严格地介于它们之间。这样，我们就可以从一套地层的上下层获得亲种及其变异后代，除非我们能找到中间类型，否则无法辨认它们之间的关系，因此会被迫将它们列为不同的物种。

众所周知，许多古生物学家在确定物种时，只是依据它们之间存在的微小差异。如果标本来自同一地层的不同层位，他们就会更轻易地下结论。现在，一些经验丰富的贝类学家正在将多比内和其他学者划分过的物种降级为变种；而且根据这种观点，我们确实看到了物种演变的理论证据。再来看看第三纪后期的沉积层，很多博物学家都认为其中包含的许多贝类和现存物种是相同的；但是某些杰出的博物学家，例如阿加西斯和皮克特却认为，尽管差别很小，但是所有第三纪物种和现存物种都是不同的物种。在这种情况下，如果我们认为阿加西斯和皮克特的判断是正确的，也就是说，反对大多数博物学家的观点，承认这些第三纪的物种确实不同于现代物种，这样就可以获得我们所需要的物种的细微变异会频繁发生的证据了。此外，如果我们研究一下较长的间隔，即同一地层的不同层位，就会发现，虽然埋藏的化石几乎普遍被列为不同物种，但如果与相隔更远地层中的物种相比较，同一地层物种彼此之间的联系要紧密得多。因此，我们再次找到了渐进演化理论所需要的物种演变的确凿证据；关于这一主题，我将在下一章中继续讨论。

对于可以快速繁殖并且迁移很少的动植物，正如我们以前所看到的，有理由合理怀疑它们的变种通常最初是在局部地区形成的，并且这些地方变种在相当程度上经过变异和完善之后，才会广泛传播并取代其亲种。根据这种观点，在任何一个地区的地层中发现任何两个物种之间所有早期过渡类型的机会很小，因为连续变异常常局限于某个地区。大多数海相动物的分布区域都很广泛，我们已经看到，对于植物而言，分布范围最广的物种最容易发生变异。因此，对于贝壳和其他海相动物来说，可能是范围最广的、远远超出了欧洲已知地层范围的最容易产生变种，首先是地方性变种，然后形成新物种。这将大大减少我们能够在任何一地层寻找过渡阶段演变痕迹的机会。

最近，福尔克纳博士通过一项更为重要的研究得出了这样的结论，即每个物种发生变异的时间，如果以年代计算是很久远的；然而与它们没有发生变化的时期相比较，又显得很短暂。

我们应该牢记，在有完善的标本进行研究的情况下，也很少有两个类型可以通过中间变种联系起来，因此想要证明它们来源于同一物种，就需要从许多地方采集许多标本才行；然而，化石物种的采集很少能做到这一点。也许通过问自己某些问题，我们才能认识到，不可能通过中间类型的化石将两个物种联系起来，例如，将来某个时代的地质学家能不能证明，牛、羊、马和狗的若干变种是从一个原始物种还是若干原始物种传衍而来的呢？又比如，生存在北美海滨的某些贝壳是变种还是某些不同的物种？它们被某些贝类学家视为物种，但是却被其他贝壳学家视为变种。想要回答这些问题，未来的地质学家需要在化石中发现更多的中间类型，然而他们成功的机会很渺茫。

相信物种不会演变的学者，不断地强调地质学中无法找到中间过渡类型，我们将在下一章证明这种论调是错误的。正如卢伯克爵士所说:“任何物种都是其他近缘类型的中间环节类型。”如果一个属包含20个物种(现存的和灭绝的),其中有4/5的物种灭绝了,那么剩下的物种之间的差异将会更明显。如果这个属的两个极端类型灭绝了,那么这个属与其他近缘属的差异也会变大。地质研究尚未发现的是:以前存在过的无数中间渐变类型,它们如同现存变种一样有细微的变异,可以联结所有现存物种和灭绝物种。在所有反对我的观点的意见中,这可能是最严重最有力的一点,尽管不可能实现。

我们借助一个假想的例子,来总结前面关于地质记录不完整的各种原因。马来群岛的面积与欧洲差不多,即从北角到地中海、从英国到俄罗斯的范围。除美国的地层外,马来群岛的面积差不多等于所有精确调查过的地层面积的总和。我完全同意戈德温·奥斯丁先生的观点,即马来群岛众多的大岛屿被广阔的浅海隔开,很可能和远古时的欧洲的情况类似。马来群岛是全世界生物最丰富的地区之一,但是如果想要搜集在这里生活过的所有物种以代表自然历史,就会发现它们是多么的不完整!

我们有充分的理由相信,马来群岛的陆相生物保存得很不完全。我怀疑,没有很多真正的海滨动物或那些生活在裸露的海底岩石上的动物会被掩埋,而那些掩埋在砾石或沙子中的生物也无法长久地保存。如果沉积物没有在海床上堆积,或者没有以足够的速率积聚以保护生物不致腐烂,就无法保存任何生物遗骸。

类似过去中生代的地层,马来群岛那些足够厚的富含生物化石的地层,只能形成于地面下沉时期。这些下沉时期之间存在很长的间隔,在间隔期间,该区域将是静止的或上升的。在上升时期,沉积层在整个马来群岛的浅海中堆积得非常厚,后来的沉积物很难将其覆盖。在下沉时期，很多生物可能会灭绝。在上升期间，很多生物会发生很大的变异，但是这个时期的地质记录却是最不完整的。

整个群岛或某个部分的下沉时间（同时也是沉积物堆积时间）是否会超过一个物种的平均生存时间，我们不得而知。可是，这两个时间在持续时间上的情况，对于保留物种之间的中间类型是必不可少的。如果不能完全保留这些中间类型，那么过渡变种将仅仅被当作近缘新物种。同样，每个漫长沉降的时期都很可能会被水平面的振荡打断，气候也会在这样长的时期内发生轻微的变化。在这种情况下，群岛上的生物将不得不迁徙，因此生物变异的详细记录都无法保存在任何地层中。

现在，该群岛许多海相生物的活动范围已经超出了群岛的范围，并且分散到几千千米以外。以此类推，我们相信这些分布范围广泛的物种最常产生新变种。这些变种最初通常是地方性的或局限于一个地方，但是如果它们拥有了任何决定性的优势，或者经过进一步的变异和改良后，将慢慢扩散并取代其亲种。当这些变种回到原产地时，它们与祖先物种的性状已经不同了，尽管差异可能很小，但由于它们和祖先物种是在同一地层的不同亚层被发现的，因此根据许多古生物学家遵循的原则，它们将被列为新的不同物种。

如果上述内容有一定程度的真实性，那么我们就无法在地层中发现差异很小的过渡类型。根据自然选择学说，这些过渡类型联结了过去和现在的所有物种，同一群体会成为一条生命链。我们希望找到一些生命链，也确实找到了，链条中物种之间的关系有的很紧密，有些则比较疏远。这些链条中的物种，虽然关系密切，但如果在同一地层的不同层位被发现，大多数古生物学家仍会将它们列为不同的物种。

但是我想说，如果不是每个地层初期和末期保留下来的生物化石缺少中间类型，我的学说也不会受到严重的威胁，但我不会怀疑保存得最好的地质剖面中，化石记录还是十分贫乏。

整群相关物种的突然出现

阿加西兹、皮克泰和塞奇威克教授这几位古生物学家，反复强调某些地层中突然出现整群物种的事实，以致命的方式反对物种演化学说。如果属于同一属或科的众多物种真的是在某一时刻同时突然出现的，那么这一事实对于通过自然选择进行缓慢变异的进化论将是致命的。按照自然选择学说，所有同类生物都是从一个共同祖先传衍下来的，这一定是一个极其缓慢的过程，而且这个共同祖先必须在变异后代出现之前已经存在了很长一段时期。但是，我们不断高估地质记录的完善性，并错误地推断出它们在该阶段之前不存在。在所有情况下，肯定性的古生物证据是绝对可靠的，而否定性的证据则是没有价值的。我们常常忘记，与我们认真研究的地层相比，世界有多大；我们也忘记了，在其他物种入侵古代欧洲和美国的群岛之前，它们可能在其他地方早已存在并缓慢繁殖着。我们没有考虑到，在某些情况下，连续的地层之间可能有巨大间断时期，这可能要比每个地层沉积所需的时间更长。这么长的时间间隔足以使亲种繁衍出许多子种，而在随后形成的地层中，这些物种成群出现，似乎是被突然创造出来的一样。

在这里，我们回顾一下之前的内容，即可能需要很漫长的时期，才能使一种生物适应某种新的、特别的生活方式，例如在空中飞翔。这样一来，生物的中间过渡类型就会在某一区域内留存很久。但是，一旦成功适应，并且少数物种因此获得了超越其他生物的巨大优势，就只需要相对较短的时间来产生许多不同的变异类型，并在世界范围内迅速而广泛地传播。皮克泰教授评价本书时指出，他无法看出假设的原始型鸟的前肢持续的变异对鸟有什么好处。我们可以观察一下南极的企鹅，它们的前肢不正是介于“既不是真正的手臂，也不是真正的翅膀”的中间状态吗？然而这种鸟在生存斗争中成功地占领了自己的地盘，繁衍了无数的个体，并且其种类也相当多。虽然我不敢断定在企鹅的身上看到了鸟翅演变所经历的真正的中间过渡阶段，但是我相信，翅膀的演变可能确实有利于企鹅的变异后代，让它们先变得像呆鸭一样能沿着海面拍打翅膀，并且最终能够在空中滑翔。

我现在举几个例子来证明上述论点，同时也说明整个物种群突然出现的观点会导致我们犯下巨大的错误。皮克泰有关古生物的巨著，从第一版（1844—1846）到第二版（1852—1857）的短短几年间，便大幅度地更改了几个动物种群出现时间和消失时间的结论，而在第三版里可能还会出现更多的修改。我再说一个广为人知的事实，即在几年前发表的地质论文中，普遍认为哺乳动物的大类是在第三纪的早期突然出现的。现在，已知含有哺乳动物化石最丰富的沉积物之一属于中生代中期。在接近中生代早期的新红砂岩中发现了真正的哺乳动物化石。居维叶曾经强调，第三纪地层中没有猴子化石。但是现在，已经在印度、南美和欧洲都发现了已经灭绝的猴类物种。如果不是在美国的新红砂岩中发现偶然被保留下来的足印化石，没有人会想到，那个时代至少存在30种似鸟的动物。不过在这些岩层中，还没有发现似鸟动物的遗骸。前不久，有些古生物学家认为整个鸟纲都是在始新世突然出现的。但是现在，按照欧文教授的权威观点，我们知道在上绿砂岩层沉积时期已经存在一种鸟类了。最近，人们又在索伦霍芬的鲕状灰岩里发现了一种奇怪的鸟，名叫始祖鸟，长着像蜥蜴一样的长尾，尾部的每一节都有一对羽毛，羽毛上长着两个可以活动的爪子。始祖鸟的发现更有力地证明了，我们对地球上的古老生物的了解实在太少了。

我还要再举一个亲眼所见的例子。我曾在关于无柄蔓足类化石的作品中说过，从现有和灭绝的第三纪物种的数量来看，从北极地区到赤道，全世界许多物种的个体数量异常丰富。标本保存状态最完整的是在第三纪的地层中，由于标本（甚至是一个破碎的瓣壳）很容易识别，从所有这些情况来看，我推断，如果在中生代存在无柄蔓足类动物，它们肯定会被保存和发现；由于在这个世代的岩层中没有发现任何无柄蔓足类物种，于是我推测这一大类是在第三纪初期突然形成的。这给我带来了极大的麻烦，因为又出现了一大类物种突然出现的情况。但是就在我的作品即将发表时，著名的古生物学家波斯开给我寄了一张完整的无柄蔓足类动物化石标本的图片，这个化石是他从比利时的白垩纪地层中采集到的。这张图片给我带来了很大的影响。这种无柄蔓足类是非常常见的，属于庞大且无处不在的藤壶属，以前在任何第三纪的地层中都没有发现过这种化石。最近，伍德沃德先生又在上白垩纪地层中发现了无柄蔓足类的亚科四甲藤壶。因此，我们现在可以肯定地知道，无柄蔓足类曾在中生代存在过。

古生物学家最常提起的整群物种明显突然出现的例子是硬骨鱼类。按照阿加西斯的说法，它们最早出现在白垩纪时期。硬骨鱼类包括绝大多数现有鱼类物种。但是，有些侏罗纪和三叠纪的类型，如今一般也被认为是硬骨鱼类，甚至还有些古生代的类型也被一位权威古生物学家列入此类。但是，如果硬骨鱼类真的是在北半球的白垩纪初期就突然出现了，这一事实无疑是非常值得关注的。但是，我并不认为这是一个难以解决的问题，除非有人可以证明，在白垩纪初期，这一群体的物种也在世界其他地区同时突然出现了。目前还没有在赤道以南地区发现任何鱼类化石，对此没必要再说了。通过阅读皮克特的古生物学发现，在欧洲的好几套地层中发现了很少几种硬骨鱼化石。现在，少数一些鱼类物种的分布范围有限。硬骨鱼类以前可能具有类似的范围限制，直到它们在某个海域中大量繁衍之后，才广泛传播到各个海域。我们也没有权利假设，世界海洋一直像现在这样，从南到北都是自由连通的。即使在今天，如果将马来群岛转变为陆地，印度洋的热带地区也将形成一个大而完美的封闭海盆，任何大群的海相生物都可以在这里繁衍。在这里，它们将一直处于封闭状态，直到某些物种适应了凉爽的气候，就能绕过非洲或澳大利亚的南部海角，到达其他更远的海洋。

考虑到这些事实、我们对欧洲和美国以外其他地区的地质情况的不了解，再加上最近十多年来古生物学观念的更新，在全世界范围内对生物的继承问题武断地下定论是很轻率的。这就好像让博物学家在澳大利亚某个荒原待上几分钟，就讨论当地的生物数量和分布范围一样。

整群物种在已知最古老的含化石地层中突然出现

还有一个更加棘手的问题。我指的是，动物的几个物种突然出现在已知最古老的富含化石的岩层中的情况。前面的大多数论述使我相信，同一类群的现存物种都起源于一个原始祖先，这一观点同样也适用于描述已知的最早物种。例如，寒武纪的三叶虫类都起源于某种甲壳类动物，这些甲壳类动物必然早在寒武纪之前就已经存在了，而且可能与任何已知动物有很大的不同。鹦鹉螺、海豆芽等一些最古老的动物，与现存物种没有太大区别；从我的学说来看，不能认为这些古老物种是它们所属同类物种的祖先，因为它们没有表现出任何中间性状特征。

如果我的学说是正确的，那么毫无疑问的是，在寒武纪的底层沉积之前有一个很漫长的时期，这个时期可能和从寒武纪到现在一样长，甚至可能更长。在这段漫长的时期内，各种生物已经遍布于全世界。这里，我们又遇到一个难题，地球在适合生物居住的状态下是否已经经过了足够长的时间？汤普森爵士推断，地壳凝固时间不会低于两千万年，也不会超过四亿年，可能是在九千八百万年到二亿年之间。这么大的时间范围，说明这些数据是相当可疑的，况且还涉及其他因素。克罗尔先生估计，从寒武纪到现在大约有六千万年。然而，自从冰河时期开始以后，生物的变化就很小，这与从寒武纪以来生物发生的多次巨大变化相比，六千万年好像太短了；而寒武纪之前的一亿四千万年，对许多生存在寒武纪时期的生物的早期演化而言，也是不够的。如汤普森爵士所说，在遥远的远古时期，自然环境的变化或许比现在更加迅速而猛烈，因此这种自然变化会促使当时存在的生物以相对应的速度发生变异。

关于为什么我们找不到这些寒武纪以前时期的化石记录的问题，我无法给出令人满意的答案。莫企逊爵士等著名地质学家都深信，我们在寒武纪底层的生物遗迹中看到了地球上生命的开端。莱尔和福布斯对此结论提出了异议。我们不应忘记，世界上只有一小部分地区被精确探查过。巴兰得最近在寒武纪地层中又发现了一个靠下的地层，里面到处是奇特的物种。希克斯先生则在南威尔士下寒武地层下面发现了三叶虫、软体动物和环节动物等生命痕迹。在最下面不含生物的岩层中，也有磷酸盐结核和沥青物质，这表明可能在那时已经有生命存在了。众所周知，在加拿大的劳伦纪地层曾存在过始生虫。加拿大寒武纪下面有三大系列地层，在最下面的地层中曾发现过始生虫。洛根爵士说过："这三大系列地层的厚度总和，可能远远超过了从古生代底部到现在的岩石的厚度之和。这样一来，即使是巴兰得所谓的原生动物出现的遥远时期，也就是古生代初始时期，原生动物的出现就好像最近发生的事情似的。"始生虫在所有动物纲中是最低等的，但在原生动物分类里又是高级的；它曾大量存在过，正如道森博士所说，这种动物主要捕食其他微小生物，因此这些微小生物也必然大量存在过。因此，我在 1859 年提出了关于生物出现在寒武纪以前的推断，这和后来洛根爵士的描述几乎是一样的，现在已经被证实了。但是，我们很难理解为什么在寒武纪之前没有富含化石的巨大地层。如果这些最古老的岩层由于剥蚀作用被全部磨损掉了，或者由于变质作用而被全部破坏了，似乎是不可能的。假如这样的话，我们应该在其后继的地层中发现少量细小的化石残余。但是，根据对俄罗斯和北美广大领土上寒武纪地层的记录，“地层越古老，其遭受剥蚀和变质作用的可能性就越大”的观点并不正确。

目前还无法解释这样的情况，所以被作为反对我的学说的有效论据。为了说明这个问题此后可能会得到一些解释，我将给出以下假设。从欧洲和美国的一些地层里生物遗骸的性状来看，这些似乎不是深海动物；从构成地层的沉积物的数量（厚达数千米），我们可以推断出，在沉积期间，那些供应沉积物的大岛或大陆一直处于现在欧洲和美洲大陆附近。但是，我们不知道在连续地层之间的间隔情况是怎么样的。在这段时间内，欧洲和美国是作为陆地，还是作为没有沉积物的近陆海底，又或者是作为广阔而深不可测的深海底，皆不得而知。

现在海洋的面积是陆地的三倍，其中散布着许多岛屿。但是，除了新西兰外，迄今还没有一个海岛能够提供任何古生代或中生代地层的残片。因此我们推测，在古生代和中生代时期，我们现在的大洋范围内，大陆和大的岛屿都不存在。因为如果存在大陆和大的岛屿，那么其剥蚀、崩裂产生的沉积物一定会积累并形成古生代和中生代地层；部分地层会因为水平面的波动而隆起。如果那样的话，我们推断，现在是海洋的地方在远古时代就已经是海洋了；现在是大陆的地方，从远古时代开始就已经是大陆了，而且从寒武纪以来遭受了海平面的巨大影响。在我的一本关于珊瑚礁的书中，我根据里面的彩色地图得出结论：大洋仍然主要是下沉区域，各大群岛仍然是水平面振荡区域，而大陆仍然是上升区域。但是，我们不能认为世界从一开始就是这样的。我们的大陆似乎是由多次水平面波动引起的上升力量形成的；但是随着时间的流逝，主要的运动区域是否会发生变化？在寒武纪之前的遥远时期，大陆可能存在于现在海洋的位置，而如今我们大陆所处的位置可能是广阔的海洋。

我们没有理由假设，如果现在太平洋海底变成陆地，我们就可以在那里找到比寒武纪更古老的沉积层。因为这个地层可能下沉到靠近地心的地方，并且受到大量海水的巨大压力，该地层的变质作用可能要比接近地表的地层大得多。在世界某些地区，例如南美，巨大的裸露变质岩层必然经历过高温高压，在我看来，这种地区需要特殊的解释。我们也许可以相信，在这些大区域中，我们能够发现寒武纪以前的地层经历了完全变质及侵蚀后的情况。

本章讨论的难点是：第一，我们在地层中发现现存或曾经存在的许多物种之间的中间类型，但是没有发现能把它们联系起来的过渡类型；第二，整个物种群突然出现在欧洲地层中；第三，目前已知，寒武纪地层以下几乎没有富含化石的地层。所有这些难点的重要性显而易见。所有最著名的古生物学家（即居维叶、欧文、阿加西兹、巴兰得·法尔科纳、福布斯等人），以及所有最伟大的地质学家（如莱尔、默奇森、塞奇威克等人），都曾一致支持物种不变的观点。但是查尔斯·莱尔爵士以权威的身份转而支持相反的观点，这也极大地动摇了大部分地质学家与古生物学家坚持原先观点的信念。那些认为地质记录在任何程度上都是完整的人，无疑会立即反对我的学说。就我自己而言，按照莱尔的隐喻，我将地质记录视为不完整的且以变化的方言书写的世界历史。在这段历史中，我们仅拥有最后一卷，仅涉及两到三个国家。在最后一卷中，有一些零碎的章节保留了下来，每一页都只有寥寥几行文字。这不断变化的每个方言单词在各章的意义或多或少地有所不同，它们可能代表着在连续地层里被误认为是突然出现的生物类型。根据这种观点，以上难点便会变得简单，甚至消失。

The Origin of Species

第十一章

古生物的演替

我们现在来分析几种生物在地质上演替的事实和法则，以此判断“物种不变”的观点和“物种经过变异与自然选择而不断缓慢演替”的观点，究竟哪一个是正确的。

新物种一个接着一个地出现，不论在陆地还是在水里，这种发展状况都是很缓慢的。莱伊尔曾经提到过，这样的事实曾出现在第三纪的某些时期，是确实存在且不可辩驳的；每年都有新物种被发现，填补了各个时期之间的空白，使已经灭绝的物种和现存物种之间形成渐进的协调关系。在某些最新的地层中（如果以年为计算单位，无疑属于很古老的时期），只有一两个物种灭绝了，但也有一两个新物种——要么是在该处首次出现的地方性物种，要么是在整个地球表面首次出现的新物种。对于中生代地层来说，间断比较多，正如布朗所指出来的，在各个地层中埋藏的众多物种并不是同时出现和同时消失的。

如果物种是不同纲、不同属的，那么它们的变化速度和程度都会各不相同。在第三纪较古老的地层中，我们在许多灭绝的种属中可以找到少数现存的贝类。福尔克纳曾列举过一个与此相似的案例：在喜马拉雅山下的沉积物中，人们发现了一种现存的鳄鱼，与此同时，还发现了许多已经灭绝的哺乳动物、爬行动物。就志留纪而言，海豆芽和该属现存物种之间的差异特别小，但是其他软体动物和一切甲壳动物却发生了巨大的变化。人们发现瑞士曾经出现过一种情况，陆相生物的变化速率好像比海相生物的快。我们有理由相信，相对于低等生物，高等生物的变化速率要快得多，尽管也有例外。正如皮克特所言，生物的变化量在各个连续的地层里是不相同的。然而，如果我们仔细比较任何有密切关联的地层就会发现，所有物种都或多或少发生了改变。一旦某个物种在地球上绝迹，我们就不会再相信能有同样的类型重现。不过对于前一句所阐明的规律而言，还存在一个例外的情况，即巴兰得的“殖民团体”。在某个时期，这种“殖民团体”侵入较古老的地层，使得过去存在过的动物群重新出现；然而，莱伊尔的解释似乎更令人满意——这是一个物种从不同地区暂时迁入的情形。

以上几个事实都与我的学说一致。我的学说不包括神创论中那些一成不变的规律，即不主张某个地区的所有生物会同时发生变异或者突然发生同样程度的变异。物种变异的过程非常缓慢，而且由于每个物种的变异性是独立的，与其他物种没有关系，因此通常在一个时期内，受到影响的物种只有少数几个。至于经过自然选择作用进行积累后，物种的变异或是个体差异是否会成为永久性变异，则取决于许多复杂的偶然因素——变异的性质是否对生物有利，自由交配的难易程度，地方性自然条件的缓慢变化，新物种的迁入，以及竞争强度，等等。总体而言，相比于一个物种发生变异的时间，其保持原状态的时间要更长一些，而且显而易见的是，即使这个物种发生变异，其改变的程度也很小。我们可以在不同的地区的现存生物中看到此类情况。例如，马特拉岛陆相贝类和鞘翅类昆虫与欧洲大陆上的近亲相比，具有很大的差异；而该岛海相贝壳和鸟类却没有什么变化。根据前一章的内容我们知道，高等动物和其周围生活条件的关系非常复杂，由此我们也可以理解，为什么高等生物和陆相生物的变异比海相生物或低等生物的变异快得多。当某个地区的多数生物已经发生了变异和改良，根据竞争原理和生物之间生存斗争的重要关系，可以判断，不管什么生物，如果不发生某种程度的变异和改良，就可能会灭绝。由此看来，只要我们在一个地区观察足够长的时间，就会明白为什么所有物种迟早会变异——因为如果不变异，就会灭亡。

在相同的时期，同一纲的不同物种出现的平均变异量近似相同。但是，由于大量沉积物在地面下沉地区的堆积情况是形成富含化石、历时久远的地层的关键因素，现在的地层几乎都是经过长期而又不相等的时间间隔才堆积起来的，由此造成埋藏在连续地层内的化石物种表现出不同的变异量。依据这个观点，每个地层所代表的不是一种完整的新创造，只不过像一出缓慢推进的戏剧中偶然出现的一幕。

我们现在完全明白，为什么一旦一个物种灭绝后，尽管再遇到同样的生活条件，就绝不会再次出现。虽然一个物种的后代能够适应另一物种的生活条件，从而占据另一物种在自然界中的位置并排挤它（可以确定的是，这种情况出现过很多次），但是这两个物种绝不会完全相同，因为它们已从各自不同的祖先那里继承了不同的特征。既然两个物种本身各不相同，那么它们变异的方式也就自然不一样。例如，假如所有的扇尾鸽灭绝了，养鸽人可能会培育出一个和之前的品质很相似的新品种；然而，如果原种岩鸽也灭绝了，那么我们有充分的理由相信，改良过的后代鸽终会替代原种岩鸽，并使之灭绝。想要从其他鸽种或者家鸽中培育出与现存扇尾鸽相同的品种是非常困难的，因为在某种程度上，连续的变异肯定有所区别，而新变种可能从祖先那里继承了某些特有的差异。

属和科是物种的集合，它们出现和灭绝的规律和单个物种相同，变异的过程有快有慢，变异程度也有大有小。一旦某个物种群灭绝了，就绝不能再出现；换句话说，不论物种延续了多长时间，它都是连续存在的。虽然存在非常罕见的例外情况，但是福布斯、皮克特和伍德沃德（虽然他们竭力反对我的观点）都承认这一规律是正确的。而且，这一规律完全符合自然选择的学说。不论同一群的所有物种延续了多长时间，它们都是源自同一个祖先。例如，从早寒武纪到现在，各个地质时期都出现了海豆芽属的新物种，那么必然有一个连续不断的世代顺序把这些变异的后代联结起来。

我们已经在上一章中讨论过，成群物种有时会出现突然发展的假象。如果这种事情属实，我的学说将遭到致命的打击。不过，这些事绝对是例外情况。通常的规律是，物群的数目先逐渐增加，等达到最大限值后，（时间上或早或迟）又逐渐减少。如果将一个属内物种的数目与存在时间用一条线段来表示——线段的长度代表物种或属出现的连续地层，线段的粗细代表物种或属的多寡。有时，线段下端起始处会表现出不是尖细的而是平截的，让人误解；随后，线段上升并逐渐加粗，同一粗度往往可以保持一段距离，在上面地层中逐渐变细，直到完全消失，这表示此物种逐渐减少，以至灭绝。在这种情况下，某个类群的物种数目逐渐增加，这和我的观点是完全符合的，因为同属的种或同科的属，只能缓缓地增加。变异的进行和一些近缘物种的产生，必然是缓慢和渐进的过程——就像一条树干上抽出了许多枝条并最终变成一棵大树一样，一个物种最初会产生两三个变种，这些变种慢慢形成新的物种，然后又经过同样缓慢的过程产生其他变种，以此类推，直到变成大群。

灭绝

我们在上文谈到了物种和物种群的消失。根据自然选择学说，旧物种的灭绝和进化过的新物种的产生，二者之间的联系十分密切。曾经有一个旧观念——“认为地球上所有生物，在前后相连的时代里曾因多次灾变而几度消失”，现在人们普遍否定这一观念，包括埃利·得博蒙、莫企逊、巴兰得等地质学家；依据他们平素所持的观点，自然会得出这个结论。与此相反，通过对第三纪地层的研究发现，物种和物种群的消失都是一个接一个地逐渐发生的：最初是在一个地点，然后在另一地点，最后扩散到整个地球。但在少数情况下，例如由于海峡的断裂，促使许多新的生物侵入邻海；或者由于海岛的下沉，可能会加快灭绝的过程。无论是单一的物种还是成群的物种，它们持续的时间都不相同。正如我们看到的那样，有些物种群从已知最早生命开始的时代起，一直延续到今天；也有些物种群在古生代末就消失了。由此看来，某个物种或某个属能够延续多长时间并不是由某个特殊规律来决定的。我们相信，相比于整个物种群的形成过程，它们全部灭绝的进程要缓慢得多。假如用前面提到的粗细不等的线段来表示物种群的出现和消失，那么线段上端逐渐变尖的速度（表示物种灭绝的过程），要比线段下端变尖的速度（表示该物种最初出现和早期数目的增加）慢一些。不过，在某些情况下，成群物种的灭绝就像菊石在中生代末期的灭绝一样，发生得很突然。

物种的灭绝曾经是一个令人疑惑的难解之谜。有的学者甚至假定，既然生物个体有一定的寿命，那么物种的存在也应当有一定的期限。对于物种的灭绝，恐怕没有人会比我更感到惊奇了。当我在拉普拉塔发现乳齿象、大懒兽、箭齿兽及其他已灭绝的动物遗骸的同时，竟然发现了一颗马的牙齿，而且它们又和现存贝类一起在最近的地质时代共存，我感到十分惊诧；自从西班牙人将马引进南美洲后，马就变成了野生的，并且迅速繁衍增长，很快就遍及整个南美洲。我不解的是，在这样极其适合马生存的环境下，为什么以前的马还会消亡呢？我的惊诧并不是没有任何道理的。

很快，欧文教授发现，虽然这个马的牙齿和现代的马很接近，但它其实属于一种已经灭绝了的马。假如现在仍存在极少量的这种马，任何博物学家都不会因为它的数量之少而惊讶，因为无论在什么地方，各纲中难免存在数量极少的物种。如果要问为什么某些物种的数量极少，答案是因为它的生活条件中有某些不利的因素。然而究竟是什么不利的因素，我们很难给出确切的回答。假如那种化石马现在仍以稀少物种的形式存在，根据它与其他哺乳动物的类比，并参考南美洲家马的驯化历史，我们推测：如果它处于更合适的环境条件下，不出几年，便会遍布美洲大陆。我们不确定的是：究竟是什么阻止了化石马的繁衍，是一种还是几种偶然的因素起了作用，是在马有生之年的哪一个时期起的作用，各因素作用的程度如何，等等。如果这些因素对化石马越来越不利，无论它们变化得多么缓慢，化石马的数量都会逐渐减少，直至灭绝，它在自然界中的位置就会被生存竞争的胜利者所取代。

每一种生物的繁衍都会受到难以察觉的不利因素的影响与制约，这是人们容易忘记的事情。由于这种难以察觉的不利因素，物种逐渐变得稀少，直至灭绝。人们对于这个问题也所知甚少。我经常听到有人对体形庞大的怪物，例如乳齿象和更古老的恐龙的灭绝表示十分惊奇，好像只要某一物种拥有庞大的身躯，就能轻易地在生存竞争中取得胜利。与此恰恰相反的是，正如欧文所说，在某些情况下，某些物种的体形过于庞大，需要的食物很多，反而加速了它走向灭绝的进程。在尚无人类出现之前的印度和非洲，肯定有若干因素阻止了现代象的继续繁衍。福尔克纳博士是一位著名的分类学家，他认为阻止印度象繁衍的主要原因是昆虫没完没了的折磨，导致现代象日趋衰弱。布鲁斯通过观察阿比西尼亚的非洲象，也得出了相同的结论。在南美洲的几个地区，体形庞大的四足兽类的生杀大权确实掌握在昆虫和吸血的蝙蝠手里。

我们在较近代的第三纪地层中发现了许多物种逐渐减少直至灭绝的情况。同时，我们也十分清楚地了解到，由于人类的出现和作用，导致一些动物也出现了这样的情况。在这里，我要重申在1845年提出的观点，即物种在灭绝之前，会先逐渐变得稀少。当一个物种变得稀少时，我们并不感到惊奇，等到这一物种灭绝后才大为惊异。这正如我们承认疾病是死亡的警钟，当有人生病时，我们往往不觉得奇怪；可当病人死亡后，我们会感到惊奇，甚至怀疑他是死于横祸。

自然选择学说的基础是：之所以每个新变种能够成为一个新物种，并延续下来，是因为它比竞争者占有某些优势；而劣势物种的灭绝似乎是必然发展的结果。家养动物也是如此。当一个稍有改良的新变种被培育出来之后，它首先会排挤周围改良较少的变种，等到占据极大的优势后才会传播开来，就像短角牛那样，被运送到各地取代当地的原种。因此，不论新类型的出现和旧类型的消失是自然产生的还是人为导致的，都是相互关联的。在一定时期内，繁盛的物种群里产生的新物种要比灭绝的旧物种多。然而我们知道，物种并不是无限制地增加的，至少在最近的地质时代是如此。我们通过观察近代的情况可以发现，新类型的产生导致了与此数目接近的旧类型的灭绝。

一般来说，各方面彼此最相似的类型，彼此之间的竞争也最激烈，前文已经对此举例说明过。这样一来，某一物种的变异后代往往会给亲种招来灭顶之灾；从另一方面来说，如果许多新类型是由某一个物种发展而来的，那么与这个物种亲缘最近的物种（即同属物种），最容易灭绝。同样的道理，同一物种传衍下来的许多新物种所组成的新属，将会排挤同科内原来的属。不过我们也常常会发现，某一类的某个新种取代了另一类的某个物种而使它灭绝。如果很多近似的类型是由入侵者发展而来的，那么必然有很多类型被排挤并失去原有地位，尤其是那些与入侵者相似的类型，由于继承了祖先的某种劣势而受到排挤。然而，被入侵者取代的那些生物，不管是同纲还是异纲，总还有少数物种可以延续很长一段时间，这是因为它们可以适应某种特殊的生活环境，或者生活在遥远而隔离的地区，得以逃避激烈的生存斗争。例如中生代贝类的三角蛤属，是一个大属，在澳洲的海洋里仍残存着它的一些物种。又如硬鳞鱼类，曾经濒临灭绝，但是如今仍有少数物种生活在淡水中。通过这些事实可以得知，相对于一个物种群的产生，一个物种群完全灭绝的速度要更慢一些。

我们在前文也讨论过整科物种或整目物种突然灭绝的情况，例如古生代末期的三叶虫和中生代末期的菊石等。连续地层之间可能存在长久的时间间隔，而在这些间隔期，物种灭绝的速度可能非常缓慢。此外，当一个新物种群里的许多物种突然迁入某地，或者以异常快速的发展占据某个地区的时候，多数老物种就会以相应的速度灭绝。而这些被排挤掉的老物种，往往是带有共同劣势的近似类型。

根据以上事实，我得出结论，单一物种和成群物种的灭绝方式都是完全符合自然选择的学说的。我们不必因为物种的灭绝而诧异。就算真要诧异，也应该诧异的我们仅凭想象就自以为弄明白了物种生存所依赖的各种复杂、偶然因素的做法吧！每个物种都可能会繁衍过度，但同时也存在不为人知的抑制作用。如果我们不重视这一点，就完全无法理解自然界生物组合的奥秘。等到需要确切地解释为什么这一物种的数目比那一物种的数目多，为什么这一物种能在某地区驯化而另一种不能时，我们才会由于解释不了单一或整群物种的灭绝而感到诧异！

全世界生物演化几乎同步发生

对于古生物学来说，几乎没有任何一个发现，比全世界生物几乎同步演化的事实更令人激动的了。即使两个地区相距遥远且气候差异极大，例如南北美洲的赤道地区、火地岛、好望角和印度半岛，尽管我们在这些地方没有发现白垩纪矿物的碎块，也能辨认出与欧洲白垩纪类似的地层。在这些相距遥远的地方的某些地层里，生物遗骸与欧洲白垩纪地层里的化石明显相似。不过，这并不意味着它们是相同的物种，只可能是同科、同属、同亚属的物种。在某些情况下，根本没有真正相同的物种，只有一些诸如表面的装饰等细微的相同之处。此外，欧洲白垩纪地层的下伏和上覆岩层中的生物类型（欧洲白垩纪地层中没有）在这些遥远的地方也按相同的顺序依次出现。某些权威学者在俄罗斯、西欧和北美古生代的连续地层中观察到了生物的相似平行发展现象；据莱伊尔所说，欧洲和北美洲的第三纪沉积地层也出现了相同的情况。即使除去欧洲和北美洲共有的少数化石物种，古生代和第三纪各时代相继出现的生物序列也有明显的普遍平行性，很容易确定各个地层间的相互关系。

然而，这些观察都和全世界的海相生物关联密切。我们还没有充分的证据，可以判断相隔遥远的陆栖生物和淡水生物是否有平行演变的现象。但是我们可以怀疑，它们是否经历过这样的平行演变：如果把大懒兽、磨齿兽、长头驼（马克鲁兽）和箭齿兽从拉普拉塔迁移至欧洲，但不说明它们在地质上的位置，那么可能没有人会想到，它们曾和现存海相贝类同时存在，也曾和乳齿象、马同时存在，我们至少可以由此推测，它们曾经在晚第三纪存在过。

海相生物的演化曾在全世界同时发生，这里并不是指在同年或同一世纪发生的，也不是指在某一严格的地质时间同时发生。如果对比现存于欧洲的海相生物和更新世（如果以年来计算，这是一个包括整个冰河时期的远古时期）的海相动物，以及南美洲、澳洲现存海相动物，即使是最富经验的博物学家，也无法弄清楚与南半球动物最为相似的是欧洲的现代动物，还是欧洲更新世的动物。还有几位观察家认为，美国现存的生物和欧洲晚第三纪生物之间的关系，相对于它们与欧洲现存生物之间的关系更为密切；如果这种情况属实，那么显而易见的是，北美洲海岸沉积的化石地层将要被和欧洲较老（晚第三纪）的化石地层划为同类。然而，对于遥远的未来说，可以肯定，一切近代的海相地层——欧洲、南北美洲和澳洲的上新世的上部地层，更新世和真正的现代地层，由于它们都含有类似的化石遗骸，并且都未发现更加古老的下层里的化石类型，因此它们在地质学意义上都应该被划为同一时代的地层。

德·万纳义和达尔夏克等优秀的观察家，曾经对于生物在世界各个相距遥远的地方发生广义的同时演变这一事实感到非常激动。在讨论欧洲各地古生代生物的平行演变现象时，他们说："如果我们对这种奇特的顺序感兴趣，将目光转向北美洲，并在那里发现一系列与此相似的现象时，就可以断定，物种的一切变异、灭绝及新物种的产生，显然不只是海流的改变或其他局部的暂时因素引起的，而是由支配整个动物界的总法则影响并造成的。"巴兰得先生也认同这一观点。确实，如果把世界各个气候极不相同地区生物类型发生巨大变化的原因归于洋流、气候或其他物理条件的变化，这是很不妥当的。正如巴兰得说的那样，必须寻找某些特殊的规律。当我们谈到生物的现代分布情况，看到各地区的自然地理条件与生物本性之间的关系并不十分紧密时，便可以更清楚地理解上面的观点。

可以用自然选择学说来解释全世界生物发生平行演化这一重要事实。之所以可以形成新物种，是因为它们比旧物种具有某些优势，能够产生最大数目的新变种或早期的新物种。对此，我们可以从植物中找到十分明显的证据：那些最普通、分布最广、产生变种最多的植物，往往占据优势地位。事实上，这也是非常普遍的自然现象。那些占有优势、分布广泛且已经侵入了其他物种领域的变异物种，一定有机会再向外扩展，并在新的区域产生新变种和新物种。不过，由于受到气候与地理的变化、偶然的变故等诸多因素的限制与影响，这种向外扩展的过程往往十分缓慢，需要非常长的时间。但是随着时间的推移，占优势的物种一般都会取得分布上的成功。分隔的大陆上的陆相生物，其扩散过程可能比生活在连通的海洋里的生物慢一些。我们借此可以推测，相较于海相生物，陆相生物的演替平行程度可能没有那么密切，而我们观察到的情况也正是如此。

因此我得出结论，所谓生物类型的平行发展性，就是指全世界生物类型具有同时演变的次序，与新物种的形成原理（优势物种分布广、变异多）是完全吻合的。这样产生的新物种本身就具有优势。与曾占优势的亲种和其他物种相比，新物种具备了某些更加优越的条件，因而也就会进一步向外扩展，继续变异并产生更新的类型。那些失败的、被排挤掉的旧类型，可能都是近似的种群，它们继承了某种共同的劣势。所以，当改良了的新物种群广泛分布于世界各地时，旧的物种群就消失了。因此，从开始出现到最终灭绝，世界各地生物类型的演替往往是同步进行的。

有关这个问题，还有一点值得大家注意。我相信，大多数富含化石的巨厚地层是在下沉时期形成的；而不含化石的地层，则是在空白极长的间断时期（即海底静止或上升时，以及沉积速度不足以埋藏和保存生物遗骸的时期）形成的。我猜测，各个地区的生物在这极长的空白时期肯定有大量的变异和灭绝，也有很多物种从其他地方迁移而来。我们有理由相信，同一个地质运动会对很多地区产生影响，所以在广阔空间里，可以有同时沉积的地层。然而，我们无法断定这种情况是否一成不变，也无法断定广大地区是否总会受到相同地质运动的影响。如果在两个地区，有两个地层几乎是同时沉积（但不是绝对同时沉积）形成的，那么根据前文可知，这两个地层里应该存在相同的生物类型的演替情况。

这种情况可能会出现在欧洲。普雷斯特维奇先生在有关英法两国始新世地层的著作中发现，两国连续地层之间存在着密切的总体平行现象。但是，当他详细对比英法两国的某些地层时又发现，虽然两地同属的物种数目一致，类型却有所不同。除非有一个海峡将两个海隔离开来，使两个海中不同的物种群同时生存，否则，英法两国的距离如此之近，实在很难解释清楚这种差异。莱伊尔对于第三纪晚期地层进行了类似的观察。巴兰得也指出，波希米亚和斯堪的纳维亚志留纪的连续地层之间，也有明显的总体平行现象，不过他发现两地物种之间有着非常大的差异。假如这几个地区的地层不是绝对同时沉积的——这个地区的地层正在形成，而那个地区却处在空白的间断期——并且两地区物种也在地层沉积期间和长久的间断期间缓慢地交替变化着，在这种情况下，按照生物类型总的演替状态，两个地区的各个地层可以大致排列出同样的顺序，表现出绝对平行的假象。尽管两个地区的各地层相应层次明显相同，但其中所包含的物种却不一定完全相同。

灭绝物种之间的亲缘关系及其与现存物种之间的亲缘关系

现在，我们来探讨灭绝物种与现存物种之间的亲缘关系。所有的物种都可归纳为几个大纲，并且这一事实可以依据生物传衍的原理来解释。按照一般规律，物种越古老，和现存物种之间的差异也就越大。但是，正像巴克兰以前讲的那样，灭绝的物种不是归于现在的类群里，就是归于灭绝与现存之间的类群里。显而易见的是，灭绝的生物类型可以填补现存的属、科、目之间的空白。然而，人们常常忽略甚至否定这一说法，在这里，我要举例说明一下。如果我们将同纲的现存物种和灭绝物种分开进行研究，所得到的各自生物系列就不如将两者结合起来研究所得到的生物系列完整程度高。

我们经常在欧文教授的论文里看到，用概括型一词称呼灭绝物种；而在阿加西斯的论文里，则用预示型或综合型等词称呼灭绝物种。事实上，不论概括型、预示型还是综合型，它们所指的都是中间类型或过渡环节类型。著名的古生物学家戈德里在阿提卡发现了很多哺乳类动物化石，都是介于现存属之间的类型。居维叶曾经认为反刍类和厚皮是哺乳动物中差异最大的两个目。然而，根据挖掘出的许多过渡类型化石，欧文不得不对原有的整个分类法进行了修正，将部分厚皮类归并到反刍亚目中。例如，他借助中间递变类型，填充了猪和骆驼之间很大的间隔。有蹄类（或是长蹄的四足兽），现在被分为偶蹄和奇蹄两大类，而在某种程度上，南美洲的长头驼把两大类联结起来了。三趾马是现代马和古代有蹄类的中间类型，已经没有人再否认了。杰尔韦教授命名的南美洲印齿兽是哺乳动物中最奇特的过渡环节类型，它不能归纳到任何一个现存的目中。海牛类是哺乳动物中的特殊种群，现存的儒艮和拉海牛的最显著特征是没有后肢。但是根据弗劳尔教授的说法，已经灭绝的拉海牛却有含骨质成分的大腿骨和“骨盆内很明显的关节”。这样一来，它就类似于有蹄的四足兽。就身体的其他构造来说，海牛类原本就与有蹄类近似。此外，鲸鱼类和其他所有的哺乳动物有着很大的差别。但是第三纪的械齿鲸和鲛齿鲸被几个博物学家列为单独一目，而赫胥黎教授认为它们肯定是鲸类，是“和海相食肉类形成相接的过渡环节类型”。

赫胥黎还认为，鸟类和爬行类之间的巨大间隔也以出人意料的方式部分地联结起来了—— 一边是鸵鸟和已经灭绝的始祖鸟，另一边是恐龙类中的细颈龙。恐龙类包括陆地上最大的爬行类。关于无脊椎动物，最有权威的巴兰得说，虽然古生代动物的类别确实可以归入现存的类群，但各类群之间的差别在古老的时代并不像现在那样明显。

把已经灭绝的物种或物种群当作现在某两个物种或物种群的中间类型，对此，某些学者持反对意见。如果“中间类型”一词是指一个灭绝类型在所有性状上都处于两个现存物种或物种群之间的话，这种反对可能是有一定道理的。然而在实际的分类系统中，许多化石物种的确介于现存物种之间，还有些灭绝的属介于现存的属之间，甚至介于不同科的属之间。我们最常见到在有着巨大差异的物种群中出现这种情况，例如鱼类和爬行类之间，如果假设这两个物种群现在有 20 个特征是不同的，那么在古代，它们之间有区别的特征就会少一些，也就是说，这两个物种群之间，古代的亲缘关系要比现代的更近。

人们普遍认为，生物类型越古老，它的某些特征将两个现存差异很大的物种群联结起来的可能性就越大。这个规律显然只限于那些在地质时代变化很大的物种群，并且很难证实其正确性，因为即使是美洲肺鱼这样的现存动物，也会不时地被发现它与几个差异较大的物种有亲缘关系。可是，如果我们分别对比古代的各类生物（例如爬行类、两栖类、鱼类、头足类以及始新世的哺乳类）和现代种属，就会发现这个规律是正确的。

现在，我们来分析上述事实和推论有多少是与生物的遗传演化理论一致的。这是一个比较复杂的问题，在此我必须请你参阅第四章里的图：假定标有数字的斜体字母表示属，从上字母画出来的虚线表示属里的各个物种。当然，这个图形的确过于简单，所画出的属和种的数目也太少，但是并不影响接下来的分析。如果图中的横线表示连续的地层，凡是最高横线下面的所有类型都是已经灭绝的物种。三个现存的属，a^{14}、q^{14}、p^{14}组成一个小科；b^{14}、F^{14}是一个近缘科或近缘亚科；而o^{14}、e^{14}和m^{14}则组成第三个科。这三个科和许多已经灭绝的属的共同祖先是A，可以组成一个目，因为它们从共同祖先那里继承了某些共同特征。按照前面此图所表示过的遗传性状不断产生分歧的原理，不论什么类型的生物，越是靠近近代的类型，和它古代原始祖先之间的差异也就越大。于是，我们可以明白这条“最古老的类型和现存类型之间差异最大”的规律。但是我们不能设想一定会出现性状分歧，因为这完全取决于某个物种的后代在自然组合中取得的位置。随着生活环境的细微改变，某个物种会略有改变，并在极长的时期内保持它原有的一般特征，这是有可能的，好像我们在志留纪所看到的某些类型一样。图内的F^{14}就是这种情况的代表。

正如上文所说，从A传衍下来的多个物种，不论是已经灭绝的，还是现存的，共同组成了一个目；因为有不断灭绝的物种和遗传性状分歧，这个目又形成了若干科和亚科。可以假定在这些科或亚科中，有一些已经陆续灭绝了，有一些则传衍并留存到现在。

我们再看一下第四章的图，就会发现：如果在一套地层中，多个已经灭绝的类型处于这套地层的下部，那么这套地层最上面的三个现存科之间的差异就会小一些。例如，如果a^{1}、a^{5}、a^{10}、F^{8}、m^{3}、m^{6}、m^{9}等属已经被挖掘出来了，那么就可以把现存的三大科密切地联系起来，甚至可以将它们合并为一个大科，这就类似于反刍类和某些厚皮类的情况。但是有人否认灭绝属的中间性质，认为用灭绝属把三大现存科联结起来是错误的，这种意见有一定的道理，因为这些灭绝属是通过许多差异很大的类型间接地连接起来的，并不属于直接的中间类型。如果许多灭绝的类型都处于该图的一条横线上（即某个地层），例如第六条横线上面，而在这条横线之下（或这个地层之下）什么类型也没发现，那就只有左边 a^{14} 等属和 b^{14} 等属的两个科可以合并为一大科，原来的三个科就成了两个科，这两科之间的差异比原来没有发现化石时要小。

还有，如果在最上面那条线上，由八个属（a^{14} 到 m^{14}）形成了三个现存科，假定这三个现存科之间有六个主要特征，可用来彼此相互区别，那么在第六横线所代表的地质时期，它们相互区别的特征数目要少于六，因为它们在进化的早期，从共同的祖先分出之后，分歧的程度比较低。因此，对于古老和灭绝的属来说，它们的性状或多或少地介于已经变异的后代或旁系亲族之间。

在自然界，由于实际物种群的数目要比上图显示的多得多，而且持续时间不同，变异的程度也各不相同，因此物种群的演化过程比上图中复杂得多。由于我们得到的地质记录极不完整，且只有最后一册，因而无法将自然界的间隔都填满，使不同的科或目联结起来。我们能指望的只是那些在已知地质时代发生过很大变化的物种群，它们在古老地层中的差异比较小。所以，在同一物种群的各个类型中，古老类型之间的性状差异要比现存类型小。这种情况是常常发生的，很多著名的古生物学家都证明了这一点。

由此一来，有关灭绝类型之间、灭绝类型与现存类型之间的亲缘关系的重要事实，都可以根据生物遗传演化的学说得到圆满的解释，而其他学说则根本做不到这一点。

显然，按照同一学说，生存在地球历史上任何一个长的地质时期内的动物，将是该时期以前和以后动物群的中间类型。因此，在第四章的图中，生存在第六时期（第六横线）的物种，既是第五时期物种已变异的后代，又是第七时期变异更多的物种的祖先，其性状特征介于前后两者之间。然而，我们也必须承认，会发生这样的情况：某些古老的类型已经完全灭绝了；任何地区都难免有从别处迁入的新类型；在连续地层之间的长期间断中，物种可以发生大量的变异。以上述各种情况为先决条件，每个地质时期动物群的性状特征肯定介于前后时期动物群之间。对此，有一个例子可以说明：当初古生物学家发现泥盆系地层时，立刻断定这个系的化石性状特征介于上覆的石炭系化石和下伏的志留系化石之间。不过，连续的地层中有不相等的间断时间，因此每一时期的动物群并不一定呈现出绝对的中间性状。

就整体而言，尽管存在例外，但是每个时代的动物群在性状上介于前后时期的动物群之间是无法否认的事实。例如，福尔克纳博士曾用两种方法把乳齿象和普通象类进行排列：第一种是根据它们的亲缘关系；第二种是根据它们生存的时代。结果显示，二者并不吻合。具有极端性状的物种不一定就是最古老或最近的物种，具有中间性状的也不一定是中间时期的物种。但是在某种情况下，如果物种从出现到灭绝的记录是完整的（事实上，这种情况并不会出现），那么我们也没有理由相信，先后出现的各种类型会有相等的延续时间。一个非常古老的类型有时可能比别的地方后起类型延续的时间更长，特别是在隔离地区生活的陆相生物。对此，我们可举出一个例子来说明：假如把家鸽的现存品种和灭绝品种按亲缘关系排成谱系，这种排列顺序可能和各个品种的出现顺序并不一致，和它们的灭绝顺序就更不一致了，因为祖种岩鸽至今仍然存在，而许多岩鸽和信鸽之间的变种却已经灭绝了。鸽喙的长短是鸽子重要的性状特征，相比喙最短的极端类型短嘴翻飞鸽，喙最长的极端类型信鸽出现的时间要更早。

所有古生物学家还承认另一种观点，即两个连续地层里的化石间的关系，要比相距甚远的两个地层里的化石间的关系密切得多。这种说法与中间地层里的生物遗骸具有若干中间性状的观点不谋而合。皮克特举了一个大家都很熟悉的例子，即虽然白垩纪各个时期地层里的生物遗骸所属物种不同，但大致类似。这一事实具有普遍性，似乎动摇了皮克特教授“物种不变”的信念。凡是熟悉地球上现存物种分布的人，绝不会认为之所以紧密相连的地层中不同物种非常相似的情况，是因为古代各地区自然地理条件相似。我们要记住的是，全球的生物（至少是海相生物）几乎是同时发生变化的，并且是在极不相同的气候等条件下同时发生变化。仔细思考一下，整个冰期都处于更新世时期，气候变化非常大，可是观察到的更新世的海相生物受到的影响却微乎其微。

虽然紧密相连的地层里的化石遗骸被列为不同物种，但它们彼此之间十分相似。按照遗传演化的学说，其意义是显而易见的。因为各个地层的沉积常常有中断，连续地层之间也存在着长期空白间断。正如我在前文中所说，虽然无法在任何一两个地层中找到最初和最后出现物种之间的所有中间类型，但是在间断时间之后（用年为单位计算时间是很长的，但用地质时期计算并不算太长），我们应该能找到非常近似的类型，或者是被某些学者称为代表种的类型。总之，我们已经如所期望的那样找到了物种缓慢变异的证据。

古代生物的进化状况与现代生物的比较

我们在第四章里已经说过，生物成熟之后各器官的分化和专门化程度，是衡量生物进化高低与完善程度的最好标准。并且，对每个生物来说，器官的专门化是有好处的，因此自然选择就促使每一生物的构造趋于专门化发展，越来越完善。从这个意义上说，生物趋向高等化了。为了适应简单的生活方式，自然选择使许多生物保留了原有的简单器官，甚至器官在某些情况下会退化。然而，这种退化生物也能够适应新的生活环境。另外更普遍的现象是，在生存竞争中，新物种必须战胜一切与之密切相关的老物种，从而使新物种比它们的祖先更优良。由此我们可以得出结论，如果始新世生物与现存生物在相似的气候条件下进行竞争，前者肯定会被后者打败或灭绝，正如中生代生物要被始新世生物打败或灭绝、古生代生物要被中生代生物打败或灭绝一样。这样一来，我们就可以根据生存竞争中成败的基本测验和器官专门化的标准推论出，近代类型的生物应当比古老类型的生物更加高等。事实果真如此吗？许多古生物学家都会做出肯定的答复，尽管难以进行验证。

自很早的地质时期以来，某些腕足类的变化非常微小；自出现以来，某些陆栖动物和淡水贝类几乎保持原状，这些情况和上面的结论并不矛盾。卡彭特博士曾说过，有孔虫类的构造从劳伦纪（前寒武纪的某一段时期）以来就没有出现任何变化。理解这个问题并不难，因为这些生物为了适应简单的生活方式，必须保持构造不变。低等构造的原始动物是达到这个目的的最佳选择。如果把构造的进化看作一种必要条件，那么上述事实将对我的学说造成致命的打击。如果可以证明有孔虫类出现于劳伦纪，或者腕足类出现于寒武纪，那么这些异议也同样会对我的学说产生严重威胁，因为在这种情况下，这些生物尚无足够的时间进化到当时的标准。根据自然选择学说，凡是生物进化到某个特定的标准，便无须再进化了，即便它们在其后各个连续时代里略有变异，以适应不断变化的环境，保住自己的地位。上面所说的几个事实的关键在于：我们是否真的知道世界的年龄？各种生物究竟是从什么时候开始出现的？这些问题可能会引起很大的争论。

整体来看，无论生物的构造是否进化，都是一个十分复杂的问题。任何时代的地质记录都不完整，无法追溯到远古，也就很难证实生物的构造在漫长的历史中确实发生了很大的进化。即便是现在，到底应该把同纲的哪个类型列为最高等，博物学家也存在着很大的争议。例如，有人认为最高等的鱼类是板鳃类即鲨鱼类，因为它们的某些重要构造和爬行类的一致；另外有些人则认为硬骨鱼才是最高等的鱼类。硬鳞鱼的地位介于鲨鱼和硬骨鱼之间。目前，硬骨鱼的数目是最多的，但以前却只存在鲨鱼和硬鳞鱼两类。在这种情况下，由于所选择的标准不同，从而产生了不同的结论：有人认为鱼类的构造进化了，有人认为退化了。将不同大类之间的成员进行等级高低的比较是不可能的，谁能够决定乌贼和蜜蜂谁更高一等呢？著名学者冯贝尔认为，蜜蜂这种昆虫“虽属另一种类型，但比鱼的构造更高等”。可以推测，在本纲地位并不太高的甲壳类，一定会在激烈的生存竞争中战胜软体动物中最高等的头足类；尽管这种甲壳动物没有高度进化，但是如果用所有检验中最有权威性的优胜劣汰法则来衡量，甲壳类在无脊椎动物中占有很高的地位。当判断哪些类型的构造最为先进时，我们不应该只对比两个时代某个纲中最高等级的成员（虽然这肯定是判断高低的一个要素，也许是最重要的因素），而应该对比两个时期内的一切成员。在古代，软体动物中的最高等头足类和最低等腕足类都很繁盛（现代生物学认为，腕足类不应该包括在软体动物门中，而是应该单独列为一个门），而现在这两类都大为减小，其他具有中间构造的种类却大幅度增加。因此，有的博物学家认为，相较于以前的软体动物，现在的软体动物退化了。另一方面，也有人举例证实，腕足类的数目已大为减少，虽然现存的头足类数目不多，但结构却比古代的头足类进化很多。我们还应该比较两个时期的高等和低等动物在全世界所占的比例。例如，现在生存着 5 万种脊椎动物，假如已知过去某个时期只存在 1 万种，那么我们就应该把高等动物的增加（这意味着低等动物的减少）作为世界上生物构造具有决定性的进化标志。因而我们就会明白，要想在这种极端复杂的情况下正确对比各个时期动物群的构造，是多么困难啊！

为了对上述困难有更清楚的认识，我们可以再研究一下现存的动物群和植物群。近年来，欧洲的生物传入新西兰之后，以极快的速度传衍并占据了当地许多原生物种的地盘，我们有理由相信，如果把英国所有的动植物都迁移至新西兰，任它们自由生存，随着时间的推移，其中必有许多生物可以完全适应新西兰的环境，并导致许多原生物种灭绝。另一方面，由于缺乏实例证明南半球生物曾在欧洲任一地区成为野生种，我们因此怀疑，如果把新西兰的所有生物迁移至英国，它们是否真的能生存下来并夺取英国原生物种的地盘。从这一点来看，英国生物的等级远远高于新西兰的生物。然而，在研究两个地区的物种时，即便是最有经验的博物学家，也很难预料到这种结果。

阿加西斯等学者曾断言，古代生物的胚胎在某种程度上与现代同纲动物的胚胎具有相似性；而灭绝物种在地质上的传衍情况，也与现存物种胚胎发育情况类似。这和我的学说完全吻合。在下一章里，我们将说明生物的成体与胚胎之间的差异，是由于变异不在胚胎发育的早期发生，而是出现在相应的年龄阶段所造成的。在这个过程中，胚胎几乎保持不变，而生物成体在传衍的世代中的差异却不断增大。因此，胚胎好像是自然界保留下来的一幅图画，描绘出物种变异较少时的状况。这种说法可能是正确的，但永远无法证实。例如，观察一下那些最古老的哺乳类、爬行类和鱼类等纲的化石，虽然它们之间的差异比现存同类典型代表的差异小，但很难找到具有脊椎动物共同胚胎特征的动物，除非在寒武纪地层的最底部找到富含化石的地层，而发现这种化石层的机会是很渺茫的。

晚第三纪同一地区同一类型生物的演替

多年以前，克利夫特先生曾在澳洲山洞里发现了一种哺乳动物化石，和现存有袋类非常相似。人们曾在拉普拉塔河谷找到了和犰狳类的甲片相似的巨大兽甲，即使是从未受过训练的人也能看出来。欧文教授也曾指出，拉普拉塔地区埋藏的哺乳动物化石，大都属于南美洲类型。伦德和克劳森在巴西山洞里收集了大量骨骼化石标本，可以更清楚地显示这种相似关系。这些事实都给我留下了深刻的印象。在1839年和1845年，我曾明确地提出“类型演替规律”，即“同一大陆上的灭绝物种和现存物种之间存在着奇妙的相似关系。”后来，欧文教授将这一规律推广应用到欧洲的哺乳动物中，并且利用它复原了新西兰已经灭绝的巨鸟。巴西山洞里的鸟类化石也存在相同的情况。伍德沃德先生表明，这个规律同样适用于海相贝类，只不过大部分软体动物分布广泛，致使这个规律不太明显。我还可以列举其他的例子，比如马德拉地区陆相贝类的灭绝种和现存种的关系、亚拉尔里海咸水贝类的灭绝种与现存种的关系等。

同一地区同一类型生物的继承发展规律究竟意味着什么呢？如果有人对比了处于同一纬度的澳洲和南美洲部分地区的气候，打算用自然地理条件的不同来解释两大洲生物的差异，或者用自然地理条件的一致来解释第三纪末期各个大陆上同一类型生物的相似性，这未免太草率了。当然也不能认为有袋类仅产于澳洲，贫齿类和其他美洲型动物仅产于南美洲。我们知道，古代欧洲存在过许多有袋类；我在前文中也曾指出，在从前和现在，美洲的哺乳动物的分布情况是不相同的。以前北美洲的生物群具有现代南美洲生物群的特征，以前南北美洲生物群的关系要比现在的更加密切。根据福尔克纳和考特利的发现可以知道，相较于现在来说，从前印度北部和非洲所产的哺乳动物之间的关系更密切。海相动物在分布上也有一些相似的事例。

如果参照遗传演化学说，我们就能立刻理解同一地区同一类型生物持久地（而不是永久不变地）继承演化这一重要规律。世界各地的生物都有将与它们近似但又略有变异的后代留下来的明显倾向。如果从前两个大陆上的生物的差异原本就很大，那么它们变异了的后代将会以同样的方式和同样的程度发生更大的变异。然而，经过很长的时间后，尤其是经过巨大的地理变迁且大量生物相互迁移后，那些入侵的优势类型便会排挤原有的弱小类型，从而使生物的分布发生变化。

有人开玩笑地问，是否可以假设像树懒、犰狳、食蚁兽等，是以前在南美洲生存的大懒兽及其他相似的巨大怪物遗留下的退化了的后代？我对这种想法是绝对不认同的。因为这些巨大动物没有留下后代就已全部灭绝了。不过，在巴西的山洞里发现了许多灭绝的物种，在个体大小和其他所有特征上与南美洲的现存物种非常相似，其中有些物种可能就是南美洲现存物种的真正祖先。我在前文中曾反复强调，同属的一切物种都来源于某一个共同的祖先。因此，如果在某个地层里有六个属，每个属有八个种，而在该地层之后的连续地层内又发现六个相似的代表属，每属也有八个种。由此可以推断，一个老属里一般只能有一个物种留下后代，并形成含有几个新种的新属，而其余老属里的七个物种则全部灭绝。事实上，更加普遍的情况是：六个老属可以保留两个或三个属，每个属又可以保留两个或三个物种并形成新属，而其余的老属和物种则会全部灭绝。南美洲的贫齿类等不繁盛的目，其属和物种的数目会逐渐减少，只有极个别的属或物种能够保存并留下变异了的后代。

上一章与本章摘要

我已经说过，地质记录是非常不完整的，科学家们只对地球上的极少部分地区做过详细的地质调查。只有几个纲的生物以化石的形式大量保留下来。即便只和某一个地层中的世代生物数量相比，现在我们博物馆里收藏的标本和物种的数目也少得可怜，甚至几乎等于零。在多数连续地层之间，肯定存在长时期的间断，因为只有在海底下沉时期，才会形成富含化石的、足以经受住未来侵蚀作用的厚重沉积地层。在海底下沉时期，可能灭绝的物种比较多；而在海底上升期间，物种变异较多，但地质记录保存得更加不完整。每个地层都不是连续不断地沉积的，而且各个地层持续的沉积时间可能要比物种的平均寿命短一些。在任何地区或地层中，新类型的出现往往和生物的迁徙有着紧密的联系。变异最频繁、经常产生新种的那些物种往往分布的范围最广。变种最初是地方性的。最后一个要点是：每个物种的形成都必须经过无数中间过渡阶段。如果用年代来计算，这些演变的过渡时期是很长的；但如果与物种保持不变状态的时间相比，则又很短。假如把上述因素综合起来，我们就可以很容易地理解，为什么没有找到无数的中间变种（虽然已找到许多环节类型），使所有灭绝物种和现存物种之间通过差异细微的递变类型连接起来。还有一点应该牢记的是：人们可能会发现，两个类型之间的任何过渡环节类型，但如果没有完整的演化链条，那么这个中间环节类型就会被当作新的物种，因为我们尚无任何确切的标准来区别物种与变种。

当然，只要是不同意“地质记录是不完整的”这一观点的人，也不会赞同我的学说。他会有这样的疑问：在同一套地层的各连续层位里，那些由近缘或代表物种组成的无数中间过渡类型究竟在哪里呢？他不会相信，在连续的地层之间曾有极长的间断时期。当他研究任何一个大的地层时（如欧洲的地层），往往会忽视生物迁徙的重要作用。他也会强调，成群生物是突然出现的（这往往是假象）。他还会问：在寒武纪沉积之前，曾生存过的无数生物遗骸又在什么地方呢？现在我们已经非常清楚，当时至少有一种动物存在过。不过，对最后一个问题，我只能根据以下的假设来回答，即现在是海洋的地区，在很久以前就是海洋；自寒武纪开始以来，现在能够上升、下降的大陆地区就已经存在了。而在寒武纪之前的远古时期，世界的景观和现在的景观完全不一样。至于更为古老的大陆，组成它的地层或者已成为变质岩遗留下来，或者仍埋藏在海洋下面。

如果弄清楚了以上这些问题的答案，其他古生物学上的主要事实都和遗传演化学说十分吻合。于是我们可以明白，为什么会缓慢而不断地产生新物种，为什么不同纲的物种不一定同时、同速度、同等程度地发生变异。然而，在很长时期内，所有物种终究都产生了某种程度的变异。老类型的物种的灭绝几乎是新类型物种产生的必然结果。我们也可以明白，为什么物种一旦灭绝之后就再也无法重现。因为物种的变异过程肯定是缓慢的，并受到很多复杂偶然事件的影响，所以物种群的数目是缓慢增加的，各个物种延续的时间也不相等。凡是属于大物种群里的优势物种，倾向于传衍许多变异后代，以组成新的亚群和新物种群。等到这种新物种群形成之后，由于从一个共同的祖先那里遗传了劣性，处于劣势群的物种将会全部灭绝。然而，成群物种的完全灭绝是个非常缓慢的过程，因为常有少数后代居留在被保护和隔离的地方，从而得以残存下来。一旦一个物种群完全灭绝，就不会再重现，因为世代传衍的链条已经断了。

我们能够明白，为什么分布广、变种多的优势类型，它们变异的后代具有扩散到全世界的倾向，因为在生存竞争中，这种后代通常能打败并排挤掉劣势物种群。因此，经过了很长的时间后，世界上的生物就会好像同时发生了变化似的。

我们也明白，为什么从古至今的所有生物总共只归为很少的几个大纲。我们还明白，由于不断发生性状分歧，为什么越是古老的类型，与现存类型之间的差异就越大；为什么常有古老的已灭绝的类型能把现存类型之间的形态学差异填充起来，使两个物种群的关系更为接近，甚至还可以使原先认为不同的两个物种群合并为一。类型越是古老，它们在现存不同物种群之间处于中间地位的程度就越高，因为类型越古老，就和现在差异极大的物种群的共同祖先的亲缘关系越接近、性状也越相似。很少有已灭绝的类型直接处于现存类型之间，而是间接地通过其他灭绝类型迂回地介于现存类型之间。我们可以清楚地知道，为什么密切相连的地层中，生物遗骸非常相似，是因为世世代代的遗传演化把它们紧紧地联系起来了。我们还能更加清楚地知道，为什么中间地层里的生物遗骸具有中间性状。

在地球的历史上，各个连续时期的生物在生存竞争中打败了它们的祖先，因此后代一般比祖先更高等，构造上也更专门化，这也是许多古生物学家都相信生物的构造总体上是进化的原因。灭绝的古代动物在某种程度上和近代同纲动物的胚胎相似，这种奇怪的事实可以按照我们的学说得到很简单明了的解释。在较晚的地质时期，同一地区、同一类型生物构造的遗传演化已经不再是神秘的事情，而是可以按照继承原理很容易理解的。

如果人们相信地质记录不完整，对于自然选择理论的异议就会大幅度减少，甚至完全消失。另一方面，我认为所有古生物学的主要规律都清楚地表明，物种是经过普通的生殖方式形成的。之所以被改良过的新类型会取代老类型，是因为改良过的新类型是变异的产物，生存能力更强。

The Origin of Species

第十二章

生物的地理分布

地球表面各地生物的相似与否无法通过气候及其他自然地理条件得到圆满的解释，这让我们感到惊奇。近年来，几乎所有研究这个问题的学者都得出了一致的结论。仅仅以美洲的情况来进行研究，就能证明这一结论的正确性，因为除了北极和北温带外，所有学者都认为，美洲和欧洲之间的区别，是地理分布上最主要的区别之一。然而，如果我们从美国中部一直走到最南端，会发现自然地理条件各不相同：湿地、沙漠、高山、草原、森林、沼泽、湖泊和大河，各种气候条件几乎应有尽有。和欧洲一样，美洲也几乎有同样的气候和自然地理条件，至少有适合同一物种生存需要的非常相似的条件。毋庸置疑，欧洲的几个小地方，气候比美洲任何地方都热，但是在那里生存的动物群，和生存在周围地区的动物群并没有什么区别，因为一群动物只生存在某个特殊地区的情况是很罕见的。虽然欧洲和美洲的自然条件总体相似，但两地的生物却很不相同。

如果我们把处在纬度 25° 到 35° 之间的澳洲、南非洲和南美洲西部的广阔大陆进行比较，就会发现某些地方的自然条件十分相似，但它们拥有的动植物群之间却存在巨大差异，其他地方都无法和这三大洲相比。我们再对比一下南美洲南纬 35° 以南的生物和南纬 25° 以北的生物，尽管两地之间相距 10° ，也具有很不一样的自然条件，但是彼此的生物关系却很相近，甚至比气候相似的澳洲或非洲的生物关系还要近得多。我们还可以列举出一些海相生物的类似事例。

当我们谈到地球表面生物的分布时，第二个感到惊奇的就是障碍物。只要是能够妨碍生物自由迁徙的障碍物，就会对各个地区生物的差异产生重要影响。从欧洲和美洲的陆相生物性状的巨大差异中，我们可以看出这一点。不过还存在例外，两大洲北部的陆地几乎连成一片，气候也仅仅是略有差别，北温带生物可以自由迁徙，就像现存的北极生物一样。澳洲、非洲和南美洲的生物，情况也十分相似，虽然处于同一纬度，却具有极大的差异，因为这三个地区之间的隔离程度是世界之最。在每一个大陆上都有同样的情况：在连绵的山脉、大沙漠甚至是大河两边，我们都可以找到不同的生物。显然，山脉、沙漠等障碍不像海洋隔离大陆那样难以跨越，也比海洋的存在时间短，因此同一大陆生物之间的差异，远比不同大陆生物间的差异小。

海洋也存在与陆地相同的情况，也有同样的规律。在南美洲东西两岸，除了极少数贝类、甲壳类和棘皮动物是两岸共有之外，其余海相生物都有着很大的差别。但是京特博士最近指出，在巴拿马地峡两边的生物，约有 30% 是相同的，这个事实使得许多博物学家相信，这个地峡以前曾是连通的海洋。美洲海岸的西边是一望无际的太平洋，这也是一种障碍物，没有可供迁徙的生物歇脚的岛屿。一旦越过太平洋，我们就会遇到与美国西部海岸截然不同的动物群。因此，共有三种不同的海相动物群系（一种是南美洲东岸大西洋动物群，一种是南美洲西岸太平洋动物群，还有一种是太平洋东部诸岛动物群），从南到北形成气候相似而彼此相距不远的平行线。可是，由于不可逾越的障碍物（大陆或是大洋）的阻隔，这三种动物群系几乎完全不同。与此相反，如果从太平洋热带部分的东部诸岛向西行进，不仅没有不可逾越的障碍物，还有无数岛屿可供歇脚，或是绕过半个地球直达非洲的连绵的海岸。在这广阔无垠的地带，不存在有着巨大差别的海相动物群。虽然在上述三种动物群系中，只有少数几种共有的海相动物，但是从太平洋到印度洋，有许多共有的鱼类，即使在几乎相反的子午线上——太平洋东部诸岛和非洲东部海岸，也存在许多共同的贝类。

第三个让人感到惊奇的大事就是，尽管物种类型因地而异，但同一大陆或同一海洋的生物之间都有亲缘关系。这是一条有无数实例可以证实的普遍规律。例如，当一位博物学家从北向南考察时，一定会对近缘且不同物种生物群的更替顺序而感到惊奇。他会听到不同种类的鸟发出几乎相同的鸣叫声，会看到鸟巢的构造虽然近似但绝不雷同，鸟卵的颜色也会近似而不相同。麦哲伦海峡附近的平原上生存着一种叫三趾鸵的美洲鸵属鸵鸟，而北面的拉普拉塔平原上则生活着同属的另一种鸵鸟。这两种鸵鸟与生活在同纬度的非洲、澳洲的真正的鸵鸟或鸸鹋都不一样。在拉普拉塔平原上，生活着啮齿目的刺鼠和绒鼠，它们的构造属于典型的美洲类型，它们的习性与欧洲的野兔和家兔差不多。在高高的科迪勒拉山上，可以找到绒鼠的一个高山种。我们观察流水，只能发现南美型啮齿目的河鼠和水豚，而看不到海狸或者麝鼠。还有无数类似的例子，可以一一列举出来。如果我们考察一下远离美洲海岸的岛屿，不论它们的地质构造有多么不同，生物类型有多么独特，那里的生物都属于美洲型。正如在上一章中所讲的，那时在美洲大陆上和海洋里占据优势的物种都是美洲型。我们看到的种种事实与时间、空间、同一地区的海洋和陆地紧密地联系在一起，而与自然地理条件无关。对于这种联系的本质，博物学家肯定会追查到底。

其实，这种联系就是遗传。正如我们知道的，仅凭遗传一个因素，就足以形成彼此十分相似的生物或彼此相似的变种。不同地区生物之间的差异，主要是由变异和自然选择作用造成的，其次可能是自然地理条件的影响。决定不同地区生物变异的程度的因素有三个，一是过去很长时间内，生物的优势类型从一个地方迁徙到另一个地方时遇到的有效障碍；二是原先迁入者的数目和性质；三是生存竞争所引起的各种变异性质的保存情况。正如我们前面所说，生物与生物之间的关系是所有处于生存竞争的关系中最重要的。由于障碍物会妨碍生物进行迁移，于是它就起了特别重要的作用，这就像时间对于生物经过自然选择的缓慢变异过程而起着重要作用一样。凡是分布广的物种，打败了许多竞争者，个体数量也会很多。当它们扩张到新地区时，就有最好的机会夺取新地盘。当它们处于新的自然条件后，常常发生进一步的变异，然后再次获得胜利，并繁衍出成群的变异后代。根据这种遗传演化原理可以得知，为什么有些属的部分物种只会局限在某一地区，甚至整个属、整个科都是如此，而这也是普遍存在的情况。

上一章已经提到过，我们没有证据证明存在着某种生物演化必须遵循的规律。每一个物种的变异都有其独立性，只有当某种变异对每个个体都有益处时，才会在复杂的生存竞争中被自然选择利用，因此每个物种的变异程度是不一样的。如果有一些物种，在老地盘上彼此竞争已久，然后全体迁徙到一个新的地方，并与外界隔绝，那么它们出现变异的可能性很小，迁徙和隔绝对它们没有任何效果。这些因素只能在生物与新环境的关系较小时才会起作用，使生物之间建立起新的关系。正如我们上章所讲的，某些生物从远古时期以来就保持了几乎相同的性状特征，经过迁徙后，某些物种的性状特征没有发生显著变化，甚至一点也没有改变。

依据这个观点，同属的物种必定起源于同一地点。虽然这些物种现在散布世界各地，但它们都来自一个共同的祖先。至于那些经历了整个地质时期却几乎没有变化的物种，它们肯定都是从同一地区迁徙来的。因为自远古以来的自然地理条件和气候发生了巨大变化，所以可能发生任何大规模的迁徙。不过我们有理由相信，在许多其他情况下，同一属的各个物种在很多情况下产生于较近的时期，这样一来，假如它们的分布地区相隔很远，就解释不通了。同理，虽然现在同一物种的每一个体分布在相隔遥远的地区，但它们一定来自其父母最初产生的地方。前面已经说过，不同物种的双亲难以产生同种的个体。

物种单一起源中心论

我们现在再来分析博物学家们曾研究过的一个问题，就是物种究竟是起源于地球表面的某一个地方还是多个地方。我们的确很难弄清楚同一物种是怎样从某一地点迁徙到现在所在的地方的，但是有一种最简单又最能令人信服的观点，即每一物种最初是在一个地点产生的。如果有人反对这个观点，也就会反对生物的世代繁衍和后代迁徙的事实，如此一来，不得不借助某种神奇的力量进行解释。在大多数情况下，一个物种生存的地方总是连在一起的，这是人们都承认的事实。如果某种植物或动物生存在相距甚远的两个地区，或者生存的两个地区之间隔着难以逾越的障碍物，那就是特殊情况了。陆相哺乳动物无法跨过大海迁徙，这一情况也许比其他任何生物更为明显，因此到目前为止，尚未发现同种哺乳动物分布在世界上相距遥远的两地。在英国和欧洲其他地区都有相同的四足兽类，没有一个地质学家觉得这个现象很难解释，因为最早英国和欧洲其他地区是连在一起的。然而，如果同一物种能出现在两个隔开的地方，那为什么在欧洲、澳洲及南美洲找不到一种共有的哺乳动物呢？这三大洲的自然条件很相似，有许多欧洲的动植物可以迁入美洲和澳洲并生存下来。而且，某些完全相同的原始植物生长在相距遥远的南北极附近。我认为之所以会出现这样的现象，是因为某些植物有很多传播方式，可以跨越广大的中间隔离地带进行迁徙，而这是哺乳动物无法做到的。

只有当障碍物的一边产生很多物种而无法迁徙到另一边的时候，才可以清楚地了解各种障碍物的作用。少数科、亚科和属，以及属内的部分物种，都局限在一个地区内。根据几位博物学家的观察可知，凡是最天然的属或是物种关系最密切的属，它们大都分布在同一个区域，而且这些区域也必定是相连的。如果我们观察同一物种内的个体分布，它们最初若不是局限在某一个地方，而是受相反的分布法则支配，那可真是十分奇怪的事情了！

因此，我和其他许多博物学家的观点是一样的，认为每个物种最初只在一个单独的地方产生，然后再依靠迁徙和强大的生存能力，在许可的自然条件下，从最初的地方向外迁徙。对于一个物种如何从一个地方迁徙到另一个地方的，我们在很多情况下是无法解释的。但是，地理条件和气候条件在最近的地质时期肯定发生过变化，这就使得许多物种的分布区域从连续的分布区域变成不连续的。从而迫使我们考虑是否存在很多这种例外的情况，并且会使我们怀疑“物种最初产生于一个地方，其后尽可能地向外迁移”这个合理的信念。要想讨论所有同一物种分布在相距遥远而隔离的地区的情况，确实有点困难；况且，我们对于一些例子也难以解释。但是，我将讨论几个最显著的实例。首先，我们分析同一物种会分布在相隔遥远的山顶和南北两极的问题；第二，讨论淡水生物的分布范围（将在下一章讨论）；第三，关于同一个陆栖物种在大陆上和相距该大陆数百千米的海岛上同时存在的问题。由于我们对过去的气候和地理条件的变化以及生物的迁移方式等知之甚少，如果可以根据“物种从原产地向外迁徙”的观点来解释的话，那么“物种最初只有一个原产地”是比较可信的说法。

同时，即根据我的学说，从一个共同祖先传下来的同一属各物种，是否都是从某一个地区向外迁移，并且在迁移的过程中又同时发生了变异呢？这是我们需要考虑的问题。如果某一地区的大多数物种与另一地区的物种非常相似，却又不是完全相同时，假如我们能够证明在过去某一时期曾经发生过物种从一个地区迁移到另一地区的事情，那就会为“单一地点起源论”的观点提供证据，因为遗传演化学说可以明确地解释这一情况。例如，在距离大陆几百千米的海上形成了一个火山岛，经过很长一段时间后，可能有少数物种从大陆迁移到火山岛上。由于遗传的原因，虽然这一部分物种的后代已经发生了变异，但是仍然和大陆上的物种有着亲缘关系。这种例子很多，而物种独立创生的理论是无法对此进行解释的，这个问题我们以后还会讨论。这一地区的物种和另一地区的物种有关系的观点，类似于华莱士先生的观点，他曾经断言：“每个物种的出现规律都应该和过去的相似物种在时间和空间上是一致的。”现在，我们非常清楚，华莱士先生认为是遗传演化造成了这种一致性。

物种形成于一个地方还是多个地方，这个问题与另一个类似问题是有区别的，而另一个类似问题就是：所有的同种个体是由一对配偶或一个雌雄同体的个体繁衍下来的，还是从同时创造出来的许多个体繁衍下来的呢？对于那些从不交合的生物（如果真的存在这种生物的话），每个物种一定是从连续变异的变种繁衍而来的。这些变种相互排斥，但绝不与同种的其他个体或变种个体相混合，因而在连续变异的每一个阶段，所有同一类型的个体必然是从同一个亲体传下来的。但是在大多数情况下，必须由雌雄两性交配或偶然杂交而产生新的后代，这样在同一地区、同一物种的每一个体，会因相互交配而几乎保持一致的性状。许多个体会同时变异，而且每一时期发生的所有变异不只是来自单一的亲体，例如英国的赛马和其他任何品种的马都不相同，但它的这种不同和优良性状并不只是来自一对父母亲体的遗传，而是世世代代对许多个体的选择和训练的结果。

上面提出的三个事实中，“物种单一起源中心论”可能是最难解释的问题。在分析它们之前，我们先来研究一下物种传播的方式。

生物传播的方式

莱伊尔爵士和其他学者已经对于物种的传播方式进行了很精辟的论述，我在这里只是简要地举出一些比较重要的事实。气候的变化对生物的迁移有重大的影响，就现在的气候条件而言，某一个地方对某些生物的迁徙是有害的，然而在从前某个时期也许是有利的。对于这一问题，我们将在下文中进行较仔细的讨论。

对于生物迁徙来说，陆地水平面的升降变化必定也会产生重大影响。例如，如果两种海相动物群现在被一个狭窄的地峡隔离开来，一旦这条地峡被海水淹没了，两种海相动物群必然会混合在一起。现在是海洋的地方，过去可能是陆地，将大陆和海岛连接在一起，这样一来，陆相生物就可以从一个地方迁徙到另一个地方。在现代生物生存期间，陆地水平面曾发生过巨大的变化，没有一位地质学家对此有疑问。福布斯先生认为，大西洋的所有海岛近期内肯定曾和欧洲或非洲相联结。同样，欧洲也曾与美洲相联结。其他学者更是纷纷假定过去各个大洋之间都有陆路可通，而且几乎各个海岛也都与大陆相连。如果福布斯的论点可信，那就必须承认，几乎没有一个海岛在近期内不和大陆相联结。这种观点可以解释为什么同一物种会分布在相隔遥远的地方。但就我推测，现代物种存在期间不会发生如此巨大的地理变迁。我的意见是，虽然有大量证据表明海陆的变化极大，但并没有证据表明各个大陆的位置和范围会有这么巨大的变迁，以至于使大陆与大陆相连、大陆与海岛相连。的确，曾有过去供动植物迁徙时可以歇脚的岛屿，如今已经沉没了。在有珊瑚形成的海洋里，就有这种下沉的海岛，上面有环形的珊瑚礁作为标志。人们将来总会认可“各物种是从单一起源地产生的”的规律，也会更确切地了解生物的传播方式。到那时，我们就可以推测过去大陆的范围了。然而我并不相信，现在完全分离的多数大陆在近代曾经相连接或是几乎相连接，并且还和许多现存的海岛相连接（板块构造和大陆漂移理论已证实，这种情况的确存在）。某些生物分布方面的事实都与福布斯及其追随者的观点相反，例如，许多大陆两侧的海相动物群都存在巨大的差异；某些陆地和海洋的第三纪生物与该处现存生物之间有着密切的关系；海岛上生存的哺乳动物与距离最近的大陆上的哺乳动物之间的相似程度，部分取决于二者之间海洋的深度等。除此之外，海岛上生物的特征及相对比例，也与海岛以前曾与大陆相连接的观点相矛盾。何况所有这些海岛几乎全由火山岩组成，也无法支持它们是由大陆沉没后残留物组成的观点。假如它们原来是大陆的山脉，那么，至少应该有一些海岛是由花岗岩、变质岩、古代含化石的岩石等组成，而不仅仅是由火山物质堆积而成。

现在，我们必须解释一下"偶然"的含义，或者称为"偶然的传播方式"更为恰当些。在这里，我只讨论植物。经常在植物学相关的著作里发现这种情况，完全不了解这些植物通过海洋传播的难易程度，并提到不适宜广泛传播的某种植物。在贝克莱先生帮助我做实验以前，我根本不知道植物种子对海水的侵蚀作用究竟有多大的抵抗力。我惊讶地发现，87 种植物种子中竟有 64 种在盐水中浸泡 28 天之后仍能发芽，还有少数种子在盐水中浸泡 137 天之后仍能存活。值得注意的是，相对于别的目来说，有些目的种子更容易受到海水的侵蚀，例如我曾用九种豆科植物的种子做过试验，其中只有一种可以抵御海水的侵蚀，其余的都不能较好地抵御海水的侵蚀。与豆科近似的田基麻科和花葱科的七种植物种子，经过一个月盐水的浸泡后全部死掉了。为了方便起见，我选择不带荚和含有果实的小型种子做实验。浸泡数天后，它们就都沉到水底了，所以无论它们是否会受到海水的侵蚀，都不能漂浮着越过海洋。后来，我又试着用一些较大的有果实和带荚的种子进行实验，其中有些种子竟然在水面上漂浮了很长时间。众所周知，新鲜木材与干燥木材的浮力有很大差别，当洪水暴发的时候，常有带着果实或荚种的干燥植物或枝条被冲到大海里去。受这种想法的启发，我把94种带有成熟果实枝条的植物风干，然后放在海水里。结果，大部分枝条很快就沉入水底，但也有小部分植物，当它们的果实新鲜时，只能在水面上漂浮很短的时间，而在干燥后却能漂浮很长的时间。例如，成熟的榛子入水就会下沉，但是干燥后却可以在水面上漂浮90天，而且种在土里还能发芽。带有成熟浆果的天门冬，新鲜时能在海面上漂浮23天；风干后，在海水中漂浮了85天后仍然能够发芽。刚成熟的苦爹菜种子，浸泡两天后便沉入水底，但干燥后大约能漂浮90天，而且之后还可以发芽。在这94种干燥的植物中，有18种可以在海面上漂浮28天，其中包括可以漂浮更长时间的几种。在87种植物种子里面，有64种在海水里浸泡了28天之后还有发芽的能力。在和上述实验的物种不完全相同的另一组实验中，94种成熟果实的植物种子经干燥后，有18种可以在海水里漂浮28天以上。根据这些实验，我们可以推论：任何地区的植物种子，大约有14%能在海水中漂浮28天后仍保有发芽的能力。在约翰斯顿的著作《自然地理地图集》里，有几处标示着大西洋海流的平均速度是每昼夜53千米（33英里），有些海流的速度可高达每昼夜97千米（60英里）。根据海流的平均速度计算得知，某个地区的植物种子进入大海后，约有14%可漂过1487千米（924英里）的海面，到达另一个地区。在搁浅之后，如果吹向陆地的风，还可以把这些种子带到适宜的地点，并且发芽成长。

后来，马滕斯也做了相似的实验。他改进了实验的方法，将许多种子放到一个盒子里，然后投入真正的海洋里，使盒子里的种子有时浸到海水里，有时又暴露于空气中，就像真的在漂浮一样。马滕斯一共选了 98 类植物种子来做实验，他选用的多为大果实的和海边植物的种子，其中的大多数植物种类和我做实验时选用的不同，这样或许会延长植物种子在海水中的漂浮时间，而且这些种子对海水侵蚀的抵抗力也许更高。我们已经知道，干燥可以使某些植物漂浮的时间更长些，然而马滕斯并没有风干这些做实验的植物。马滕斯得到的实验结果是，在 98 类不同的植物种子里，有 18 种漂浮了 42 天后仍保有发芽的能力。然而，我毫不怀疑，在波浪中的植物所漂浮的时间，会比免受剧烈颠簸影响的种子漂浮的时间短。因此我们可以更加谨慎地假设：一个地区的植物，可有 10% 的类型的种子在干燥时能漂浮过 1448 千米（900 英里）宽的海面，并且还能保有发芽的能力。有趣的是，大型果实往往比小型果实漂浮的时间更长。按德康多尔的说法，具有大型果实的植物，它们无法通过其他任何方法来传播，因此分布范围通常会受到限制。

有时候，植物的种子需要依靠别的方式进行传播。漂流的木材经常被波浪冲到海岛上，甚至会被冲到大洋中心的岛屿上。太平洋珊瑚岛上的土著居民，专门收集这种漂流植物的根部所挟带的石块，可以将其制作成贵重的皇家税品。我发现，当有些形状不规则的石块卡在树根中间时，小块泥土经常被挟带在石块和树根之间的缝隙里，将缝隙填充得非常严密，经过海上长途漂流后也不会被冲刷掉一丁点。曾有一棵生长了 50 年的橡树，其根部有完全密封的小块泥土，将这些泥土取出后，竟然有三棵双子叶的植物种子从中发出芽来，我确信这个观察是可靠的。我还可以说明，有些时候，漂浮在海上的鸟类尸体没有立刻被别的动物吃掉，这些死鸟的嗉囊里可能有许多类型植物的种子，长期保持着发芽的活力。例如，将豌豆和巢菜的种子在海水里浸泡几天后就会死掉，但是如果让它们被鸽子吞食到嗉囊里，再把死鸽放入人工海水中浸泡 30 天，然后取出嗉囊里的种子，这些种子几乎全部都能够发芽。

有许多事实可以证明多种鸟类被大风吹带着飞越远洋，因此鸟类是传播种子最有成效的动物。在这种情况下，我们可以谨慎地猜测鸟的飞行速度大约是每小时 56 千米（35 英里）。还有的学者认为速度会更快一些。我从来没有看到过，营养丰富的种子能够通过鸟的肠子排出，但是那些有硬壳的种子甚至能够在通过火鸡的消化器官后依然完好无损。在我的花园里，我两个月内曾从小鸟的粪便里捡出 12 类植物种子，它们从表面上看来都是完好的。我试着将其中一些种子进行播种，都还能发芽。更重要的是，正像我实验的那样，鸟的嗉囊不能分泌消化液，丝毫不会使种子的发芽能力受到伤害。我们可以肯定的是，鸟类在找到并吞食了大量食物之后的几小时甚至 18 小时内，这些食物尚未全部进入嗉囊，而在这段时间，鸟类可以很容易地顺风飞行到 805 千米（500 英里）以外的地方。我们都知道，老鹰会捕食飞倦的鸟类，当老鹰撕开所捕食的鸟类的嗉囊，里面所存的种子就会轻易被散布出去。有的老鹰会把捕获的猎物整个吞下，经过 10~20 小时后，再吐出小团食物残渣。根据研究发现，这小团残渣内含有能发芽的种子。燕麦、小麦、粟、加那利草、大麻、三叶草及甜菜的种子，在不同食肉鸟的胃里停留 12 ~ 21 小时后都能够发芽。甚至有两粒甜菜的种子，在胃里停留了 2 天又 14 小时后还能发芽生长。我发现，淡水鱼类可以吞食多种陆生和水生植物的种子，而鱼又经常被鸟吃掉，因而植物的种子就可以从一个地方传播到另一个地方。我曾经把各种植物种子装到死鱼的胃里，再用鱼喂食鱼鹰、鹳和鹈鹕等鸟类，好几个小时后，种子会作为小团残渣被鸟类从嘴里吐出来或是跟着粪便排泄出来。这些被鸟排出的种子里，有一些还具有发芽的能力，但也有一些经过鸟类的消化过程而死亡了。

有时候，飞蝗将会被风吹到离大陆很远的地方。我曾在非洲海岸 595 千米（370 英里）外的地方捉到一只飞蝗，还有人在更远的地方也捉到过。罗夫牧师告诉莱伊尔爵士，在 1844 年 11 月，马德拉岛上空飞来大群飞蝗，就像暴风雪一样遮天蔽日，数目众多的蝗群一直延伸到要用望远镜才能看到的高处。在两三天的时间里，蝗群一圈又一圈地飞着，渐渐形成一个直径至少有八九千米（五六英里）的巨大的球形，在夜晚时降落，将树木全部遮住了。后来，蝗群突然在海上消失了，再也没有出现过。现在，非洲南部纳塔尔地区的一些农民仍然相信，大群的飞蝗常常飞到那里，这些飞蝗排泄的粪便中有植物的种子，从而导致有害的植物传播到他们的牧场上。韦尔先生认为这种情况是真实的，曾给我随信寄来了一小包蝗虫的干粪便，我在显微镜下检查出几粒种子，将它们播种后长出了七棵草，属于两个物种两个属。因此，突然飞袭马德拉岛的蝗虫群很可能是一种植物种子的传播方式，它们的种子可以轻易地被传播到远离大陆的海岛上去。

虽然鸟类的喙和爪常常是干净的，但有时难免沾上泥土。有一次，我从一只鹧鸪的脚上取下 4.0 克（61 喱）重的干黏土；还有一次，我取下了 1.4 克（22 喱），并从中找到一块碎石块，像巢菜种子一样大小。更有意思的是，一位朋友曾给我寄来一条丘鹬的腿，胫部粘着一块 0.6 克（9 喱）重的干土，干土里面包着一粒蛙灯心草的种子。我将种子播种后，它发了芽，开了花。四十年来，居住在布来顿地区的斯惠司兰先生一直专心观察英国的候鸟，他对我说，他常常在鹡鸰、穗和欧洲石等鸟类初到英国海滨尚未着陆之前，就把它们打下来。他有很多次都看到鸟的爪上粘有小块泥土。这种含有种子的小泥块很常见，有许多事实可以证明。例如，牛顿教授曾寄给我一条受伤无法飞翔的红足石鸡的腿，上面粘着一团泥土，重约 185 克（6.5 盎司）；这块泥土曾保存了三年，后来把它打碎放在玻璃罩内，加水后竟然从土里长出了 82 棵植物，其中有 12 棵单子叶植物（包括普通的燕麦草和一种以上的茅草）、70 棵双子叶植物，从这些双子叶植物的嫩叶形状来判断，至少有三个不同的品种。每年会有许多鸟类随大风远涉重洋，例如飞越地中海的几百万只鹌鹑，它们会把偶然粘在喙和爪上泥土中的几粒种子传播出去。我们对这些事实还能有什么疑虑吗？我还会在后文中讨论这个问题。

冰川偶尔挟带着泥土、石头，甚至是树枝、骸骨和陆栖鸟类的巢等。正如莱伊尔所说的，在南北极地区，植物的种子偶尔会被冰川从一个地方运到另一个地方。而在冰河时代，即便是现代的温带地区，也会有冰川把种子从一个地方运到另一个地方。相比其他大西洋上更靠近欧洲大陆的岛屿，亚速尔群岛上的植物与欧洲大陆植物的共同性更高。用华生先生的话来说，就是：按照纬度进行比较，亚速尔群岛的植物，表现出较多北方植物的特征。据我推测，亚速尔群岛上部分植物的种子是在冰河时期由冰川带去的。我曾请莱伊尔爵士写信给哈通先生，询问他在亚速尔群岛上是否看到过漂石，哈通先生回答说，曾见到该群岛原本没有的花岗岩和其他岩石的巨大碎块。因此我们推测，以前的冰川把所负载的岩石带到这个大洋中心的群岛上时，也把少数北方植物的种子带了过来。

一年又一年，上述传播方式不断地发挥作用，几万年之后，如果许多植物的种子没有被广泛地传播出去，那倒真成了怪事！人们有时认为这些传播方式是偶然的，这是不妥当的观点；洋流方向不是偶然的，定期信风的风向也不是偶然的。人们应该能够发现，任何一种传播方式都很难将种子散布到极远的地方，种子在海水的长期作用下会失去发芽的活力，而且也不能在鸟类嗉囊或肠道里停留过长的时间。但是，这些传播方式无法使种子从一个大陆传播到距离极远的另一个大陆，尽管它们已经足以使种子跨越几百千米宽的海洋，或者从一个海岛传播到另一个海岛，或者从一个大陆传播到附近的海岛。距离极远的大陆上的植物群将会各自保持着独立的状态，不会因为这些传播而混合在一起。从海流的方向可知，种子不会从北美洲传播到英国，但却可以从西印度传播到英国的西海岸，只是那种子即使没有因长期被海水浸泡而死去，也不一定能够适应欧洲的气候。几乎每年都会有一两只陆鸟从北美洲乘风越过大西洋，来到爱尔兰或英格兰的西部海岸。但它们只可以通过一种极其偶然的方式传播种子，即将种子黏附在喙上或爪上的泥土中。在这种情况下，要想使种子落在适宜的土地上生长至成熟，又是多么困难的事情啊！但是，如果在最近几百年里，像大不列颠那样生物繁盛的岛没有因偶然的传播方式从欧洲大陆或其他大陆迁来植物（此事难以证明），因而就认为那些缺乏生物的贫瘠海岛离大陆更远，也不能用类似方式迁入移居的植物，那就大错特错了。如果有 100 种植物种子或动物迁移到一个海岛上，尽管这个岛上的生物远远不如不列颠的繁盛且仅有一个物种能够适应新家园、可被驯化，但是在悠久的地质时期，如果那个海岛正在上升，岛上没有繁多的生物，对这种偶然的传播方式的效果仍不能毫无根据地予以否认。一个荒凉的岛上几乎不会有害虫或鸟类，只要有适宜的气候，每一粒偶然落到这里的种子就有可能发芽并生存下来。

冰期时的传播

在一些被数百千米宽的低地分隔开的高山顶上，生长着许多完全相同的植物和动物。因为高山物种是无法在低地生存的，所以我们很难理解，为什么在相距较远而隔离的地方能发现相同的物种，而且我们也没有关于物种能够从一个地方迁徙到另一个地方的生动事例。在阿尔卑斯山和比利牛斯山的积雪地带以及欧洲最北面的地区，同时生存着许多相同的植物，这很值得我们注意。而美国怀特山上的植物和拉布拉多的植物完全相同，正如阿沙格雷所说，这些植物又和欧洲最高山顶上的植物几乎完全相同，这就更值得我们仔细研究了。早在1747年，葛美伦曾就同样的事实断言，同一物种可以在许多相距遥远的不同地方分别创生出来。如果阿加西斯和其他学者不提醒人们注意冰河时代的生物分布，我们可能仍然保持着过去的观点。正如我们立刻就会看到的，冰河时期可以给这些事实一个简明的解释。我们有各种可靠的证据可以证实，在最近的地质时期，欧洲中部和北美洲都曾处于北极型气候下。观察苏格兰和威尔士的山岳，从它们山腰的冰川划痕、光滑的表面和摆放在高处的漂石可以看出，在最近的地质时期里，山谷曾充满了冰川。这些痕迹比着火后房屋的废墟更清楚地表明，以前欧洲的气候变化非常剧烈，意大利北部古冰川所遗留下的巨大冰碛石，如今长满了葡萄和玉米。在美国的大部分地区都能看到冰川漂石和有划痕的岩石，这些迹象清楚地表明那里以前曾有一个无比寒冷的时期。

根据福布斯的解释，以前的冰期气候对欧洲生物的分布可能会产生以下影响：假设有一个新冰期正缓慢到来，接着又像以前的冰期那样渐渐过去，这样我们就更容易体会到它们的各种变化。当严寒来临时，处于南方各地区的气候变得适宜北方生物的生存，于是北方生物必然向南迁移，占据以前温带生物的位置。与此同时，除非被障碍物阻拦而死亡，温带生物也会一步步向南迁移。高山将被冰雪覆盖，原来的高山生物将向山下迁移到平原地区。当严寒达到极点时，北极地区的动物群遍布欧洲中部，并一直向南延伸到阿尔卑斯山及比利牛斯山，甚至是西班牙。现在的美国温带地区，在当时也同样遍布北极型的动物和植物，而且和欧洲的动植物种类基本相同。因为上面我们假设北极圈里的生物要向南迁移，所以不论在地球的哪个地方，生物类型都是相同的。

当气候逐渐回暖时，北极型生物可能要向北退却，接着温带生物也会北移。当积雪开始从山脚下慢慢融化时，北极型生物便占据了这个解冻的空旷地带。随着温度慢慢增高，融雪向山上移动，北极型生物也渐渐移到高山上，与它们同类型的一部分生物则逐渐向北退去。因此，当温度完全恢复正常时，原先曾在北美及欧洲平原的北极型同种生物，其中的一部分回到欧洲和北美洲的北部寒冷地区，另一些则留在相距甚远而又隔离的高山顶上了。

由此，我们就可以明白，为什么会有那么多的相同植物出现在北美和欧洲的高山等相距遥远的地区。我们还可以明白，为什么每个山脉的高山植物，和它们正北方或近似正北方的植物有着更特殊的密切关系，生物迁移的路线受气候的影响通常是正南或正北的。例如华生先生所说的苏格兰的高山植物，以及雷蒙德先生所说的比利牛斯山的植物和斯堪的纳维亚北部的植物特别相似；美国和拉布拉多的高山植物类似；西伯利亚高山上的植物和俄国北极区的植物相似。这些观点都是以过去确实存在的冰期为依据的。因此我认为，过去存在冰期这一事实能非常圆满地解释现代欧洲和美洲的高山植物及北极型植物的分布情况。就算没有别的证据，当我们在其他地区相距很远的山顶上找到同种生物时，也可以断定这里曾有过寒冷的气候，使这些生物迁徙时通过高山之间的低地，但现在这些低地的温度变得太高，不适宜寒冷植物生存了。

由于北极型生物开始向南迁移和后来的向北退回都是随着气候的变化进行的，因此在它们长途迁徙的过程中并没有遇到温度的剧烈变化；又因为这些生物是集体进行迁徙的，致使它们之间的相互关系也没什么大的变动。所以，按照本书反复论证的原理，这些类型不会发生较大的变异。然而，高山植物在温度回升的时候就相互隔离了，开始是在山脚下，最后留在山顶上，并不是所有同种的北极型生物都能遗留在各个相距甚远的山顶上且长期生存下去，因此具体情况也会有些差别。况且还有一些古老高山物种，在冰期以前就生存在山顶上，在冰期最严寒时暂时被驱逐到平原上来，它们可能与新遗留的北极型物种相混合，同时也会受到各山脉之间稍有不同的气候的影响。因此，这些遗留下的物种之间，相互关系多多少少会受到影响，很容易产生变异。事实上，它们的确发生了变异：如果对比欧洲几大山脉现今存在的所有高山动物和植物可以看到，虽然还有许多相同的物种，可是有些成为变种，有些成为可疑的物种或亚种，还有些成为近缘而不同的物种，构成了各个山脉特有的代表物种。

在上文的讲述中，我曾假定在这种设想的冰期刚开始时，环绕北极地区的北极型生物是和现在我们所见到的一致。不过我们还得假定，当初地球上的亚北极和少数温带生物也是相同的，因为现在生存在较低山坡和北美洲、欧洲平原上的物种，其中也有一部分是相同的。可能有人要问，在真正大冰期开始的时候，应该怎样解释全世界亚北极生物和温带生物相同的程度呢？如今，整个大西洋和北太平洋把美洲和欧洲亚北极带和温带的生物隔开了。在冰期中，这两个大陆生物的栖息地在如今栖息地的南方，彼此之间肯定被更广阔的大洋所隔开。如此一来，人们会疑惑：在冰期或冰期之前，同一物种是怎样进入这两个大陆的呢？我相信，问题的关键在于冰期开始之前的气候特征。在晚上新世时期，地球上的生物种类大多数与现在相同，可以确信的是，和现在相比，当时的气候更温暖。因此我们可以假定，现在生活在北纬 60° 以南的生物，当时却生活在更靠近北极圈的 66° 至 67° 之间；而现在的北极生物，在上新世时则生活在十分靠近北极点的陆地上。如果我们仔细观察地球仪可以发现，在北极圈内，从欧洲西部穿过西伯利亚直至美洲东部，陆地几乎是连在一起的。由于这种环形陆地的连续性，生物可以在适宜的气候下自由迁徙。于是，就可以解释欧洲和美洲亚北极生物和温带生物在冰期之前是相同的假设了。

上述种种理由使我们相信，各个大陆的相对位置几乎长期没有任何变化，尽管海平面有巨大的上下波动。我引申这一观点，以便推论更早更温暖时期的情况。例如，在古老的上新世，有大量相同的植物和动物出现在几乎连续的环极陆地上；临近冰期到来之前，随着气候逐渐变冷，无论是在欧洲还是在美洲生存的动植物就开始慢慢地向南迁移。正如我所认为的那样，我们现在在欧洲中部和美国所看见的动植物后代多数已经发生了变异。根据这种观点，就可以理解为什么北美洲与欧洲的生物很少是完全相同的了。如果考虑到这两个大陆相隔甚远，又被整个大西洋隔开，那么这种关系就格外引人注意了。我们对于上述几个观察家所提出的另一个奇特事实，即欧美两大洲晚第三纪，生物之间的关系比现在更为密切，也就有了更深的理解，其原因是在晚第三纪较温暖的时期，欧美两大洲的北部陆地几乎连在一起，方便了两洲的生物迁徙，后来因为严寒降临，该处才不能通行了。

当上新世温度渐渐降低后，在欧洲和美洲生存的相同物种很快都从北极圈向南方迁徙，如此一来，两大洲的生物之间便断绝了联系。在两大洲较温暖地区的生物的这种隔离，必定在很久以前就发生了。这些北极动植物向南迁移，在美洲必然会与美洲土著动植物混合而产生生存竞争；在欧洲也发生了相同的事情。因此，一切情况都有利于它们产生大量的变异，其程度远非高山生物可比。高山生物只是被隔离在欧洲和美洲的高山顶上和北极地区，而且时代也近得多。所以，如果将欧洲和美洲两个大陆的现代温带生物进行比较，我们只能从中找到少数相同的物种。（尽管阿沙格雷近期指出，两洲相同种类的植物比我们以前估计的要多。）但是我们发现，每一个纲里都有很多类型在分类上引起争执，并被不同的博物学家要么列为地理亚种，要么干脆列为不同的物种。当然，博物学家们也认为许多非常相近或具代表性的类型是不同的物种。

海水中的情况和陆地上一样，在上新世甚至更早的时期，海洋生物几乎都是沿着北极圈内连续的海岸慢慢向南迁移，按照变异的学说，我们可以解释为什么完全隔离的海洋里会生存着很多非常相似的生物类型。我们同样也可以解释，为什么在北美洲东西两岸的温带地区，灭绝生物和现存生物之间的关系如此密切。我们甚至还可以解释一些更奇怪的事情，例如地中海和日本海的许多甲壳类（如达纳的著作中所描述的）、鱼类及其他海相动物，它们之间都有密切的关系，而现在地中海和日本海已经被整个亚洲大陆和宽广的海洋隔开了。

对于那些物种之间有密切相似关系的事实——现在和以前在北美洲东西两岸海洋里的生物、地中海和日本海中的生物、北美和欧洲温带陆栖生物间的密切相似关系等，都无法用创造学说来解释。我们不认为就因为这些地区的自然地理条件相似，就一定能创造出相似的物种。如果我们把南美洲的某些地区和南非洲或者澳洲的某些地区进行对比就可以发现，在自然地理条件相似的地区也生存着颇不相同的生物。

南北冰期的交替

现在，我们来讨论一个更直接的问题。我确信福布斯的观点可以被广泛应用。在欧洲，我们从不列颠西海岸到乌拉尔山脉，南至比利牛斯山，都能见到以前冰期留下的显著证据。从冰冻的哺乳动物和山上植物的性状，我们可以推断西伯利亚也曾受到类似的影响。胡克博士在观察后发现，黎巴嫩山脉的中脊曾经被永久性的积雪覆盖。它所形成的冰川从122米（400英尺）的高度直泻至山谷。最近，胡克在非洲北部的阿特拉斯山脉低地发现了冰川遗留下的大堆冰碛物。沿着喜马拉雅山，在相距1448千米（900英里）远的地方，发现了冰川以前下泻的痕迹。在锡金，胡克博士还看到古代留下来的巨大冰碛物上长着玉米。从亚洲大陆向南，直到赤道的另一边，根据哈斯特博士和赫克托博士的研究，我们知道新西兰以前也有过冰川流到低地的情况。胡克博士在这个岛上也发现，相距甚远的山上长着相同的植物，说明这里曾有过寒冷时期。克拉克牧师曾写信告诉我一些事实，从中可以看出澳洲东南角的山上可能也有以前冰川活动的痕迹。

我们再来看看美洲：在北美洲东侧向南直到纬度36°至37°的地方，以及北美洲西侧，从现在气候差别很大的太平洋沿岸起向南直到纬度46°的地方，都发现了冰川带来的冰碛物；在落基山上也曾见到漂石。南美洲的科迪勒拉山几乎位于赤道上，冰川曾在很长一段时间内远远地伸展到目前的雪线以下。而在智利中部，我曾调查过一个由岩石碎块（内含大砾石）堆成的大山丘，这个大山丘横在保地罗山谷里。可以确信的是，那里曾一度形成过巨大的冰碛堆积。福布斯先生告诉过我，他曾经在位于南纬13°至30°之间的科迪勒拉山（高度约12000英尺，合3658米）上，发现了有很深擦痕的岩石和含有带凹痕小砾石的大碎石堆，与挪威的很相似。在整个科迪勒拉山地区，即使是最高处，现在也没有真正的冰川了。沿着这个科迪勒拉山地区两侧再向南，即从南纬41°到大陆的最南端，我们可以看到无数从很远的地方漂过来的巨大漂石，那是很明显的以前冰川活动的证据。

基于下列事实：冰川作用曾遍布南北两个半球；从地质意义上来说，两半球的冰期都属于近代；从冰期所引起的效果来看，南北半球的冰期持续时间都很长；在近代，冰川曾沿科迪勒拉山的走向向下延伸至低地平面——我曾做出这样的结论：全球的温度曾在冰期同时降低。现在，克罗尔先生在一系列著作里试图说明，冰河气候是由各种物理原因造成的，而这些物理原因是地球轨道离心率增加而引起的。所有原因都导致了一个相同的后果——冰期形成，而其中最主要的原因则是地球轨道的离心率对海流的间接影响。按照克罗尔先生的说法，冰期每隔一万年或一万五千年就会有规律地循环发生一次。在长久的间冰期之后，由于某种偶然事件，这种严寒会极端严酷。而在这些偶然事件中，最重要的就是海陆的相对位置变化。克罗尔先生认为，最近一次冰期发生在24万年前，持续了大约16万年，气候在这段时期没有发生大的变化。几个地质学家则根据直接证据推测，在中新世和始新世也曾有过冰期。至于更久远的古老的冰期，就不用提了。克罗尔所得出的结论中，最重要的一点就是：当北半球经历冰期时，海流方向的改变导致南半球的温度升高了，冬季也变得温暖了。反过来，当南半球经历冰期时，北半球的情况也是如此。我认为，这个结论对说明冰期生物的地理分布极为重要。不过，在此我先列举几个需要解释的事例。

胡克博士曾经指出，南美洲火地岛的开花植物（在当地贫乏的植物中占据很大一部分）中，除了许多相似的物种外，还有四五十个物种和北美洲、欧洲的完全相同。众所周知的是，这几个地方处于地球相反的两个半球，彼此之间的距离遥远。在美洲赤道地区的高山上，生存着大量属于欧洲属的独特物种。在巴西奥更山的植物中，加得纳发现了少数欧洲温带属、某些南极属和某些安第斯山的属，它们都是山脉之间低凹热带地区所没有的植物。而在加拉加斯的西拉，洪堡先生发现了科迪勒拉山特有属的一些物种。非洲的阿比西尼亚山上，也生长着几种欧洲特有的类型和少数好望角植物的代表类型。好望角也有少量欧洲物种，可以相信是非人为引入的，而且在山上也有一些不是非洲热带地区的欧洲代表类型。胡克博士也指出，在几内亚湾内的费尔南多波岛高地和相邻的喀麦隆山上，有几种植物与阿比西尼亚山上和欧洲温带植物有着十分密切的关系。胡克还说，罗夫牧师在佛得角群岛上找到了几种相同的温带植物。相同的温带类型几乎沿着赤道横穿整个非洲大陆，一直延伸到弗得角群岛上，这些事实是自有植物分布记录以来最令人吃惊的了。

在喜马拉雅山和印度半岛各个隔离的山脉上，在锡兰（现称斯里兰卡）高地以及爪哇的火山顶等地方，有很多完全相同的植物。某一地方的植物既是那一地方的代表种类，同时又是欧洲植物的代表类型，即各山脉之间低凹炎热地区所没有的植物。在爪哇高山上所采集的各属植物的名单，竟好像是欧洲丘陵上所采集植物名单的复制品。更让人惊奇的是，有些婆罗洲（又名加里曼丹）山顶上生长的植物竟然代表了澳洲的特有类型。我听胡克博士说，这些澳洲植物有的沿马六甲半岛高地向外延伸，其中一些零散地分布于印度，另一些则向北延伸到日本。

米勒博士曾在澳洲南部的山上发现过一些欧洲物种，在低地上也发现了一些非人为引入的其他类型的欧洲物种。胡克博士告诉我，在澳洲发现的欧洲植物的属有很多，而它们都是两大洲之间的热带地区所没有的植物。在《新西兰植物导论》一书中，胡克列举了一些类似的奇特事实。因此我们可以看到，和南北温带平原上的植物相对，热带地区高山上生长着的某些植物，要么属于同一物种，要么是同一物种的变种。然而按照华生所说的，“从北极向赤道地区迁移时，高山或山地植物群的北极特征实际上变得越来越少了”，可以得知，这些植物并不是真正的北极类型。除了这些完全相同或非常类似的类型外，还有很多现在中间热带低地没有的植物属生长在这些相距甚远的地区。

上述结论仅就植物而言，但是陆相动物方面也存在少量类似事实。海相生物也是如此。最高权威达纳教授曾说过：“新西兰的甲壳动物和大不列颠的非常相似，而这两地在地球上的位置正好相反，这一事实的确令人感到惊奇。”理查森爵士也说，在新西兰和塔斯马尼亚岛的海岸边发现过北方的鱼类。胡克博士还说，在新西兰，有 25 种海藻和欧洲是相同的，但在这两个地方的中间热带海洋里却没有这些藻类。

按照上述事实可知，温带型生物生存于以下地方：横穿非洲的整个赤道地区，沿着印度半岛一直延伸到锡兰和马来群岛；此外，还穿过了南美洲广阔的热带地区，等等。由此可见，有相当数量的温带类型生物曾在冰河期达到鼎盛的时候迁移到赤道地区的各个低地。在那个时期，赤道地区海平面上的气候可能和现在同纬度五六千英尺（注：1 英尺 ≈0.3 米）高的地方一样，或许更冷些。在气候最严寒的时期，赤道地区的低地上遍布混杂丛生的热带植物和温带植物。这种情形就像胡克所描述的现代喜马拉雅山四五千英尺高的低山坡上混生的植物一样，只是温带类型可能更多一些。与此相同的是，曼先生在几内亚湾的费尔南多波海岛的山上发现，大约在 1524 米（5000 英尺）高的地方，欧洲温带类型植物开始出现。在巴拿马 610 米（2000 英尺）高的山上，西曼博士就发现了和墨西哥类似的植物，“热带型植物与温带型植物协调地混合着”。

我们现在再来看一下克罗尔先生的结论：当北半球遭遇大冰期时，南半球却是暖和的。就现在无法解释的南北半球温带地区和热带高山地区植物的分布而言，这个结论给了某种清楚的解释。如果按照年代计算，冰期必然极长久。但是当我们回忆起在几百年内，有些动植物在驯化后又扩散到广大的地区时，那么对于任何数量生物的迁移过程来说，冰期的时间都是足够的。当气候越来越寒冷的时候，北极型生物便侵入了温带地区。根据上述事实，某些较健壮的、具有优势、分布又广的温带生物必定会侵入赤道地区的低地，而由于当时南半球是比较温暖的，热带低地生物必然同时向南方的热带及亚热带地区迁移。当冰期即将结束的时候，南北半球会慢慢恢复原来的温度，那么生活在赤道低地的北温带生物要么被驱逐回原来的家乡，要么趋于灭亡并被由南方返回的赤道类型生物所代替。然而，肯定有一些北温带生物在撤退时登上了某些邻近的高原。如果这些高原有足够的高度，它们就会像欧洲山顶上的北极类型一样，永久地生存在那里。即便是气候不完全适宜，它们也能继续生存，因为温度的升高肯定是很缓慢的，而植物对于气候也有一定的适应能力，它们会把这种抵抗冷和热的不同的能力遗传给后代，就证明了这一点。

按照事物的普遍发展规律可知，当南半球经历冰期时，北半球会变得温暖一些，于是南温带生物就会迁移到赤道低地地区。这时，以前生活在高山上的北方类型也会向山下迁移，和南方类型混合在一起。等到温度回升，南方类型必然会回到家乡，但是也会有少数物种留在高山上，而且与某些从山上迁移下来的北温带类型一起返回南方。因此，会有一些完全一样的极少数物种，生存在南北温带地区和中间热带地区的高山上。然而，这些长期留在山上或另一半球的物种处在与家乡有着细微差异的自然环境中，必须和许多新类型竞争。因此，这些物种非常容易发生变异，以至它们以变种或代表种的形式存在，事实也是如此。我们要明白的是，南北半球都曾经历过冰期。只有这样，才能用相同的原理来解释，为什么中间热带地区没有的、彼此又不大相同的许多物种，会生存在自然条件相同而又相距甚远的南北半球温带地区。

有一个值得注意的事实，那就是胡克和德康多尔分别对美洲和澳洲的生物进行研究后，一致认为，物种（不论相同的还是稍有变异的）从北向南迁移时的数量要比从南向北迁移的多。不过，在婆罗洲和阿比西尼亚山上，我们还是看到了少数南方类型生物。我据此推测，由于北方陆地的范围比较广、北方类型在北大陆生存的数量较多，于是从北向南迁移的物种更多；由此产生的结果就是，在自然选择和生存竞争的影响下，北方类型比南方类型的进化程度更高、更完善，占据更大的优势。因此，南北两大类型生物会在南北冰期交替时在赤道地区相会。北方类型较强，不仅能够保住它们在山上的地盘，还能和南方类型一起向南迁移；南方类型则没有足够强大的力量对付北方类型。现在，情况依然没有变化，拉普拉塔和新西兰的地面生长着许多欧洲生物，澳洲也有同样的情况（程度稍微弱一点），当地土著生物遭到了欧洲生物的排挤。从另一方面来说，近两三百年来，虽然有大量的容易黏附种子的皮革羊毛及其他物品从拉普拉它运往欧洲，但是在近四五十年来，从澳洲运往欧洲的也有很多，然而仅有极少数的南方类型能在北半球的某个地方被成功驯化。但是，却出现了例外的情况。胡克博士说，印度的尼尔吉利山上的澳洲类型繁殖得很快，已经被成功驯化了。显而易见的是，最后的大冰期到来之前，热带高山上生长着土著高山类型植物，但是后来，占有更大优势的北方植物排挤了这些高山类型。许多海岛上土著植物的数量和入侵植物相近，或许更少些，这意味着它们已经走上了趋向灭亡的第一阶段。山岳是陆地上的岛屿，山上的土著生物逐渐被北方广大地区繁衍的生物所替代，就像真正海岛上的土著生物向北方入侵生物让出自己的地盘，并将继续向人类驯化而来的大陆型生物让出自己的地盘一样。

生活在北温带、南温带和热带山上的陆相动物和海相生物也是如此。在冰期最严酷时，洋流方向与现在不同，有些温带海洋生物可以到达赤道地区，其中可能有少数生物能够沿着寒流继续向南迁移，剩下的则留在较冷的深海里，一直等到南半球经历冰期时，它们才会继续前进。正如福布斯所说，这种情况和现在的北极生物仍生存在北温带海洋深处是一样的。

虽然我们并不清楚，现在相距遥远的南方、北方、中间高山上生活的同一物种和近缘物种，在其分布状况和亲缘关系的问题，但都可以用上述观点简要解释。我们还没有弄清楚它们迁徙的具体路线，也不明白为什么有些物种迁徙了而另一些却没有迁徙；为什么有些物种发生了变异并形成了新类型，而其他物种却没有任何变化。对于这些事实，我们无法给出合理的解答，除非可以解释下面的问题：为什么某一物种可以在异地被人类驯化而其他物种不能？为什么某个物种的分布范围会比本地另一物种的分布范围大两三倍，数量也多两三倍？

目前还有很多问题尚待解决。如胡克博士所指出的，在克尔格伦岛、新西兰和弗吉尼亚这些相距遥远的地方，同种植物都能生存。不过，根据莱伊尔的观点，这些植物的分布也许和冰山有关系。更值得我们注意的是，有一些不同种却完全相同的南方属生物，生存在南半球的这些地方和其他遥远的地方。这些物种之间有着很大的差异，以至于人们怀疑它们自最后一次大冰期开始后是否有足够的时间迁徙并发生某种程度的变异。这些事实似乎说明，同一属的各个物种是从一个中心点逐渐向外迁移的。我认为，南北半球都曾经在最后冰期到来之前有过一个温暖的时期。现在被冰雪覆盖着的南极大陆，在当时会有一个和外界隔绝的特殊植物群系。我们可以假设，当最后一次冰期还没有灭绝这个植物群之前，少数类型已经借助偶然的传播方法，经过当时尚未沉没的岛屿，向着南半球的各个地方广泛地传播，因此美洲、澳洲和新西兰南岸等地都出现了这种特殊类型的生物。

莱伊尔曾在一篇文章里，就全球气候变化对生物地理分布的影响表达了和我几乎相同的观点。现在，我们再一次强调克罗尔先生的结论：一个半球上发生冰期时，另一半球恰好是温暖时期。将这个结论和物种缓慢演变的观点相结合，就可以对相同或相似的生物散布全球的事实做出解释。在一段时期，携带着生物的洋流从北向南流；而在另一时期，又从南向北流，但都曾流过赤道地区。可是，从北向南的洋流的力量比由南向北流的更大，以至于可以在南方自由扩散。由于洋流把它携带的漂浮生物沿着水平面搁浅遗留在各个地方，而且洋流水面越高，遗留的地点也越高，于是携带生物的洋流从北极低地到赤道高地，将漂浮的生物沿着一条缓慢上升的线遗留在热带的山顶上。这些遗留下来的生物，与人类尚未开化的民族相似，被驱逐退让到各个深山险地，成为以前土著居民生活在周围低地的一项很有说服力的证据。

The Origin of Species

第十三章

生物的地理分布（续）

淡水生物的分布

由于陆地的阻碍，湖泊和河流系统彼此分隔，于是人们可能认为淡水生物无法在某个地区广泛分布。又因为海洋是更难逾越的障碍物，所以人们又以为淡水生物似乎永远也不能扩展到遥远的地方去。其实，事实正好相反。某些不同纲的淡水物种分布十分广泛，而且近缘物种遍布全球。当我第一次在巴西淡水中采集标本时，看到那里的淡水昆虫、贝类等和不列颠的十分相似，而周围陆地上的生物却与不列颠的十分不同，这令我感到十分惊奇。

我认为在大多数情况下，淡水生物广泛分布的能力可以这样解释：它们以一种对自己极为有利的方式逐渐适应了不停从一个池塘到另一个池塘，或是从一条河流到另一条河流的短距离迁移。毫无疑问，淡水生物凭借短距离迁移的能力，必然能将地理分布扩展到十分广泛的范围。在此，我们列举几个例子。我们曾经以为，在相距遥远的两个大陆上绝不会存在同一种淡水鱼。可是最近，京特博士指出：在塔斯马尼亚、新西兰、马尔维纳斯群岛和南美洲大陆上，都栖息着同一种鱼类——南乳鱼。这个例子极为特别，表明在以前某个温暖的时期，这种鱼可能从南极的中心向周围各个地区扩散。不过，南乳鱼属里的物种，也许会以某种我们未知的方式，渡过宽广的海洋。因此从某种程度上来说，京特的例子也不算太稀奇。这一属内还有一个物种，生存在相距约370千米（230英里）的新西兰和奥克兰群岛上。淡水鱼类的分布在同一个大陆上经常是广泛而又毫无规律可循的，因为在两条相邻的河流中，有些物种相同，而另一些则完全不同。

在偶尔的情况下，淡水鱼类也会以我们意想不到的方式传播。例如，淡水鱼会被旋风卷起，吹送到很远的地方后仍能存活；大家都知道的是，即使经过相当长的时间，从水里取出来的鱼卵也能保持活力。然而，淡水鱼分布很广的原因主要还在于近期内地平面的升降变化，使得各河流可以相互沟通。而当洪水暴发的时候，虽然地平面没有变化，但是各河流却可以彼此沟通。从古至今，山脉两侧河流的汇合被众多连绵的山脉阻碍了，导致河流里的鱼类差异很大，由此得出的结论与上述是一致的。有些淡水鱼类是很古老的类型，在这种情况下，它们长期经历着缓慢的地理变迁，有足够的时间利用各种方式进行大规模的迁移。此外，京特博士经过一些研究后得出结论，鱼类是可以长期保持同一种类型的。海水鱼类经过处理后，逐渐就可以适应并习惯淡水生活。根据瓦伦西奈的说法，几乎没有一个类群的鱼是全部只生活在淡水里的。因此，属于淡水鱼类群里的海水种，可以很容易地沿着海岸向很远的地方游到远处的河流中，然后再次适应淡水生活。

有一些种类的淡水贝分布得十分广泛，其近缘物种也遍布全球。根据我们的理论可知，从一个共同祖先传衍下来的物种肯定有着单一的发源地。起初，我对近缘物种如此广泛的分布感到十分疑惑，因为它们的卵不像是由鸟类传播的，而且卵遇到海水时会立刻死亡，这种情况和成本是一样的。我甚至也想不明白，为什么某些被驯化的物种可以在同一地区迅速传播呢？然而，有两个事实（肯定还会发现许多其他的事实）会对解答这个问题有所启发。我曾经两次看到，鸭子从布满浮萍的池塘里突然浮出来时，背上都粘着浮萍；还有一件事情，当我把一个水族箱里的浮萍移到另一个水族箱里时，无意中将贝类也挟带着移了过去。不过，另一种媒介的效果或许更好一点：我把一只鸭子的脚挂到水族箱里，箱里正有许多淡水贝类的卵在孵化，我发现许多极微小的、刚孵出的贝类会爬上鸭脚，并且牢固地黏附着，以至于我把鸭脚拿出水面，这些贝类也不会脱落（它们再长大一些时，自己就会脱落）。虽然这些刚孵出来的软体动物的本性是水生，但当它们黏附在鸭脚上，暴露在潮湿的空气中时，还可以存活 12~20 小时；在这段时间里，一只鸭子或鹭鸶至少可以飞行六七百英里（注：1 英里 ≈1.6 千米）。要是遇到顺风，还能飞过海洋，到达某个海岛或是其他某个遥远的地方，然后降落在池塘里或小河里。莱伊尔告诉我，他曾经捉住过一只龙虱，在这只龙虱身上黏附着一只盾螺（一种淡水贝类）；他还在“贝格尔”号船上看到了同科水甲虫的另一物种细纹龙虱，当时船离最近的陆地 72 千米（45 英里）；如果遇到顺风，恐怕没有人能断定这龙虱可以被吹到多么遥远的地方去。

我们早已知道，无论是在大陆上还是在海岛上，许多淡水植物和沼泽植物的种类都分布得十分广泛。按照德康多尔的说法，那些大的陆生植物物种群里含有极少数水生物种，而这些水生物种的分布范围广得令人惊讶。我想，对于这个现象，可以用水生物种有效的传播方式来解释。我在前文里提过，鸟类的脚和喙有时会沾上少量的泥土。如果经常徘徊在池塘岸边污泥里的涉禽类突然受惊起飞，它们的爪子上常常会沾着泥土。相比其他类型的鸟，涉禽目里的鸟漫游的范围更广，它们有时也会飞往大洋中最遥远荒凉的海岛。当然，它们不会降落在海面上，不会让脚上的泥土被海水冲洗掉。而等到它们到达陆地之后，一定会飞到经常出没的淡水栖息地。植物学家很难预测池塘里的泥土中含有多少植物种子，我曾做了几个小实验，其中一个最典型的例子就是：二月份，我在一个小池塘水下三处不同的地方取了三汤匙泥土，这些泥土干燥后，重量仅有 191 克（6.75 盎司）。接着，我用带盖的容器装好这些泥土，并将容器放置在书房里六个月。每当从泥土中长出一棵植物，我就把它拔掉并统计数字，一共长出了 537 棵植物，而它们属于很多不同的类型。事实上，这块泥土用一只早餐用的杯子就可以盛下了。这告诉我们，假如水鸟没有把淡水植物的种子传播到远方，或许就没有长满植物的小池塘和小溪流了。此外，淡水中某些小动物的卵，也可利用同样的水鸟媒介进行传播。

或许，还有其他媒介物也起过传播的作用。我说过，淡水鱼可以吞食某些植物的种子（尽管有的种子被吞下后又被吐了出来），甚至小型鱼也可以吞食很大的种子，例如黄睡莲和眼子菜等。鹭鸶和其他的鸟类不断地捕食鱼类，食用后就飞到其他的河湖池塘，或是顺风飞越海面。我们已经知道，在若干小时后，种子将被鸟类当作废物吐出来或随着粪便排泄出来，但仍然保持着发芽的能力。当我看到莲花的种子很大，又想起德康多尔关于它分布情况的叙述时，便觉得莲花种子的传播方式让人难以理解。但是奥杜邦说，他曾经在鹭鸶的胃里发现了南方莲花的种子（胡克博士猜测，可能是大型北美黄睡莲）。这种鹭鸶一定常常在胃里装满了莲子，然后又飞到远处其他池塘里再捕食鱼类。通过类似的推断，我相信，适宜发芽的种子会随着粪便被鹭鸶排泄出来。

讨论上述几种传播方式时，我们应该注意的是：当某个池塘或者小溪刚形成的时候，里面肯定没有生物，在那时，每粒种子或每个卵都将有很好的成功机会。就算同一池塘里生存的生物种类再少，相互间也会有某种生存斗争。不过，即便池塘里的生物非常繁盛，和相同面积陆地上生存的陆栖生物相比较，物种的数量还是要少一些。因此，池塘里物种间的竞争没有陆栖物种间的竞争残酷。由此产生的结果是，一种外来入侵的水生生物会比陆地上的移居者有更好的机会获得新的地盘。我们还应该明白的是，在自然系统的分类上，许多淡水生物的地位是较低下的。所以我们有理由相信，这些生物的变异要比高等生物缓慢一些，这就使得水生生物拥有更多的迁徙时间。我们也不要忘记这样一种可能性：许多淡水类型原来曾分布在连续的广大区域，后来分布在中间地区的生物却灭绝了。然而，不论是保持原有类型，还是发生了某种程度的变异，对于广泛分布的淡水植物和低等动物来说，它们都主要依靠动物，尤其是具有强大飞翔能力的淡水鸟类将它们的种子和卵从这一片水域传播到另一片水域。

海岛上的生物

我在前文中说过，不仅同一物种的所有个体起源于同一个地方，就连目前在彼此相隔甚远的地点生存的相似物种，也是由同一个发源地向外迁徙发展而来的。我按照这一观点，曾选择出有关生物分布最难解释的三类事实（前章已讨论过两类）。现在，我们来讨论最后一类事实。我已经列举出了很多理由，来说明我不相信陆地的范围曾在现存物种期间有过极大的扩展，而使几个大洋中的岛屿都连成大陆，并形成现代陆相生物。尽管这个观点可以消除许多解释上的困难，但它却不符合有关岛屿生物的真相。在下文的论述中，我将不仅仅分析生物的分布问题，还将讨论生物的特创论和遗传变异进化论二者孰是孰非的问题。

相比大陆上同样面积上生存的生物，生存在海岛上的生物种类要少得多。德康多尔认为植物的情况是这样的，沃拉斯顿认为昆虫的情况也是如此。例如，新西兰有高耸的山脉，有各种各样的地形，南北长达 1255 千米（780 英里），其外围诸岛有奥克兰、坎贝尔和查塔姆等，但是所有的显花植物加起来才 960 种；如果我们把这个数字和澳洲西南部或好望角相等面积上种类繁多的生物数量相比较，则一定会承认：存在某种与自然条件无关的因素，使得两地物种的数目出现如此巨大的差异。在地势平坦的剑桥郡，生存着 847 种显花植物，而小小的安格尔西岛上也有 764 种，不过这两个数字中也包含少数蕨类植物和其他地方引入植物的种类。就其他方面而言，这种比较并不十分公平。有证据表明，阿森松（位于非洲西面的大西洋上）这个贫瘠的荒岛原先只有 6 种显花植物，而现在已有很多迁入物种被驯化了，就像新西兰和其他海岛的情况一样。我们有理由相信，在圣海伦娜岛，外来驯化了的植物和动物已经把许多土著生物灭绝了或几乎灭绝了。信奉特创论的人不得不承认，许多适应性最强的动植物并不是海岛上原来就有的，而是人类无意中带到海岛上的。在这方面，人类的能力远远超过了大自然。

尽管海岛上物种的数目不多，但是本地的特有种类所占比例往往很高。例如，我们把马德拉岛上特有的陆栖贝类和加拉帕戈斯群岛上特有的鸟类数目，与任何大陆上特有的贝类或岛类进行比较，然后再把岛屿的面积与大陆面积比较时，就可以知道这是真的。这种事实在理论上也是可以被预料的，因为就像前文说过的，物种进入一个新的环境中，必然会和那里的土著生物进行竞争，极容易发生变异并形成成群的变异了的后代。然而，我们绝不能因为某个纲的物种差不多都是岛上特有的，就认为其他纲的物种或同纲的其他物种也必然是特有的。之所以会出现这种差异性，一部分原因是许多未变异的物种曾是集体迁入该地区的，它们之间的自然关系没有发生什么变化；另一部分原因则是没有变异的物种经常从原产地迁入该地，并和岛上生物进行了杂交。我们要明白的是，这种杂交形成的后代肯定非常强壮，其偶然的杂交产生的后果常常超出人们预料之外。对此，我要举出几个例子来说明一下：在加拉帕戈斯群岛上，生存着 26 种陆栖鸟类，其中有 21 种（或 23 种）是岛上特有的；但是在 11 种海鸟中，却只有 2 种是特有的。显然，出现这种现象是因为海鸟比陆鸟更容易也更频繁地飞到海岛上来。另一方面，百慕大群岛与北美洲大陆之间的距离，与加拉帕戈斯群岛和南美洲大陆之间的距离差不多，而且百慕大群岛上的土壤十分特殊，但岛上却没有特有的陆鸟。根据琼斯先生关于百慕大群岛精彩的描述可知，很多北美洲的鸟类会不时地飞到这个群岛上。哈考特先生告诉我，几乎每年都有一些鸟从欧洲或非洲被风吹到马德拉群岛上，这个岛上一共有 99 种鸟，但仅有一种是特有的，它和欧洲的一种鸟类似；此外，有三四种鸟是马德拉群岛和加那利群岛所特有的。因此，许多鸟从相邻的大陆飞来百慕大和马德拉两个群岛，并且长期进行着竞争，已经相互适应了。它们定居在新家乡以后，还会彼此牵制，使每一物种都保持自己固有的习惯和在自然界中的位置，这样就不容易发生变异。除此之外，在原产地（大陆）没有发生变异的原种频繁地迁入该岛，与先来者进行杂交，这也阻止了变异的产生。马德拉群岛有数量庞大的特有陆栖贝类，却没有一种海栖贝类是特有的。尽管目前我们尚不清楚是怎样传播的，但是我们知道的是，海栖贝类的卵和幼体可以附着在海草、漂浮的木头或涉禽的脚上，从而越过五六百千米（三四百英里）的海洋。在这方面，海栖贝类要比陆栖贝类容易得多。生存在马德拉群岛上的各目昆虫也有相似的情况。

有时候，海岛上会缺少某些纲的动物。它们在自然界的位置被其他纲动物占领了。这样，加拉帕戈斯群岛上的爬行类和新西兰的巨型无翅鸟都代替或曾经代替了哺乳动物的位置。虽然这里仍将新西兰当作海岛来讨论，但是这样的划分在某种程度上是有疑问的，因为新西兰的面积很大，而且没有很深的海将它与澳洲分隔开。根据新西兰的地质特点和山脉走向，克拉克牧师主张新西兰和新喀里多尼亚岛都应该归属于澳大利亚。针对植物方面，胡克博士曾说，加拉帕戈斯群岛的各目植物的比例，与别的地方的差异十分显著。这种数量上的差别和某些整群动植物的缺失，通常是以海岛上自然条件不同来解释的，但这种解释的正确性却十分令人怀疑。生物迁入岛上的难易程度，应该和环境条件的性质是一样重要的。

对于海岛上的生物，还有很多方面需要注意。例如，有的海岛上没有一只哺乳动物，可是本岛特有的植物却长着奇特的带钩种子。钩最明显的用途是可以使种子挂在哺乳动物的毛或毛皮上，从而得以传播出去。因此，这种有钩的植物种子可能是通过某种方法带到岛上来的，其后经过变异成为本岛特有的物种，但保留了它们的小钩。就像许多岛上昆虫已经愈合的翅鞘下仍有退化翅膀的突起，这钩已经毫无用处。另外，海岛上经常长着许多乔木和灌木，而和它们同目的植物在其他地方只有草本物种。根据德康多尔的解释，不管出于什么原因，木本植物的分布范围常常是受到限制的。树木很难传播到遥远的海岛上，而草本植物也很难在和生长在陆地上的许多发育完全的树木的竞争中取胜。一旦草本植物定居在海岛上，就会越长越高，超过其他草本植物。在这种情况下，自然选择的倾向就是增加植物的高度。因此，不论植物是哪一个目，都有可能变成灌木，然后演化为乔木。

海岛上没有两栖类和陆栖哺乳类

很早以前，文森特先生就报道过海岛上没有整个动物目的情况。大洋里的岛屿虽然很多，但从未在这些岛屿上发现蛙、蟾蜍、蝾螈等两栖类。我曾经费尽精力去验证此说法的真伪，发现除了新西兰、新喀里多尼亚、安达曼群岛，或许还有所罗门群岛和塞舌耳群岛之外，这种说法是正确的。但我对于新西兰和新喀里多尼亚是否应该列为海岛，还是抱有疑问，至于安达曼、所罗门群岛及塞舌尔群岛是否应该列为海岛，就更难确定了。这么多真正的海岛上都没有蛙、蟾蜍及蝾螈，绝不是能用海岛的自然条件就可以解释的。很明显的是，海岛特别适宜蛙、蟾蜍及蝾螈这些动物生存，因为蛙曾经被引入马德拉、亚速尔和毛里求斯等岛，它们在那里大量繁殖，甚至泛滥成灾。但是，蛙和它的卵一碰到海水马上就会死亡（现在已知有一个印度种是例外），当然也就难以越过海洋传播，由此我们可以知道，为什么它们在真正的海岛上不能存在。然而，要问它们为什么不在海岛上被创造出来，特创论的观点就很难解释这一问题了。

哺乳类提供了另一个类似的情况。我曾认真查阅了最早的航海记录，没有找到一个实例可以证明陆栖哺乳动物（土著人饲养的家畜除外）曾在远离大陆的海岛上生存，即便是在离大陆比较近的海岛上也一样。只在马尔维纳斯群岛上，生存着一种像狼的狐狸。这似乎是个例外。不过，马尔维纳斯群岛不能作为海岛看待，因为它位于一个和大陆相接的沙堤上，离大陆仅 451 千米（280 英里），冰山曾把漂石带到它的西海岸，可能在那时把狐狸也顺便带了过去，就像现在北极地区常常发生的事情一样。我们不能认为小海岛连小型哺乳动物也养活不了，因在很多小型哺乳动物就生存在靠近大陆的小岛上。我们几乎说不出有哪一个小岛，小型哺乳动物不能在那里被驯化并滋生繁衍。按照特创论的观点，应该有足够的时间使得哺乳动物产生并生存下来。事实上，许多火山岛非常古老，它们经历的巨大侵蚀作用和第三纪地层便可证明，这些岛有足够的时间形成本地特有的其他纲物种。而在大陆，哺乳动物新种的出现和灭绝，要比其他低等动物快。尽管海岛上没有陆栖哺乳动物，但飞行的哺乳类却到处都是。新西兰有欧美其他地方都没有的蝙蝠；诺福克岛、维提群岛、小笠原群岛、加罗林和马利亚纳群岛及毛里求斯岛，各自都有特殊类型的蝙蝠。也许人们会问，为什么在这些遥远的海岛上只产生蝙蝠而不产生其他的哺乳动物呢？我认为这个问题的答案很简单：因为没有陆栖哺乳类能够越过广阔的海洋，而蝙蝠可以飞越。曾经有人在大白天看到蝙蝠远远地飞行在大西洋上空。在距离大陆 966 千米（600 英里）的百慕大群岛，也偶尔会出现北美洲的两种蝙蝠。专门研究蝙蝠的专家汤姆斯先生告诉我，许多种类的蝙蝠的分布范围非常广泛，在大陆和遥远的海岛上都能找到它们的踪影。因此，我们只要推想这类到处迁移的物种在新家乡由于它们在自然界中的新位置而发生变异，就会理解为什么海岛上没有其他哺乳动物，而只有本地特有的蝙蝠。

还有一种有趣的关系，即各个海岛或是海岛与最邻近的大陆之间所隔海水的深浅程度，与哺乳动物亲缘关系的疏密程度有一定的联系。埃尔先生曾对此问题做过深入的观察，后来又被华莱士先生在庞大的马来群岛所做的卓越研究加以扩充：马来群岛和相邻的西里伯斯群岛被一片深海相隔，两边群岛上的哺乳动物有着十分显著的差别，但每一边的海岛周围都是相当浅的海底沙滩，岛上生存着相同或非常相似的哺乳动物。虽然我还没有时间在世界各地去研究这类问题，但是据我所知，这种关系是正确的。例如，不列颠与欧洲中间仅隔着浅海峡，两边的哺乳动物是相同的；澳洲海岸附近所有岛屿上的情况也是一样。与这种情况相反的是，在西印度群岛深达约 1800 米（1000 英寻）的沙洲上，我们找到了许多美洲类型生物，然而它们的属和种却很不相同。动物发生的变异量与时间的长短有关，而且浅海相隔的岛屿或与大陆分隔的岛屿比那些深海隔开的岛屿更容易连在一起。所以我们可以知道，两个地区哺乳动物的亲缘程度和隔开它们的海水深度有一定关系。然而，特创论学说则无法解释这些问题。

以上是关于海岛生物的叙述，即物种的总数目很少，而本地特有类型占比较大；同一纲里，有的类群会产生变异，而有的类群却不会变异；有些目，例如两栖类和哺乳类全部缺失，尽管存在能飞翔的蝙蝠；有些目的植物出现特殊的比例；草本类型的植物发展成为乔木，等等。我认为，相比所有海岛在以前与最近的大陆相连的观点，长期以偶然方式传播的观点更符合实际情况。因为按后一种观点，可能不同纲的生物会一起迁入海岛，且因为是物种集体迁入，物种间相互关系没有多大变动，结果它们要么保持不变，要么所有的物种都以相同的方式发生变异。

不可否认，在关于遥远海岛上的许多生物（不管它们仍然是原来的物种，还是发生了变异，）怎样来到它们现在栖息的地方的问题上，还存在着许多重大的难点。但是，绝不能忽视这样的可能性，即以前可能有其他岛屿做过生物迁徙时的歇脚点，如今却没有留下任何痕迹。有一个难以解释的情况值得分析：几乎所有的海岛，甚至完全孤立、面积很小的岛上，都生存着陆栖贝类。这些贝一般是本地特有物种，少数是和其他地方共有的物种。古尔德博士曾列举了太平洋岛屿上的例子。我们都知道，陆栖贝类很容易被海水杀死。它们的卵，起码是我实验过的那些卵，一遇到海水就会下沉而死亡。但是，必定还会有某些未知的、偶然有效的方式将它们传播开来。刚刚孵化出来的幼体，会不会黏附在地面上栖息的鸟儿的脚上进行传播呢？我想到陆地贝类冬眠时壳口上盖着膜罩，可以黏附于木头的缝隙中漂过宽阔的海湾。我发现几种贝类于休眠状态下浸泡在海水中 7 天，依然活着。一种罗马蜗牛经过这样的处置后，等到它再次休眠时，又将浸泡在海水中 20 天，依然能够完全恢复。在这么长的时间里，按照海流平均速度计算可知，这种蜗牛可以漂浮 1062 千米（660 英里）远的距离。这类蜗牛壳口长着厚厚的石灰质口盖。我把一个蜗牛原来的口盖除掉，待新的口盖形成后，又将它浸泡到海水里 14 天，它还是复活了，而且可以慢慢爬行。后来，奥甲必登男爵也做了类似的实验：他将分别属于10个种类的100个陆栖贝类放到扎了许多小孔的盒子里，在海水中浸泡两个星期；等到取出后，100个贝中有27个依然活着。看来，口盖的有无十分重要。圆口螺因为有口盖，12个螺中有11个复活了。值得注意的是，我在实验中用的那种罗马蜗牛可以很好地抗御海水侵蚀，而奥甲必登用另外四种罗马蜗牛的54个个体做实验，结果没有一个活着。不过，陆栖贝类绝不可能经常采用这种方式进行传播，更为普遍的方式可能是利用鸟类的脚来传播。

海岛生物与邻近大陆生物的关系以及生物从最近的起源地向海岛迁居及其后的演变

依我们来看，最生动最重要的事实莫过于海岛上的物种与邻近大陆上的物种亲缘关系相近但又不完全相同。此类例子很多，不胜枚举。加拉帕戈斯群岛位于赤道，离南美洲海岸805~966千米（500~600英里），在那里，几乎每一种水生和陆栖生物都有着十分明显的美洲大陆烙印。这个群岛上一共有26种陆栖鸟类，其中21种或23种和大陆的鸟种是不一样的，过去一般认为它们是在群岛上被创造出来的。但是，群岛上的大多数鸟类，在习性、姿态、鸣叫的音调等许多基本特性上，又都显现得与美洲物种十分密切。其他动物也是如此。在胡克博士有关该群岛的著作《植物志》中，也描述了很多植物这种相似而又不完全相同的现象。博物学家站在这些离大陆几百千米的太平洋火山岛上，观察周围的生物，似乎自己身处美洲大陆。为什么会这样呢？为什么以为是在加拉帕戈斯群岛而不是其他地方创造出来的物种，竟然如此清楚地显示出和美洲物种十分密切的亲缘关系呢？加拉帕戈斯群岛在生存条件、岛上地质特征、岛的高度和气候以及共同生活的各纲生物比例方面，没有一个条件和南美洲沿岸类似，事实上，一切条件都与南美洲大不相同。另一方面，加拉帕戈斯群岛在土壤的火山性质、气候、高度和岛的大小等方面，和弗得角群岛在相当程度上是相近的，然而这两个群岛上的生物却完全不一样。弗得角群岛生物和非洲生物的关系，也正如加拉帕戈斯群岛生物和美洲生物的关系一样。对于这种事实，按照特创论的观点是根本解释不通的。而与此相反的是，根据本书提出的观点来看，显然加拉帕戈斯群岛可能接受了从美洲迁移来的生物，不管是由于偶然传播的方式还是由于以前相连的大陆的原因（我对此学说持怀疑态度），而弗得角群岛则接纳了从非洲迁移来的生物。这些迁入的生物虽然容易发生变异，但是通过遗传因素，仍旧可以发现它们原产地的秘密。

还有许多类似的实例可以证明一个普遍的规律，海岛上特有的生物和最邻近大陆上或者最邻近大岛上的生物几乎是相关联的。只有少数情况例外，但是这些例外也可以给出合理的解释。例如，胡克博士曾在报告中指出，克尔格伦岛离非洲的距离近但离美洲远，可是该岛上的植物不但和美洲物种有亲缘关系，而且关系十分密切。如果我们认为岛上的植物主要是随着冰山带来的种子及泥土、石块等海流定期漂来的话，这种例外就可以得到解释。新西兰的土著植物和最邻近的澳洲大陆植物的关系，要比和其他地区植物的关系密切得多，这也许是我们可以预料的事实。虽然南美洲是新西兰第二个邻近的大陆，可两者的距离十分遥远，然而，新西兰的土著植物和南美洲植物也有关系，因此这一事实也就成了例外。但是，如果依照下面的观点，部分难点就解决了：在比较温暖的第三纪和最后一次大冰期开始之前，新西兰、南美洲和其他南方地区的部分生物，是从位于它们中间的、遥远的、当时长满植物的南极诸岛迁移而来的。更值得注意的事实是，澳洲西南角的植物群和好望角的植物群之间亲缘关系疏远，但只有植物方面如此，这种情况将来总会解释清楚的。

决定海岛生物和最邻近大陆生物之间亲缘关系的规律，有时也适用于范围较小的同一群岛，只是这种情况更加有趣：在加拉帕戈斯群岛中，每一个孤立的岛屿上都有许多互不相同的物种。由于各岛屿之间的距离很近，必然会接受同一原产地物种的迁入，也必然会有各岛物种之间的相互迁入，因此人们可以预料的是，各岛物种间的关系比它们与美洲大陆或其他任何地方物种的关系更加密切。这些独立又彼此相望的海岛，具有相同的地质特征、相同的海拔高度和气候，可是为什么迁入的许多物种会产生不同的变异呢？这个问题很棘手，我一直不得其解，主要原因是束缚于一个根深蒂固的错误观点，即认为一个地区的自然条件是至关重要的。然而，不可否认的是，每个物种都会和其他物种进行生存竞争，因此对于这一物种能否成功地生存下来，竞争对手（即其他物种）的性质和自然条件是同等重要的，甚至更重要一些。再观察一下加拉帕戈斯群岛与世界其他地方共同拥有的物种，我们就会发现，几个岛上的同一物种有相当显著的区别。如果海岛上的生物是由偶然方式传播而来的，例如一种植物的种子传到这个岛上，而另一种植物的种子传到另一个岛上，尽管这些种子都是从同一个原产地传播出来的，但是物种在不同岛屿上的分布差别也是显而易见的。因此，一个物种先传播到某一个海岛上，之后又从此岛传播到另一个海岛上，必然会遭遇不同的自然条件，也势必要和不同的生物进行竞争。例如，某种植物在各岛上找到最适合自己生存的地方，而这个地方已被各岛上不同的物种占领了，那么这种植物就会遭到不同竞争对手的排挤。在这种情况下，如果这个物种发生了变异，自然选择就可能使不同海岛出现不同的变种。不管情况如何，有些物种仍然可以向外岛传播而保持相同的性状，就像我们在大陆上所见到的分布很广而保持相同性状的物种一样。

在加拉帕戈斯群岛及其他类似例子中，最使人感到诧异的是，每个新物种在岛上形成后，并不会快速地传播到其他岛屿上。虽然这些海岛可以彼此相望，但是中间被深海湾所隔开，多数海湾比不列颠海峡还要宽，于是我们也没有理由认为这些海岛在以前曾是连在一起的。各海岛之间的海流湍急汹涌，而且很少刮大风，所以它们相互之间的隔离程度比地图上所显示的实际距离还要大。尽管如此，也有一些物种是很多岛屿共有的，包括群岛特有物种和与世界其他地区的共有物种。根据现在物种分布的状态推测，物种最初是从一个岛上传播到其他岛上的。不过，我们往往错误地认为，非常相近的物种在自由往来时可能会相互侵占对方的地盘。显然，如果一个物种对于另一物种来说更具有某种优势，那么它将在很短的时间内把对方排挤掉。但是如果两个物种都能够很好地适应各自生存的地方（岛屿），那么在相当长的时期内，它们将在分离的岛屿上各自保持自己的地盘。我们都很清楚的是，经过人类的驯化后，许多物种能十分迅速地在广大地区传播开来。这让我们很容易推想到，大多数物种都是这样传播的。但是，我们应该记住，那些在新地区被驯化的物种通常和当地土著物种不太一样，甚至可以说是差别显著。就像德康多尔说的，大部分情况下是不同属的物种。在加拉帕戈斯群岛，许多鸟类甚至可以非常方便地从一个海岛飞往另一个海岛，但实际上各个岛的鸟是有区别的。例如，有三种近缘关系的效舌鸫（又叫应声画眉鸟），每一种的分布都局限在自己的本岛上。现在，我们假设查塔姆岛上的效舌鸫被大风吹到了查尔斯岛上，而查尔斯岛已经有自己特有的效舌鸫，绝不会容忍外岛的效舌鸫在自己岛上定居。我们可以稳妥地推断：查尔斯岛上的效舌鸫已经饱和，每年所产的卵和孵出的幼鸟超出了该岛的养育能力。我们还可以推测，就适应能力而言，查尔斯岛上特有的效舌鸫不会比外来查塔姆岛上的特有种差。关于这类问题，莱伊尔爵士和沃拉斯顿先生曾告诉我，有许多陆栖贝类的代表物种生存在马德拉群岛和相邻小岛圣港，其中有些物种生活在石缝里，尽管每年都会有大量石块从圣港运送到马德拉群岛，但是并没有圣港的贝类迁移到马德拉群岛来。然而，欧洲陆栖贝类的移入者可以在圣港和马德拉群岛上繁衍，由此可见，相对于本地物种，这些欧洲贝类更具有某种优势。根据这些研究可知，加拉帕戈斯群岛某些岛屿上的特有物种不会从一个岛上传播到另一个岛上，我们不必对此感到奇怪。此外，在同一大陆上，根据“先入为主”的惯例，相似的地理条件对于不同地区物种的混入可能有十分重要的作用。因此，澳洲东南地区和西南地区具有相似的自然地理条件，中间又有连续的陆地，但是两个地区的许多哺乳类、鸟类和植物却不相同。贝茨先生认为，生存在亚马孙河谷的蝶类和其他动物也存在这种现象。

上述控制海岛生物基本面貌的法则，即移居生物和它们最容易迁出的原产地的关系以及生物迁到新地区后发生变异的法则，在自然界具有普遍性。在每一个山顶上、湖泊及沼泽里，我们都可以发现这个法则在发挥作用。对于高山物种而言，除了那些在大冰期内已经广泛分布的物种之外，其他物种都和周围低地物种关系密切，例如南美洲的高山蜂鸟、高山啮齿类和高山植物等，所有物种都属于美洲类型。当一座山脉慢慢隆起时，许多生物就会从周围低地迁过来。湖泊和沼泽里的生物也是如此，除了那些由于传播方便而能广泛分布在世界各地的类型以外。这一法则同样适用于欧洲和美洲洞穴里大多数瞎眼动物的分布特征。我认为下列情况是真的：无论两个地区之间的距离多么遥远，只要存在许多近缘物种或代表种，就必定会存在相同的物种。并且，无论什么地方，只要有许多近缘物种存在，就必定有许多在分类上有争议的类型：一些博物学家认为它们是不同物种，另一些博物学家则认为它们是变种。这些有疑问的类型代表了物种在变异过程中的不同阶段。

某些亲缘关系十分密切的物种，可以分布在世界上相距十分遥远的地区，这正好表明现存物种或过去物种具有较强的迁移能力和较广阔的迁徙范围。这种因果对应关系也能从下面这些例子体现出来：例如，古尔德先生曾告诉过我，如果有些鸟属是世界性的，那么其中许多物种必然是广泛分布的。尽管这条规律难以确证，但我不怀疑它的正确性。在哺乳类中，蝙蝠的分布明显符合这条规律；猫科和犬科的情况大体上符合这一规律；蝴蝶和甲虫的分布也同样如此。许多淡水生物的分布也是如此，因为各个纲中有许多属遍布全世界，其中许多物种有广大的分布范围。然而，这并不意味着所有物种的分布范围都是很广泛的，而是指其中一部分物种分布范围广；这也并不意味着这些属里的所有物种具有相同的广泛性，这多半要看变异的程度。例如，在美洲和欧洲分别生存着同一物种的两个变种，那么这个物种就有广泛的分布范围；但是，如果变异继续进行，这两个变种就可以成为不同物种，而它们的分布范围则会因此缩小。这也不意味着凡是有越过障碍物的能力而向远处分布的物种就必然分布得很广，就像某些有强壮翅膀的鸟类，因为我们永远不能忘记：分布广泛不仅是指具备越过障碍物的能力，还指具有在遥远地方与当地土著生物进行生存斗争时取得胜利的能力。即使一切同属物种在世界上相距最遥远的地方分布着，但都是从一个祖先传下来的。按照这个观点，我们可以在这个属里找到某些分布很广泛的物种。

其实每个纲中都有起源非常古老的属，在这种情况下，有充足的时间让物种向外扩散并发生变异。就地质方面的证据而言，我们有理由相信，各个纲里的较低等生物，其变异速度比高等生物更缓慢一些。由此产生的结果是，前者有较多的机会向远处扩散并保持同一物种的特性。将这个事实和大多数低等生物的种子及卵都很微小且更容易远程传播的事实结合起来，就能说明一个定律，那就是“生物的等级越低，分布得越广泛”。最近，德康多尔先生就植物的分布也讨论了这条定律。

综上所述：低等生物比高等生物的分布得更广；在分布广泛的属内，某些物种的分布也十分广泛，高山、湖泊、沼泽等地的生物往往与在周围低地栖息的生物有着密切关系；海岛生物与邻近大陆上的生物之间有着十分明显的关系；在同一群岛内，各个岛上的不同生物之间有着亲缘关系。这些事实都无法根据特创论的观点解释清楚。但如果我们承认移居生物来自传播便利的原产地，并且能够适应新栖息地，那么这一切事实便很容易理解了。

上一章及本章摘要

在这两章里，我想努力说明的是：如果我们承认自己对于近期的气候变化、陆地水平面变迁和其他方面的变动对生物分布的影响知之甚少；如果我们清楚自己对生物各种奇妙或偶然的传播方式一知半解；如果我们还记得（这是很重要的一条），某个物种原先在广大地区连续分布，然后在中间地带灭绝的事实是如何频繁地发生，那么，我们就会相信，不论同一物种的所有个体是在什么地方发现的，它们都来源于一个共同的祖先。根据各种传播障碍物的重要性、属和科的相似分布情况，我们和许多博物学家都得出了一致的结论，并将它称为“生物单一中心起源论”。

我的学说认为，同属内的不同物种都是从同一个原产地向外传播的。假如我们承认自己知识贫乏，并且记住某些生物类型的变异很慢，因而有足够长的时间供它们迁徙，那么，这个观点就很有可能解释清楚了，尽管还是存在一定的难度，类似解释“同一物种的个体分布”所遇到的情况。

为了说明气候变化对生物分布的影响，我曾指出最后一次大冰期有着非常重要的作用，甚至能够影响赤道地区。而在南北冰期交替时，南北半球的生物会混合在一起，并把一部分生物遗留到世界各地的山顶上。我还较为详细地讨论了淡水生物的传播情况，以便说明生物的各种偶然传播方式。

如果我们承认，在很长的时期内，同种的所有个体和同属的某些物种都来自某一个原产地，那么根据迁徙理论，所有生物地理分布方面的主要事实以及迁徙后的变异和新类型的增加都可以得到合理的解释。如此一来，我们便能明白障碍物的极大重要性，无论障碍物是海洋还是陆地，不仅可以将动植物分隔开，还会形成很多个动物区系和植物区系。由此我们便可以知道，为什么近缘物种会集中分布在同一地区，为什么在不同纬度下，例如南美洲的平原、高山、森林、沼泽及沙漠的生物，都以神奇的方式被联系起来，而且和原来在同一大陆上栖息的已灭绝生物有着同样的联系。如果我们承认所有关系中最重要的是生物与生物之间的亲缘关系，那么就可以知道为什么截然不同的生物会生存在自然地理条件几乎完全相同的两个地区。因为根据生物迁入新地区后的时间长短以及迁移的难易程度，不同地区迁入生物的种类和数量都有着很大的差别；根据生物迁入以后新老居民之间生存斗争的激烈程度以及迁入生物发生变异的快慢等，生物在两个地区或多个地区的生存条件发生了很大的变化，导致生物与生物之间产生了极其错综复杂的关系。结果，一些生物类群发生了显著变异，另一些却只发生了轻微的变异；一些类群进化得很快，另一些类群却几乎没有进化。这些现象，我们在世界几个大地理区都可以看到。

这些相同的原理让我们明白，为什么海岛上只有很少数量的生物类型，且其中大部分又是本地特有的种类；为什么由于迁移的方式不同，有的类群里所有物种都是海岛上特有的，而另外的类群，甚至是同纲的另一类型的所有物种，与邻近地区完全相同。我们还能够明白，为什么海岛上缺乏两栖类和哺乳类等整个大类的生物；而另一方面，即使在最孤立的小海岛上，也有飞行的哺乳类（即蝙蝠）其特有的种类。我们也可以知道，为什么海岛上是否存在哺乳动物（或多或少发生了变异的），与该岛和大陆之间海洋的深度有着一定的关系。我们能清楚地看到，为什么虽然一个群岛的各小岛上的生物种类不同，但彼此间却有着密切的亲缘关系，并和最邻近的大陆生物或其他迁徙来源地的生物也存在着某种亲缘关系，尽管这种关系比较疏远。我们更能领会，如果两个地区存在极近缘的物种，则不论这两地相距多么遥远，一定存在若干相同的物种。

正如已故的福布斯先生所主张的那样，支配生命的规律在时间和空间上非常相似。从许多事实可以发现，控制过去时代生物演替的规律，与控制现代不同地区生物类型差异的规律几乎是相同的。在时间上，每个物种和物种群的分布都是连续的；由于这一规律只有极少数例外情况——某种生物在一套地层的上下层位存在，而在中间层位缺失——所以我们便能合理地认为，之所以存在例外情况，是因为我们目前尚未在中间层位找到该物种。在空间分布上也是如此，即某物种或物种群的栖息地是连续的，这是一个普遍的规律，尽管也存在不少例外情况。不过，和我之前提到的一样，这些都可以根据以前迁徙时遇到的不同情况得到合理的解释，或是传播方式的不同，或是该物种在中间地带的灭绝。物种和物种群在时间和空间上都有自己发展的顶点。生存在同一时代或同一地区内的物种群，往往具有纹饰、颜色等共同的微小特征。我们观察过去漫长的连续时期，如同观察全世界的遥远地区一样，会发现某些纲的物种之间差异很小，而另一些纲或目里不同组的物种之间却差异很大。在时间和空间上，每个纲里的低等生物通常要比高等生物变异少。当然在这两种情况中，这一规律都存在显著的例外。我的学说认为生物在时间和空间上的分布规律都是很清楚的，这是因为我们观察的那些近缘生物，不论它们是在连续时代中发生的变异，还是迁移到新环境后发生的变异，都遵循了相同的演变法则；变异规律在这两种情况下是一样的，而且所发生的变异都是自然选择作用积累的结果。

The Origin of Species

第十四章

生物间的亲缘关系：形态学、胚胎学和退化器官的证据

分类

生物之间的相似程度是有差别的，可以划为大小不一的不同类型。这种分类并不是随意划分的。如果一个生物类别仅适应于陆地生活，另外的类别仅适应于生活在水中；一种适应于肉食，另外的则适应于草食，这样的划分方法就过于简单了。实际情况更复杂一些，甚至同一亚群中的生物常常具有不同的习性。关于变异和自然选择，在第二章和第四章中，我试图说明，在任何地区，只要是广泛传播、分散和常见的物种就是每个纲中最具优势的物种，而且是最容易发生变异的物种。首先出现变种，然后变成有显著特征的物种。按照遗传法则，这些物种将会形成新的、占据主导地位的物种。因此，目前具有优势的物种类群将继续扩大。我还进一步指出，每个物种的变异后代都会在自然环境中尽可能多地占据位置，由此会表现出性状分歧的趋势。物种的繁多、竞争的激烈以及物种驯化等，这一事实在很多地方都得到了证实。我也曾想说明，凡是数目不断增加、性状不断分歧的类别，具有排挤、替代原先的分歧较小、进化较少类别的趋向。前文解释这几个原理的图表说明，从一个祖先繁衍下来的变异后代可以分化为很多群，而且群下面还可以再分群。图表顶线上，一个字母代表一个属，包括若干个物种，沿着上线的全部属共同构成一个纲。因为这些属是从一个共同的原始祖先传下来的，因此遗传了很多相同的特性。同理，拥有许多共性的左边三个属，形成了一个亚科，而右边两个属则形成另一亚科；左右两边是从图表上的第五个阶段开始出现分歧的。尽管不如隶属于同一亚科内各属之间的关系密切，这五个属也有许多相同之处；它们组成一个科，与更右边的三个属组成的科不同，后者在更早期便已出现分歧。因此，与从 I 传下来的那些属不同，从 A 传衍下来的这些属组成一个目。许多单一祖先传衍下来的物种，组成了许多属；这些属组成亚科，亚科再组成科，科再组成目，最后都归入一个大纲下。生物可以划分为大小不等的类别，这一重要事实并不令人感到奇怪。对此，我可以做如下解释：很显然，就像其他物质一样，生物体可以根据许多方法进行分类，或者根据单一性状人为分类，或者根据多种性状自然分类。矿物或元素就可以这样分类。在这种情况下，既没有系统演替的关系，也没有分类原理可说。可是，生物的情况则不一样。上述看法与群下有群的自然排列是一致的，目前只有这种解释。

正如我们知道的，博物学者们试图用自然体系来排列每个纲内的物种、属和科。然而，这个体系的意义是什么呢？有些学者认为，这个体系是一个清单，将最相似的生物排列在一起，将最不相似的生物分开；还有些学者认为，这是一种人为地简单陈述普通命题的方法，即用一句话概括一群生物的共同特征，例如用一句话表明所有哺乳动物的特征，用另一句话表明所有食肉动物的特征，再用一句话表明狗属的特征，然后再加一句话完成对每一种狗的描述。这个体系的独创性和实用意义是不可否认的，但是许多博物学者认为这种自然体系还具有更重要的意义。他们相信，这个体系揭示了“造物主”计划；关于这个计划，我认为除非能够说明它在时间与空间的顺序，或者两个方面的顺序，或者其他方面的意义，否则对我们的知识没有太大的补充。例如，林奈先生有句名言常常出现在文献中（有时会以隐蔽的形式出现），他说："特征不能造成属，而是属显示特征"这句话似乎暗示了分类不仅仅在于类似，还包含了更深层次的联系。对于这种说法，我很赞同，我认为这种联系就是指共同的祖传体系，是导致生物密切相似的原因，虽然会出现不同程度的变异，但是在分类中已经显露出来了。

现在，我们来研究一些分类学所依据的法则，以及上述说法所引起的种种困难，即分类是一种上帝创造计划，或者分类是一种简单的命题清单，把彼此最相似的生物类型集中起来等。也许有人会认为（古时的想法），能够决定生活习性的构造和生物在自然体系中的位置是分类的重要依据，这种看法是错误的。没有人会认为老鼠与鼹鼠、儒艮与鲸、鲸与鱼等在外形上的相似性有什么重要意义。这些相似性虽然与生物的整体生命密切联系，但是仅仅具有"适应的与同功的性质"；我们以后还会继续讨论这一问题。不过，我们甚至可以认为这是一条普遍的法则：与生物的特殊习性关系越小的构造，在分类学上的重要性就越大。举个例子，欧文在谈到儒艮时曾说："生殖器官对于动物的习性和食性方面的作用最小，所以我认为这是最能体现亲缘关系的构造。对于这种器官的改变，我们不会将适应性状当作主要性状。"对于植物来说，最引人注意的、生活上必不可少的营养器官在分类学上几乎没有什么价值；而生殖器官、种子与胚珠却十分重要。又如前文中所讨论的一些形态特征，在功能上并不重要，而在分类上具有很大的用处。因为这种器官的性状在同源的类群中很固定，这种固定的主要原因是自然选择只对有用性状发挥作用，而不会保留和积累这种器官的轻微变异。

可以认定的是，仅凭器官的生理重要性，并不能确定其分类价值。在近缘类群中，相同的器官几乎具有相同的生理价值，而它们在分类上的价值却各不相同。经过长期研究，博物学者对各生物类群中的这种情况都感到十分惊奇。在这里，我们可以引证最高权威布朗的话。他在讲述龙眼科的某些器官对于属的重要性时曾说："据我所知，这和其他所有部分一样，不仅在这个科内，在其他各自然科内，它们的价值也是不一样的，在某些情况下似乎完全没有意义了。"在另外的著作中，他说："牛栓藤科内的属，区别在于有一个或多个子房、有胚乳或没有胚乳、花瓣为叠瓦状或镊合状等方面。"上述特征中任何一个性状的重要性都超过了属的性状，在这里虽然将所有性状合并，但也无法区分兰斯梯斯属与牛栓藤属。我们来看一个昆虫的实例：韦斯沃特曾发现，膜翅目的某一大支群中，触角的特征是最固定的，但在另一支群中却有差别。在分类上，这种差别并不重要；但是，不会有人说这两大支群的触角具有不等的生理重要性。此外，在同一类生物中，有很多同样重要的器官在分类学上价值不一的例子。

另一方面，残留器官和退化器官具有重要的生理或生命意义；不可否认，这类器官在分类上具有很重要的价值。大家都知道的是，对于显示反刍动物和厚皮动物密切的亲缘关系方面，年轻反刍动物上颌骨上的残留牙齿和腿部的残留骨骼是有很大用处的。布朗强调，禾本草类残留小花的位置在分类上具有重要价值。

我们再来看一些实例。有些构造在生理上很不重要，但是人们认为它们的性状对于确定整个类群生物的定义极有用处，例如，欧文说，从鼻腔到口内是否有一个敞开的通道，可以用来区别鱼类和爬行动物；此外还有昆虫翅膀褶皱的方式、某些藻类的颜色、禾本科草类花上的细毛、脊椎动物真皮覆盖物的性质（毛或羽）等。如果鸭嘴兽体外生羽毛而不长毛，那么这个外部细微的特征将是鉴定鸭嘴兽与鸟类亲缘关系远近的重要标准。

细小的性状在分类学上的重要性，主要是由它们和许多其他性状的关系（后者也有几分重要性）决定的。很明显，性状的集合在自然演化史中具有重要价值。因此，就像人们常说的，在某些性状方面，一个物种可以同它的近缘物种存在差异，但这并不影响它的分类地位。因此，我们常常会发现，根据任何单项特征建立起来的分类系统，不论这种特征多么重要，也是不可靠的；因为机体上的任何部分都不是固定不变的。即使许多性状都不重要，但是集合起来便有重大价值；这种性状集合的重要性可以解释林奈的名言——“特征不能造成属，而是属显示特征”；这句话好像是建立在许多相似点的细微鉴别上，这些相似点太细微了以至难以鉴别。金虎尾科中有些植物的花，有的是完全的，有的则退化了；朱西厄在评论后者时曾说，“原来属于该物种、该属、该科、该纲特有的许多性状消失了，这简直像在对我们的分类开玩笑。”当亚司派卡巴属进入法国后，几年内只留下了一些退化的花。在构造上许多最重要的方面，它都和本目典型的物种有着很大的差异。但是，据朱西厄所说，理查德凭借敏锐的眼光将该物种列入金虎尾科，这种做法体现了分类学者的敬业精神。

事实上，博物学者在鉴定一个类群或任何一物种所依据的性状时，并不会考虑它们的生理价值如何。如果他们发现一种性状是大多数类型共有的，那么这种性状的价值就很高；如果这种性状只是少数类型共有的，那么这种性状的价值就很低。一些博物学者认为这个原则是正确的，著名的植物学者圣提雷尔更是明确地予以认同。如果好几个细小性状常常被一起发现，尽管它们之间并无明显的同源关系，也应认为具有重要价值。重要器官，例如心脏、呼吸器官或者生殖器官等，在大多数动物群中都相当地一致，因此它们在分类上具有重要价值；但是在某些类群中，这些重要的生存器官所表现出来的性状是次要的。因此，就像弗里茨·缪勒所说的，在甲壳纲内，海萤属拥有心脏，而和它有着密切关系的贝水蚤属与金星虫属却没有心脏；海萤属中的一个种拥有十分发达的鳃片，而另一个种却没有。

为什么胚胎性状与成体性状同等重要？因为自然分类法本来是包括一切年龄阶段的。但是，我们还不清楚为什么胚胎的构造在分类上比成体的构造更加重要，而在自然组成中，只有成体构造才可以发挥充分的作用。然而，著名的博物学者爱德华兹和阿加西斯极力主张，胚胎的性状在所有的性状中是最重要的；这一理论被普遍认可。然而，由于没有幼虫适应的性状，它们的重要性有时被夸大了。为了说明这一点，缪勒根据幼虫的性状对甲壳类这一大纲进行了排列，结果说明这不是一个自然排列。但是，除了幼体性状外，胚胎性状在分类中具有最重要的价值。不仅动物如此，植物也是一样。因此，显花植物的主要划分依据是胚胎性状的差异，即子叶的数目与位置、胚芽与胚根的发育方式等。现在，我们明白为什么这些性状在分类上具有如此重要的价值了，因为自然系统是根据谱系进行排列的。

亲缘关系常常直接影响到分类。没有什么比确定所有鸟类共有的许多性状更容易的了；但是在甲壳类中，这样的确定迄今被认为是无法实现的。甲壳类中有两个极端的类型，它们之间几乎没有一个共同的性状；但是两个极端物种与其他物种很相似，而这些物种又与另一些物种相似。如此关联下去就会发现，两个极端物种属于甲壳类这一纲，而不是其他纲。

地理分布常常被用在分类上，尤其是很相似的大类群的分类方面。邓明克认为，这个方法对于鸟类的某些类群是有效的。甚至，某些昆虫学家和植物学家也会采用这个方法。

最后，关于不同种群的比较价值，例如目、亚目、科、亚科和属等，几乎是随意估定的。一些著名的植物学者，例如本瑟姆先生与其他人士，都曾强烈主张它们的任意性价值。在植物和昆虫里面，一个类群起初被很有经验的博物学家仅仅定义为一个属，后来上升为一个亚科或者一个科；不是因为发现了重要构造上的差异，而是因为具有轻微差别的许多近似物种陆续被发现了。

如果我的观点是对的，那么根据“自然体系基于世系演变”的见解，都可以解释上述关于分类的规则、依据和难点。博物学家认为，可以显示两种或多个物种之间亲缘关系的真正性状是从一个共同的祖先那里遗传而来的。真正分类的依据都是谱系，共同的谱系就是博物学家无意中发现的隐藏联系，而不是一些不可知的造物主设计，也不是一种普通命题的叙述，更不是把许多相似对象简单地合在一起或分开。

然而，我必须更充分地解释我的意思。我相信，如果想要十分恰当地处理每一纲内各类群谱系的排列、彼此的地位与关系，就必须严格遵循它们的世系；不过，在某些分支或类群中，虽然在血缘的远近方面与它们共同的祖先是相等的，但是所显示的差异量却十分不同，这是因为它们经历的演变程度不同，这个差异量是由该类型被放置在不同的属、科、分支或目中体现出来的。借助第四章的图表，我们可以很好地理解它的意义。假设从字母 A 到 L 代表生存在志留纪时期的近缘属类，它们来源于更早的时代。其中的 A、F 和 I 三个属，都有一个种留下了变异的后代并延续至今，这些后代由顶上横线的 15 个属（a^{14} 至 z^{14}）来表示。现在，所有从这三个种传下来的变异后代，都具有相同的血缘与血统关系，可以把它们看作第 100 万代的堂兄弟；可是，它们之间有着很大差异。从 A 遗传下来的类型，现在分化为两个或三个科，构成一个目。由 I 遗传下来的类型也分化为两个科，组成了不同的目。由 A 遗传下来的现存物种与亲种 A 已经不是同一个属；同样的道理，从 I 遗传下来的现存物种与亲种 I 也不是同一个属。假设 F^{14} 属依然存在，只是发生了一些微小的变化，那么它将与祖属 F 被归于同一属；正像某些极少的现存生物属于志留纪的属一样。因此，这些在血统上有着相同程度关联的生物，它们之间差异的比较价值就十分不同了。尽管如此，它们谱系的排列依然是正确的，不仅现在如此，将来也是如此。从 A 遗传下来的变异后代有着一些共同的性质，就像从 I 遗传下来的后代从自己的祖先那里继承下来的特性一样；在每个后续时期，每个继承后代的每一旁支也是如此。不过，如果我们假设 A 或 I 的任何后代已经发生了巨大变异，以至于失去了祖先的所有痕迹，在这种情况下，它们在自然系统中的位置也将消失，极少的现存生物就出现过这种现象。沿着它的整个系统线，假如 F 属的所有后代只有很少的变化，它们就会形成一个单一的属。虽然这个属很孤立，但是始终占有特殊的中间位置。如这里用平面图指出的，各种群的表示未免过于简单，各分支应该向各个方向发射出去。如果只是依直线书写各类群的名称，将会显得更不自然了。在自然界中，试图用平面上的一条线来表示同一群生物间所发现的亲缘关系，这显然是不可能的。因此，自然系统是依据世系排列的，看起来好像一个家谱。但是不同类群所经历的演变量，必须用不同的属、亚科、科、支、目和纲来表示。

用一个语言的例子来说明这个分类的观点可能是有益的。如果我们拥有一个完整的人类谱系，那么人种的系统排列将对全世界现存所有语言提供最好的分类标准；如果所有被废弃的语言、中间性质的语言以及缓慢变化的方言也包括在内，那么这样的排列将是唯一可能的分类。但是，某些古老的语言改变很小，产生的新语言也很少，而由于同宗民族在散布、隔离与文化状态的关系，其他的古老语言则曾经发生过很大的改变，产生了许多新方言和新语言。同一语系不同语言之间不同程度的差异，必须用群下有群的方法来表示；但是，合适的甚至唯一可能的排列将是系统排列；而且，严格是自然的，因为它将根据密切的亲缘关系，把所有语言——古代的和近代的联结起来，并且表示出每一种语言的分支与起源。

为了证实这一观点，我们来看一下已知的或者确信由单一物种形成的变种的分类。这些变种位于物种之下，而亚变种又位于变种之下。某些特殊情况下甚至存在其他等级的差异，例如家鸽。变种分类与物种分类遵循着大致相同的规则。许多人坚决主张变种排列的必要性，强调需要用一种自然系统代替人为系统。例如，我们明白，不要仅仅因为凤梨（菠萝）两个种的果实（虽然是最重要的）相似，就轻率地将它们放在一起；虽然瑞典芜菁与普通芜菁的块茎十分相似，但是没有人把它们归到一起。凡是最固定的构造部分，在变种分类方面有着最重要的作用。因此，著名农学家马歇尔认为，牛角对于牛的分类最为有用，因为与身体的形状和颜色比起来，角的变化最小；但是，羊角的性质较不固定，因此很少被用于分类。对于变种分类来说，如果我们拥有一个真正的宗谱，系统分类法就会优先被广泛采用。事实上，它已经被应用到一些场合了。我们可以确信，不管存在多少变异，相似点最多的类型将会因为继承原则而聚合在一起；虽然某些翻飞鸽亚变种的喙长有所不同，但是由于具有翻飞的共同习性，它们仍然被归并在一起。但是，短面种类几乎已经丧失了这种习性；尽管如此，我们仍然把它们与翻飞的种类归为一类，这是因为它们的血统相近，而且在其他方面也有相似之处。

对于自然状态下的物种来说，每一位博物学家都会依据血统关系进行分类。在最重要的性状方面，这些物种的两性有时表现出巨大的差异。例如，某些蔓足类的成年雄体与雌雄同体的个体之间几乎没有任何相同之处，但是没有人想要分开它们。三个兰花植物类型——和尚兰、蝇兰和龙须兰，曾经被列为三个不同的属，但是只要发现它们出现在同一植株上，就会立刻被降为变种。现在我可以表明，这三个兰花植物类型分别是属于同一物种的雄性、雌性和雌雄同株的个体。博物学家将同一个体的不同幼体阶段划分在一个物种里，不管它们彼此之间的差别与成虫的差别有多大。斯登斯特鲁普所说的交替的世代也是如此，它们只能在学术意义上被看作同一个体。博物学家把畸形和变种划分在同一个物种内，不是因为它们与亲本类型部分相似，而是因为它们是从同一亲本类型遗传下来的。

虽然雄体、雌体和幼体有时是极不相同的，但是，同种个体的分类普遍地应用了血统原理；有一定改变和有时有较大改变的变种，也是根据血统来分类的。因此，种归于属，属归于较高的类群，一切归在所谓的自然体系之下，是在运用同一血统因素在分类。我相信，已经在不知不觉中应用了血统因素。这样，我们可以了解最优秀的分类学家们所依据的一些准则与纲领。我们没有既成的宗谱，只能依靠某些种类的相似点去追溯血统的共同性。因此，我选择了那样一些性状来分类，即每一物种在最近的生存条件下最不容易发生变化的性状。按照这一观点，残留构造与身体上未退化的构造在分类上有着相同的重要性，有时甚至更为适用。一种性状，不管它多么微小，例如颚的角度大小、昆虫翅膀的折叠方式、皮肤的附着物是毛发还是羽毛等，只要它是许多不同物种的共同性状，特别是在那些生活习性很不相同的物种中是普遍存在的，就具有很高的分类学价值，因为我们只能用来自共同祖先的遗传来解释为什么这一性状能存在于如此众多不同习性的类型里。如果只能根据某一构造进行分类，就很容易犯错误。不过，即使很不重要的性状，只要它们同时存在于不同习性的生物中，根据血统理论也可以得知，这些性状是从共同的祖先遗传下来的；在分类上，这种集合的性状具有特殊的价值。

我们都知道，为什么某个物种或某个物种的集群在一些重要特征方面会与自己的伙伴不同，但又被分类到一起。只要拥有足够数量的共同性状，不管多么不重要，一旦显露出血统共同性的潜在联系，就可以这样分类。即使两个类型的性状都不相同，但如果这些极端的类型被某些中间类群联结到一起，我们就能立刻推测出它们血统的共同性，并将它们归入同一纲中。我们发现，在生理上最重要的器官（在不同的生存条件下用以保存生命的器官）通常是最固定的，因此它们具有特别的价值。但是，如果这些相同的器官在其他群中存在很大的差异，那么在分类中的评价就会被降低。我们将会看到，胚胎的性状具有很高的分类重要性。地理分布有时在大属的分类中能起到有效的作用，因为生活在不同地区的同属物种，基本上都是从一个共同祖先遗传下来的。

同功的类似性

根据上述观点可知，真正的亲缘关系与同功或适应的类似性之间存在很大的差别。首先注意到这个问题的是拉马克，随后还有马克里及其他人。在身体形状和鳍状前肢方面，儒艮和鲸之间的类似，哺乳类与鱼类之间的类似，都是属于同功的。不同目的鼠与鼩鼱之间的类似也是如此；密伐脱先生所主张的鼠与澳大利亚小型有袋动物之间的类似也是如此。我认为，最后这两者的类似可以做如下解释，即适应于在灌木丛和草丛中进行相似的积极活动，以便躲避敌害。

昆虫里也有无数相似的例子，林奈就曾经受到表面现象的迷惑，把一个同翅类的昆虫归入了蛾类。在家养变种中，也可以看到类似的情况，例如中国猪和普通猪的改良品种在形体上有着明显的相似性，而它们却来自不同的物种；又如普通芜菁和瑞典芜菁的加厚茎部十分相似；细腰猎狗和赛马之间的相似，类似于某些作者所描述的大不相同的动物。

性状，只有在能够揭示血统关系时才对分类具有重要意义。我们明白，为什么同功或适应的性状对生物的繁殖具有极为重要的意义，但在分类学上却毫无价值。这是因为两个血统不同的动物可以变得适应相似的条件，并由此获得相似的外部形态。但是，这样的相似不但不能揭示这两种动物的血统关系，反而掩盖了它们真正的血统关系。因此，我们也可以理解这样的矛盾。当两个群互相比较时，完全相同的性状是同功的。而当同一群的成员互相比较时，则显现了真正的亲缘关系。例如，将鲸和鱼比较，身体形状和鳍状前肢是同功的，表示两个纲都具有游泳功能；然而，将鲸族（科）的一些个体成员进行比较时，身体形状和鳍状前肢则显示了真正亲缘关系的性状，这些部分在整个科中都非常相似，我们不得不相信它们是从一个共同祖先遗传下来的。鱼类也是如此。

许多实例说明，对于十分不同的生物来说，由于具有相同的功能，生物的某个部分和器官之间会具有十分惊人的相似性。狗和塔斯马尼亚狼或袋狼是自然系统中很不相同的两种动物，但它们的颚却非常相似。但是，这种相似只局限于一般外表，如犬齿的突出和臼齿的切割形状。事实上，牙齿之间还存在很大的差异，例如狗的上颚的每一边都有四颗前臼齿，但是只有两颗臼齿；袋狼有三颗前臼齿和四颗臼齿。这两种动物的臼齿在大小和结构方面也有很大的区别；而且在成齿长出之前，乳齿也极为不同。当然，任何人都不可否认，这两种动物的牙齿经过自然选择的作用，已经适应了撕裂肉食的需要。然而，如果承认这种情况曾经在一个例子中发生，而在另外的例子中被否定，我认为是不可能的。值得高兴的是，著名权威弗劳尔教授也得出了同样的结论。

在上一章里所列举的特殊情况，都可以归入同功的范畴。但是，由于这些情况都很特殊，所以常常被当作我的学说的难点与异议。我们可以发现，在所有这些情形下，它们器官的生长与发育存在巨大差异，成年构造中也是如此。它们要实现的目标是一致的，虽然使用的方法从表面看来相同，但是本质却不一样。以前在同功变异的名义下提到的原则也常常在这些情况下起作用。虽然同纲的成员亲缘关系疏远，但是它们继承了许多共同的特征，往往在相同的刺激下以相似的方式发生变异。很显然，自然选择使它们获得彼此相似的构造与器官，而与共同祖先的遗传没有关系。

不同纲的物种经过连续细微的变异之后，常常生活在十分相似的环境条件下，例如陆地、空中和水里这三种环境中。因此，我们或许可以理解，为什么有时不同纲的亚群里会出现数字上的平行现象。某位博物学家认为，任意提高或降低某些纲中类群的分类价值（我们的所有经验表明，对它们的评价至今还是任意的），就能容易地把这种平行现象扩展到更广阔的范围内。如此一来，便出现了七项、五项、四项和三项标准的分类法。

另一种特殊情况是，外表十分相似，并不是为了适应相似的生活习性，而是出于保护作用。我指的是贝茨先生曾经说过的，一些蝴蝶模拟了另外一些不同物种的奇异方式。贝茨先生指出，在南美的一些地区生存着一种透翅蝶，它的数量很多，常常大群聚集，而在这群蝴蝶中常常能发现另外一种蝴蝶混杂其中，即异脉粉蝶。异脉粉蝶与透翅蝶在颜色浓淡、条纹、翅膀的形状等方面颇为相似，即便贝茨先生有 11 年的采集标本经验且目光十分锐利，也难免受骗。当人们捕获到这两种蝴蝶并加以比较时，发现它们的基本构造很不一样。这两种蝴蝶不仅属于不同属，而且常属于不同科。如果这个模拟只是见于一两个事例，可以被认为是一种巧合。但是，我们还可以找到更多的属于类似两个属的模拟者和被模拟者，而且同样极为相似。有这种情况的大约有 10 多个属，模拟者和被模拟者总是生活在同一地区；我们从来没有发现一个模拟者与被模拟者相隔很远的情况。模拟者几乎都是稀有昆虫，被模拟者几乎都是成群聚集的。在异脉粉蝶模拟透翅蝶的地方，有时还有别的鳞翅类昆虫模拟同一种透翅蝶。由此产生的结果是，同一个地方能够找到三个属的蝴蝶，甚至还发现有一种蛾也非常相似于第四个属的蝴蝶。值得我们注意的是，异脉粉蝶的许多模拟者仅仅是同一物种的不同变种，被模拟者也是如此；而其他类型则是不同的物种。也许人们会有疑问：为什么要把某些类型看作被模拟者，把其他类型看作模拟者呢？贝茨先生的回答显然十分令人满意——他说，被模拟的类型保持着它那一个群原有的装饰，而模拟者则改变了自己的装饰，并且与它们最近缘的类型不再相似了。

接下来，我们来研究一下，为什么某些蝴蝶和蛾类常常获得另一个完全不同类型的装饰？对此，博物学家也常常感到很疑惑，为什么“自然”也会玩弄欺骗的手段？毋庸置疑，贝茨先生已经有了答案。被模拟者总是成群聚集的，必定能大批地逃避毁灭。否则的话，它们就无法生存并保存那么长时间。现在已经有大量证据证明，被模拟者是鸟类和食虫动物不喜欢吃的。另一方面，栖息在同一地区的模拟者是比较稀少的，属于稀有类群。它们想必常常遭遇危险，否则根据所有蝶类的产卵数量，它们将会在三至四个世代内繁衍并遍布整个地区。现在，如果一个稀有类群中的一个成员获得了一种外形，这种外形与一种受良好保护的物种是如此相似，以至它不仅能够骗过极富经验的昆虫学家的眼睛，也能骗过掠夺成性的鸟类和昆虫。因此，它常常能逃过被毁灭的厄运。实际上，贝茨先生目睹了模拟者变得与被模拟者相似的过程；他发现异脉粉蝶的某些类型模拟了许多其他的蝴蝶，并且发生了很大的变异。在同一个地区产生的几个变种，其中仅有一个变种在某种程度上与该地区常见的透翅蝶相似。而另外地区的二至三个变种中，其中一个远比其他变种常见，它极力模拟着透翅蝶的另一种类型。根据这一事实，贝茨先生推论：异脉粉蝶首先发生变异；当一个变种和栖息在同一地区的任何普通蝴蝶在一定程度上相似，那么由于这个变种和一个繁盛的、很少受迫害的类型相似，往往能避免被掠夺成性的鸟类和昆虫所毁灭，因此常常被保留下来。相似程度比较低的，就一代接一代地被排除了，只有相似程度高的才能保留下来，繁衍后代。所以，这是一个自然选择的最佳实例。

华莱士和特里门先生也描述了马来半岛和非洲鳞翅类昆虫的情况，其中有一些明显的模拟实例。但在大型四足类中，我们还没有发现这样的模拟实例。对于昆虫来说，模拟的频率比其他动物大，这大概是由于它们身体小的缘故。昆虫不能保护自己，除了确实带刺的种类。我从来没有听说过那些带刺种类模拟其他昆虫的例子，尽管它们常被别的生物模拟。由于不能通过飞翔逃避来吞食自己的更庞大的动物，因此昆虫和大多数弱小动物一样，被迫采用欺骗和掩饰的手段来躲避灾害，得以生存。

一般来说，颜色大不相同的类型之间大概不会出现模拟的现象，而彼此有点儿类似的物种会出现模拟的现象。如果相似是有益的，就能很容易地以上述手段实现。如果被模拟者后来因为某种原因发生了变异，模拟者也会发生变异，其变化轨迹几乎与被模拟者一模一样。这样，与所属那一科的其他成员相比，模拟者就会获得完全不同的外表或颜色。不过，在这一方面也存在一些困难，因为在某些情况下，我们必须假定几个不同群的古老成员在还没有分异到现在的程度之前，偶然与另一个受到保护的类群的成员相似，从而也得到了某种程度的保护，这样，就逐步产生了完全相似的基础。

关于联结生物亲缘关系的性质

在大属中，优势物种的变异后代具有继承优越性的倾向。这种优越性使得它们所属的群更加壮大，且促使它们的双亲具有优势。因此，它们可以广泛地传播，在自然界中占据越来越多的位置。每一纲里较大和较具优势的群往往会不断扩大，排挤掉许多较小和较弱的群。因此，我们能够解释这些事实：所有现存和已经灭绝的生物，被包括在少数的目和纲中。这个事实是令人惊讶的：高级类群的数量非常少，但在全世界的分布却又十分广泛。以至在澳洲被发现后，也无法建立一个新纲。胡克博士曾告诉我，在植物界，也只是增加了两三个小科而已。

在有关地层序列的那一章里，我曾说过，在漫长而连续的变异过程中，每个群的性状都会出现较大分歧。为什么比较古老的生物类型的性状在一定程度上能代表与现存种群之间的中间类型呢？这是因为某些古老的中间类型能把变异很少的后代遗传到今天，形成我们所谓的中介物种或畸变物种。一个类型越是畸形，那么已经消失或完全消失的连接类型数量就越大。有一些证据表明，畸形的类群几乎仅有极少数代表物种，它们因为灭绝而遭受了严重的损失。按照现存情况来看，这些物种通常有很大的差异，而这更加意味着灭绝。例如鸭嘴兽和肺鱼属，如果不是像现在这样仅存单一物种，或两三个种，而是拥有十几个种，那么它们的数量大概也不会减少到如此稀少的程度。对于这些情况，我们只能这样进行解释：畸变类型是被较为成功的竞争者战败的类型，它们只有少数成员残存了下来。

沃特豪斯先生曾说过，当动物中一个群的成员对另一个很不同的群表现出亲缘关系，这个亲缘关系在多数情况下是抽象的，而不是具体的。因此，根据沃特豪斯先生的意见，在所有的啮齿类中，绒鼠与有袋类的关系最为密切。但是，就绒鼠与有袋类相似的几点来看，关系一般。也就是说，它并不是与有袋类某个具体物种更接近。因为亲缘关系的诸点是真实的，不只是适应性的，所以我们推测，绒鼠与有袋类就必须归因于由共同的祖先遗传这一点上。因此我们设想，包括绒鼠在内的所有啮齿类都是从某种古老的有袋类分支出来的，而这种古老的有袋类与所有现存有袋类在性状上或多或少具有中间性质；或者啮齿类和有袋类都是从其共同的祖先分支出来的，并且此后在不同的方向上都发生了许多变异。不论依据哪种观点，我们都必须设定，绒鼠通过遗传从古老的祖先那里获得的性状比其他啮齿类更多，因此，它不会与任何一种现存有袋类有特别近的关系。不过，由于部分地保存了共同祖先的性状或者该群某些早期成员的性状，因而与有袋类间接地产生了关系。另一方面，正如沃特豪斯先生所指出的，在所有有袋类中，袋熊与啮齿类最为相似，不是与某一个具体物种，而是与整个啮齿目相似。但是在这种情况下，大家会怀疑这种相似可能仅是同功的，因为袋熊已经适应了啮齿类的习性。就不同科植物亲缘关系，德康多尔也做过类似的观察。

根据由共同祖先遗传下来的物种性状会不断增加与逐渐分支的原理，并且根据它们通过遗传保存了一些共同形状的事实，我们明白，通过非常复杂和辐射性的亲缘关系能够将同一科或者同一目的所有成员联结在一起。共同祖先通过灭绝分裂成群和亚群的整个科，将会把它的某些性状通过不同方式不同程度地改变遗传给所有物种。它们将通过迂回的亲缘关系迂回线相互关联（正如我们在第四章的图表中所看到的），并不断进化。即使通过系统树的帮助，人们仍然很难表示古代贵族家庭无数亲属之间的血缘关系。然而，如果没有系统树，就更不可能搞清楚其血缘关系。因此，我们能够理解下列情况：博物学家在一个大的自然纲里能够看出许多现存成员和灭绝成员之间的亲缘关系，但是如果没有图表的帮助，想描述这种关系也是很困难的。

正如第四章的内容，灭绝作用在确定和加宽每个纲中的几个群之间的间距方面起了重要作用。如此一来，我们可以解释各个纲之间存在明显界限的原因，例如鸟类与其他脊椎动物的界限。这样一来，许多古老的生物类型已经完全消失了。这些灭绝类型将鸟类的早期祖先与当时较不分化的其他脊椎动物连接在一起。然而，曾把鱼类和两栖类连接起来的中间类型灭绝得较少。在某些纲中，如甲壳纲，灭绝得更少。因为在这里，最奇异的类型被一个缺失部分亲缘关系的链条连接在一起。灭绝只能限定群的界限，不能制造群。如果曾经在这个地球上生活过的每一个类型突然重新出现，尽管我们不能给每一个群建立明显的界限，但至少能按其自然的排列关系建立一个自然分类体系。根据图表我们能看出，从字母 A 到 L，可以代表志留纪的 11 个属，其中有些已经产生了变异后代的大群。每一个分支和亚支的演化链条仍然存在，这些链条并不比现存变种之间的链条更大。在这种情况之下，很难下一个定义把一些群的成员与它们有直接关系的祖先和后代分开。尽管如此，图表上的排列仍然是有效的。根据遗传的原理，譬如所有从A遗传下来的类型拥有一些共同点。在一棵树上，我们能区分出不同的树枝，尽管分叉处的树枝是连在一起的。我说过，虽然不能分清几个群的界限，但是我们能够选择模式或类型来表示每个群中的大部分性状，不管这个群的规模是大还是小。这样，就勾勒出了不同群之间差异值的轮廓。要是可以搜集到某个纲的全部类型，这正是我们应依据的方法。然而，我们将永远不会完成这样圆满的工作。虽然如此，在某些纲里，我们正在向着这个目标前进。最近，爱德华兹在一篇优秀论文里主张采用模式的高度重要性，不管我们能否把这些模式所属的群划分开来并明确它们的界限。

最后，我们发现自然选择和竞争总是一起出现，这几乎必然会导致任何亲种后代的灭绝与性状分歧。它解释了所有生物亲缘关系中的普遍特征，即群下分群的从属关系。我们用血统这个要素，将两性个体与所有年龄的个体归在同一个物种中，尽管它们只有少数性状是相同的。我们根据血统对已知变种进行分类，不管它们与自己的双亲有多大区别。我相信，血统这个要素就是博物学家在自然系统下追求的潜在联结纽带。关于自然系统这个概念，在完整的范围里，它的排列是系统的，其差异的程度用属、科和目等术语来表示。根据这个概念，我们就能够理解分类中需要遵循的规则，以及为什么某些相似性的价值高于其他相似性；为什么我们要采用残留的、无用的器官，或生理用途很小的器官来进行分类；为什么探讨不同类群的亲缘关系时，我们不采用同功性状或适应性状，而在同一群的范围内却采用这些性状。我们能够清楚地看到，为什么所有现存类型和灭绝类型能够汇集在少数几个大纲里；为什么每个纲的若干成员能被最复杂的亲缘关系辐射线连接起来。或许，我们永远也解不开某个纲的成员之间的亲缘关系的“蜘蛛网”；但是当我们在观念上有一个明确目标，而且不去祈求某种未知的创造计划，就有希望得到确实但是缓慢的进步。

赫克尔教授在《普通形态学》和其他著作中，运用自己渊博的知识与才能讨论了系统发生，或称所有生物的血统图。他在描绘几个系统时，主要依靠的是胚胎学性状，也借助了同源器官和残留器官，以及各种生物类型首次出现在地层中的连续时期。这样，他勇敢地跨出了伟大的第一步，并指明了将来应如何处理自然分类问题。

形态学

我们看到，不论同一纲成员的生活习性如何，它们躯体的总体设计是相似的。我们常常用“构架一致”这个术语来表示这种相似性，或者说一个纲不同种的某些构造和器官是同源的。“形态学”这个总术语包含了整个命题。这是自然历史最有趣的一门学科，而且几乎就是自然历史的灵魂。适于抓握的人手、便于挖掘的鼹鼠前肢、马的腿、海豚的鳍和蝙蝠的翅膀，都是以同一构架组成的，而且在对应的位置拥有相似的骨骼。还有什么现象能比这些更加奇妙呢？我可以举一个惊人的例子：袋鼠的后肢非常适于在开阔的平原上奔跑，澳洲熊（即考拉）的后肢适于抓握树枝，袋狸的后肢以及其他一些澳洲有袋类的后肢都拥有特别的构架，即第二、第三趾骨极其瘦长且被包在同一张皮内，看上去好像是具有两个爪的单独的趾。尽管有这种相似的构架，但是这几种动物的后肢是被应用于不同目的的。在美洲负子鼠身上，这种情况表现得更加惊人。美洲负子鼠的生活习性几乎和它们的澳洲亲戚相同，但它们的脚却很普通。弗劳尔教授在他的论文中提到："我们可以将其称为构架的一致性。"但弗劳尔教授并没有过多解释这种现象。他在后面还加了一句："难道这不是在暗示真正的亲缘关系，并从共同的祖先继承下来的事实吗？"

圣提雷尔极力主张同源部分的相对位置或连接关系；它们在形式和大小上有着很大的差异，但以相同的顺序连接在一起。例如，我们从来没有发现肱骨与前臂骨、大腿骨和小腿骨的位置颠倒过。因此，相同的名称可以用在不同动物的同源骨骼上。我们在昆虫的口器构造中发现了这一重要规律：天蛾的极长而呈螺旋形的喙，蜜蜂和臭虫折合的喙，以及甲虫极大的颚，它们彼此十分不同。这些有着不同用途的器官，都是由一个上唇、大颚和两对小颚经历无数变异而形成的。这一法则也适用于甲壳类的口器与附肢的构造。植物的花也是如此。

想用功利主义或终极目的论来解释同一纲各成员构架的相似性，这是最没有希望的。欧文在《四肢的性质》一书中认为，这种企图是不会成功的。根据独创论的观点，只能说它就是这样，即"造物主"根据相同的设计把每个大纲的动物和植物创造出来。然而，这根本不是科学的解释。

根据连续轻微变异的选择学说，解释起来就会容易得多。每个变异对被改变的生物都有某种益处，但又常常因为相互作用影响生物体的其他部分。在这种性质的变化中，将很少或根本没有改变原始构架或变换各部分位置的倾向。一种附肢骨骼可以缩短和变扁到任意程度，以便当作鳍用；一种有蹼的手可以使它的所有骨骼或某些骨骼变长到任意程度，而且连接它们的膜也可以扩大，以作为它们的翅膀。

可是，所有这些变异并没有改变骨骼构造和各部分的连接关系。如果我们假设所有哺乳类、鸟类和爬行类的共同祖先具有按照现行的一般构架组成的肢，不管它们用作何种目的，我们将立刻看出全纲动物肢的同源构造。昆虫的口器也是如此，我们假设它们的共同祖先具有一个上唇、下颚和两对小颚，而这些部分可能在形状上都非常简单；于是，自然选择可以解释昆虫的构造与功能上的多样性。尽管如此，由于某些部分的减小和萎缩，或由于与其他部分的融合，或由于其他部分的增加（这个变异都是可能发生的），一种器官的构架也许会变得隐晦不明，甚至是消失。在已经灭绝的巨型海蜥的鳍状物和某些吸附性甲壳类的口器中，它们的一般架构变得模糊不清了。

由这个问题派生出的另一个问题是系列同源，即同一个体不同部分或不同器官相比较，而不是同一纲不同成员之间的相同部分与相同器官相比较。大多数生理学家相信，头骨与一定数目椎骨的基本部分是同源的，也就是说，在数量和相互关联上是一致的。在所有较高级的脊椎动物纲里，前肢和后肢都是同源的。甲壳类非常复杂的颚和腿也是如此。众所周知的是，在一朵花上，花萼、花瓣、雄蕊和雌蕊的相互位置以及内部构造呈螺旋形排列并由变态叶组成的观点，都是很容易理解的。在畸形植物中，我们常常发现一种器官转变成另一种器官的现象；在花发育的早期或胚胎阶段，以及甲壳类和其他动物的同一阶段，成熟期变得极不相同的器官起初却是非常相似的。

根据创造论的观点，系列同源的情况是多么难以理解啊！为什么脑子包含在数目巨大、形状奇特、代表脊椎的骨片所组成的“盒子”里呢？正如欧文所说，分离的骨片有利于哺乳动物的分娩活动，但是这种便利无法解释鸟类与爬行类头颅构造相同的情况。为什么构造相似的骨骼形成了蝙蝠的翅膀和腿，而又被用于飞和走这样完全不同的目的呢？为什么具有非常复杂口器的一种甲壳类，只有很少的腿呢？而与此相反的是，为什么具有许多腿的甲壳类却有着简单的口器呢？为什么每朵花里的萼片、花瓣、雄蕊与雌蕊的用途不同，但却是在同一模式下构成的呢？

根据自然选择学说，我们能够在一定程度上回答这些问题。在这里，我们不必考虑一些动物的身体是如何形成一系列构造的，或者它们如何分出具有相应器官的左侧与右侧，因为这类问题不属于我们的研究范围。但是，一些系列构造大概是由于细胞分裂、增殖而产生的，细胞分裂引起细胞的繁殖，并促使各部分构造的增殖。为了我们的目的，只需要记住以下事实就足够了：如欧文指出的，同一部分与同一器官的无限制重复，正是所有低级生物的共同特征；所有脊椎动物的共同祖先或许具有许多椎骨；关节动物的共同祖先或许具有许多环节；显花植物的共同祖先具有排列成一个或多个螺旋形的叶子。我们还发现，多次重复的部分不仅在数量上，而且在形状上也容易发生变异。因此，由于这样的部分已经具有相当的数量和高度的变异性，将会提供用途不同的材料；然而，它们将通过遗传保存原始痕迹或基本痕迹。这种变异通过自然选择为它们以后的变异提供了基础，并且从最初就具有相似的倾向，所以它们更容易保留这种相似性。在生长的早期，这些部分是相似的，而几乎处于相同的环境中。不管这样的部分发生了多少变异，除非它们共同的起源完全无法确认，否则它们就属于系列同源。

在软体动物的大纲里，能够显示不同物种的某些构造是同源的（仅少数为系列同源），例如石鳖的壳瓣；然而，我们却不能肯定地说，同一个体的某一部分与另一部分是同源的。这个事实很容易理解，因为在软体动物中，甚至在本纲最低级的成员中，我们无法像在其他动植物中所看到的那样，观察到某一构造无限制重复的情况。

可是，正如兰开斯托先生在一篇优秀的论文里说明的那样，形态学是一门非常复杂的学科。兰开斯托说，某些纲之间的重要区别被博物学家统一划分为同源。他指出，不同动物拥有相似构造是由于它们来自共同的祖先，但是随后又各自发生了变异。兰开斯托认为这种构造是同源的，而凡是不能这样解释的相似构造则属于同形的。兰开斯托相信，鸟类和哺乳类的心脏就是同源的，也就是说来源于一个共同的祖先；但是，在两个纲里，心脏的四个腔是同形的，即是独立发展起来的。与此同时，兰开斯托先生还举例说明同一个体身体右侧或左侧各个部分的密切相似性。我们将这些都称为同源。然而，它们与拥有共同祖先的不同物种毫无关系。同形构造和我分类的同功变化或同功一样，只不过我的方法并不完善。它们的形成可以归因为不同生物的各部分或同一生物的不同部分曾以相似的方式发生变异，或者说部分相似的变异为了同一目的或功能而被保留下来，对此，我们已经举过许多例子了。

博物学家常常认为，头颅是由变形的脊椎形成的；螃蟹的颚是由变形的腿形成的；花的雄蕊与雌蕊是由变形的叶子形成的，等等。就像赫胥黎提到的那样，在很多情况下，头颅和脊椎、颚和腿等并不是从现存的一种构造演变出来的另一种构造，而是从某种共同的、更为简单的原始构造形成的。但是，大部分博物学家仅仅在比喻意义上采用这种说法。他们的原意并不是想说，在漫长的遗传过程中，某些原始器官（在一个例子中是椎骨，在另一个例子中是腿）转化成了颚或头颅。然而，这种情况有着十分明确而强大的说服力，以至于博物学家无可避免地采用了这种意义清晰的说法。根据本书的观点，这种说法完全可以采用；而且，以下事实都可以部分地得到解释，例如螃蟹的颚，如果真的是从极简单的腿变形而来的，那么它们的大部分性状或许是通过遗传获得的。

发育与胚胎学

发育与胚胎学是整个博物学中最重要的学科之一。人们都知道的是，昆虫的变态体现在少数几个阶段。事实上，昆虫的变态具有无数隐蔽而缓慢的转化过程。就像卢布克爵士所主张的，某些蜉蝣的昆虫在发育期间要蜕皮 20 次以上，而每次蜕皮都会发生一些变异。通过这个例子，我们发现变态活动是以原始的渐变方式实现的。许多昆虫，尤其是某些甲壳类，显示出在发育过程中所完成的构造变化非常奇特。而且，这样的变化在某些低等动物的世代交替中达到了顶峰。例如，一种分枝精巧的珊瑚性动物的水螅体零散地点缀在海底的岩石上，这十分令人吃惊。首先，这种水螅体是芽生的；然后，它会横向分裂，逐渐发展出巨大的浮游水母群。这些水母产卵，从卵中孵化出会游泳的极微小动物，它们依附在岩石上，慢慢发育成分枝的珊瑚状动物；如此，无止境地循环下去。世代交替和普通变态基本上是相同的，这一观点已得到华格纳的进一步支持。他发现，一种蚊即瘿蚊的幼虫或蛆通过无性生殖产生了其他幼虫，这些幼虫最终发育为成熟的雄虫和雌虫，再以普通的方式靠卵繁殖。

值得我们注意的是，当华格勒宣布他的发现时，有人问我如何解释这种蚊的幼虫的无性生殖能力？只要这种情形是唯一的，就很难解释。但是，格里木表示，摇蚊几乎也以同一种方式生殖。他相信，这种生殖方式在这一目中是普遍存在的。摇蚊的蛹具有这个能力，但是幼虫不具有；格里木进一步阐明，这个例子在一定程度上将瘿蚊与介壳虫科的单性生殖联系起来；单性生殖这个术语意味着，介壳虫科成熟的雌体不用与雄体交配就可以产生能育的卵。现在，我们知道有几个纲中的某些动物在早期就具备了正常的生殖能力；我们只要采取渐进的步骤促进单性生殖出现得更早（摇蚊显示的是中间阶段，即蛹的阶段），或许就可以解释瘿蚊的这种奇异情形了。

我在前面已经讲过，在胚胎早期阶段，同一个体的不同部分是完全相似的，但在成虫阶段会变得大不一样，并且出于完全相同的目的。我也曾说过，属于同一纲最不相同的胚胎通常十分相似，但当完全发育后，就会出现很大的差异。对此，冯贝尔曾有过十分明确的陈述，他说："哺乳类、鸟类、蜥蜴类、蛇类，甚至包括龟鳖类在内的胚胎，不论是整体还是各部分的发育方式，在早期阶段都非常相似；事实上，由于它们太相似，以至我们往往只能从大小上区别这些胚胎。我将两种小胚胎浸在酒精里，由于忘记给它们贴上名称标签，因此我现在已经说不清它们到底属于哪一纲了。它们可能是蜥蜴，或是小鸟，又或是哺乳动物。这些动物在头和躯干的形成方面极其相似。然而，这些早期胚胎缺少四肢。即使发育的最初阶段存在四肢，我们也无法弄清楚它们的准确属性，因为蜥蜴和哺乳类的脚、鸟类的翅膀和脚与人的手和脚类似，都来自同一个基本类型。"在发育的相应阶段，大部分甲壳类的幼虫十分相似，而成虫却会有很大区别；许多动物都是如此。偶尔，胚胎相似性的法则可以持续到很晚还保留痕迹，这样一来，同一属和近似属的鸟类幼体的羽毛常常十分相似；在鸫类的斑点羽毛上，我们可以看到这种现象。在猫族中，大部分物种成年后都具有条纹与斑点。植物中偶尔也存在类似情况，尽管不多见。因此，金雀花的首叶与假叶、金合欢属的首叶都是羽状或分裂状的，和豆科植物的叶子很像。

同一纲中完全不同的动物胚胎在构造上彼此相似，这一特点往往与它们的生存条件没有直接联系。例如，在脊椎动物的胚胎中，鳃裂附近的动脉有一个特殊的弧状构造，我们无法想象这种构造与母体子宫内的幼小哺乳动物、在巢内孵化出的鸟卵、在水中的蛙卵所处的生存条件有什么关系。我们没有理由相信这样的关系，就像我们没有理由相信人类的手、蝙蝠的翅膀、海豚的鳍内相似的骨骼与生存条件相似有关。也没有人会思考，幼小狮子的条纹或幼小黑鸫鸟的斑点对于这些动物来说有什么用途。

可是，当某种动物在胚胎时期的某一阶段是活动的，而且必须为自己寻找食物，那么情形就不一样了。对于生命来说，这样的活动时期可以发生在早期或者晚期；但是无论发生在什么时期，幼体都会像成虫一样，完美地适应生存条件。最近，卢布克爵士已经详细解释了它们的发生过程：分属于完全不同“目”的一些昆虫幼体密切相似，而同一目中各昆虫的幼虫却不相似，这是依据它们的生活习性推测而来的。由于这种适应，近缘动物幼体的相似性有时就会显得模糊不清，特别是在发育的不同阶段出现分工现象时。就像同一幼虫在某一阶段必须寻找食物，另一阶段不得不寻找生活的地方一样。甚至会出现这样的情形：近缘物种或物种群的幼虫之间的差异要比成体的差异大。但是在大部分情况下，活动的幼体仍然或多或少地遵循着胚胎相似的法则，例如蔓足类，就算是名声显赫的居维叶也没有发现藤壶是一种甲壳类；但是，只要研究一下幼虫就会知道，藤壶属于甲壳类。蔓足类的两个主要类别是有柄蔓足类和无柄蔓足类，虽然它们的外表很不相同，但是幼虫的区别却很小。

在发育过程中，胚胎的机体结构也在提高。虽然我知道无法确定机体结构的高级或低级，但还是采用了这个说法。大概没有人会否认蝴蝶比毛虫更高级。但是在某些情况下，成体动物常常被认为比幼虫低级，例如某些寄生的甲壳类。我们再来分析一下蔓足动物：处于第一阶段的幼虫有三对运动器官、一个简单的单眼和一个吻状的嘴，它们依靠这个嘴吃许多食物，因此体积增大了很多。第二阶段，相当于蝴蝶的蛹期，它们有六对构造精致的游泳腿、一对巨大的复眼和一对复杂的触角，但是有一个紧闭的、不完善的嘴，不能吃食物；在这一阶段，它们需要运用发达的感觉器官和游泳能力去寻找一个适宜的地点，以便附着在上面完成最后的变态。完成变态之后，它们便会固定下来生活：腿会转化为把握器官；重新形成一个结构良好的嘴；失去了触角，两只眼也转化为细小的、单独的、简单的眼点。在最后的阶段中，与其幼虫状态相比，蔓足动物的成体既高级又低级，两方面均有体现。但是在某些属中，幼虫可以发育成具有普通构造的雌雄同体，还可以发育成补雄体；后者的发育确实属于退步，因为雄体仅仅是一个能短暂生活的囊，除了生殖器官外，缺少嘴、胃和其他重要器官。

我们已经习惯于看到胚胎与成体构造上的差异，很容易把这种差异看作生长过程中必然会发生的事情。但是我们还不清楚，为什么在这些动物的某些构造（例如蝙蝠的翅膀和海豚的鳍）开始现形时，其他构造并不按适当的比例显现出来。在动物中，某些整群和其他群的部分成员就会发生这种情况，无论什么时期，胚胎与成体的差异不大；欧文曾就乌贼的情况指出，“未经变态，头足类的性状在胚胎早期就显现出来了”。陆栖贝类和淡水甲壳类一出生就具有固有的形状，但是这两个大纲中的海生成员在发育过程中常常要经历巨大的变化。然而，蜘蛛却几乎没有经受任何变态。大部分昆虫的幼虫都会经历蠕虫状阶段，不管它们是积极活动以适应生存条件，还是处于适宜的养料中，又或者是受到亲体的哺育。但是在少数情况下，如果我们看到了赫胥黎教授绘制的昆虫发育图，就无法看见蠕虫状阶段的任何痕迹。

有时，早期的发育阶段不会出现。缪勒发现，某些虾形的甲壳类（与对虾属相似），首先形成的是简单无节幼体，接着经过几次水蚤期，再经过糠虾期，最后才会获得成体构造。在这些甲壳类的庞大软甲目中，目前还没发现其他成员要先经历无节幼体阶段，尽管许多是以水蚤形态出现的。虽然如此，缪勒还是提出了一些理由支持自己的观点：如果不抑制发育，所有甲壳类都会经历无节幼体阶段。

那么，我们应该怎样解释胚胎学上的这些现象呢？胚胎与成体在构造上存在一般性的差异；同一个体胚胎的各部分在生长早期是相似的，后来会变得不一样，并且有着不同的用途；同一纲中不同种胚胎和幼虫很相似，但也不是一成不变。胚胎在卵或子宫里的时候，常常会保留一些无用的构造；另一方面，幼虫必须为自己提供食物，可以完全适应周围的条件；最后，在机体构造的等级方面，某些幼体要比它们将来发育成的成体高级。我相信，这些现象都可以做如下的解释：

因为畸形会影响胚胎的早期发育，所以人们通常认为，细微变异或个体差异必然出现在同一时期。关于这一点，我们没有什么证据。甚至与此相反的是，我们的证据支持了完全不同的结论。众所周知，在牛、马和其他观赏动物出生后的一些时间里，饲养者无法明确指出这些幼小动物的优缺点。我们在自己的孩子身上也清楚地看到了这一点：我们无法说出某个孩子将来是高还是矮，或者将来一定有什么样的容貌。问题的关键不在于变异发生在什么时期，而在于什么时期能表现出变异的效果来。变异的原因也许出现在生殖作用之前，我们常常猜测作用于亲体的一方或双方。值得注意的是，对于很幼小的动物来说，只要还处于母体子宫或卵内，只要还能获得亲体的营养和保护，它的大部分性状是在生命的早期获得的还是在晚期获得的就都不重要了。例如，对于凭借钩状喙取食的鸟来说，当它幼小的时候，只要有亲体哺育，是否拥有这种形状的喙并不重要。

我曾在第一章中说过，不论一种变异在什么时期出现在生物的亲代身上，这种变异都有可能在相应的时期重新出现在它们后代的身上。某些变异只能出现在相应的时期，例如蚕蛾在幼虫、茧或成体时的各种特性，牛在成熟期时角的特点等。但是就我们所知，最初出现的变异，不论在生命的早期还是晚期，都有可能在后代或亲代的相应时期重新出现。当然，这种情况也不是绝对的，我也可以举出几个例外的事例（就这个术语的广义而言），这些变异在后代中会出现得更早。

我相信下列两个原理可以解释上述胚胎学的主要事实，即轻微变异总是出现在生命不太早的时期，并且在同一时期遗传给后代。首先，我们来看一看家养变种中的一些类似情况。一些仔细研究过狗的作者认为，虽然细腰猎狗与斗牛狗很不相同，实际上却是密切相似的变种，是从同一个野生种遗传下来的；因此，我非常好奇地想知道它们的幼狗存在多大的差异。饲养者告诉我，幼狗之间的差异与亲代之间的差异是一样的。如果凭眼睛判断，这似乎是正确的；但是在实际测量老狗和出生仅有六日的狗崽时，我发现狗崽并没有获得与老狗相同比例差异的全量。人们又告诉我，拉车马和赛马，这些几乎完全在家养条件下经过人工选择形成的品种，其小马之间的差异与大马之间似乎是一样的；但是，经过仔细测量赛马和拉车马的母马以及它们出生仅三日的小马后，我发现了不一样的情况。

许多证据表明，鸽子的品种是从单一的野生种遗传下来的。我认真比较了孵化后 12 小时以内的雏鸽；仔细测量了野生的亲体种、凸胸鸽、扇尾鸽、侏儒鸽（即西班牙鸽）、巴巴鸽、龙鸽、信鸽、翻飞鸽的喙的比例，嘴的宽度，鼻孔与眼睑的长度，脚的大小和腿的长度。在这些鸽子中，有一些鸽子成熟后在长度、喙的性状等方面变得十分不一样。在自然状态下，它们可能被列为不同的属。然而，当把这几个刚孵出来的雏鸟排成一列时，虽然可以勉强区别开其中的大多数，可是比起成熟的鸟，它们在上述特殊点上的差异却很小；甚至在幼鸟中，某些特点的差异，例如嘴的宽度，几乎无法察觉。不过，也存在一个明显的例外，短脸翻飞鸽的雏鸽就和成鸟具有几乎完全相同的比例，这一点与其他鸽子不同。

上述两个原理解释了这些事实，即饲养者是在狗、马和鸽子等快成熟的时期才会选择它们进行繁育。饲养者们并不关心所需特征是在生命的早期还是晚期获得的，只要成体动物能具有就可以了。刚才所提到的情况，尤其是鸽子的例子，说明经过人工选择积累起来的并赋予生物独有价值的特征，通常不会出现在生命的早期，也不会从同一时期进行遗传。但是，短面翻飞鸽的情况（雏鸽出生 12 个小时后就具有固定性状）证明了这并不是一条普遍的规律，因为在这里表现出来的特征，要么出现得比一般情况更早一些，要么就是从更早的阶段遗传下来的。

现在，让我们运用这两个原理来分析一下自然状态下的物种。由某些古老类型遗传下来的鸟类的一个群，为了适应不同的生存条件，通过自然选择发生了变化。于是，由于若干物种的许多轻微变异并不是在生命的早期发生的，而是在一个相应的时期进行遗传的，所以幼体一般不会发生变异，并且幼体之间的相似程度也比成鸟更高，就像我们在各种鸽子中看到的一样。这个观点也可以引申到十分不同的构造，甚至整个纲中。例如前肢，古老的祖先曾经把它当作腿使用，经过漫长的演化过程，前肢可能发生了变化，在某一类后代中被当作手使用，或者在另一类后代中当作桨状物使用，又或者在其他类别后代中当作翅膀使用。不过，根据上述两个原理，尽管在每一类型的成体阶段将大为不同，但是在这几个类型的胚胎早期，前肢不会出现大的变化。不管是长期连续使用的器官还是不常使用的器官，主要是在或者只在生物接近成熟而迫使它用全部力量谋生时，才会在改变某一物种的肢体或其他构造方面产生影响。由此产生的影响将在相应接近成熟的时期传递给后代。这样，幼体的各个构造通过增强使用或不使用的效果，将不会发生变化或只发生很轻微的变化。

对于某些动物而言，连续变异可以出现在生命的早期，或者在更早的时期遗传下去，就像短面翻飞鸽那样。在上述情况下，幼体或胚胎都与成熟的亲体密切相似。在某些整群或者亚群中，例如乌贼、陆生贝类、淡水甲壳类、蜘蛛和昆虫纲的一些成员，这是一条发育准则。为什么这些类群的幼体不会经历任何变态？我们认为根本原因可能是幼体不得不在幼年时期自己解决各种需要，并且遵循与亲代一样的生活习性。在这种情况下，它们要以与亲代相同的方式发生变异。为了生存，这是不可缺少的。虽然许多陆生动物和淡水动物不曾经历任何变态，但是同一群内的海生动物却会发生各种变态。对于这一奇特的事实，缪勒曾说，生活在陆地上或淡水中的动物，由于没有经历任何幼虫阶段，缓慢的变化与适应过程将大大地简单化。因为当环境和生活习性发生巨大的改变时，想要找到既适于幼虫阶段又适于成虫阶段，而且没有被其他生物占领的地方，绝对不可能。在这种情况下，成体构造越来越提前，自然选择将偏爱渐进的获得；于是，以前变态的痕迹也就消失了。

另一方面，一种动物幼体所遵循的生活习性与它们的亲体略微不同，因此构造也会稍有不同。如果这样做对生物有利的话，或者如果一种幼虫继续变化到不同于亲体也是有利的话，按照相应时期的遗传原理，幼体或幼虫将因自然选择而变得与亲体越来越不相同。幼虫阶段的差异也可能变得与连续发育时期相似，因此，第一阶段的幼虫可能与第二阶段有着很大的差别，许多动物就有这种情况。成体也可能变得能够适应那样的环境与习性，即运动器官和感觉器官失去了作用；这样一来，变态就退化了。

根据上述幼体构造的变化与生活习性的变化相一致的原理，以及相应时期的遗传原理，我们可以明白，为什么动物经过的发育阶段与成体发育的原始状态完全不同。大多数权威专家现在都认为，昆虫的各种幼虫期和蛹期就是通过不断适应生存条件而获得的，而不是通过遗传从古老类型那里获得的。芫菁属是一种经过某种异常发育阶段的甲虫，它的奇异情形可以解释其发生的过程。法布尔说，第一批幼虫类型是一种活泼、微小的幼虫，有六条腿、两根长触角和四只眼睛。这些幼虫在蜂巢里孵化；春天时，当雄蜂在雌蜂之前羽化出室后，幼虫便跳到雄蜂的身上，等到雌雄交配时再爬到雌蜂身上。一旦雌蜂将卵产在蜜室上，芫菁属的幼虫就会立刻跳到卵上并且吃掉这些卵。此后，它们会发生很大的变化：眼睛消失了，腿和触角也残缺不全了，并且以蜜为生；此时，它们更像昆虫的普通幼虫。后来，它们会经历更进一步的转化，最终变成完美的甲虫。现在，如果有一种昆虫的转化与芫菁属的变态过程类似，一旦变成新昆虫纲的祖先，那么这个新纲的发育过程就会与现在昆虫的发育过程完全不同；而第一批幼虫阶段肯定无法代表任何成体类型和古老类型以前的状态。

另一方面，许多动物的胚胎阶段或成虫阶段大体上显示了整个类群祖先的成虫状态。在甲壳类这个大纲中包含着彼此完全不同的类型，如寄生虫类、蔓足类、切甲类，甚至软甲类，而它们最初都是以无节幼体出现的。因为这些幼虫生活在宽阔的海洋里，因而不适应任何特殊的生活习性。缪勒推测，很可能在一个很遥远的时期，存在过一种类似无节幼虫的独立成体动物。后来，沿着几条分叉的血统线产生了上述庞大的甲壳类群。此外，根据我们已知的关于哺乳类、鸟类、鱼类和爬行类胚胎的知识，这些动物大概是某些古老祖先的变异后代。这些古老祖先的成体具有适宜水生生活的鳃、鳔、鳍状肢和长尾等结构。

所有曾经存在过的生物，包括灭绝了的和现存的，能够包含在少数几个大纲里。根据我们的理论，每一纲的所有成员都由细微的分级连接起来。如果我们的采集是完整的，那么依据谱系分类将是最好的、唯一可能的分类方法。在“自然系统”的术语之下，博物学家们使用“血统”在生物之间建立相互联系。根据这个观点可知，在大多数博物学家眼里，相比成体的构造，胚胎的构造对于分类来说更为重要。但是，在两个或更多的动物群里，不管它们的成体构造与生活习性有多大差异，如果都经过相似的胚胎阶段，那么就可以确定它们是从同一个亲体类型遗传下来的，而且有着密切的联系。这种胚胎构造的共同性显现了其血统的共同性。但是胚胎发育的不同无法证明血统的不同，因为对于两个类群的一个群来说，发育阶段有可能被抑制，或者为了适应新的生存条件而发生很大的变化，从而难以辨认。即使成体发生了极端变异的类群，其起源的共同性往往还会从幼虫的构造上显现出来。例如，我们很清楚的是，虽然蔓足类的外表非常像贝类，可是根据它们的幼虫可知，蔓足类是属于甲壳类的，因为胚胎清楚地展现了一个很少变异的古老甲壳类祖先的构造。因此我们可以理解，为什么古老类型的成体状态常常相似于同一纲现存种的胚胎。阿加西斯认为，这是自然界的一条普遍规律；我们以后还会看到，这条规律是真实存在的。不过，只有在下列情况下才能证明这条规律是真实的，即这个群的古老祖先没有发生过连续的变异，而且早期变异在遗传过程中也没有完全消失。我们还必须记住，尽管这条规律是正确的，但是由于地质记录延续的时间还不够久远，因而可能很难得到证实。如果某个古老类型在幼虫时期变得适应于某种特殊的生活方式，而且把同一幼虫状态遗传给了整个群的后代，那么在这种情况下，这条规律也不是严格有效的，因为这样的幼虫将不会与任何古老类型的成体状态相类似。

因此，我认为可以根据变异原理解释这个胚胎学上的重要事实。在一个古老祖先的许多后代中，其变异不会出现在生命很早的时期，但会在相应时期遗传给其后代。我们可以将胚胎看作一幅图画，虽然有些模糊，但是可以从中看出同一纲里所有成员的祖先形态，或许是它的成体状态，或许是它的幼体状态。这样看来，胚胎学变得更加有趣了。

退化的、萎缩的和停止发育的器官

这些奇特的器官和构造常常具有明显不同的特征。在整个自然界中，它们是极其常见的，甚至是普遍的。要想举出一种不具退化结构或残留痕迹的高级动物，是不可能的。例如，哺乳动物的雄体具有退化的乳头；蛇类的肺有一叶是残缺不全的；鸟类的“庶出翼”可以被看作发育不全的趾，而且有些物种的整个翅膀都是残缺不全的，无法用作飞翔；更奇特的是，鲸的胎儿具有牙齿，而长大以后却没有牙齿；尚未出生的小牛的上颌有牙齿，但从来不会穿出牙龈。

残迹器官以各种方式显示它们的起源意义。近缘物种或者同一种内的甲虫，有的具有大且完全的翅，有的只具有残迹的膜，位于粘合起来的翅鞘之下。遇到这种情况，我们就不能不怀疑这种残迹是表示翅膀的。有时，残迹器官还保留着它们的潜在能力：有些雄性哺乳类的乳头发育得很好，而且能分泌乳汁。牛属的乳房就是这样，它在正常情况下有四个发育的乳头和两个残迹的乳头；有时，家养奶牛的残迹乳头发育显著，而且能够产奶。对于植物来说，同一物种的个体的花瓣有时是残缺的，有时却发育得很完全。在雌雄异花的某些植物中，凯洛伊德发现，让具有残迹雌蕊的雄花物种与具有发育雌蕊的雌雄同花物种杂交，其杂种后代能明显表现出残迹雌蕊。这一点清楚地表明，残迹雌蕊与完全雌蕊在自然界基本上是非常相似的。从某种意义上来说，一种动物在完全状态中的构造可能是残迹，因为它是无用的。刘易斯先生说过：普通蝾螈即水蝾螈的蝌蚪，有鳃，生活在水中；但是山蝾螈则生活在高山上，产出发育完全的幼体。这种动物从来不在水中生活，可是如果将一个怀胎的雌体剖开就会发现，里面的蝌蚪具有精致的羽状鳃；如果将这些蝌蚪放入水中，它们就会像水蝾螈的蝌蚪一样在水中游来游去。很显然，这种水生的体质与动物未来的生活没有关系，也不是在适应胚胎条件；它只与祖先过去的适应有关系，体现了它的祖先发育过程中的某个阶段而已。

兼有两种用途的器官，对于其中一种较重要的用途可能变为残迹或完全不发育，而对于另一种用途却完全有效。例如，植物雌蕊的功用在于使花粉管能达到子房里的胚珠。雌蕊是由花柱支撑的柱头组成的。但是在某些聚合花科的植物中，不能授精的雄性小花没有柱头，只有残迹的雌蕊。不过，其花柱仍然很发达，并且生有细毛，用来刷掉周围的和邻区的花药。还有一种器官可以使原来的用途变为残迹，并且用于另一目的：在一些鱼类中，鳔的漂浮功能变成残迹，转变成原始的呼吸器官或肺了。还有很多类似的实例。

有用的器官，不论它发育得多么不完全，也不能被看作残迹，除非我们有理由相信它们曾经高度发达过。它们可能处于一种初生的状态，正在逐渐变得完善。另一方面，残迹器官或许毫无用途，例如从来不会穿透牙龈的牙齿；或许几乎没有用处，例如鸵鸟的翅膀，仅能作为风篷使用。这种情况下的器官，在从前发育更差时甚至比今天的用处更小，因此它们不可能是通过变异和自然选择产生的。自然选择的作用只在于保留有利的变异。在遗传的力量下，它们部分被保留下来，并且与生物以前的状态有所关联。但是，要区别残迹器官与初生器官常常是很困难的。因为我们只能用类推的方法来判断一种器官是否可以变得更发达。只有在它们能进一步发达的情况下，才能被认定为初生器官。可是，这种状态的器官通常很少出现，因为拥有这种器官的生物常常会遭到拥有更完善的同样器官后继者的排挤，所以早已灭绝。企鹅的翅膀有着很重要的用途，可以当鳍用；虽然它可能代表了翅膀的初生状态，但是我并不认同这个观点，因为企鹅的翅膀更可能是一种缩小了的器官，只是为了适应新的功能而发生了变异。另一方面，几维鸟（或称无翼鸟）的翅膀完全是无用的，绝对是残迹器官。欧文认为，肺鱼的简单丝状肢是“高级脊椎动物获得充分功能性发展的器官的起点”。但是根据昆特博士提出的观点，肺鱼的简单丝状肢很可能是由坚固的鳍轴组成的残迹，这个鳍轴拥有不发达的鳍条和侧枝。如果将鸭嘴兽的乳腺与黄牛的乳房相比较，可以看作是初生状态的。某些蔓足类的卵带已不能作为卵的附着物，很不发达，代表了初生状态的鳃。

同一物种的个体中，残迹器官的发育程度很容易发生变异。在近缘物种中，同一器官的缩小程度偶尔也会出现很大的差异。对此，同一科中雌蛾的翅膀状态就是很好的例证。残迹器官可以完全停止发育，这意味着在某些动物或植物中，有些器官已经彻底缺失了，依据类推原理或许可以找到它们，而且在畸形个体中偶尔也能够发现它们。在玄参科的大多数植物中，第五条雄蕊已经完全萎缩；不过我们可以推测，第五条雄蕊以前确实存在过，因为我们在该科许多物种中都可以找到它的残迹物，而且这种残迹物有时还会完全发育，就像我们有时在普通的金鱼草中看到的情况一样。在研究同一纲不同成员的各种构造的同源性时，常常可以发现残迹物。为了充分理解各器官的关系，残迹物是最有用的。欧文所绘制的马、牛和犀牛腿骨的插图就充分证实了这一点。

残迹器官，例如鲸和反刍类上颚的牙齿在胚胎中常常可以见到，但是会逐渐消失，这是一个非常重要的事实。我相信这也是一条普遍的规律，即相比较相邻器官而言，残迹器官在胚胎中比在成体中要大一些；因此，这种生命早期的器官很少残迹，甚至几乎没有残迹。而成体的残迹器官常常被认为是保留了它们的胚胎状态。

我在上文中列举的都是关于残迹器官的主要事实。回想这些事实，我们都会感到十分惊异；因为同样的推论告诉我们，大多数器官是如何巧妙地适应了某些目的，并且残迹器官和萎缩器官是不完全的、无用的。在博物学家的著作中，常常将残迹器官的形成看作“为了对称的缘故”，或者是“为了完成自然的设计”而创造出来的。但是，这并不能算作一种解释，只是在陈述事实。这样的说法本身就是矛盾的，例如，王蛇拥有后肢与骨盆的残迹物，假如这些骨骼的保留是为了完成“自然的设计”，那么正如魏斯曼教授所质疑的，为什么其他的蛇不保留这些骨骼，甚至连这些骨骼的残迹都没有呢？如果认为卫星为了“对称的缘故”沿着椭圆形轨道围绕着它们的行星运行，而行星同样围绕着太阳运行，那么对于坚持这种主张的天文学者来说，他们又做何感想呢？一位著名的生理学者猜测，残迹器官的存在是为了排泄剩余物质或者对系统有害的物质。但是，我们可以想象一下微小的乳头，它相当于雄花中的雌蕊，仅由细胞组织构成，它能起到这样的作用吗？我们可以再想象一下，将要消失的残迹牙齿失去磷酸钙这样的重要物质后，对于迅速生长的牛胚胎来说还是有益的吗？当人的手指被切割之后，断指上会出现不完全的指甲，我们立刻就会明白，指甲痕迹的发育是为了排除角质物质。那么依此类推，海牛鳍上的残迹指甲应该也是出于相同的原因而发育的。

根据血统与变异的说法可知，残迹器官的起源是比较容易解释的，我们能够在很大程度上理解支配它们发育的不完全的原因。在家养生物中，存在很多残迹器官的例子，例如无尾种类中尾巴的残迹、无耳绵羊品种中耳朵的残迹、无角牛的品种等。尤亚特发现，小牛的下垂小角会重新出现，花椰菜整个花的状态也很特别。我们常常会看到畸形动物中各个构造的残迹物，但是，我认为这种情况除了能说明残迹器官的存在外，并不能说明残迹器官在自然状态下的成因。许多证据表明，自然状态下的物种并没有经受巨大的、突然的变化。我们通过研究家养动物得知，不使用导致了部分器官逐渐萎缩；而且，这种结果是可以遗传的。

不使用大概是器官衰退的主要原因。首先，器官会缓慢地缩小，直至最后变成残迹器官，例如栖息在暗洞里的动物的眼睛、栖息在海岛上的鸟的翅膀。后者由于岛上没有猛兽追击迫使它们飞行，最后竟然丧失了飞翔的能力。又如有些器官在某些情况下是有利的，而在另外一些情况下却变成了有害的，例如生活在开阔小岛上甲壳虫的翅膀；在这种情况下，自然选择会帮助这种器官缩小，直至成为无害而残留的器官。

构造上和功能上积累而成的任何变化，都是在自然选择的作用下形成的。因此，一种器官由于生活习性的改变而变得无用或者有害时，其用途也会发生改变。一种器官也可能因为它以前的某种功能而被保留下来。当原来有用的器官变得无用时，或许会发生许多变异，因为它们的变异已不再受自然选择的抑制了。所有这些都与我们在自然界所观察到的情况完全一致。此外，不论生活在哪一时期，一种器官是废弃还是缩小，一般都发生在生物的成熟时期，因为这有利于发挥它的全部活力；相应时期的遗传原理有另一种倾向，使缩小的器官在同一时期重新出现。但是，这一原理将很难影响处于胚胎状态的器官。因此，我们能够理解为什么残迹器官在胚胎期内比相邻器官要大一些，而在成体阶段要比相邻器官小一些。例如，一种成体动物的指头在世代遗传中由于习性的变化而使用得越来越少。如果一种器官或腺体在功能上使用得越来越少，那么我们可以推论，它们在这个动物的成体后代上就会缩小，但是在胚胎中仍保持原始的发育程度。

但是，仍然存在无法解释的难点。当一种器官停止使用后，它是如何一步步缩小，只剩下一点残迹，甚至完全消失的呢？一旦器官在机能上变得无用，它就很难产生任何进一步的影响。这里需要某些附加的解释，但我现在还不能提出。然而，如果能够证明生物体各部分更倾向朝增大方面变异，而非缩小方面变异，那么我们便能理解，已经无用的器官为什么还受“不使用”的影响变成残迹，直至完全消失，这是因为向着缩小方面的变异将不再受自然选择的抑制。在上一章里，我们讨论过生长的经济学原理。根据这个原理，如果任何部分的物质对于所有者是没有用处的，就会尽可能地被省略。也许这对于解释无用部分变成残迹是有帮助；但是，这一原理几乎只能局限于缩小过程的较早阶段。我们无法想象，在雄花中代表雌花雌蕊且只能形成细胞组织级的一种微小乳突，为了节省原料能够进一步缩小或消失。

最后值得指出的是，无论残迹器官是如何退化到现在这样的无用状态的，它们都是生物先前状态的记录。并且，它们完全是由遗传的力量保留下来的。我们根据系统分类的观点可知，为什么分类学者把生物放在自然系统中的适当地位时常会发现残迹器官与生理上极为重要的器官有相同的用处，甚至有更大的价值。残迹器官类似于英文单词中的某些字母，尽管这个字母在单词的拼法上还保留着，但已不发音，只是还可以用作指示单词来源的线索。根据变异的血统观点，我们可以断定，对于生物特创论来说，残迹的、不完全的、无用的或者完全消失的器官的存在必然是一个难以解决的问题。但是对本书阐明的学术观点而言，这种情况在预料之中，并不是什么难点。

摘要

我在本章里想要说明的是，所有时期的所有生物都可以排列成大大小小的谱系；所有现存或灭绝了的生物，被复杂的、辐射状的、曲折的亲缘线连接在少数大纲中；博物学家在分类中应遵循的原则和遇到的困难；性状的价值在于其稳定性和普遍性，而不在于生理上的重要性，不管它们是非常重要的或较不重要的，还是像残迹器官那样毫不重要的；同功的即适应的性状与具有真正亲缘关系的性状之间在分类价值上的对立性；以及其他相关法则。如果我们承认同源类型有共同的祖先，它们通过变异和自然选择而发生变化，从而引起灭绝和性状分歧，那么上述内容就很容易理解了。在考虑这种观点时必须注意，血统因素曾经被普遍使用，将不同性别、年龄、两性的类型以及同种中的变种都划分到了一起，而不考虑它们构造上的差异。如果我们把血统因素——生物相似的内在因素——进行拓展，就能理解什么是“自然系统”：自然系统就是按谱系进行排列，通过变种、物种、属、科、目、纲等术语来表示它们获得差异的程度。

按照血统与变异的观点，“形态学”上的许多重大事实就都可以理解了。无论我们观察同一纲的不同物种在同源器官中所表现出的同一模式，还是观察同一个体动物和个体植物的系列同源，都可以得到解释。

按照连续的、微小的变异一般不会发生在生命周期的早期，并且会遗传至相应时期的原理，我们可以理解“胚胎学”中的主要事实，即在成熟期其构造和功能存在巨大差异的同源器官在胚胎中是非常相似的。在相近而有着显著差别的物种中，同源构造或器官在胚胎中是相似的，尽管它们在成体阶段为了适应不同的习性而有着不同的功能。幼虫是活动的胚胎，由于生活习性的关系，它们或多或少地发生了特殊的变化，并且把这种变化遗传到相应的时期。我们根据同样的原理可知，当器官由于萎缩或通过自然选择作用而缩小时，一般发生在生物必须解决自己生活需求的时期。我们还应该记住，遗传的力量是十分强大的，因此残迹器官的产生就是预料之中的事了。根据自然分类必须按照谱系的观点，胚胎性状和残迹器官在分类上的重要性就完全可以理解了。

最后，本章所提到的若干事实清楚地表明，生活在这个世界上的无数物种、属和科，在其各自的纲或群的范围内都是从共同祖先遗传下来的，并且都在生物发展的进程中发生了变异。即使暂时没有其他事实或证据，我也相信这个观点是正确的。

The Origin of Species

第十五章

综述和结论

由于本书的内容中一直在争论各种观点和学说，有必要将书中主要的事实和推论在此进行概要的综述，以便读者阅读。

我不否认，通过变异和自然选择产生优良后代这一理论可能会遭到严厉的批判和反驳，我也努力试图让这些反对意见充分地发挥作用。乍看起来，似乎没有比下述论点更难以让人相信的了，即那些较为复杂的器官和生物本能的完善，并不是通过类似于人类理性的方式或超越于这种理性的方式，而是通过对生物个体有益的无数微小变异的不断积累而完成的。尽管如此，这一难题在我们的想象中仍然是无法克服的。但是如果我们认同以下的命题，它也就可以迎刃而解了。这些命题是：生物体的各个部分和生物本能存在着个体差异，而生存斗争使得生物体构造或生物本能中的有利变异得以保留下来，级进的阶元伴随着每个器官的完善化过程，并且每个阶元都越来越完善。这些命题的正确性，我看是无法否定的。

许多生物构造是通过什么样的中间级进阶元变得完善的？这是很难推测的，尤其是对于那些已经大规模灭绝的、不连续的、衰退的生物类群来说，更是如此。但是，自然界中存在那么多奇异的过渡阶元，因此当我们说某种器官或生物本能，或者任何一个完整的生物构造无法通过许多级进的步骤达到现有状态时，态度必须十分谨慎。我们必须承认，自然选择学说遇到了一些困难，其中最奇怪的一点是，同一群中共存着两三种工蚁或不育雌蚁，且等级明显。但是，我已经在寻找解决这些问题的办法。

物种在初次杂交过程中存在普遍的不育性，而变种在杂交过程中存在普遍的可育性，这两者之间形成了十分鲜明的对比。关于这一点，敬请读者翻阅本书第九章结尾的论述。我认为，与两种不同的树木不能嫁接在一起一样，这些事实不存在任何特殊性，而只是杂交物种之间生殖系统的偶然差异造成的。这一结论的正确性可以通过两个相同物种互交时（即一个物种先用作父本，后又用作母本）所产生的巨大差异而得到证实。对那些具有两三个世代的植物进行对比研究，可以更容易地得出上述结论。因为当不同世代两个类型的异性相互交配时，它们很少产生或甚至不产生种子，而且其后代也或多或少地无法生育。毋庸置疑的是，这些不同世代的类型属于同一物种，它们相互之间除了生殖器官和生殖功能不同外，没有其他区别。

虽然在许多作者看来，变种杂交及其杂交后的混种后代是普遍可育的，但是自从权威学者盖特纳和凯洛依德列举了一些事例后，这种观点就受到了质疑。用作实验的变种大多数是驯养条件下的产物，而且驯养（不单指圈养）总是具有消除不育性的倾向。同样的道理，当杂交时，这种不育性会影响亲种；因此，我们无法指望驯养会导致其变异后代出现杂交不育的情况。显而易见，这种不育性的消除与人们在不同环境条件下促使驯养的动物自由繁殖的原因相似，也与它们已经逐步适应其不断变化的生活环境有关。

对于物种初次杂交的不育性及其杂交后代不育性，两组相同的事实似乎较好地给出了解释。一方面，我们有理由相信，生存条件的细微变化会给所有生物带来活力，并增强其繁殖能力；另一方面，同一变种不同个体的交配及不同变种之间的交配会促使其后代数量的增加，并且会使后代的个体增大、活力增强，这主要是由交配者处于不同的生活环境造成的。我曾经做过许多实验，结果表明，如果同一物种的所有个体在相同的生存条件下生活几代之后，其在杂交过程中获得的优势将大大减少，甚至会彻底消失。另一方面，当对曾经长期生活在几乎相同条件下的物种进行圈养时，由于外界环境条件发生了很大的改变，它们要么面临死亡，要么即使能够健康地存活下来也会失去生育能力。然而，由于驯养的生物长期处于变动的环境中，一般不会发生上述情形。我们发现，两个不同物种的杂交后代，在受孕后不久或者在幼年期就会夭折；即使存活下来，也会或多或少丧失生殖能力，导致数量减少。出现这种情况，可能是由于两个杂交物种的环境条件发生了巨大的变化。如果能够确切地解释：大象或狐狸等动物在本土圈养也无法生育，而猪狗之类的家畜，即使生存条件发生了巨变，也可以自由地繁殖，那么，就可以很明确地解答下列问题：为什么两个不同物种，包括它们的杂交后代在交配时，常常会丧失部分生殖能力；而两个驯养变种极其混种后代在交配后却是完全能育的。

遗传变异理论在地理分布上面临着严峻的挑战。同一物种的所有个体，以及同一属的所有物种，乃至更高一级的分类阶元，都来源于共同的祖先。因此，可以在世界的任何偏远角落发现它们的踪迹，它们必然是在生生不息的代代相传中从最初的某个地方向全球扩散的。至于这个迁徙的过程是怎样完成的，人们很难推测出来。然而，有证据表明有些物种在很长的时间里（长得难以用年来计算）仍能保持原有形态，由此看来，其偶然的广泛分布并非一件难以理解的事。因为在这段漫长的时间里，这些物种总是可以找到合适的机会，运用各种方式迁移到更远的地方。关于生物分布的不连续或中断的现象，可以用物种在中间地带的灭绝来解释。目前，人们对于晚近时期地球各种气候变化和地理变化影响的广度和深度仍然一无所知，然而这种变化往往有利于生物的迁移。我曾经试图证明，冰期对于同一物种或近似物种在全球的分布产生了多么重要的影响。然而直至今日，人们仍没弄清楚物种偶然迁移的各种方式。至于为什么同一属内的不同物种能够生活在相隔如此遥远的地区，这是因为变异的过程非常缓慢，而在这一漫长的时间内，任何迁移的方式都可能出现并造成同属物种的广泛分布现象。

以自然选择学说来看，以前一定存在着无数个中间类型，它们以类似于现存变种这样的阶元将每个类群中的所有物种连接在一起。可能有些人会产生疑问：为什么在我们的周围没有发现这些连接类型呢？为什么所有生物没有混合在一起而无法分辨呢？关于现在的类型，除极少数情况外，我们不可能找到它们之间的直接过渡类型；而这些过渡类型，必须在已经灭绝的或已经被排挤掉的类型中去寻找。即使在一个长期连续的广大地域，其气候和其他生存条件处于被一个物种所占据向被另一近缘物种所占据的过渡阶段，也无法在其中间地带找到相应的中间变种。其实我们可以这样理解，一个属中的极少量物种发生了变异，而其他物种已经完全灭绝且没有留下变异的后代。即使是那些的确变异了的物种，也只有极少数会在同时同地出现变化，而且这一变异过程十分缓慢。我曾明确指出，中间物种可能最初存在于中间地带，但由于两侧地带的物种数量较大，其变异和进化的速度往往会超过数目较少的中间变种，因此，中间变种将会被排挤并走向灭绝。

传统观点认为，现存生物和灭绝生物之间，各个连续地质时期灭绝物种和更古老的物种之间，存在着无数已经灭绝的过渡类型。然而，根据这个观点，为什么在各段地层沉积中没有发现这些过渡类型呢？为什么每次采集的化石标本没有生物类型级进变化的明显证据呢？尽管地质研究发现了一些过渡类型，从而使得许多生物的亲缘关系更近了，但是我们仍然没有找到现存物种与过去物种之间应该存在的无数级进微细阶元，而这正好是我的学说需要解释的。正是基于这一点，有些人反对我的学说。此外，为什么整群的近似物种会相继突然地出现在地质历史中？尽管这种突然性常常是一种假象。我们知道，远在寒武纪最底地层沉积之前，生物就已经存在了。但奇怪的是，为什么在寒武纪之前的大套地层中并没有发现寒武纪化石的祖先呢？因为根据这一理论，这样的地层肯定在某一遥远而尚未弄清楚的历史时期就已经在某个地方沉积了。

我只能用地质记录的不完整性来解释这些问题和疑问。如果将博物馆内收藏的所有化石标本的数量与世世代代生活在地球上的无数物种相比，简直是微不足道。任何两个或者多个物种的祖先类型，不可能在所有性状上都直接介于变异的后代之间。就像岩鸽的嗉囊和尾巴的性状，并不处于其变异后代球胸鸽和扇尾鸽之间。即使我们已经进行了认真的研究，在没有找到大多数中间过渡类型之前，也无法确认一个物种是否是另一物种或另一变异物种的祖先。而且，由于地质记录的不完整性，我们也无法找到这么多的过渡类型。即使发现了两三个甚至更多的过渡类型，许多博物学家也会简单地将它们划归为新物种。尤其是当这些过渡类型来自不同的地质时期，即使差异非常微小，也会被定义为新物种。现存的大量可疑类型或许都是变种，但是谁又敢断定人们将来不会发现数量众多的化石过渡类型，从而帮助博物学家们确认哪些可疑的类型是变种呢？人们目前仅对世界上的一部分地区做过地质勘查，只有某些纲中的生物可以较好地保留下来。许多物种自从形成后就没有发生过变化，随后便灭绝了，没有留下变异的后代。虽然物种发生变异的时间很长，但与物种保持某一形态不变的时间相比，却要短得多。最容易发生变异的是优势种和广域种，变异非常显著，而且变异也仅仅出现在局部地区。由于上述两个原因，很难在某个地层中找到中间过渡类型。只有当变异和进化达到一定程度后，地方性变种才会向远处扩散。当它们扩散并在某个地层中被发现时，看起来像是被突然创造出来似的，就被简单地定义为新物种。大多数地层在沉积过程中常会出现间断，它们延续的时间较物种类型的平均延续时间要短。在许多情况下，较长时间的沉积间断常常被连续的地层沉积分割，因而通常只有在海底上有较多沉积物的沉积时，富含化石的地质层的厚度才足以抵消后来的侵蚀作用而积聚下来。在水平面上升和静止的交替时期，地质记录常常是空白的。在上升期，生物类型可能有较多的变异性；而在沉降期，则有较多的物种灭绝。

至于寒武纪地层之下缺乏富含化石的沉积层，我只能用第十章中提出的假说来解释，即虽然在很长一段时间内，大陆和海洋的相对位置几乎没有发生变化，但我们不能认为它们永远不会变化。因此，比现在所知道的更古老的地层可能已经淹没在大洋中了。威廉·汤普森爵士曾提出一个观点：地球自凝固以来所经历的时间，尚不足以实现我们所推测的生物演化量。对此，我的想法是：第一，我们并不知道应该如何计算生物物种的年变化速率；第二，许多哲学家至今仍不愿承认，我们对于宇宙的构成及地球内部的认识还很肤浅，无法准确推断地球所经历的历史演变。

大家都认可地质记录的不完整性，但是很少有人同意不完整的程度达到了我的学说所要求的程度。如果从一个很长的时间尺度来考量，地质学也表明所有物种都发生过变化，而且它们的变化是采用一种缓慢而渐进的方式进行的，这与我的学说是一致的。我们可以清楚地看到，相较于那些在时间上相隔很远的地层中的化石遗骸之间的关系，连续地层中的化石遗骸之间的关系更密切。

上面的内容是我的学说遇到的几个主要难题和异议，对此，我已经给出了解释和答复。许多年来，这些难题一直困扰着我。但有一点需要我们注意的是，那些重要的意见与我们所知甚少的问题有关，而且我们甚至不清楚还有多少东西是我们不了解的。我们不清楚最简单的器官和最复杂的器官之间存在着多少过渡类型，也不清楚生物在漫长的地质历程中的传播方式，更不清楚地质记录的不完整程度到底是多少。然而，尽管反对者的说法非常尖锐，但还不足以推翻遗传变异理论。

现在，我们来看争论的另一面。在圈养的情况下，我们看到许多变异是由生存条件的改变引起的，或至少是被生存条件的改变激发的。但是，由于情况不明确，我们很自然地认为这种变异是自发的。变异受许多复杂规律的支配，例如相关生长律、补偿律，还有某些器官的使用频率以及周围环境条件的作用等。虽然驯养生物的变异量很难确定，但是可以确定的是这一变异量非常大。而且，这种变异还可以长久地遗传下去。如果其周围的环境不发生变化，某种已经遗传了许多世代的变异就会持续不断地遗传下去。有证据表明，在驯养条件下，变异一旦发生，将在很长一段时间内持续下去。最古老的驯养生物中也会偶尔产生新变种。

事实上，变异并不是人为造成的，人们只是在无意间把生物放到了新的生存条件之下。于是，自然就对生物组织发挥作用，引起了生物的变异。但是，人们能够选择并且确实选择了自然给予生物的变异，并使其按照某种人们需要的方式积累起来。这样一来，便会使动植物适合人类的爱好或需求。人们可能是有计划地这样做，也可能是无意识地将那些有用的或合乎爱好的个体保留下来，但并不想改变它的品种。显然，经过这样几个世代的连续选择，除了经验丰富、训练有素的人外，普通人很难区分有着微小差异的个体，但这些微小差异对一个品种的性状会产生很大的影响。这种无意识的选择过程在形成最为特殊且最有用的驯养品种中曾有着重要的作用。在很大程度上，人们培育出来的品种与自然物种性状相同，这可以表现在人们很难认清许多品种究竟是变种还是不同物种。

在驯养条件下有着重要作用的原理，在自然条件下也能发挥作用。只有个体或种族具有优势，才能在生存竞争中得以生存。在这里，我们见到了一种强有力的、不断发生作用的选择形式。所有生物都在按几何级数快速增加，不可避免地引起生存竞争。这种快速的增长率可以用简单的计算来证明，在适宜的季节或者在新地区归化时，许多动物和植物的数量都会迅速增加。生物出生的数量比可能存活的数量要多，自然条件的细微差异会影响哪个个体可以存活下去、哪个个体将会死亡；哪个变种或物种的数量会增加，哪个的数量会减少，甚至死亡。综合来看，同种中不同个体之间的关系最为密切，它们之间的竞争也最激烈、最残酷，其次就是同属的不同物种之间的竞争。另一方面，自然阶元中相距较远的生物之间的竞争也颇为残酷。对于某些个体来说，无论它处在哪个年龄段或哪个季节，只要比竞争者多一点优势，哪怕是十分微弱的优势，或者能够较好地适应周围的自然条件，在竞争中获得胜利的概率就会大一些。

对于雌雄异体的动物来说，常常会发生雄性为了争夺雌性而引发的竞争。最强壮的雄性或者最能成功适应环境的雄性，往往会留下更多的后代。但是雄性动物是否拥有特殊的武器、较好的防御手段等，则是成功的关键因素。只要具有微弱的优势，便会更容易走向成功。

地质学清楚地表明，各个大陆都曾经历过巨大的变迁。因此，我们有希望在自然条件下看到生物的变异，如同它们在驯养情况下所发生的那样。只要在自然状况下发生了变异，自然选择就会发挥作用。有人认为，自然条件下发生的变异仅局限在一个很小的范围，这个说法是无法证实的。虽然只是作用于外部性状，并且很难确定其结果，但是人们却可以将驯养生物个体的微小差异逐渐积累起来，并在短时间内产生显著的效果。大家都知道，物种中存在个体差异，但是除了这些个体差异外，博物学家认为还存在自然变种。它们之间的差别非常明显，值得在分类学著作中记上一笔。没有人能明确区分个体差异和微小变异，也没有人能区分特征明显的变种和亚种以及亚种和物种。在分离的大陆上或者同一大陆被障碍物隔开的不同区域以及孤立的岛屿上，生存着各种多样的生物类型，它们被某些有经验的博物学家列为变种，或者被另一些博物学家则列为地理种或亚种，又或者被列为亲缘很近、特征明显的物种。

如果动植物的确发生了变异，无论是多么微小或缓慢的变异，只要其有利于个体自身的发展，自然选择就会将其保存并积累起来，这正好符合适者生存的法则。如果人们能够耐心地选择有利的变异，那么在不断变化的生存条件下，为什么那些有利于自然界生物的变异不会经常出现并得到保留或选择呢？那些在漫长的时间起作用，并决定每一个生物体质、构造和生活习性的选择力量——即优胜劣汰的力量，会受到什么限制呢？依我看来，没有东西可以限制这种缓慢、巧妙地促使每一种生物类型适应复杂生存条件的力量。仅仅凭借这一点，自然选择学说的可信度就很高。我已经尽可能忠实地介绍了反对我的学说的种种质疑和意见，接下来我将讨论一下支持这一学说的各种事实和论点。

物种是特征显著而稳定的变种，每个物种开始时都是变种。根据这种说法，我们很难在物种与变种之间划出一条明确的界限。我们很清楚，为什么某个地区已经产生了可以归入同一属的许多物种，并且这些物种至今很繁盛，但是还会有那么多的变种。根据一般的规律，可以确信这种作用仍在物种形成很活跃的地方继续发挥作用。当变种是初期物种时，情况也是一样的。另外，为了在某种程度上保留变种的性状，大属内的物种就需要产生大量的变种或初期物种，因为与小属内的物种相比，大属内的物种之间的差异更小一些。很显然，大属内亲缘关系密切的物种在分布上存在明显的限制，它们根据亲缘关系围绕着其他物种聚集成许多小群体，这两点与变种的特征相似。如果每个物种都是独立创造出来的，那么就无法理解上述关系了；但是如果认为每个物种起初是以变种的形式存在的话，那么就容易理解上述关系了。

由于每个物种都有按照几何级数增长的趋势，而且各个物种中的变异后代可以通过其习性及构造的多样化占据不同的自然领域，以便满足数量不断增加的需要，因此，自然选择更倾向于保留物种中的歧异后代。这样一来，在长期连续的变异过程中，同一物种不同变种之间的细微差异逐渐增大，并形成同一属内不同物种之间较大的差异。新变种必将取代旧变种，并使其灭绝；这样在很大程度上，物种就成为确定的、界限分明的自然群体了。在每个纲中，凡属于较大种群中的优势物种，更容易产生新的优势类型，使得每个大的种群的规模不断增大，性状分异也更大。受限于地球上的生存空间，不可能所有种群都扩大规模，优势类型必然在竞争中打败不占优势的类型，这就促使大类群不断扩大规模，并且性状分异更明显，由此不可避免地引发大量物种的灭绝。这就可以解释为什么只有极少数大纲在生存竞争中始终占据优势地位，而所有的生物类型都可以排列成大小不一的次一级生物群。按照特创论的观点，所有生物在自然系统下可以划归为大小不等的类群这一重大事实是解释不通的。

自然选择只是通过积累微小且连续的有益变异而产生作用，不会导致巨大的突变，只能以缓慢的步骤进行。因此，“自然界中没有飞跃”这一格言也是符合自然选择学说的。我们可以发现，自然界生物可以通过无穷无尽的方式来达到一个共同的目的，原因就在于每一种特性一旦获得，就可永久地遗传下去。通过不同方式变异了的构造必须符合一个相同的目的。总的来说，自然界很难出现重大革新，但是容易出现微小的变异。如果认为每个物种都是独立创造出来的，那么这种现象如何构成了自然界的一条法则就无法解释了。

上述理论还可以解释许多其他的事实。有一些十分奇怪的现象：一种类似啄木鸟的鸟却在地面上捕食昆虫；高地上的鹅拥有蹼状脚，但是却很少或根本不会游泳；一种类似鸫的鸟能潜水并捕食水生昆虫；一种海燕具有海雀的生活习性和构造……这种例子还有很多。每个物种总是力求扩大自己的规模，而且自然选择总是要求变异后代努力适应自然界中未被占据或尚未被占尽的地盘。根据这种观点，上述现象就是意料之中的了。

在某种程度上，我们可以理解为什么自然界到处都是美，很大一部分原因在于自然选择。就人类的感观而言，美并不是无处不在的，例如某些毒蛇、鱼类或者某些丑陋的蝙蝠。性选择赋予雄性最鲜艳的色泽、优美的体态和其他华丽的装饰。有时在许多鸟类、蝴蝶和别的动物中，雌雄两性都是如此。以鸟类为例，性选择使得雄鸟的鸣叫声不仅取悦了雌鸟，也给人类带来一种莫大的享受。因为有了绿叶的衬托，所以花和果实的色彩更加艳丽、醒目，也更容易被昆虫发现，有利于花粉和种子的传播。为什么某些颜色、声音和形态能给人及动物带来愉悦呢？换句话说，最简单的美感最初是如何获得的呢？这些问题很难回答，就如同某种气味最初是怎样让人感觉舒适一样难以解释。

自然选择的表现是生存竞争，它使各个地区的生物都得到适应与进化，但是这个说法仅仅针对同一时期同一地区的生物关系。虽然一般说来，某一地区的物种是为这个地区独创的，并且特别适合于这个地区，但是会被从其他地区迁移来的、驯化的物种打败和排挤。对此，我们不必感到惊奇。自然界的一切设计并不是绝对完美无缺的，我们的眼睛也不例外。或许某些构造不合情理，我们也无须惊讶。为了抵御外敌，蜜蜂会英勇献身；大量雄蜂的产生，只是为了交配，交配结束后，雄蜂便会被雌蜂杀死；蜂后对于其能生育的女儿们有着本能的仇视；姬蜂在毛虫体内求食……诸如此类的例子都不足为奇。根据自然选择学说，真正令人感到奇怪的是没能发现更多完美的例子。

我们就此判断，控制变种产生的复杂且不明确的规律，和控制物种产生的规律是相同的。在这两种情况下，自然条件似乎发挥了直接且确定的作用，但这种作用的影响究竟有多大，很难说清楚。于是，当变种进入一个新的地区后，它们有时可以获得该地区物种固有的某些性状。某些器官的使用与废弃，都会对物种和变种产生影响，下列情形可以证实这一结论：和家鸭一样，大头鸭有着不能飞翔的翅膀；一种穴居的栉鼠，有时眼睛是瞎的，而某些鼹鼠大部分是瞎子，眼睛被皮肤遮盖着；栖息在美洲和欧洲黑暗洞穴中的许多动物也常常是瞎的。相关变异在变种和物种中似乎都起着重要的作用，当身体的某一部分产生变异时，其他部分也随之发生改变。有时，返祖现象会在变种和物种中出现。马属内的某些物种及其杂交变种，有时会在肩部和腿部出现斑纹，这是特创论无法解释的现象。但是如果我们相信这些物种都是由其具斑纹的祖先延续下来的，如同许多家鸽品种来源于具条纹的蓝色岩鸽那样，那么上述现象便很容易解释了。

为什么同一属中不同物种之间得以区别的独特特征比它们的共有特征更容易发生变异呢？例如花朵的颜色，为什么同属内不同物种之间，花色不同时要比只有一种花色时更容易发生变异呢？特创论无法回答这些问题。但如果说物种是特征明显的变种，并且其特征已经十分稳定，这些现象就很好理解了，因为它们从一个共同的祖先分支出来以后，某些特征已经发生过变异，所以它们才会出现区别；而与那些长久未发生过变异的遗传特征相比，这些变异过的特征当然更容易发生变异了。如果某一属中有一个物种的部分器官异常发达，我们很自然地会认为这一部分器官对该物种具有重要作用，但是它也很明显地更容易发生变异。这种情况用特创论是很难解释清楚的，但是依据我的观点，这些物种从一个共同祖先分支出来后，这些器官已经发生了变异，而且可以预料的是，这种变异的过程将继续下去。但是，如果一个异常发育的器官（如蝙蝠的翅膀）是许多从属类型所共有的，应该是长期遗传的结果，那么它就不会比别的构造更容易发生变异了。在这种情况下，长期连续的自然选择作用已经使它变得十分稳定了。

我们再来分析一下本能。虽然某些本能很神奇，可是根据自然选择学说，本能并不会比身体构造更难以解释。这样我们便能解释为什么自然是采取循序渐进的方式赋予同一纲中不同动物的许多本能的。我曾尝试用级进原理解释蜜蜂那近乎完美的建筑能力。毫无疑问，习性常常对本能的改变起着重要的作用，但并非不可或缺，就像中性昆虫所表现出来的那样，它们并没有后代来遗传其长期连续的习性。根据同属内所有物种都来源于一个共同祖先并继承了很多共同性状的观点，我们可以理解为什么边缘物种虽处于完全不同的条件下却具有几乎相同的本能，例如为什么南美洲热带和温带的鸫类与英国的那些物种一样，要在其所筑的巢里糊上一层泥土。根据本能是通过自然选择缓慢获得的观点，当我们发现某些动物的本能并不完美，且容易发生错误，甚至许多本能还会使其他动物受害时，便不会大惊小怪了。

如果物种只是特征明显而稳定的变种，我们就会发现，其杂交后代在某些性质和程度上与父母十分相似，而且和公认的变种杂交后代一样，遵循着同样复杂的法则。如果物种是独立创造的，而变种是由第二法则所产生的，上述相似性就很难解释清楚了。

如果我们承认地质记录是不完整的，那么地质记录所提供的事实就能够支持遗传变异理论。新物种缓慢地出现在连续的间隔期内，而同一时期不同类群的变化量是很不相同的。在生物演化史上，物种和整个类群的灭绝起着重要作用，新的改良类型会取代旧的生物类型，这是遵循自然选择原理的必然结果。一旦世代链条中断，单一物种或成群物种将不再重现。优势类型的逐渐散布伴随着其后代的缓慢变异，从而使得经过很长的时间后，生物类型好像很突然地在全世界范围内都发生了变化。在某种程度上，各地质层中的化石的性状介于其上下地层的化石之间，这一事实可以通过它们处于世系链的中间来解释。一切灭绝了的生物可以与现存生物一样进行分类，因为现存生物与灭绝生物来源于一个共同的祖先。由于生物的性状在漫长的演化和变异历程中会发生分异，我们便能理解为什么那些古老类型或早期祖先类型在分类谱系上常常处于现存生物类群之间的位置。总体说来，现存生物类型的组织结构要比古代类型更高级，因为在生存竞争中，新的改良类型会取代旧的、较少改良的类型；同时，前者的器官也更为特化，可以适应不同的功能。这一事实与大量生物由于生存条件简单，因而仍保留着简单且改造较少的构造相吻合。同样的，在生物演化的过程中，某些类型为了在各个阶段更好地适应新的、退化的生活习性，从而在体质上发生了退化。最后，为什么同一大陆上的近缘类型（例如澳洲的有袋类、美洲的贫齿类等）能够长期共存，也就可以理解了，因为在同一个地区，现存生物和灭绝生物通过世系关系而紧密地联系在一起。

说到地理分布，如果我们承认在漫长的地质时期，由于气候及地理的变化及许多偶然的散布方式，生物曾经从某一个地区大规模地迁移到另一个地区，那么，我们就能根据遗传变异学说很好地理解生物在分布上的许多重要事实。为什么生物在整个地质地理、时空分布上呈现明显的平行现象呢？这是因为生物都是通过相同的世代谱系连接起来的，并且有着相同的变异方式。在同一块大陆上，在完全不同的条件下——在炎热和寒冷的环境中，在高山和低地，在沙漠与沼泽——每个大纲中的大部分生物都紧密相连。旅游者可能会觉得惊讶，但是我们很容易理解这些现象，因为这些生物是同一祖先和早期迁入者的后代。根据迁徙理论和生物变异，借助于冰期事件，我们可以很容易理解为什么在最遥远的山区和南北温带会存在少数相同的植物，而且还有许多其他相似的植物；同时也能够理解，为什么即使隔着整个热带海洋，南北温带的海洋生物有些十分相似。虽然两个地区具有适合同一物种生活的相同的自然条件，但是如果两个地区一直处于隔离状态，它们之间的生物一定存在极大的差异，因为生物与生物之间的关系是一切关系中最重要的。而且，在不同的时期，从其他地区迁入这两个地区的生物的比例是不同的。因此，这两个地区中的生物变异过程也必然是不同的。

根据这种迁徙的观点以及随之而来的生物变异，我们可以得知，为什么海岛上仅栖息着极少量的物种，而且其中的大部分还是特殊的地方性类型。我们清楚地发现，为什么那些无法跨越大洋的动物类群，例如蛙类和陆栖哺乳类，没有生活在海岛上；另一方面，为什么那些能够飞越海洋的动物，例如蝙蝠中的一些特殊类型，能够生活在远离任何陆地的海岛上。海岛上有特殊类型的蝙蝠，却没有任何陆生哺乳动物，这一事实也是特创论无法解释的。

根据遗传变异学说，如果在任何两个地区存在亲缘关系很近、有代表性的物种，就暗示着共同的祖先类型曾经居住在这两个地区。并且无论在什么地方，如果亲缘关系密切的物种栖息在两个地区，我们还会发现这两个地区所共有的物种；如果有许多亲缘关系密切的特征性物种出现在某个地方，那么属于同一类群的可疑类型和变种也会出现在那里。各个地区的生物必然与其最邻近的迁徙源区的生物有关，这是一条普遍的法则。我们可以看到，加拉帕戈斯群岛、胡安·费尔南德斯群岛以及其他美洲岛屿上的动植物均与相邻美洲大陆的动植物有着密切的联系。同样的道理，佛得角群岛及其他非洲岛屿上的生物与非洲大陆上的生物间也存在着这种联系。我们必须承认，特创论无法解释这些事实。

我们发现，所有灭绝生物和现存生物都可以按照不同的等级归入几个大纲中，并且已经灭绝的生物群的等级常常介于现存生物群之间，这是可以用自然选择及其所引起的灭绝和性状分歧学说解释的。根据相同的原理，我们也可以理解为什么同一纲中生物之间拥有复杂的亲缘关系，为什么生物在分类上的某些特征较另一些特征更为实用；为什么尽管生物的适应特征对于生物本身非常重要，但在分类学上的价值却很小。与此相反的是，虽然某些退化器官的性状对生物毫无用处，但在分类上却具有重要的价值；我们也可以理解，为什么胚胎的性状在生物分类学上最具价值。所有生物的真正亲缘关系并不在于适应的相似性，而在于遗传或世系的共同性。自然分类法是一种基于生物等级差异的谱系排列，用变种、物种、属、科等表示。我们必须依据最稳定的生物性状寻找生物的谱系线，而不用考虑其重要性。

人的手、蝙蝠的翅膀、海豚的鳍和马的蹄子都是由相同的骨骼结构组成的。长颈鹿的脖子、大象的颈都是由相同数目的脊椎组成的；许多诸如此类的事实，都可以用生物遗传变异理论来解释。蝙蝠的翅膀和腿、螃蟹的颚和脚以及花的花瓣、雄蕊和雌蕊等，虽然用途各不相同，结构却十分相似。在各个纲的早期类型中，这些器官或身体的某一构造原本是非常相似的，但是随后逐渐发生了变异。根据这一观点，上述种种相似性在某种程度上便可以解释清楚。由于在生命的早期阶段，连续变异并不总是出现，而且也不会发生遗传作用，这样我们就可以明白为什么哺乳类、鸟类、爬行类和鱼类的胚胎十分相似，但是其成体结构却有着巨大的差异。我们也不必惊异，哺乳类和鸟类在其胚胎阶段具有鳃裂和弧状动脉（鱼类拥有发达的鳃和鳃裂，以便呼吸水中溶解的空气）。

由于生活习性和生活环境的改变，器官不使用或者自然选择作用往往会导致那些变得无用的器官逐渐萎缩，从而我们也理解了退化器官的意义。但是，不使用和自然选择只是在每个生物达到成熟期并在生存竞争必须充分发挥其作用时才能产生影响，而对幼年时期的生物器官没有太大的影响，因此，不再使用的器官在生物的生命早期不会萎缩，更不会发育不全。例如小牛，具有从早期有发达牙齿的祖先那里遗传下来的牙齿，然而这些牙齿却不能突破上颌的牙龈而长出来。我们可以理解，这种现象是出于自然选择的作用，成熟的牛的舌和颌或唇已变得颇为适合于咀嚼草料，不再需要牙齿的帮助；因此，牙齿在牛成熟前就因为不使用而萎缩了。对于小牛来说，牙齿并没有受到任何影响。根据遗传发生在对应年龄段的原则，牛的牙齿是从远古时期遗传下来的。按照特创论的观点，每个生物的各个部分都是由上帝特意创造出来的，那么那些无用的器官（如胚胎期牛的牙齿、许多甲虫类黏合翅鞘下萎缩的翅膀等）该如何解释呢？在自然界中，退化器官、胚胎构造以及同源构造等都能够显示生物变异的过程，但我们没有仔细观察，无法发现其他的奥秘。

在这里，我已经对有关事实和论据做了一番论述。我坚信，物种在悠久的演化过程中曾经发生了许多变化，主要是通过自然选择作用对无数微小连续且有益变异的积累而实现的。此外，还要借助生物体部分器官的使用和废弃这一重要手段、自然环境条件对古老生物或现存生物的适应性构造的直接影响，以及目前尚不清楚的自发性变异作用的影响。以前，我可能低估了自发变异对生物构造的影响。目前，很多人对我的结论存在误解，认为我将物种的演变完全归因于自然选择。对此，我必须声明：在本书的第一版以及随后各版中，绪论的结尾处印着如下一段话："我坚信自然选择是物种演变的最主要手段，但并非唯一手段。"可是，这句话并没有引起人们的注意。虽然误解的力量很大，但是值得庆幸的是，这种力量在科学史上绝不会延续很长时间。

我们很难想象，一种错误的学说会像自然选择学说那样，圆满地解释上述诸多事实。然而，最近有人反对，认为这种辩论方法不可靠。但是我要说，这是判断日常事理的有效方法，也是伟大的物理学家们常常使用的方法，光的波动说就是由此而来，而地球绕其中轴旋转的观点至今尚无直接的证据。要说科学目前尚无法对生命的本质或起源的问题做出合理的解释，这也算不上有力的反驳。谁能解释地心引力的本质呢？然而，尽管莱布尼兹曾谴责牛顿，说他将玄妙的东西带入了哲学，但是现在已经没有人会反对通过地心引力得出的结论。

为什么本书所提出的观点会影响某些人的宗教感情，对此我无法解释。我们不要忘记，即使像地心引力这样人类最伟大的发现，也曾受到莱布尼兹的攻击，认为它破坏了自然信条并导致宗教信仰的破灭。如此一来，我们可以看出这种影响是十分短暂的，也就满足了。曾经有一位著名的作家和神学家在给我的信中写道："他渐渐相信上帝创造出了少数几种原始类型，这些类型又能够逐渐发展并形成其他类型，这种观点与上帝需要一种新的创造方法以弥补他的法则所引起的空白同等重要。”

有些人会有疑问，为什么几乎所有在世的博物学家和地质学家直到现在为止都不相信物种的可变性呢？人们无法断言生物在自然条件下不会发生变异；也无法证明，生物在其漫长演化过程中的变异量是十分有限的；在变种与物种之间，也不存在明确的区分标志。我们不能肯定物种的杂交必然导致不育，而变种的杂交必然是可育的；或者认为不育性是创造的标志和禀赋。如果我们把地球的历史看作是十分短暂的，就一定会认为物种是不变的产物。目前，我们对地质历史已经有了一些新的认识，在没有证据的情况下，我们不会轻易地推断如果物种发生了变异，地质记录的完整性就一定能够提供有关变异的充分证据。

很显然，人们不愿意承认一个物种能够形成具有显著特征的其他不同物种，主要原因在于尚不明白变异所经历的所有步骤之前，人们不会贸然承认这种巨变的存在。这种情形在地质学中也曾出现过。当莱伊尔最初提出陆地上岩壁的形成和大峡谷的凹陷都是由目前仍在作用着的动力所引起时，地质学家也无法相信。对于 100 万年这样的时间概念，人们已很难理解其中的全部含义；而对于经过无数世代所积累起来的微小变异，人们更是难以理解其真谛。

虽然我完全相信本书提出的各项观点的正确性，但是我并不想说服那些富有经验的博物学家们。他们在长期的实践中积累了大量的事实，却得出了与我完全相反的结论。在“创造计划”“设计一致”这样的幌子下，人们很容易掩饰自己的无知，有时仅仅将有关事实复述一遍，就认为自己已经给出了合理的解释。不管是谁，如果他强调不能解释的难题，而不是解释某些事实，就必然会反对我的学说。如果少数思路比较灵活的博物学家们已经开始怀疑物种不变的信条，那么本书或许会对他们有所启发。我对未来充满了信心，希望那些年轻的博物学家们能够公正地从正反两个方面看待这个学说。已经相信物种可变的人，如果能够坦诚地表述自己的信念，就是做了一件好事。因为只有这样，才能消除这一问题所遭受的质疑。

某些著名的博物学家发表了看法，认为每个属中都有许多公认的物种不是真正的物种，只有那些分别创造出来的才是。在我看来，这个结论是很奇怪的。这些博物学家承认，一直被认为是被创造出来的物种却具有真正物种所应有的外部特征，这是由变异所造成的，但是他们不愿将这一观点引申到其他类型。然而，哪些生物类型是被创造出来的，哪些生物类型是由第二性法则形成的？在有些情况下，博物学家们也无法确定，他们也承认形成物种的真正原因是变异，但在其他情况下却又否认，而且没有指出这两种情况有什么区别。总有一天，这会成为说明先入为主盲目性的例子。这些学者认为，这种奇迹般的创造作用和普通的生殖没什么区别。但是他们是否真正相信，在地球历史上，一些元素的原子曾多次被某种神秘力量控制而聚集形成活的组织呢？他们是否相信，每次假定的创造活动都能产生一个或多个个体呢？在被创造出来时，所有动植物究竟是卵子或种子还是发育良好的成体呢？哺乳动物在被创造出来时，是否带有可以从母体吸收养料的虚假印证呢？很显然，对于那些认为只有少数生物类型或者只有某种生物是被创造出来的人来说，这些问题是无法回答的。某些作者曾指出，承认有一种生物是被创造出来的，和承认成千上万种生物都是被创造出来的，这二者之间并没有什么差别；但是，由于受到莫帛邱“最少行动”哲学格言的影响，人们更愿意接受最初被创造出来的是少数物种的观点。当然，我们无法就此相信，在被创造出来时，每个大纲里的无数生物就带有从一个单一祖先遗传下来的、具欺骗性的印记。

在上述内容以及本书的其他章节里，我曾经简要地陈述过某些博物学家坚持每个物种都是分别被创造出来的观点，而这不过是记录了一些事实罢了。但正是因为这一点，我受到了莫大的责难。在本书初版时，公众的确是这样认知的。我曾经与许多博物学家探讨过进化论的问题，但是却从来没有得到认可。当时，这些博物学家中已经有一部分相信了进化论，可是他们要么保持沉默，要么含糊其辞，使人无法确认他们的观点。现在，情况完全不一样了。几乎每一个博物学家都认可进化论理论。然而，仍然有人认为物种是以一种无法解释的方式突然大量产生的新类型。许多有力的证据可以反驳这种观念。从科学的角度来看，为了未来的进一步研究，承认新生物类型是以一种无法解释的方式从旧生物类型中突然发展起来的，与承认物种是从地球上的尘土中创造出来的，并没有什么实质性进步。

或许有人会问，我究竟想把物种变异学说推广到什么地步，这个问题很难回答。因为我们所研究的生物类型差异越大，支持它们来源于共同祖先的证据就越少，说服力也越小。但是这个学说可以凭借某些颇具说服力的证据被推广得很远，例如同一纲内的生物都以亲缘关系为纽带连接在一起，都可以根据相同的法则划分为不同的等级。有时，化石可以填补现存各目之间的巨大空白。

退化器官清楚地显示，该器官在早期祖先中是高度发达的。从某种程度而言，这暗示着它们的后代发生了巨大的变异。在同一纲中，由于所有生物的胚胎早期阶段都十分相似，它们的构造都是由同一构架形成的。因此，我并不怀疑生物的遗传变异理论可以包含同一大纲中的所有成员。我认为，动物最多来源于四个或者五个原始祖先，植物也差不多是从相同数量或者更少数量的祖先繁衍而来的。

我们可以进一步类推，所有动植物都是从某一个原始类型繁衍下来的。但是这样的推测有可能将我们带入迷途。所有生物在其化学成分、细胞结构、生长规律以及对有害影响的敏感性上都有许多共同点。我们甚至可以通过一些细小的事实观察出这一点。例如同一毒素常常对各种动植物能产生相似的影响；瘿蜂所分泌的毒汁可以引发野蔷薇或橡树形成畸形的瘤。除了某些最低等级的外，所有生物的有性生殖方式在本质上是相似的；就目前所知，所有生物的胚珠是相同的，因为它们都是同源的。如果我们只观察和研究动物界与植物界，就会发现一些低等生物的特性介于这二者之间，博物学家们常常因为这些低等生物的归属问题而争论不休。正如阿沙·格雷教授所说："许多低等藻类的孢子和其他生殖体起初是动物性的，后来却变成了植物。"根据遗传变异理论，动物和植物都是从这些低等的中间类型发展而来的。如果我们承认这个观点，也就必须承认地球上的所有生物都是从某一个原始类型繁衍而来的。但是，这个推论主要是基于类比得来的，它是否被接受无关紧要。不过，正如刘易斯的观点所主张的，在地球生命开始之初，有许多不同的生物类型同时演化形成了。毫无疑问，这也是可能的。但如果这是真的，我们可以断定只有极少数类型留下了变异后代。正如我最近指出的，每个界的成员们，例如脊椎动物、关节类动物或节肢类动物等，在胚胎同源性及退化器官的构造上都有明显的证据显示，同一界的所有成员都来源于单一祖先。

我在本书中提出的这些观点、华莱士先生的观点以及有关物种起源的观点，一旦被大家接受，就可以预见博物学将迎来一场重大的变革。分类学家们将一如既往地进行自己的工作，但却再不会被某个生物是物种还是变种的问题所困扰。仅此一点，对于分类学家们来说就是一种莫大的解脱。对于英国 50 多种黑草莓是否是真实物种的争论，也就可以告一段落了。分类学家们要做的，只是确定某一类型是否足够稳定（这并不是容易的事情），与其他类型是否有区别，能不能给出定义。假如这些问题都可以给出确定的答案，还需要看这些区别是否重要到足以定一个种名。这一项考虑是很重要的。因为不管两个生物类型的差别有多小，只要其间没有级进性状将其混淆，大多数博物学家就会认为这两个生物类型可以列为物种。

从此以后，我们会发现物种与特征显著的变种之间的区别在于：人们普遍承认各变种之间目前存在许多中间级进性状将其联结起来，而物种之间则曾经有过这样一种联系。由此看来，当我们考察两个类型之间目前是否存在中间级进性状时，便会仔细研究这两个类型之间存在的实际差异量。也许，目前普遍被认为是变种的类型，将来会被认为是物种。这样一来，学名和俗名就统一了。总体来说，对于物种，属是博物学们为了方便而人为组合在一起的，我们必须和博物学家的态度一样。尽管这一前景似乎不太乐观，但是我们不会再浪费精力去寻找物种这一术语隐含的意义了。

博物学中其他知识将会引起人们更大的兴趣。博物学家们常常使用的术语，例如亲缘关系、构架的同一性、父系、形态学、适应性状及退化器官等，将不再是隐喻词，而是具有明确的含义。人们不再会认为生物是无法理解的东西。当我们认可自然界的某件东西具有悠久历史时，当我们把复杂的生物构造和生物本能看作有利于生物本身的精巧设计的综合积累（类似某种伟大的机械发明是由无数工人的劳动、经验、智慧甚至失误的综合积累）时，当我们用这种态度来研究每一个生物体时，根据我的经验，恐怕再也没有比博物学研究更有趣的事情了。

在变异的起因和规律相关性、器官使用或废弃所导致的结果以及外界条件的直接作用等方面，人们面对的是一片广阔而尚未涉足的研究领域。人工驯养生物的价值将大大提升，相比于在成千上万个已知物种中增加一个新种，人类培育出来的变种的学术价值更高一些。我们将根据谱系关系对生物进行分类，到那时，它们将能真正体现出所谓的创造性计划。一旦我们的目标确定，分类的原则将变得非常简单。我们并没有现成的族谱作为参考，必须根据长久遗传下来的各种性状去发现和追寻自然谱系中许多分支的演化关系。退化器官可以揭示早已消失的构造特征，那些畸变的物种或类群，或者被称为活化石的类型，将有助于我们重新绘制一张古代生物类型的图卷。胚胎学一般能够揭示各个大纲中原始祖先的构造，但是多少有点模糊。

当我们能够确定，同一物种内的所有个体以及同一属内亲缘关系密切的所有物种都来源于一个共同的祖先，并且是从同一个发源地迁徙而来的时；当我们能够弄清楚生物迁徙的各种不同方式，并且依赖于地质学已经揭示并将继续揭示的气候变化及地平面变化的资料时，就可以追溯地球上的生物在各地质时期迁徙的情形。现在，我们通过对比某个大陆的生物与其两侧海生生物的差异、那块大陆上各种生物的特征，并结合陆生生物的主要迁移方式，就能够大概地了解古代的地理状况。

地质学是一门高尚的学科，却由于地质记录的不完整而损失了光辉。埋藏着生物遗骸的地壳并不像一个博大精深、藏品丰富的博物馆，而是像人们偶尔捡拾到的一些收藏品。每一个较厚的化石层沉积都需要一个非常有利的环境条件，而其上下不含化石的地层则代表着很长的时间间隔期。通过比较前后的生物类型，我们可以大概估算出这些间隔期有多长。如果两段地层中所产化石是不同的属种，那么根据生物类型的一般演替规律，我们在判定它们是否严格时必须十分谨慎。因为物种的产生与灭绝都是由缓慢进行的因素造成的，而不是什么神奇的创造作用造成的，更因为引起生物改变的最重要因素是生物与生物之间的关系，即一种生物的变异会导致其他生物的变异或灭绝，却几乎与自然条件没有多大关系。所以虽然连续沉积层中古生物的变化量不能用来测定实际经过的时间，但却可以估算相对的时间变化量。许多生物集中成一个团体时，可以长期保持不变。与此同时，其中的某些物种却迁徙到了新的地区，与那里的生物展开竞争，导致变异的发生。因此，当用生物变化量来衡量时间时，一定不要高估其作用。

展望未来，我发现了一个非常重要广阔的研究领域。心理学将在赫伯特·斯宾塞先生所奠定的，每一智力和智能都是通过级进方式获得的理论基础上，稳固地建立起来的。人类的起源和历史也将从这一理论中得到莫大的启示。

许多优秀的作者似乎都满足于物种特创说。可是在我看来，地球上古老生物和现存生物的产生与灭绝，类似于个体的出生与死亡，都是由第二性法则所决定的，这正好符合我们所知道的“造物主”给物质以印证的法则。当我们认为所有生物不是特创的，而是在寒武纪最古老地层沉积之前就已经存在的极少数生物的直系后代时，生物便显得更加珍贵了。根据过去的事实可知，没有哪个现存物种可以维持其原有特征至遥远的未来，而且只有极少数现存物种可能在遥远的未来留下后代。其原因在于，依据生物的分类方式，每个属中的大多数物种或许多属中的全部物种都完全灭绝了，没有留下任何后代。放眼未来，可以预见的是，能产生新优势物种的那些最终胜利者，应该是各个纲中最常见、分布最广泛的物种。既然所有现存生物都是极少数古老生物的直系后代，那么我们可以断定，世代演替从来没有中断过，而且也没有发生过使全球生物灭绝的灾变。由此推测，我们会有一个安全的、长久的未来。由于自然选择只对生物个体发生作用，并且有利于每一个生物的发展，那么一切肉体及心智上的禀赋必将越来越趋于完美。

我们来看一看缤纷的河岸吧：那里草木丛生，鸟儿在树林中歌唱，昆虫在枝叶间飞舞，蠕虫在湿木中穿行，这些生物的构造是多么精巧啊！它们虽然彼此之间不大一样，却用同样复杂的方式互相依存；而且它们又都是由围绕在我们周围的法则产生的，这真的很奇妙！从广义来讲，这些法则就是——伴随着“生殖”的“生长”；隐含在生殖中的“遗传”；由于环境的直接或间接作用以及器官的使用与废弃而引发的变异；由于过度繁殖而引起生存斗争，从而导致自然选择、性状分化及较少进化类型的灭绝。这样一来，在自然界的竞争中，在饥饿与死亡中，产生了自然界最可贵、最美妙的东西——高等动物。生命及其种种力量是由“造物主”（这里指“大自然”，而非宗教上的造物主）注入少数几个或仅仅一个类型中，从最简单的无形物质中演化出的美丽又令人惊叹的生命体，而且这一演化过程还在继续进行，这才是真正伟大的思想理念！